U0007258

從工業革命到AI時代，技術創新下的資本、勞動力與權力

# 技術陷阱

# The Technology Trap

Capital, Labor, and Power in the Age of Automation

Carl Benedikt Frey

卡爾・貝內迪克特・弗雷 著　　許恬寧 翻譯

本書獻給蘇菲（Sophie），我愛妳

# 目次

# 前言　技術創新史的啟示

未來的歷史學家或許會疑惑，我們怎麼未能記取前車之鑑。歷史上，每當大量人口的生計受到機器威脅，技術進步就會引發強烈反彈。我們目前正在經歷另一波勞力替代過程，抗拒隱然成形。皮尤研究中心（Pew Research Center）二〇一七年的民調顯示，八五%的美國人如今支持限制機器人大軍來襲的政策。[1]台裔美國企業家楊安澤（Andrew Yang）日前剛宣布角逐二〇二〇年美國白宮大位，政見正是保障自動化下的工作機會，[2]這類主張背後的擔憂不言而喻。在人工智慧、機器人學、機器視覺、感測技術等各方進展的推動下，電腦如今能夠執行幾年前唯有人類才能做的各式工作。自動化不再需要由上而下的程式設計。在人工智慧的年代，電腦可以自行學習，運算領域昔日的天方夜譚如今已然成真。

二〇一三年九月，我與牛津友人兼同事奧斯本尼（Michael Osborne）發表了一篇研究論文，預估人工智慧的進展將對工作造成的潛在影響。我們發現四七%的美國工作將因自動化而處於高風險的狀態。[3]幾個月後，我受邀前往日內瓦的一場大會演說，現場冠蓋雲集，有前首相、總理以及兩位勞動部長。演講結束後，有位聽眾過來找我，他是位知名的經濟學家，姑且稱他比爾好了。比爾隨口說道：「這不就跟英國的工業革命一樣嗎？……當時不也是機器取代了工作嗎？」比爾說得自然沒錯，但我一直到踏上去機場的回程途中，才發現比爾說的「這次沒什麼不同」，實在是灼見真知。有些工作會消失，但世人會找到新的差事，從古至今都一樣，因此也沒什麼好擔心的……只可惜，這種論點只講出一半的故事。

比爾提到工業革命帶來了長期的經濟利益，這點確實沒有爭議。一七五〇年以前，全球的人均所得每六千年成長一倍，工業革命後則是每五十年就翻倍。[4]然而，工業化的過程本身又是另一則故事。經濟歷史學者依舊在爭論，工業革命帶給勞動人口的痛苦是否值得。然而，當下的勞工因為手中握有的技術變得過時，許多人的生計出了問題；對那群人來講，工業的世界要是永遠沒出現，當然是比較好。隨著機械化工廠取代家庭生產制度，傳統的中等收入工作消失，勞動所占的收入份額下降，但利潤大增，收入差距大幅加劇。聽起來是不是很耳熟？的確，目前為止，我們的自動化年代大致上與工業化早期年代相當相似，當時，整整過了半個世紀，一般人才逐漸感受到工業革命帶來的好處。在那之前，許多民眾的人生急轉直下，反對機器的聲浪紛紛出現。當時的抵制者被稱為「盧德主義者」（Luddite），他們討伐機械化，竭盡所能地抗拒這波浪潮。如果這一次又「只是」重演一遍工業革命，那麼警鐘該響了。

本書的基本概念直接了當：世人對於技術進步所抱持的態度，端看他們的收入如何受到影響。經濟學家從輔助或取代勞力的「賦能技術」（enabling technology）與「替代技術」（replacing technology）的角度來思考進步。[5]舉例來說，望遠鏡的發明讓天文學家得以觀測木星的衛星，但並未取代大量勞工，畢竟望遠鏡只讓我們能去完成先前想像不到的新工作。相較之下，動力織布機一問世，就取代了負責執行現有工作的手搖紡織機織工，紡織工的收入受到威脅，也因此產生反彈聲浪。也就是說，當技術以資本的形式出現、取代了勞工，自然更容易引發抗拒。每一種技術是否能夠普及，其實是人為決定帶來的結果；如果有民眾因此失去工作，技術的採納過程就不會順暢無阻。進步不是必然的，有些人甚至不歡迎進步。事實上也沒有什麼根本的理由，非得讓這些巧妙的新技術蓬勃發展不可，只是我們早已習以為常。我們將在本書看到，歷史記錄顯示，技術的接受度其實取決於受影響的人是否獲利。取代工作的技術變革經常引發社會動盪，有時還會導致技術本身遭受強烈抵抗。就這方面而言，一九八〇年代與電腦革命一同起飛的自動化年代，和工業革命有著相似之處。在工業革命中，機械化的工廠取代了大量中等收入的工匠。今日和過去一樣，機器拿走了中等收入的工作，許多人被迫接受低薪的差事，或是完全退出勞動力。

為求了解芸芸眾生幾世紀以來對技術抱持的態度，本書蒐羅了技術經濟史的文獻，整理了關於技術變遷與大眾看法的歷史記錄。本書雖涉及未來，卻不預測未來。先知或許有辦法預測未來，但經濟學家辦不到。本書的目標是提供觀點，特別是從歷史中得到的觀點。正如英國首相邱吉爾（Winston Churchill）講過的一句妙語：「回頭看得愈久，就愈能看向前方。」[6]換句話說，為了往前看，我們得先回頭看。工業革命是個轉捩點，然而當時只有少數人體認到這場革命帶來的巨大影響。我們目前亦處於另一場技術革命，但幸運的是，這次我們能從先前的經驗中學習。我在演講會場上碰到的比爾先生認為，我們的研究根本是反對技術進步的盧德主義者。的確，工業革命與今日的情況經常被拿來相提並論，以證明盧德主義者錯了：他們實在不該試圖阻撓機械化工廠的普及。據傳當時的工匠讓情緒蒙蔽判斷力，激烈反抗那些帶給平民空前財富的機械。這類故事精確地描述出長期的狀況，然而就長期來講，我們皆與世長辭了。當年，在那個技術創造力得以茁壯的期間，三個世代的英國勞動階級境況都比以前還要糟糕，蒙受損失者未能活著見到大眾富起來的那一天。歷史由短期而定，因為我們今日所做的種種決定形塑著長期的走向。如果英國的盧德主義者當年成功阻止了進步，工業革命大概會在世上的其他地區發生。要是工業革命不曾發生，今日的經濟生活大概會看起來與一七〇〇年相差不遠。

因此，本書要探討第二個主題：替代技術是否會被阻擋，其實要看獲利者是誰，也要看政治力量的社會分布。在工業革命期間，盧德主義者及其他族群竭盡所能阻止勞工替代技術擴散，但未能成功，因為他們缺乏政治力量。後文將提到，工業革命之所以會在英國首開先例，其實在於這是有史以來第一次，機械化的潛在受益人握有政治力量。仕紳原來有土斯有財，現下手上的領導權受到商人的挑戰；商人握有流動的財富，形成新興的工業階級，從而政治影響力愈來愈大。[7]機械化工廠被視為重大的英國貿易競爭優勢，連帶也是商人致富的關鍵，政府自然不會採取任何打擊行動。然而，史上大多數的時期，推廣技術對統治階級而言，就政治的角度往往弊大於利。統治階級憂心憤怒的勞動者可能會反抗政府也在所難免，例如在十七世紀，歐洲的技工行會就是一股勢力漸長的政治力量，行會也強力抗拒威脅生計的技術。歐洲政府害怕引發社會動盪，通常會支持行會，也因此投資省力技術的經濟誘因並不多。此外，由於機械化將危及部分人口的收入、引發社會動亂，甚至有可能挑戰政治現狀，於是統治階級竭力限制機械化的發展。

經濟成長停滯千年的原因，在於這個世界被困在技術陷阱裡。由於擔心勞力替代技術具備破壞穩定的力量，技術持續受到大力阻撓。在二十一世紀，工業化的西方國家是否也將重返這些技術陷阱？雖然感覺上不可能，但與四年前我開始動筆寫這本書的那一刻相比，目前的情勢的確看起來正在走上這樣的趨勢。如今在大西洋兩岸的公共辯論會上，有人提議對機器人徵稅，以減緩自動化的步調。與工業革命年代的景況相較，現在已開發世界的勞工握有的政治力量早已今非昔比，勝過盧德主義者不知幾千里。在美國，楊安澤藉由逐步升高的自動化焦慮，使民意如今壓倒性地支持限制自動化的政策。楊安澤擔心，技術顛覆性的力量將引發另一波盧德暴動：「你只需要自駕車就能讓社會失去安定……一百萬名卡車司機將失去工作，他們九四%是男性，平均教育程度為高中畢業或念過一年大學。光是自駕車這一項創新，就足以在街頭製造暴動。還有，我們也即將對鐵路工人、客服人員、速食店勞工、保險公司與會計公司做出同樣的事。」[8]

我們的重點不是要抱持著宿命論或悲觀看待這件事，但放慢進步的步調或限制自動化也絕不是我們最好的選擇。工業革命是千古變局的開端，就長期而言每一個人都受惠。人工智慧系統也具備相同的潛力，然而人工智慧的未來取決於我們如何應對短期的現象。我們若能努力了解前方的挑戰、不粉飾太平，只提長期而言人人都能受惠，我們將更能掌握最終的結果。楊安澤選上美國總統的機率大概極低（注：二〇二〇年二月十二日他宣布退出民主黨初選），不過正如觀察力敏銳的商業專欄作家芙露荷（Rana Foroohar）所言，自動化很有可能會成為美國二〇二〇年總統大選的重要議題。[9]此外，在全球化的浪潮下，民粹主義高漲；除非我們著手處理民眾對於自動化日益升高的焦慮，否則操弄民粹的人士是否能輕鬆利用這股焦慮，相當值得關切。幸好，自動化與工業革命的年代雖有種種相似之處（本書將從頭到尾、不厭其煩一提再提這一點），兩者之間依舊有不少差異存在。然而，出自對於自身年代的著迷，也由於我們關切新技術帶來的希望與危機，我們經常認為自己正處於前所未有的嶄新局面。儘管如此，從人類悠久的歷史記錄來看，太陽底下沒什麼新鮮事。

# 緒論　進步的代價

進步很好——停了更好。——現代主義作家穆齊爾（Robert Musil）

織布機會自己織布時，人類將不再受到奴役。——古希臘哲學家亞里斯多德（Aristotle）

一九〇〇年時，要不是有六百名燈夫天天爬上爬下，紐約市的夜晚將一片漆黑，只能靠月光引路。燈夫大隊每天帶著火把與梯子上工，好確保行人出門時，除了下一個街區點燃的雪茄頭亮光，還能看得見其他東西。但在一九〇七年四月二十四日這天晚上，曼哈頓街道上的兩萬五千盞煤氣燈絕大多數杳無動靜；平常燈夫會在晚上六點五十分左右舉著文明的火把出動，但這一天他們罷工去了，沒人負責點燈。這次的罷工並未傳出暴力事件，不過天色漸暗後，煤氣公司和地方警局開始湧入紐約人的抱怨。警察被派去點亮街區，但沒有梯子的點燈簡直是難如登天。許多警員胖到爬不上燈柱，民眾也趁機搗亂。成群結隊的哈林區男孩發明了一項新娛樂：每當有警員成功點燃了一盞燈，男孩們就隨後爬上燈柱、弄熄燈火，接著趁亂逃跑。公園大道（Park Avenue）上有一名少年被捕，罪名正是撲熄警員點好的燈。街上的每盞燈就算亮起來了，也撐不了多久。到了晚上九點，唯一有亮光的公共區域僅限中央公園裡的幾條橫向道路，因為那裡裝的是電燈。[1]

那一年，從事點燈工作的市民實在運氣不佳。油燈與煤氣燈都需要有人看顧，然而神祕電力的出現讓燈夫的點燈技能不再具備任何價值。電力街燈除了帶來光明，也引發了懷舊的傷感。許多市民依舊覺得要有年輕人在傍晚時分負責亮燈、在黎明之際負責熄燈。紐約市的燈夫早已是鄰里制度的一部分，就跟警察、郵差一樣。自從一四一四年倫敦的第一批路燈亮起，燈夫這份職業便一直存在，然而他們即將成為遙遠的記憶。一九二四年的《紐約時報》記載：「大城市的街燈這一行，成為世上冒出太多進步事物的受害者。」[2]的確，紐約市早在十九世紀末就裝設了第一批靠電力運轉的街燈，但那些燈還不至於讓燈夫成為冗員，因為每盞燈各有開關，都得靠人力去打開與關上。早期的電氣化只讓燈夫的工作變得更簡便，點燈時他們再也不需要拿著長長的火把。然而，過去負責點燃煤氣燈的相關人士，依舊不是進步的受益者。熟練的點燈技術曾讓男人有辦法養家活口，但如今讓燈亮起是件再容易不過的工作，只需幾個年輕男孩放學回家時順手一開就行了。這種情形在歷史上屢見不鮮，「簡化」距離「自動化」往往只有一步之遙。隨著電力街燈逐漸由變電所直接控管，燈夫的雇用人數大幅萎縮；到了一九二七年，電力壟斷了紐約市的照明，最後兩位燈夫功成身退，替他們的職業與燈夫工會（Lamplighters Union）[3]劃下了句點。

愛迪生（Thomas Edison）發明的燈泡的確讓世界更美好、更明亮，在他取得突破性發展的那一天，油燈與蠟燭依舊汙染著他位於門洛帕克（Menlo Park）的實驗室空氣。二〇一八年的諾貝爾經濟學獎得主諾德豪斯（William Nordhaus）指出，自從電力普及到芝加哥音樂學院、倫敦下議院、米蘭斯卡拉大劇院（La Scala）以及紐約證券交易所的交易廳，照明的價格便大幅下滑。[4]以照亮街道的目標來看，連紐約的燈夫都肯承認新系統的確更為便捷，即便他們當中有人因此被迫提早退休。一位燈夫一個晚上最多可以處理大約五十盞燈，如今只需一名變電所員工把持開關，幾秒鐘內就能打開數千盞燈。然而，當人民的生計受到威脅，抗議是再自然不過的事。對多數民眾而言，他們的技能就是他們的資本，他們靠那項人力資本謀生。因此，儘管新系統有著種種好處，也不是每一個地方的每一個人都歡迎電燈，例如比利時的韋爾維耶（Verviers）市政府宣布改用電力時，燈夫害怕失去工作，於是就走上街頭抗議。地方政府為了驅逐橫行的黑夜，不得不雇用另一批燈夫，但新燈夫很快就被罷工的燈夫襲擊，他們還揚言說要遍地破壞街燈，至死方休。憤怒的燈夫最後攻擊了警察總部，地方員警的介入只好停止，比利時政府也不得不調動軍隊，平息情勢。[5]

不可否認，有人為進步付出了代價。然而，在二十世紀，絕大多數的西方民眾視技術為生財工具，並認為技術改善了工作條件，最危險、最低賤的工作也因此消失。人民發現自己的工資與機械力量的利用有關。此外，民眾除了可以使用持續湧進的新商品與新服務，也從中受惠不少。汽車、冰箱、收音機、電話等數不清的革命性技術，即便是文藝復興時代的歐洲君主也無福體驗，但在一九五〇年，這些技術在西方的生活周遭隨處可見。一九〇〇年時，一般的家庭主婦只有在夢裡才能活得像上層階級，有僕人替她們做最單調乏味的工作。然而，在接下來的數十年間，家家戶戶突然全都能取得電力版的僕人；洗衣機、電熨斗，以及其他各式各樣的電器用品，省下無數小時的乏味家務。簡而言之，如同偉大的經濟學家熊彼得（Joseph Schumpeter）所言，資本主義的成就不在於「提供女王更多雙絲襪，而是在愈來愈輕鬆的情況下，讓工廠女工也負擔得起絲襪」。[6]

我們很容易一不小心就簡化歷史。然而，如果說過去兩個世紀的經濟與社會變遷背後有一個主導的因素，技術的進展絕對當之無愧。套用經濟學家多馬（Evsey Domar）的話來講，要是少了技術革新，「資本累積將等同將一架架的木犁堆在木犁上。」[7]經濟學家估算，富國與貧國的所得差異，超過八十%可以用技術採用率的不同來解釋。[8]此外，光看所得也遠遠未能完整呈現發生的轉變。實在很難想像我曾祖母所處的世界：世人最遠只能抵達馬匹或火車能帶他們前往的地方。晚上唯一能打破黑暗的方法就只有蠟燭或油燈。工作必須耗費很大的體力。很少女性從事有薪水的工作。家是女人的工作場所，要用敞開的壁爐準備餐點，還得砍柴當燃料，才有辦法煮東西吃、讓家中保持溫暖。此外，你還得拿著水桶到戶外的溪流或水井取水——也難怪民眾對於技術進步十分熱衷，甚至歡天喜地迎接技術的到來。一九一五年，《文學文摘》（*Literary Digest*）刊登的文章信心滿滿地預估，等到電氣化後「幾乎不可能在城市中感染病菌或受傷，鄉村的人民可以前往城鎮調養身體」。[9]愛迪生本人也相信，人類持續進步時有一個最大的阻礙就是「我們需要睡覺」，而電力將協助我們克服這個阻礙。技術是民眾的新信仰，大家都認為，沒有什麼問題是技術無法解決的。

事後看來，技術帶來的種種好處竟沒有被十九世紀初的經濟學家們認可，確實挺令人吃驚；像是馬爾薩斯（Thomas Malthus）與李嘉圖（David Ricardo），他們其實並不認為技術將改變人類的命運。十九世紀與二十世紀初的卓越技術，也花了一點時間才進入經濟學界的視野。然而，在一九五〇年代，日後將於一九八七年榮獲諾貝爾經濟學獎的梭羅（Robert Solow）發現，二十世紀所有的經濟發展幾乎都源自技術。其他學者也證明，相關的好處讓芸芸眾生共享其成。經濟學家顧志耐（Simon Kuznets）發現美國變得更平等，他提出的資本主義發展理論認為，不平等在工業化的路上自動減少。經濟學家卡爾多（Nicholas Kaldor）指出，勞工持續收割大約三分之二的成長好處。梭羅提出的理論架構也認為，進步讓當時每一個社會團體都獲得同等的利益。從今日的角度來看，這種樂觀的看法顯得不合理，然而一九五〇年代的經濟學家，有著許多可以樂觀的理由。

如果光是讓技術的創造力百花齊放，就能讓整體社會更富裕、更平等，那麼區區幾位燈夫失去工作，又算得了什麼？許多被取代的燈夫，甚至有可能找到其他危險性更低、工資更高的工作。即便有些燈夫身受技術之害，社會為求多數人的進步而犧牲少數人，似乎也順理成章。然而，如果進步受害者的數量多出好幾倍，我們還會認為理應如此嗎？如果被取代的勞工大多被迫改做工資更差的工作呢？畢竟「特殊世紀」（special century）[10]的特殊之處，不只在於亮眼的經濟成長而已，人人都因進步受惠也同樣重要。當時出現明顯取代勞力的技術，大部分都屬於賦能技術。整體而言，技術提高了工人的生產力，也使他們的技術更加寶貴，得以賺取更高的薪資。如此一來，即便是受機械化浪潮影響而丟了飯碗的人士，也因為技術的緣故，得以選擇大量更不耗體力、工資更理想的工作。然而，本書將探討的人工智慧年代，這樣的技術樂觀主義不再理所當然，事實上也不是歷史向來的常態。黃金年代的經濟學家的確有理由在他們的時代保持樂觀，然而，他們的謬誤是以為自己目睹的現象將會無限期延續下去。沒有鐵則可以假定，技術一定會在犧牲少數人的同時造福多數人，也因此很自然地，當大量人口被技術革新留在後頭時，他們就有可能起身反抗。

⭘

進步的代價在歷史上各個時期有著極大的差異，像圖一這種簡化版的人類進步示意圖，通常被用來解釋人類的大躍進，而中間的細節全數都被省略。我想說的不是那張圖不正確，那張圖的確正確顯示出國民生產毛額（GDP）的人均成長停滯了千年，接著在一八〇〇年左右以驚人的方式起飛，因此，光憑著平均收入來追蹤進步的話，就會得出這樣的結論：「現代人類大約在十萬年前首度出現，在接下來的九萬九千八百年左右，什麼事都沒發生……緊接著，在不過兩百年前，人類開始富裕了起來，而且愈來愈富庶。至少在西方，人均所得開始以前所未有的速度，每年大約成長

○．七五％。二十年後，同樣的事在全世界遍地開花，接著更是漸入佳境。」[11]

這種標準敘述會帶來誤導。這類的敘述常讓我們忘了十八世紀英國開始一飛沖天的成長期間，有數百萬的人民必須適應陣痛期。有些人的故事的確比別人的開心；然而對有些人而言，要是機械化根本無法推廣，他們的人生會更加美好。圖一會讓我們以為，今日每一個人的生活絕對會過著比上一個世代更美滿，正如生於一八〇〇年那個世代的人，與其祖父一輩相比，他們一定感到自己的生活水準出現了驚人的改善。此外，圖一也暗示著在十八世紀之前人類不是很有創造力，不然怎麼會成長得如此緩慢？然而，只要進一步檢視前工業時代，就會發現古代就有許多開創性的發明與概念。此外，本書後面的章節將會提到，如果細看進步的不同時期，我們將發現在改變的浪潮中，每個人命運大不相同。

圖一中的「起飛」始於機械化工廠問世。工廠得以開始機械化，義大利可以居部分的功。在一場工業間諜活動中，來自義大利北部皮埃蒙特（Piedmont）的撚絲機圖紙帶來了第一批工廠，英國商人盧比（Thomas Lombe）也因此被英國政府封為爵士。不過，英國才是率先大規模利用機械的國家。工業革命的起源的確與製絲有關，但真正的開端是棉花產業，如同歷史學家霍布斯邦（Eric Hobsbawm）的名言：「凡論及工業革命者，非提棉花不可。」[12]棉花加工的方式機械化後，改變進一步帶來改變，一連串的進展創造了現代世界。然而，在工業化的早期年代，技術長足進步的同時，許多人民的生活水準卻下降。英語許多詞彙皆見證了一七五〇年後的世紀變化：「工廠」（factory）、「鐵路」（rail road）、「蒸汽機」（steam engine）、「工業」（industry）在那段時期首度出現。然而，「工人階級」（working class）、「共產主義」（communism）、「罷工」（strike）、盧德主義者（Luddite）、「赤貧」（pauperism）等字彙也隨之面世。工業革命的開端是第一波工廠報到，

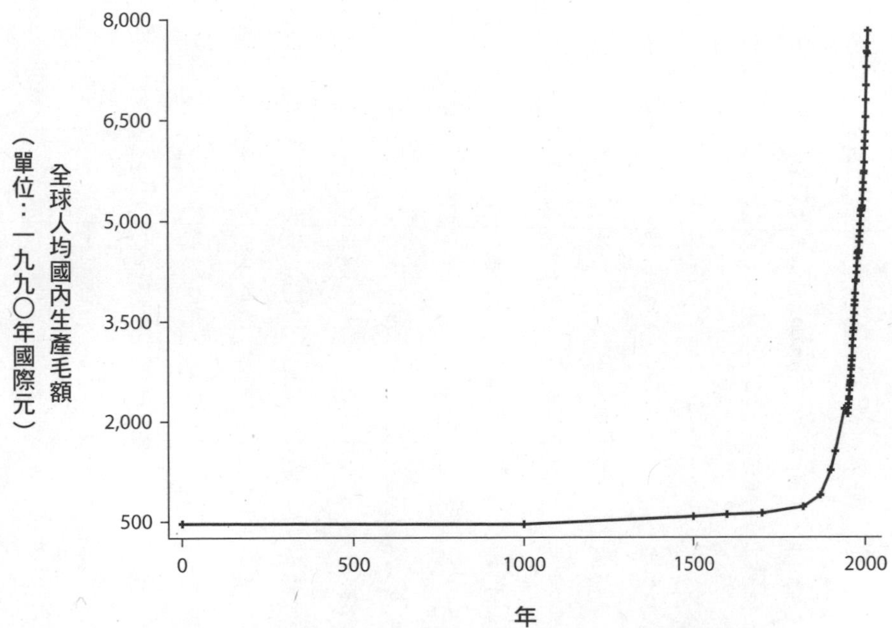


**圖一：一至二〇〇八年的全球人均國內生產毛額**

資料來源：J. Bolt, R. Inklaar, H. de Jong, and J. L. Van Zanden, 2018, "Rebasing 'Maddison' : New Income Comparisons and the Shape of Long-Run Economic Development," *Maddison Project Working Paper* 10, Maddison Project Database, version 2018.

但最後不僅在建造鐵路時劃下句點，還帶來了《共產黨宣言》（*Communist Manifesto*）；也就是說，工業革命除了帶來眾多革命性的技術，一路上也帶來了許多政治上的革命。[13]

以上這段話的重點，不是要我們輕忽英國工業革命的重要性。那場革命的確是人類史上的重大事件，最終讓人類得以逃脫英國政治哲學家霍布斯（Thomas Hobbes）筆下那般「汙穢、野蠻、短暫」的人生。[14]然而，這個「最終」過了好長一段時間才真正來到。經濟學家迪頓（Angus Deaton）所謂的「大逃亡」（Great Escape）並未瞬間讓平民居住的陋屋搖身一變成為伊甸園。[15]在工業化的早期年代，許多百姓的生活反而變得更汙穢、更野蠻、更短暫。一八四〇年前，英國民眾的物質水準與生活條件並未獲得改善。詩人布萊克（William Blake）筆下「撒旦的黑暗工廠」，描繪出工廠的超長工時與危險的工作環境，工業化過程帶來的就是那樣慘澹的生活。[16]曼徹斯特（Manchester）、格拉斯哥（Glasgow）等工業大城的出生時預期壽命，竟比全國平均少了整整十年，駭人耳目。工業城工人帶回家的工資，幾乎彌補不了骯髒與不健康的生活與工作環境。儘管產量上揚，成長所帶來的好處並未流入一般老百姓的口袋，實質工資停滯不前，有的還甚至下降；工人唯一得到的成長，只有待在「撒旦的黑暗工廠」的工時增加。然而，進步帶來的好處絕大多數都落到實業家的手中，他們的利潤多了一倍。也因此，在工業革命期間，英國平均食物消耗量在一八四〇年前並未增加。十九世紀上半葉，低薪的農業勞工與工廠工人的家戶有閒錢購買非必需品的比率下降。此外，營養不良造成身高一代不如一代。現代成長的序幕便由這壯烈的數十年開啟。[17]

英國出現生活水準危機的起因在於家庭生產制度走下坡，逐漸被機械化的工廠所取代。工匠原本能以精湛的手藝賺取中等工資，然而隨著工廠的興起，匠人的收入一個接著一個減少。工廠雖然創造出新工作，紡紗機還特別設計成適合孩童操作，然而，與成人相比，童工的工資成本根本是九牛一毛，也因此童工所占的勞動力比率愈來愈高。童工是工業革命的機器人，除了不必耗費多少成本就能工作，也沒有討價還價的能力，易於掌控。[18]

昔日的工匠技術因爲機械化的進展變得無用武之地，使得成年男性勞工處於劣勢；童工的比率激增，一八三〇年代童工約占紡織廠雇用的五成勞動力。勞動力付出的社會成本不計其數，包括收入消失、健康與營養惡化、非自願的職業遷徙與地理遷徙，有時甚至帶來失業，更別提孩童遭受的苦難。小時候當過童工的布林科（Robert Blincoe，注：1792-1860，英國作家，在一八三〇年代以描述童工經驗的自傳出名）受訪時表示，他寧願自己的孩子被流放到澳洲，也不想讓他們體驗工廠的勞動生活。[19]然而，童工雖然受罪，但純粹從經濟的角度來看，成人工匠無疑是工業化最主要的受害者，而且這群人為數不少。頂尖的工業革命學者藍迪斯（David Landes）寫道：「如果說機械化替所有人開啟了舒適繁榮的嶄新前景，機械化也摧毀了部分人的生計。有些人在進步浪潮的死水裡過著枯燥乏味的生活……工業革命的受害者已達數十萬、甚至是數百萬人。」[20]

歷史學家絞盡腦汁想要明瞭：為什麼一般英國民眾會自願參與降低生活水準的工業化過程？簡單來講，他們沒自願。英國政府有時會和反抗機器的工人起衝突，然而工人的反抗起不了什麼作用。這些反抗要是有可能破壞英格蘭的貿易競爭優勢，英國政府就會採取愈來愈鐵腕的態度。盧德主義者在一八一一年至一八一六年間的暴動中所取得的一切進展，促使政府調動更大批的軍隊鎮壓：他們派出一萬兩千名的士兵去平息砸毀機器的暴動，甚至超過一八〇八年對抗拿破崙的半島戰爭中，威靈頓公爵（Duke of Wellington）所率領的部隊人數。

後文將提到，在十九世紀末以前，抗拒危及勞工技能的技術是常態性的做法，而非特例。相關評論大多集中在盧德主義者的暴動，然而他們只不過是橫掃歐洲與中國各地的長期暴動浪潮中的一員。勞力替代技術的反抗史，可以回溯至更久更遠以前的時代。六九年至七九年在位的羅馬皇帝維斯帕先（Vespasian）考量到工人的生計，於是他拒絕利用機械裝置將柱子運上卡比托利歐山（Capitoline Hill，注：羅馬重要的宗教政治中心，大量宗教建築聳立於此處）。此外，一五八九年有件事廣為人知：英國女王伊麗莎白一世因為擔心技術革新將帶來失業，拒絕頒發專利給威廉·李（William Lee）所發明的針織襪機。一五五一年，可以節省大量勞力的起絨機在英國被禁。歐洲其他地方的反抗浪潮同樣猛烈，十七世紀有許多歐洲城市禁用自動梭織機。為什麼要這麼做？因為相關機器被採用時，地方上會發生暴動，荷蘭的萊頓（Leiden）就是前車之鑑，統治階級擔心憤怒的勞工會像萊頓等地那樣，開始反抗政府。不只歐洲擔心爆發起義，經濟史學家也主張，中國很晚才工業化的原因之一，在於威脅到勞工技能的技術遭到抗拒的情形，一路持續到接近十九世紀那數十年，當時進口的縫紉機皆被中國勞工摧毀破壞。事實上，還是英國政府首開先例率先支持工業的開拓者，不再站在暴動工人的那一方——這便可以解釋為什麼英國是全球率先工業化的國家。[21]

二〇一二年，比爾·蓋茲（Bill Gates）提到了我們這個年代的矛盾現象：「創新以前所未有的速度出現……然而美國人對於未來的悲觀程度卻更勝以往。」[22]蓋茲說得沒錯，皮尤研究中心的數據顯示，僅三分之一多的美國人依舊認為，自己的孩子以後會過著比爸媽還富裕的生活。[23]如果以過去數十年的情形來推論未來，部分人士絕對有許多悲觀的理由。一九八〇年出生的美國人，僅半數的經濟情況勝過父母；一九四〇年出生的人則有九〇%過得比上一代好。[24]儘管如此，美國的總統大選期間總是不免俗地喊著「世上最偉大的國家」這種口號，直到二〇一六年共和黨候選人靠著

「讓美國再次偉大」（Make America Great Again）贏得選舉。終於有候選人說出了事實，這麼說吧，候選人講出了那些機會早已消聲匿跡的地方心聲。

如同工業革命，「蓋茲矛盾」（Gates paradox）其實並不矛盾。正如工業化的早期，今日的勞工不再收割進步的果實，許多人還被留在進步的死水裡，情勢更是雪上加霜。如同工業化的過程造成中等收入的工匠感到時不我與，自動化的年代也減少了美國中產階級的機會。許多美國人就像早期的工廠受害者一樣，靠著改做較低薪的差事來適應工作的電腦化，或是根本適應不了，完全退出勞動力。此外，如同工廠的受害者，自動化的輸家主要也是正值青壯年的男性。一直到一九八〇年代前，製造業的工作讓一般工作者不需要上大學，也能過著中產階級的生活；然而隨著製造業的就業機會減少，許多人再也找不到向上流動的路。[25]

此外，目前為止自動化的負面結果主要是地方性的現象。過度看重全國的統計數據將會讓你忽略事實，就像你把一隻手放進冰箱，另一隻手放在火爐上，平均而言你感覺冷熱相當適中。工業革命也是如此。一八〇〇年，英格蘭北部安普敦郡（Northamptonshire）的地方布業一片蕭條，然而在小說家珍．奧斯汀（Jane Austen）居住的英格蘭南部田園地區，當地人士的生活跟工廠一點關係也沒有，聽都沒聽過。這一次，在當今老舊的製造業城市裡，自動化剝奪了中年男性的機會，社會與經濟的結構四分五裂；由於自動化或全球化的緣故，社區製造業的工作消失，失業問題持續增加。同時，公共服務惡化，財產犯罪的成長率上升，健康情形惡化，由於自殺以及酒精相關的肝病增加，死亡率上升。此外，結婚率暴跌，單親家庭成長的孩子數量增加，前途茫茫。在中產階級工作不復存在的地區，社會流動率大幅下降。[26]在工作消失的地方，民眾更可能會把票投給民粹的候選人。研究確實顯示，在歐美自動化帶來的工作風險愈高，民粹主義的吸引力就愈大。[27]如同工業革命的年代，技術的輸家要求翻盤。

我們早該有心理準備。一九六五年，在第一批電子計算機進入辦公室的年代，美國作家賀佛爾（Eric Hoffer）就已經在《紐約時報》上提出了警訊：「當技術人口被剝奪生存的意義、不再有用處時，將會是美國的希特勒崛起的絕佳契機」。[28]或許有幾分諷刺，希特勒本人與他的政府卻充分地意識到勞力替代技術所具備的顛覆性力量。一九三三年一月三十日，希特勒被任命為德國總理，開始回歸前工業化的政策，限制使用機械。該年，納粹黨在但澤（Danzig，注：波蘭北部最重要的海港工業城市，六百年來一直是日耳曼民族與斯拉夫民族的必爭之地，二戰後歸波蘭所有，現名格但斯克Gdańsk，Danzig為德語地名）拿下了超過五〇%的選票，阻擋機械化成為當地的優先要務。參議院為了解決技術帶來的失業，立法規定工廠必須先取得政府特准，否則不得裝設機器，違者將重罰，甚至由政府勒令歇業。[29]一九三三年八月，納粹勞工陣線（Nazi Labor Front）的領袖阿爾弗瑞德·馮·霍登堡（Alfred von Hodenberg）明確表示，黨不會允許機器在未來威脅到勞工的工作。他向大眾保證：「勞工再也不會被機器取代。」[30]

## 工作上使用的技術

人類能夠踏上富裕之路，最有共識的解釋是過去幾個世紀以來，我們逐步持續採用節省勞力的技術。經濟學家克魯曼（Paul Krugman）曾打趣道：「經濟蕭條、失控的通貨膨脹或內戰會讓國家貧窮，唯有生產力的成長會讓國家富裕。」[31]當技術讓我們能夠以少做多，生產力就會成長。如果使用機器能讓勞工生產力每年成長二·五%，人均產出將會每二十八年翻倍一次。在一輩子工作時間的一半左右，每小時的工作產出就能加倍，這項好處足以替技術的顛覆力量辯護，畢竟技術明顯縮短了時間尺度。然而，生產力雖然是一般人收入成長的先決條件，生產力卻不保證收入一定會跟著成長。此外，如果機器取代了現有職務的勞工，技術進步反而會讓部分人士蒙受其害。儘管如此，教科書式的經濟學把技術進步當成「柏拉圖改善」（Pareto improvement）：換句話說，假設機器接手了勞工的工作，每一個人同時也會有機會覓得更高薪的新工作。而歷史記錄證實，這樣的模型對於了解技術進步取代勞力的時期完全無益。相關技術帶來了更高的物質水準，卻也讓勞工流離失所。

省力技術會造成勞工流離失所的程度，取決於相關技術是賦能技術還是替代技術。替代技術會讓工作不需要找人類來做，職人的技能便失去了用武之地；相較之下，賦能技術讓勞工在現有工作中變得更具生產力，或能替人類創造出全新的工作，也因此「節省勞力」（labor saving）一詞，有著兩種密切相關但不完全相同的意思。對勞工來說，兩者的差異帶有重要意涵。[32]如同經濟學家傑羅姆（Harry Jerome）一九三四年所言，如果將一九二九年製成的鋼鐵噸數，改成以一八九〇年的技術生產，那麼會動用到一百二十五萬名勞工，而不是四十萬。這段話的意思是不是表示，到了一九二九年，會有八十萬人失去工作？當然不是。在經濟大恐慌的開端，煉鋼業的就業增加。[33]更好的技術減少了製造一定數量的鋼鐵所需的勞工數，但由於鋼鐵需求穩定成長，煉鋼業的工作數量也隨之增加。煉鋼業機械化的同時，鋼鐵製造的性質顯然產生變化，但工作因此被取代的情形大概不多。替代技術會接手先前由人力執行的工作，賦能技術則不然。除非是特定產品或服務的需求開始飽和，否則賦能技術僅會增加勞工的產出單位數，並不會取代勞工。[34]賦能技術的例子有很多，例如由電腦輔助的設計軟體提升了建築師、設計師及其他專業技術人才的生產力，賦能技術協助他們，而不是取代他們。Stata 與 Matlab 等統計電腦軟體增強了統計學家與社會科學家的分析能力，但並未減少相關人才的需求。此外，打字機等辦公室機器創造出先前不存在的文書工作。

如果你想要了解當某項技術屬於勞力替代技術時，勞工會碰上哪些不同的結果，你可以想想電梯問世的例子。沒有電梯，就沒有摩天大樓，也不會有電梯操作員。第一批電梯出現時，更多的電梯帶來了更多就業機會。如果你有辦法掐準時機，在電梯和樓層地板齊平的瞬間停住電梯，你就多了一種工作可以做。然而接下來，替代技術的出現讓事情發生變化：自動化的電梯不需要人去操作。雖然我們如今使用的電梯數量更勝以往，電梯操作員的工作卻突然間消失了。正如我們依舊需要大量的工業製成品，電梯需求顯然沒有飽和。然而，在人類機械操作員的工作被機器人取代的世界，要讓更多的汽車出廠，不一定代表會有更多的機器操作員職缺。因此，替代技術對工作與工資造成的影響，將與賦能技術所帶來的影響大相徑庭。自從首屆諾貝爾經濟學獎得主丁伯根（Jan Tinbergen）提出開創性的研究以來，經濟學家傾向於純粹從輔助人類的角度來解釋技術進步的概念。從輔助的觀點來看待技術進展時，新技術帶給某些勞工的幫助比較多、另一些勞工比較少，但永遠不會取代他們。這點也意味著勞工不會因為技術進步的緣故而工資下滑。以二十世紀大多數的時期而論，以上算是合理的經濟現實概述，多數的經濟理論的確反映出當時的經濟學家在特定期間觀察到的模式。一九七四年，也就是電腦化時代來臨之前，丁伯根發表的研究結果也一樣。在二十世紀大部分的時候，所有層級的薪資皆上揚了。但經濟分析的困難之處，在於只有非常少數的模型能放之四海而皆準。

在美國的勞動市場，大量人口的薪資持續倒退三十年，促使經濟學家重新思考技術變革。經濟學家艾塞默魯（Daron Acemoglu）與雷斯特雷珀（Pascual Restrepo）的開創性研究，提供了實用的形式模型（formal model），從賦能或勞力替代的角度，將技術進步加以概念化；除了協助我們理解人人薪資成長的時期，也能找出薪資下滑的時期是怎麼一回事。本書將從這兩位提出的理論架構出發，檢視歷史記錄。[35]機器能否接手人類工作的概念很重要，技術有可能因此造成薪資與就業下滑，除非有其他的經濟力量加以平衡。即便上升的生產力依舊會提升整體收入（像是隨著經濟出現更多的支出而創造出別處的其他工作，抵消部分的替代效應），依舊無法完全平衡技術替代帶來的負面影響。在艾塞默魯與雷斯特雷珀的架構中，若要增加勞力需求與勞工薪資，提升全國收入流向勞工而非資本擁有者的比率，創造出新工作是基本前提。換句話說，勞工的命運主要得看「工作替代」與「新工作創造」之爭鹿死誰手，以及勞工轉換至新興工作的難易程度如何。

後文將帶大家看，歷史上的技術究竟是取代勞工的替代技術，還是輔助勞工的賦能技術，將替一般大眾帶來相當不同的結果。新技術取代現有的勞工時，那些職人的技能就會變得過時。即便技術只取代一小部分人的工作，卻成為其他民眾的助力，勞工依舊可能蒙受其害。近年來，因生產線上的工業機器人而失業的勞工，並未從新興的機器人工程師工作中獲益多少。動力織布機問世時也是類似的情形。動力織布機取代操作手動紡織機的織工工作，創造出動力機器的新織工工作。然而，手動織工幾乎是瞬間失去收入，動力織工的薪資卻過了數十年才增加，畢竟織工需要學會新技能，也必須等利用相關技能的新型勞動市場問世。[36]由於替代型的技術進步通常會伴隨著熊彼得所說的「創造性破壞的疾風」，永遠會有贏家與輸家。[37]大眾論壇過度關注那些無法回答的問題，例如二〇五〇年是否會有足夠的職缺，除了很可惜，實際上還弄錯了重點。即便舊型工作在自動化的過程中消失後，有新型的工作出現，但這對失去工作的人而言，算不上什麼天大的好消息。現代主義作家已經注意到這樣的自動化困境，例如在喬伊斯（James Joyce）的小說《尤利西斯》（*Ulysses*）

中，主角利奧波德·布盧姆（Leopold Bloom）的腦中飄過各種思緒：「在布盧姆先生窗邊的電車桿，扳道工（注：在鐵路岔口負責操控道岔，讓車輛駛向正確軌道的工作人員）的背突然間直了起來。他們難道就不能發明某種自動裝置，讓車輪本身更容易操作嗎？嗯，要是真有那種東西，那名扳道工會不會失業？唔，可是這樣就會有另一個人獲得製作新發明的工作不是嗎？」[38]

新工作的確被創造出來，有人負責產出新發明。然而，這個有人是個「別人」：也就是說，製造新發明需要完全不同類型的工作者。工業革命與電腦革命創造出來的工作主要都是給別人的，那些人的技能和被取代之人的技能相差了十萬八千里。經濟史學家萊特（Gavin Wright）用了一句俏皮話來精準描述工業化的第一階段：「我們最終可以創造出一種經濟，技術由天才來設計，讓笨蛋來操作。」[39]的確，早期的工廠機器簡單到小男孩也能輕易上手；中等收入的工匠，也就這麼被工廠裡的童工取代，畢竟孩子們的工資僅僅是他們的好幾分之一。這個年代不一樣的地方，顯然是不再需要孩童來操作機器。電腦操控的機器自己會運轉。此外，電腦化也同樣讓新工作興起，但這些職缺需要具備完全不同技能組合的工作者，例如影音專家、軟體工程師、資料庫管理師等等，也因此，我們創造出的經濟似乎是由天才來設計給其他天才操作。有些工作變得自動化，但電腦也帶來更大的人力需求，需要認知技能高度發展的工作者。自動化取代的工作，正好是機械化所帶來的那些照顧機台的半技術工作，那些工作也曾經一度支撐起龐大而穩定中產階級。大致上來說，有幸讀大學的人，在電腦的時代大多能過得風生水起。然而，隨著中等收入工作逐漸消失，許多半技術勞工很難找到像樣的工作。在工業革命期間，以及在更靠近當代的運算革命，做著中等收入工作的中年男性是進步的受害者，他們的技能無法與新興的工作匹配。

技術變遷取代勞力時，勞工的結局取決於他們其他的工作選項。挪威劇作家易卜生（Henrik

Ibsen）一八七七年寫成的《社會棟樑》（*The Pillars of Society*）中，就對照了工業革命與古騰堡（Johannes Gutenberg）印刷機引發的經濟結果。劇中的伯尼克領事（Konsul Bernick）認為十九世紀工匠的命運和印刷機剛問世時的抄寫員很類似，他指出：「印刷術一問世，許多抄寫員就得餓肚子了。」船廠領班奧尼（Aune）則不客氣地質問：「領事啊，如果你就是名抄寫員，你還會那麼欣賞印刷術嗎？」[40]雖然易卜生把這當做不證自明的問題，事實上很少有抄寫員會反對印刷技術。接下來的第1章將提到，抄寫員和紡織工的不同之處：產業機械化讓織工陷入困境，抄寫員與繕寫員則更可能因古騰堡的發明而受益。許多負責抄寫的人員並不靠抄寫為生，對他們來說，活字印刷機不會害他們損失任何收入。至於的確以抄書為業的人士，他們精通的其實是抄寫那些利用印刷術反而不划算的短篇文字，或是轉行成為書籍的裝幀工與設計師。也因此，十八世紀與十九世紀的織工及其他工匠面臨惡化的工作選項時，他們四處破壞歐洲各地的紡織機器，但一四〇〇年代末的抄寫員很少抵制印刷機。的確，不是世界各地都同樣地熱烈歡迎印刷術，鄂圖曼帝國的蘇丹巴耶塞特二世（Sultan Bayezid II）就擔心，人民識字將動搖自己的統治地位，一四八五年，他下令帝國內禁止印刷阿拉伯文，造成該區的識字率與經濟成長率長期低迷。[41]然而，相較於二十世紀前歐洲各地普遍對替代技術的仇恨，引進印刷機鮮少引發勞工衝突事件。

印刷機的例子點出一個更大的重點：人民有其他更好的工作選項時，就比較不會去反對機械。工作替代總會有陣痛期，但如果民眾有理由相信明天會更好，就更有可能接受勞動市場永無止境的變動。後文我將會帶大家看看，二十世紀時，機械化之所以能夠一路暢通無阻，關鍵原因在於量產工業的中產階級工作機會出現爆炸性的成長：大量的製造工作是民眾最佳的失業保險。在這段時期，一波賦能技術的浪潮與飆升的生產力成長，讓工人階級的民眾得以向上流動。汽車與電力帶來巨型工業。隨著投入機械的資本增多，企業開始提高工資，以免員工跳槽去更好的工作。位於收入分布頂端與底層的民眾，生活水準大幅改善；中產階級的民眾由於預期自己亦將受惠，也跟著接受勞動市場的洗牌。

民眾之所以不抗拒那些威脅到自身工作的技術，另一個顯而易見的理由在於幾乎人人的消費能力都有所成長。在福特（Ford）和通用汽車（General Motors）生產線工作的人，即便他們的工作被機器人接手，他們依舊在某種程度上受惠於價格更實惠的汽車。然而，機械要在引進後才會使商品與服務變得更便宜，也因此某項技術如果替代了勞力，消費者享受到的好處唯有在替代已經發生後才會增加。更重要的是，從財務困頓與失去收入的角度來看，除非被替代的勞工有其他不錯的工作選項，否則替代引發的個人成本將遠大於消費者利益。舉例來說，紡織品變便宜這回事，並未讓盧德主義者享受到充分的補償。儘管機械化為消費者帶來了利益，盧德主義者仍舊反對引進機器。這裡要說的重點，自然不是替代型技術長期而言對人民來講有壞處，正好相反；但對因此失業的民眾而言，除非他們預期能找到一份薪水一樣好的新工作，否則光是長期的好處也於事無補。

多數經濟學家承認，技術進步會帶來短期的適應問題，但很少有人提及，這裡的短期有可能是一輩子。最終，長期取決於短期期間所做出的政策選擇。光是有更優良的機器並不足以帶來長期的成長。如同艾塞默魯與政治學家羅賓森（James Robinson）在《國家為什麼會失敗》（*Why Nations Fail*）一書所指出的：經濟與技術發展往前邁進的前提，將是「預期自己將喪失經濟特權的經濟輸家，以及擔心自身的政治權力遭侵蝕的政治輸家，這兩群人皆未阻撓成功。」[42] 光是勞工螳臂當車，可能難以有效地阻擋新技術，但統治菁英千年來減緩了勞工替代進展的速度。[43] 在多數情況下，台上掌權的人士對於過程中會破壞穩定的創造性破壞不太感興趣，因為成群的經濟輸家有可能挑戰政治現況。如同卓越的經濟史學家莫基爾（Joel Mokyr）所言：

任何的技術變革，幾乎都不免導致有些人過得更好，剩下的其他人則過得更糟。的確，我們可以用柏拉圖改善來思考生產技術的變化，然而實際上這樣的情形極為罕見。除非所有人都接受市場結果的判決，否則是否該採行創新技術的決定，大概會遭到輸家藉由非市場的機制與政治行動主義抵抗。[44]

英國在工業革命期間的優勢，並非無人抵制技術變遷，而在於政府始終強而有力地站在創新的「那一方」……法國抵制技術進步的成功程度似乎勝過英國，這個差異或許替英國率先出現工業革命的原因，提供了另一種解釋。[45]

我將以類似的脈絡辯證，用英國政府很早就堅決打擊所有的機械化反抗勢力這點，解釋為什麼是英國率先工業化。後文將談到，這個決定主要來自政治勢力的變遷。發現「新世界」造成國際貿易崛起，仕紳的力量受到「煙囪貴族」（chimney aristocrats）這個因機械化而得利的新階級挑戰。[46]從更寬闊的視野來看，民族國家之間一連串的競爭，更難讓技術保守主義配合政治現況，外患帶來的威脅遠大於抗議的底層工人。即便勞工有辦法召集眾人一起行動、上街抗議，他們勝算也其極渺茫，無力抵抗英國軍隊。許多盧德主義者最後被逮補入獄，接著送至澳洲流放。

一八三二年與一八六七年，英國的《改革法案》（*Reform Act*）確實是個重要事件，然而英國並未因此走向自由民主制（liberal democracy），財產權才是最重要的，公民權利和政治權利依舊落後。有機會受教育的人並不多，而且要有財產才能投票——也就是說，多數一般民眾沒有參政的資格。英國如果是自由民主制，盧德主義者的情形絕對不會那麼無望。諾貝爾經濟學獎得主列昂季耶夫（Wassily Leontief）曾經開了個玩笑：「如果馬能參加民主黨並投票，農場上所發生的事會相當不一樣。」[47]馬兒或許會運用自身的政治權利阻止推廣牽引機。同樣地，如果盧德主義者如願以償，英國或許就不會出現工業革命。當然，我們也無從得知究竟會發生什麼事；只知道許多民眾盡一切力量阻撓進步。

## 本書架構

後文將提到，在人工智慧的年代，技術進步會愈來愈朝勞力替代的方向走。因此，為求了解技術進展的未來，我們必須了解背後的政治經濟學。技術會讓勞動市場中的大量人口在剩餘的工作生活中，過著不如以往的日子。這點就相當足以解釋他們為什麼會如此抗拒自動化。此外，政府不願意見到社會動亂，也有相當充分的理由限制部分技術。由於前述的種種理由，長期與短期難分難解；長期的走向將受短期事件干擾與改變，長期的繁榮也會因此蒙上陰影。

我們都知道，人類歷史在世界各地有相當不同的發展。經濟學家與經濟史學家投入大量的心力，關注為什麼有的地方變富裕、其他地方則依舊貧窮。本書的目標沒那麼宏大，只檢視為什麼在全球不同的角落、在幾世紀以來尖端技術得以前進的地方，民眾卻碰上了不同的命運。新技術與人類財富之間的關係不曾因果分明，也永遠不是線性的。歷史不曾重來，然而馬克·吐溫（Mark Twain）也說過，有時候類似的事的確會再度發生。我寫作本書的當下正如典型的工業化時期，中等收入的工作正在消失，實質薪資停滯不前。當然，二十一世紀的電腦技術與帶來現代產業的機械，就像是兩個世界的事；然而，兩者帶來的經濟與社會效應，如今多處看來異常眼熟。長期而言，工業革命讓我們變得遠遠比從前更為富裕、過著更好的生活；人工智慧同樣也有讓我們更加富裕的潛能。然而，如同工業革命，人工智慧令人關切之處，在於大量群眾被留在後頭時，有可能會引發對技術本身的強烈反彈。許多時事觀察家已經指出，若要解釋近日的民粹主義復興現象，無法不提及全球化的輸家。然則中產階級的薪資會下滑，技術也在其中扮演同樣重要的角色，目前的情況一切尚不明朗。人工智慧開始更為普及後，自動化及其效應也將跟著顯現。

經濟史學家長期爭辯，為什麼英國在一七六〇年代技術百花齊放，但接著又過了那麼久，才帶來更高的生活水準。經濟學家今日也參與相似度驚人的辯論，討論為什麼這麼令人瞠目結舌的自動化進展，目前為止卻尚未讓一般民眾的錢包出現變化。本書將試圖將兩大學術研究領域連在一起，從歷史的角度來檢視「蓋茲矛盾」。從農業的發明一直到人工智慧崛起，我將一路追蹤技術的拓展，也會追蹤人類的命運隨技術前進所產生的變化。在這裡先提醒讀者，本書並未提供平衡報導，篇幅只夠小心擇要討論。技術史這個主題有浩瀚無邊的文獻，不可能一一提及。我只能檢視最重要的幾項技術進展，試著說服讀者在歷史上，勞動力付出的進步代價十分不同。究竟會如何，全得看技術變遷的本質。此外，勞動力付出的代價在二十一世紀變得更高了——這點也解釋了世人今日面對的諸多不滿。

這裡還要提醒讀者另一件事：由於工業革命在英國發生，且日後技術的領導權一直牢牢掌握在西方國家手裡（至於西方還會稱霸多久則有待時間證明），本書的敘述將會偏向西方視野。西方一直要到了十五世紀，才趕上更為先進的伊斯蘭與東方文明，但為了描述西方在工業革命前後的對比，我把主要的心力放在討論西方經驗。此外還要提醒的是，本書提及的歷史先是大多與英國有關，再來則會談到美國。簡單來說，我的理由是工業革命首先發生在英國，接著在所謂的「第二次工業革命」（Second Industrial Revolution）期間，美國成為世界的技術領袖，因此我將會把重點放在美國經驗的探討。如同經濟史學家格申克龍（Alexander Gershenkron）所言，追趕性成長（catch-up growth）靠的是採用他處發明的現有技術，本質上與靠著拓展技術前線、進入未知領域所帶來的成長不同。本書要討論的是後者。此外，有的讀者也許會感到失望，許多重大的技術突破本書竟隻字未提；略舉一例，現代醫學的興起可說是人類最大的助力，而我居然沒花篇幅討論。近年來的技術發展包括人工智慧、行動機器人學（mobile robotics）、機器視覺、3D列印與物聯網的進展等等，全都能節省勞力。本書的寫作目的是解釋今日的情形，並討論今日的勞動力所面臨的挑戰，也因此節省勞力的技術將會是本書的重點。

此外，我也要強調雖然本書後半的章節以美國經驗為主，技術不是獨唱，而是合唱的一員。技術會和制度以及其他的社會力量、經濟力量互動，這點亦解釋了為什麼在其他的工業國，過去三十年間的貧富差距情形比較沒那麼嚴重。然而，停滯的薪資、消失的中等收入工作與勞動占的所得份額下降確實是西方國家共同的特徵，而且全都與技術的潮流有關。沒錯，收入的分布的確受多重力量所影響，不過本書主要關注的是長期狀況，不談景氣循環，而且我要談的是九九%的民眾，而不是最頂層的一%。在歷史的長流中，一般民眾的收入與技術息息相關的程度，開始勝過其他的因素。

不過，本書最大的挑戰大概是說服讀者：我們能向過去學習，以古為鑑。經濟學家與經濟史學家一般都對這個概念抱持著懷疑的態度。如同本書的匿名審查者所言：

經濟學家顯然是「歷史的否認者」，他們不願接受經濟學家能從過去學到任何事，即便經過經濟史學家的分析，他們也拒絕此事。未能預測到二〇〇八年的金融危機（甚至在無意間推波助瀾）令經濟學家汗顏，也引發了他們對於經濟史不尋常的興趣。經濟學家開始尋求從其他角度，努力在無法預測、令人困惑的事件中尋找洞見。然而，這樣的興趣（與謙遜）只是曇花一現，並不深入。此外，經濟史學家同樣也不願宣稱自己靠著研究過去掌握了今日的情形；經濟歷史學是一門謙虛的學門，不會號稱那樣的事。綜合前述原因，本書作者弗雷所探討的兩個學門都將對他的中心論點感到不放心。這個議題的背後是更大的問題，涉及到兩個領域之間的溝通。這兩個領域雖使用類似的專業工具箱，但經濟學者已把自家的內容精煉至極致、反對其他方法；歷史的內容則有時不在技術的前線，必須放進敘述的脈絡。不論作者是誰，想向這兩群不同的聽眾強調「我們能向歷史學習」，必將遭遇強大的挑戰。

儘管前方充滿艱鉅的挑戰，我將在本書接下來的章節努力說服讀者：歷史不單單只是一個接著一個的枯燥史實，我們可以從中學習共通的模式。歷史告訴我們，當技術進步帶來的是勞力取代，那麼就很可能引發敵意與社會動亂；相較之下，如果技術進步帶來的是賦能，則會有更多民眾都能享受到成長的好處，新技術的接受度一般比較高。接下來的章節把經濟史分成四個部份。第一部分「大停滯」會談前工業時代的技術，探討相關技術對人民的生活水準產生的影響。一共有三章：第1章簡單概述大約一萬年前人類生活出現農業後的技術進展，一路談到工業革命的開端。我將帶大家檢視，其實在十八世紀之前就已經有許多重要的技術問世，但一般大眾的物質條件卻未能因此改善。第2章將介紹在工業革命前夕，人類的生活水準雖然有所改善，但成長主要來自貿易。我們現代的熊彼得式成長靠的是節省勞力的技術、就業的創造性破壞以及新技能的取得，這種成長並非經濟發展的引擎。我將在第3章努力解釋背後的原因。後文將提到，在工業革命之前的年代，創新也曾欣欣向榮，但很少取代勞工，真正發生時還遭到強烈反對甚至阻擋。為什麼工業革命的技術沒早點問世？一個有力的解釋便是民眾普遍反對威脅到自身生計的機械。地主階級（landed class）的成員左右著政治，對他們而言替代技術壞處多、好處少，他們也擔心失去工作的工人會起來反抗政府。

第二部分「大分流」我將旋風式地帶大家一遊英國工業革命。前工業時代的君主的確該擔心機械帶來的顛覆力量，機械化工廠取代家庭生產制度時，勞工帶頭抗議機器。第4章會端詳那些帶來工業革命的技術，它們幾乎全是為了取代勞工而問世。第5章裡，技術取代勞工的結果是中等收入的工匠工作消失，造成英國境內的大分流——這點將解釋為什麼工業化會帶來諸多衝突。然而，這回允許推廣機械化對統治階級而言反倒有利可圖，他們大力強迫百姓接受第一次機械時代（the first machine age）。一直要到工業革命的最後數十年，薪資開始上揚，工人才結束抗爭。

第三部分「大平等」把鏡頭拉向美國經驗，美國在第二次工業革命期間從英國與全世界的手裡接下技術的領導者地位。在這個部分我們將檢視，為什麼即便最新型的技術以加快的速度前進，二十世紀並未對機械化抱持相同的敵意。第6章簡介伴隨第二次工業革命而來的技術變革，檢視勞動市場發生的巨大轉變，工廠改用電力，家庭機械化，人民受城市的量產工業吸引、離開鄉村。我們都知道，相關轉變都不是無痛的。第7章將介紹機械焦慮如何短暫回歸。部分職業開始消失，勞動力經歷適應轉變的陣痛期。然而，即便有時候世人會擔心新技術將搶走工作，但很少人真心認為限制使用機械是好點子。為什麼會這樣？美國或許有著工業化世界裡最暴力的勞工史，然而在一八七〇年代後，每當發生暴力衝突，勞工針對的對象鮮少是機器，甚至不曾發生這種情形。第8章會探討為什麼勞工並未像十九世紀的前輩一樣反對機械。我十分清楚自己無法替這個問題提供完整的答案，但技術絕對沒在故事中缺席。源源不絕的賦能技術吸引百姓遷入第二次工業革命的煙囪城市、從事薪資更理想的新型工作。勞工開始感到技術對自己有利，並做出合理回應，也就是努力減少勞動力必須負擔的適應成本，而非阻止技術進步本身。在機械化的領域，勞工事實上接受了自由放任制度，但堅持建立福利與教育系統以協助人們適應，進一步減少失去工作者付出的個人代價。而這個概念便成了二十世紀的社會契約。

第四部分「大轉向」談的是電腦時代。第9章將討論自動化年代並非二十世紀機械化的延伸，而是正好相反。二十世紀前四分之三的歲月被視為帶來「史上最大的大平等」[48]，這種看法的確有道理；那是一段平等資本主義（egalitarian capitalism）的時期，勞工的薪資齊步上揚，馬克思（Karl Marx）的無產階級也能加入中產階級。一九七〇年代，美國的中產階級成為藍領與白領市民的多元熔爐。許多工作者負責在辦公室與工廠照顧某種形式的機器。這章會帶大家看，機器人及其他由電腦控管的機器，帶走的恰恰是機械化創造出的中等收入工廠與辦公室工作。第10章則從整體的面向，改看那些工作機會消失的社群。儘管數位技術允諾讓世界是平的，結果正好相反；自電腦革命的開端起，新工作絕大多數集中在擁有技術人口的城市裡，自動化取代舊式製造廠的工作，沿著地理線放大美國社會結構的兩極化。此外，美國沿著經濟線愈來愈兩極化的同時，政治上也愈來愈分歧。

第11章將闡述為什麼民眾眼見薪資下滑，卻未像中間選民理論所預測的那樣要求補償。如果中產階級陷落、不平等加劇，理論上勞工會投給傾向重分配的政策。我將主張勞工沒這麼做的原因在於他們失去了政治影響力。社經的隔閡日益增強，受苦的民眾離其餘的美國社會愈來愈遠。在此同時，在戰後的繁榮時代，勞工階級的預備軍成員湧入工廠，但今日的預備軍則愈來愈遠離工會與主流的政治政黨。民粹主義者的吸引力增強，似乎主要反映出全球化與自動化的輸家如今面臨日益減少的機會，但政壇上卻沒人回應他們的關切。全球化已經成為民粹主義者的攻擊目標。然而放眼望去，愈來愈多的勞工開始躲避全球化的力量，受雇於經濟中非貿易部門的勞動力比率愈來愈高；即便如此，他們還是躲不過自動化。如果和工業革命時期一樣，目前的經濟潮流要是再多延續幾年，甚至是再持續數十年，自動化不免步上全球化的後塵，成為箭靶。

第五部分的標題是「未來」。這個部分不會試圖預測未來將發生的事；如同前文所言，未來會如何，主要還是得看賦能技術與替代技術之間的競賽。不過接下來的三十年，顯然不能重蹈過去三十年的覆轍。第五部分的目的不是像經濟學家一般的做法，希望依據目前的潮流做出推測。此外，我的目標也不是預測未來的技術突破；我能做的頂多是檢視今日在實驗室出爐、尚未廣泛利用的原型技術。以洗衣婦的就業前景為例，洗衣婦的工作在一九一〇年左右達到巔峰——那一年，美國工程師費雪（Alva J. Fisher）取得世上第一台電動洗衣機「索爾」（Thor）的專利（圖二）。如果經濟學家在一九一〇年就近期發生的事來推論，他們會推估，未來數十年洗衣業的工作機會將不虞匱乏。然而，如果看著技術的潮流（也就是本書第12章要做的事），大概會得出相反的結論，也就是電動洗衣機將取代洗衣婦的洗滌工作。

我檢視許多近日的技術發展，包括機器學習、機器視覺、感測器、人工智慧的各種子領域、行動機器人等等。我的結論是這些技術將為勞工帶來新工作，但它們主要屬於替代技術。已經受到打擊的中產階級，他們的就業前景將進一步惡化，因此，若是認定不論自動化將帶給勞工什麼樣的命

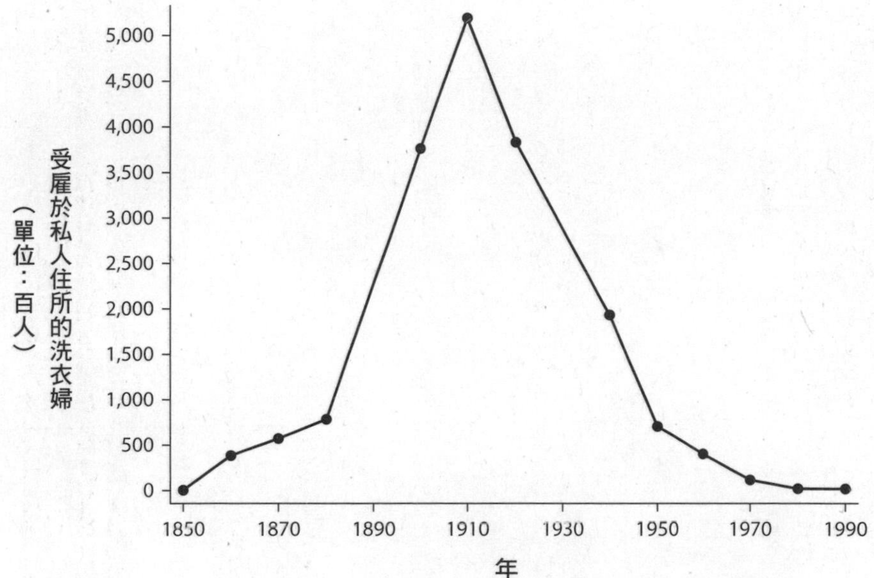


**圖二：一八五〇年至一九九〇年美國私人住所的洗衣婦人數**

資料來源：M. Sobek, 2006, "Detailed Occupations—All Persons: 1850–1990 [Part 2]. Table Ba1396-1439," in *Historical Statistics of the United States, Earliest Times to the Present: Millennial Edition*, ed. S. B. Carter et al. (New York: Cambridge University Press).

運，二十世紀對技術進步抱持的正面態度將延續下去，這樣的假設相當偏離事實。後文會帶大家看，民眾已經轉為對未來感到悲觀，甚至認為自動化是凶兆。多數美國人表示將投票給限制自動化的政策，這股日益升高的自動化焦慮，很可能被民粹主義者拿來利用。未來事情將如何發展，幾乎得看政策選擇而定。在總結全書的第13章，我將會概述幾種協助大家適應的策略與道路。

# PART I

# 大停滯

工匠不得構想或設計任何新發明，亦不得利用此類工具。人人皆應出於同胞之愛與手足之情，跟隨近親與鄰居，在不傷害他人的前提下，施展自己的手藝。

——波蘭國王齊格蒙特一世（King Sigismund I of Poland）[1]

一八〇〇年的世界以農業經濟體為主，不平等隨處可見，僅有極少數富人家財萬貫、朱輪華轂。小說家珍・奧斯汀或許寫下了一邊用瓷杯品茶，一邊優雅聊天的場景，然而一直遲至一八一三年，多數英國人過的生活比他們赤身裸體的非洲大草原祖先好不了多少。高富帥的達西先生沒幾個，窮人隨便抓都一大把。

——葛瑞里・克拉克（Gregory Clark），《告別施捨》（A Farewell to Alms）

人類的財富可從技術的累積效應來探討，也就是用更少的人力創造更高的產值。然而在工業革命之前的年代，生活水準主要不是靠技術推廣而定，也不是倚賴取代人類肌肉的機械力量。當然，這並不表示人類技術一直到了十八世紀才有所進展。要是我們比對世上不同角落的社會，就可以從每個社會採用技術程度不一的情形，看出前工業時代人類技術其實早已出現了長足的進步。最明顯的例子是荷蘭探險家塔斯曼（Abel Tasman）在一六四二年發現塔斯馬尼亞島（Tasmania）後，終止了史上最長的族群隔離。在世界上其他地方，技術的傳播早已深深改變了人類的發展；相較之下，塔斯馬尼亞的島民依舊沒有農業、金屬、陶器、生火器具，甚至連有柄的石器也沒有。[2]

攤開歷史記錄我們可以發現，缺乏技術創造力其實不是經濟成長的關鍵障礙。略舉幾個例子來說，風車、馬匹技術、印刷機、望遠鏡、氣壓計、機械鐘錶等等早在十八世紀之前就已經發明，但我們一般會把工業革命視為重大技術變遷開端的原因，在於這是史上第一次技術的進步最終使得平均收入大幅增加。因此，即便工業革命的歷史記錄下的其實是不平均的技術進步，但誇張一點來說，從經濟學的角度來看，其餘九九％的人類史都屬於所謂的大停滯（great stagnation）。本書的第一部分便會解釋這種現象的背後究竟是怎麼一回事，檢視西方（工業革命最早發生的地點）關鍵的技術進展，以及各項技術在生產上的應用，探討為什麼前工業世界的技術進步，未能像十八世紀的技術成就那樣帶來繁榮舒適的生活。當然，相關的文獻解釋汗牛充棟。其中一套廣為流行的理論認為，這個世界在工業革命發生之前一直受困在「馬爾薩斯陷阱」（Malthusian trap）中；繁榮只帶來更大量的人口，導致人均所得缺乏實質的成長。馬爾薩斯的觀點有其一定的道理，然而儘管速度緩慢，英國的生活水準早在一五〇〇年至一八〇〇年間就已出現了改善。我們往往會把工業革命與大量的機械裝置聯想在一起，然而真正的謎題在於，人類早在十八世紀前就有能力研發這些機械並廣為利用，但這種情形卻沒有實際發生。除了蒸汽機，十八世紀並未見證任何會「難倒阿基米德」的破天荒發明。[3]

前工業時代的技術史說明了一個重點：民眾會抗拒取代勞動力的技術，且這種現象是常態而非特例。十八世紀之前，創新早已遍地開花，但鮮少以資本取代勞力的形式出現——通常這種情形一發生就會出現激烈的抗爭。這並不代表技術開倒車，但的確解釋了為什麼在工業革命中帶走工作機會的技術，未能早點問世。

# 第1章 工業革命前的進步簡史

雖然前工業社會的生產力明顯遜於日後的社會，但綜觀歷史，人類從來不缺科技創造力。人類最基本的技術大多在沒有任何歷史記錄之前就已經問世，例如生火用具、漁獵工具、動物馴化、農業、灌溉、陶器、上釉、輪子、紡紗與編織技術。種種發明中又以農業最具轉變的力量，也帶來最早的人類文明。英國哲學家羅素（Bertrand Russell）解釋：「文明人與野蠻人的不同之處，在於是否會考量未來，講得再稍微廣一點，文明人會事先規劃未來，會願意為了未來的快樂忍受當下的痛苦……自從農業興起後，這個特質變得相當重要。」[1]

新石器革命大約始於一萬年前。在這之前，狩獵採集者平日忙著尋找食物。打獵不需要有什麼計劃，但的確需要分享打到的獵物，因為當時既沒有儲存肉類的技術，也無法儲藏其他覓得的食物——也就是說，唯一的選項就是立刻吃掉，因此當時並沒有現代財產權的觀念，畢竟沒有這個必要。狩獵採集者和黑猩猩一樣，群居在一地，通常還會搶奪地盤，但由於沒有任何人能累積量夠多的盈餘，故沒有必要建立所有權的資產。然而，農業發展讓人類開始種植作物與飼養動物，於是事情發生了轉變，食物首度能儲存在糧倉裡，或是以家畜的型態存放，人類進而累積了大量餘糧，發展出所有權的概念，保護財產權的新型社會組織也就此問世。

新石器時代早期的社群和狩獵採集者一樣，由家族成員組成；眾人不再忙著尋找植物與捕捉野味，轉而忙於農事。發展技術的目的主要是為了滿足農業需求。此外，農業所需的工具和技術與狩獵採集者大相徑庭。農夫需要斧頭開拓林地，還需要挖掘棒與帶有石刃的鋤頭來翻土。收成時，鋒利的鐮刀則會派上用場。按照定義來看，新石器時代的工具由石頭製成，雖然盡是一些簡單的工具，但當時留下的巨石與石碑顯示，早在世界最初的幾大文明問世之前，人類就有能力建造大型的建築物。然而，由於人類忙著生產所需的食物，把大多數的時間都花在耕種上，蓋東西往往需要耗費多年的時間。展開大規模的水利工程計劃與建造城市前，都得先累積大量的餘糧，餵飽負責建造的工人。最終，農業生產力的改善讓人類得以生產更多食物，也擴張了城市——工匠、冶煉工、金屬匠及其他工作成為全職的職業。技能愈來愈豐富的勞動者專心開發更好的技術，農業生產力得以進一步提升[2]，支撐起大量的人口，帶來更上一層樓的術業有專攻，更多握有高超技術的文明躍上歷史的舞台。

最早期的偉大文明，像是後來毀於克里特島（Crete）火山爆發的邁諾安文明（Minoan civilization）、美索不達米亞文明與埃及文明。這些社會中有大量的人口依舊是農民，他們負責種植大量的豆子、小麥、扁豆、大麥、洋蔥等各種糧食，此外還飼養了牛、豬、綿羊、驢子與山羊。最重要的是，他們生產出餘糧，讓人類除了忙於農事還能從事其他活動。有些人去當建築工、匠人、商人或戰士，有些人去當統治階級的奴僕，負責服侍政治、宗教與軍事領袖。隨著非農人口的比率愈來愈高，發揮創造力的發明不再限於農業用途。對現代的世界而言，承自古文明最重要的賦能技術就是書寫，書寫讓我們迄今依舊得以跨越時空儲存與傳遞資訊。其他的重要發明包括在前五千紀首度出現在美索不達米亞的製陶轉盤。雖然牛拉的有輪推車大約到了西元前三千年才愈來愈常見，且當時的車輪由厚重的木板製成，無法用於崎嶇不平的岩石地帶，還經常陷入軟土。因此當時的車輪對於生產力所造成的影響可以忽略不計。人類發明了輪子很長一段時間後，人類依舊仰賴驢子商隊運送貨物。[3]

至於節省勞力的技術，古文明最重要的成就大概就是發現金屬並加以開採。銅率先被人類利用，接著出現幾種增加銅材硬度的技術創新，包括加入錫製成青銅（開啟了青銅器時代，時間大約是西元前四千年至前一千五百年），或是加入鋅製成黃銅。黃金等軟金屬被發現後，便成了貨幣的基礎。鐵也出現了（開啟了鐵器時代，時間大約是西元前一千五百年至前五百年），古代的鍛工發現鐵是個遠遠更為堅固又耐用的金屬，於是鐵很快就被人類廣泛採用。相關發展接著又帶來各式各樣的技術進展。先前用木頭或石頭製作的工具，如今可改成更耐用、延展性更佳的金屬材質製成。此外，鋸子、鐮刀、鎬、鑿子等全新的工具也一一問世——在冶金術出現前，這些全是無法想像的工具。[4]當時雖然沒有機器可以替勞動者分憂解勞，但即便是最簡單的工具，也能大量地節省力氣：「有鑿子的人能完成的工作，與二十個只能靠手指甲挖土的人相等。」[5]儘管如此，雖然相關工具顯然能助人類一臂之力，冶金術的進展帶來不受歡迎的動亂，手持刀劍的戰士也因此得以征服靠石頭與木材製作武器的文明。歐亞大陸的古文明之所以能安穩千年，部分原因與是否出現新技術息息相關。統治階層的地位一直要到鐵器問世與野馬被馴化，才開始受到挑戰；對於菁英階層而言，新技術往往害處多、益處少，且威脅到他們的統治權。瓦解美索不達米亞文明的遊牧民族戰士就率先使用了鐵製武器。因此，在羅馬帝國的極盛期，古羅馬的博物學家兼作家老普林尼（Pliny the Elder）這麼形容鐵：

> 對人類而言，鐵是最為寶貴但同時也是最糟糕的金屬。在鐵的協助下，我們挖掘田地、

建立苗圃、砍伐樹木，修剪葡萄藤不必要的部分，迫使藤蔓年年再生，還建造屋舍，劈下石塊等等。然而，金屬也被用於戰爭、謀殺、搶劫；除了近距離的面對面廝殺，還應用於投擲與射擊，因為鐵可以利用射擊器投擲，或是靠人類手臂的力量，甚至是以弓箭形式發射出去。我認為鐵這是人類最該被譴責的產物。[6]

如同現代人擔心人工智慧會帶來破壞性的影響，霍金（Stephen Hawking）與博斯托羅姆（Nick Bostrom）等學者指出，人工智慧有可能終結人類文明；前工業時代的人類同樣也憂心忡忡，擔心技術有可能摧毀他們那個規模小很多、較為孤立的世界。不只有古羅馬的老普林尼擔心這樣的事，在整個古典時代（classical antiquity，約指西元前五〇〇年至西元五〇〇年），技術帶給菁英階級的不妙直覺也影響著世人對於技術進步的態度。政治領袖若想保住自身勢力，不一定會喜聞樂見技術的到來。

## 受傳統壓迫

大部分早期的學者主張古典文明並未出現太多技術上的進步，而如今這樣的論述被視為低估了古典時代的重大突破。[7]這種觀點的主要成因，在於當古人發展新技術時，帶有經濟目的的為數不多。如同古典學者芬利（Moses Finley）所言，我們看待古代技術進步時的觀點，通常會把自身的價值體系強加在不太有興趣發展工業的文明上。[8]自從工業革命以來，技術的主要功能是改善工業製程、產品與服務，於是我們傾向從這樣的角度來思考技術的進步。相較之下，古典時代的技術進展一般是為了服務公部門，而不是私人利益。領導者並未把心力放在促成技術發展、增加生產力，而是著重推動公共建設以贏得民心，保住政權。[9]如同歷史學家哈珀（Kyle Harper）所言：「四世紀有一份自信滿滿的清單指出，羅馬坐擁二十八座圖書館、十九座水道橋、兩座競技場、三十七道城門、四百二十三個街區、四萬六千六百零二間公寓、一千七百九十間大宅、兩百九十座穀倉、八百五十六間澡堂、一千三百五十二座水槽、兩百五十四間麵包廠、四十六間妓院、一百四十四間公廁。無論以什麼標準來看，羅馬都是一個了不起的地方。」[10]

古典文明出類拔萃的成就在於土木和水利工程與建築方面的進展。[11]「與一八〇〇年文明歐洲的首都相比，西元一〇〇年的羅馬擁有鋪得更完善的街道、更優良的汙水處理、供水與防火措施。」[12]供應新鮮用水的管道最早出現在早期的古典希臘，日後普及到羅馬。[13]自西元前三一二年起，羅馬便在政治人物克勞狄（Appius Claudius）的帶領下逐漸拓展了供水系統。直到大約西元一〇〇年左右，水利監察官弗朗提努斯（Frontinus）寫下的記錄顯示，當時的羅馬房屋就有供給自來水。公共浴池使用中央暖氣系統，澡堂建築的需求促進了加熱法的技術，例如加熱地板用的熱炕。[14]許多宏偉巍峨的羅馬建築使用的賦能技術是水泥磚，這種砌牆法被稱為「羅馬人唯一的偉大發明」。[15]此說的確誇大其辭，不過羅馬人確實少有工業發展方面的貢獻，原因並不是羅馬人缺乏技術創造力或技術能力，單純只是羅馬的統治者對工業不感興趣。套句歷史學家希亞通（Herbert Heaton）的話，羅馬的領導者認為戰爭、政治、財政、農業是他們唯一需要介入的領域[16]；機械方面的進展，包括起重機、泵浦、汲水裝置等等，主要也是輔助性質的發明，用於協助搭蓋建築與水利工程。就目前的研究來看，相關裝置並未深入影響羅馬民間的生產力。即便水利工程技術有時被應用在灌溉與排水，但很少會帶給經濟體中的私部門外溢現象。羅馬用於替代勞力的農業發明也不多，證據顯示，當時有某種收成機器，但在西元五世紀最後一次被提及後便失去蹤影，顯然未能普及。[17]織品生產方面也未出現顯著的機械化進展，紡織依舊屬於高度勞力密集的活動。紡紗仰賴紡錘與整束輪，需要動用十名左右的紡紗工不停地勞動，才有辦法供應一台織布機的紗線。就連水車這項羅馬帝國最著名的發明，大概也沒對整體生產力產生什麼重大的影響。羅馬工程師維特魯威（Vitruvius）在西元前一世紀提到的水車，在西元五世紀前主要用於磨製麵粉，但就連這項用途似乎也受限。[18]

多數的古典作家基本上不太會談到機械，他們覺得沒必要提的關鍵，事實上也透露出許多事。維特魯威大量書寫技術的相關事物，但他多達十冊的《建築十書》（*De Architectura*）僅有一冊談到機械裝置，且大約一半都在講軍事機械。軍事機械相對的重要性顯示，古典文明把技術視為保護與延伸政治力量的工具，用途不在於促進經濟利益；就連羅馬的道路與橋梁，主要也是為了軍事用途才鋪設。[19]後世對於《建築十書》的看法，同樣也總結了當時的重要成就。《建築十書》雖然深深影響了文藝復興時期的頂尖作家與建築師，包括布魯內萊斯基（Filippo Brunelleschi，注：義大利文藝復興早期的建築師與工程師）、阿爾貝蒂（Leon Battista Alberti，注：義大利文藝復興時期的建築師、詩人、哲學家）、尼科利（Niccolò de' Niccoli，注：義大利文藝復興時期的人文主義者），但對日後的機械發展而言微不足道。文藝復興時期偉大發明家達文西（Leonardo da Vinci）著名的素描《維特魯威人》（*Vitruvian Man*），看名字就知道出自維特魯威提出的比例概念，然而達文西的機械靈感源自他處。

古典文明的主要機械成就在於理解機械原理與特點。阿基米德（Archimedes，前二八七年—前二一二年）利用數學找到了槓桿法則與流體靜力學的原理，替伽利略（Galileo Galilei）日後的研究打下基礎；而伽利略又提供了發展複雜機械的基礎知識。[20]此外，《機械》（*Mechanika*，一般認為作者是亞里斯多德，不過大概另有其人）一書多方探討槓桿、輪子、楔子、滑輪，但書中提及的應用顯示，世人對於實務上的運用興趣有限。此外，古典文獻中找得到的其他機械元素像是齒輪、凸輪、螺絲等等，大多都應用在戰爭機器上。

換句話說，古典文明見證的幾項技術進展，幾乎沒替經濟帶來任何重大影響，原因在於發明若要改善物質生活水準，就必須滿足經濟目的，還必須應用於生產。因此，指出古典文明是不具備技術創造力的時期，將是一種嚴重誤導的說法。事實上古典時期技術的複雜程度已達驚人的境界，亞歷山卓的希羅（Hero of Alexandria）等傑出發明家發明了史上第一台販賣機、第一組蒸汽渦輪，以及能操作風琴的風車。[21]雖然相關的發明只是玩具，但它們閃爍著古典時代天才技術的耀眼光芒。安提基特拉機械（Antikythera mechanism）尤其堪稱一絕。一九〇〇年，相關團隊在克里特島附近打撈到古代沉船，找到那台可以預測天文位置與日月蝕的天文運算機器，也見識到古希臘驚人的技術創造力。安提基特拉機械的製作年代是西元前一世紀，在二十世紀英國科學家普萊斯（Derek Price）的帶領下被重製，促使歷史學家「重新澈底思考我們對古希臘技術的態度。連這種東西都打造出得出來的人類，無論想設計什麼機械裝置幾乎都辦得到」。[22]

因此，關鍵問題在於為什麼這樣的技術創造力很少轉換成經濟進步。有部分的答案推估，奴隸制度可能是推出勞工替代技術的遏制因素。即便歷史學家吉勒（Bertrand Gille）批評過這個理論，並主張科學與技術在古代的世界其實欣欣向榮；然而大量的奴隸依舊可以解釋，為什麼當時的技術洞見鮮少應用在生產上。[23]此外，奴隸制度一直沒有消失，也代表著古典文明中有高比例的人口無法自由從事工業活動。科學家兼歷史學家貝納爾（John Bernal）提出的解釋，的確顯示古典時期之所以未能帶來工業革命機器，在於缺乏經濟上的誘因：富人負擔得起手工製品，奴隸則買不起任何非必要物品。[24]

此外，技術進展有時會遭受阻擋，老普林尼就講過一個故事：羅馬皇帝提庇留（Emperor Tiberius）在位時，有人發明了不會破的玻璃，然而皇帝不但沒獎勵這個人心靈手巧，還敕令將他處死，理由是擔心憤怒的工匠會暴動。史學家蘇埃托尼烏斯（Suetonius，注：羅馬帝國時期的學者，現存的重要著作是多位羅馬皇帝的傳記）提供了更為直接的證據，證明政府想辦法制止技術進步。他提到羅馬皇帝維斯帕先（西元六九年至七九年在位）如何回應引進工人取代技術的提議。有個人求見皇帝，聲稱自己發明了一個裝置，可以把柱子運上卡比托利歐山，但皇帝拒絕使用那項技術，指出：「那朕要如何餵飽人民？」[25]柱子十分笨重，從石頭礦場運送到羅馬，需要動用數千名工人。即便這對政府而言是一大筆支出，但剝奪羅馬人民的工作機會，可能帶來政治上的動盪。皇帝寧可讓技術維持現況，保住工作機會，畢竟這是政治上比較具有吸引力的選項。運送柱子讓工人有錢可賺也有事可忙，就不太會跑去製造社會動亂。[26]

無庸置疑，羅馬當時缺乏促進工業發展的文化與政治利益。經濟史學家厄什（Abbott Usher）曾主張，古典文明因為「受傳統壓迫」，故很少對新技術感興趣。[27]古典文明顯然具備技術創造力，但整體而言很少有動機替工業目的發明任何東西，取代勞力的技術更是乏人問津。然而，缺乏此類發明不代表經濟落後。毫無疑問，希臘羅馬舉世聞名的成就帶來成長的基石，包括組織、貿易與法律。相關制度可以帶經濟走上長遠的路。現代的美國經濟學家譚明（Peter Temin）指出，羅馬帝國具備市場經濟，羅馬和平時期帶動了地中海的貿易，羅馬人的生活條件也絕對優於工業革命前大多數的地區。[28]然而，由於這樣的成長主要從貿易而來，羅馬帝國崩潰後，成長倚賴的政治基礎搖搖晃晃，人民的生活水準跟著急速惡化。[29]

## 黑暗時代的光明

諷刺的是，在政府的控制力量衰退的中世紀，技術進步得愈來愈有經濟貢獻，技術相關的研發自公部門轉到私部門。許多歷史學者認為，羅馬帝國的衰亡標識著古代世界的結束與中世紀的開端。一直到今日，中世紀的前期有時還是會被稱為「黑暗時代」。在西元五〇〇年至一一〇〇年這段期間，歐洲經濟與文化的環境甚至比古典文明還要原始：識字率下降、法紀崩壞、暴力頻傳、貿易縮減、羅馬時期的道路與水道年久失修。羅馬帝國垮台後，封建制度取而代之，最上層是君主，貴族次之，底層是農民。與羅馬帝國相比，中世紀的王權低落，封建制度使得政治力量分散在各自為政的領主手上，領主各自統領軍隊，將土地指派給佃農耕種。佃農通常被稱為「農奴」（serf），承擔著無酬的密集勞動，但與奴隸不同，他們可以保留一定的勞動成果。不過佃農的確和奴隸一樣受到重重限制，像是未經領主許可不得離開莊園，也無法在貴族主持的法庭打官司。在這樣的制度下，辛勤工作與創新的誘因大概極低，然而這個時期卻「突破了幾項限制住羅馬人的技術障礙」。[30]中世紀的歐洲的確沒有羅馬帝國那種宏偉壯觀的建築，但由於不需要豢養與出動龐大軍隊，也就不需要昂貴的道路與橋梁。[31]中世紀的技術愈來愈朝著解決經濟問題的方向發展，只不過以現代標準來看，相關成果大多顯得相當簡樸。中世紀的技術不再是「亞歷山卓的工程師打造出的精巧玩具，也不是阿基米德的戰爭機器」，而是走入了平凡的日常勞動。[32]

值得一提的是，愈來愈願意模仿與採用異地的技術，正好是社會技術進步的早期徵兆。中世紀早期的歐洲絕對稱不上處於技術的前緣，卻也逐漸跟上。[33]在中世紀，農業技術方面的改善尤其重要，即便普遍存在的農奴制度抑制了技術的發展，但由於多數勞動者依舊從事農事活動，農業發明對整體生產力而言影響力最大。中世紀的農業轉變是漸進式的過程，歷時整整數個世紀，但最終將形塑歐洲的勞動世界。

重犁與三田輪作制的出現推動了農業上的轉變。[34]重犁屬於賦能技術：有了重犁，羅馬時代耕作不了的大片土地，如今可以農業化。然而，重犁除了拓展了農地面積，也提振了生產力。中世紀的歷史學家懷特（Lynn White）寫道，重犁是一種「取代畜力的農業引擎，替人類省時省力」。[35]然而，重犁也和大多數的發明一樣，同時帶來了新挑戰──畢竟重犁得有數頭公牛一起使力才拉得動，[36]而當農事益發仰賴畜力，農民就得去找更理想、更便宜的家畜飼養法。歐洲逐漸普及的新興三田制解決了部分問題，家畜可以一邊在田地上吃草，一邊幫土壤施肥。三田制大幅提升了生產力，依據估算，與二田輪耕制相比，三田制的生產力增加了五成，不過原因主要是節省了資本。[37]此外，三田制也大幅提振了燕麥等特定作物的生產，也就是特別適合當馬飼料的作物，進而改善了馬匹技術所需的餘糧數量與品質。到了中世紀的尾聲，三田制的採用與農業使用馬匹之間，似乎有著緊密的關聯。[38]

隨著一連串的輔助性發明問世，馬匹技術在中世紀大幅改善，例如釘型馬蹄鐵的發明，讓馬匹更廣泛地運用於貿易運輸。此外，馬蹄鐵讓馬蹄得以克服溼軟的土壤，農業得以更加廣泛地利用馬力。另一項重要改善是馬鐙的發明，雖然馬鐙以軍事功能為主，方便騎士在馬背上作戰，卻也增加了民間騎馬的穩定度與舒適度。不過，如果從經濟影響的角度來看，現代馬軛的出現大概貢獻最大──即便馬軛真正的重要性一直要到二十世紀初，由退休的法國騎兵軍官德諾蒂斯（Richard

Lefebvre des Noëttes）提出後，才被記上一筆。德諾蒂斯發現，與古代和中世紀的馬匹使用情形相較，希臘羅馬人所使用的頸帶輓具，以兩條帶子勒住馬腹與馬脖，會造成馬匹損失約八〇%的效率。[39]

方才所提到的幾項技術進展再重要不過了。十一世紀時，英國所有的能源大約七〇%依舊來自畜力，其餘則來自水磨。然而，儘管馬力愈來愈運用於農業，馬匹科技對生產力產生的影響，我們還無法全然掌握，因為當時的農夫經常會讓牛和馬一起派上用場。唯一似乎可以確定的是轉換至馬匹技術後，馬匹與生產力大振有關。[40]現代實驗顯示，雖然馬與牛以類似的方式提供拉力，馬的移動速度較快，每秒所提供的呎磅力也因此多五〇%，而且每天還能多工作兩個小時。馬匹對運輸生產力帶來的影響力大概也同樣重大，馬匹技術提振了陸地的運輸與貿易，促成了「斯密型成長」（Smithian growth，注：由亞當·斯密提出）。依據估算，新型的輓具與馬蹄鐵問世後，十三世紀每一百英里的陸路運輸，僅讓穀物成本增加三〇%，比羅馬時代便宜了三倍以上。[41]

利用風力與水力取代獸力也帶來了眾多進展。在中古世紀，尤其是七世紀至十世紀，更大型、更優秀的水車遍布歐洲各地，運用於愈來愈多的產業。一〇八六年，英格蘭國王征服者威廉（William the Conqueror）下令編纂的《末日審判書》（*The Domesday Book*，注：類似於今日的人口普查，目的是清查人口與財產狀況）中，列出英國三千個左右的社區裡，共有五千六百二十四座水磨，每一百個家戶約有兩座[42]，提供動力給染整廠、酒廠、鋸木廠、風箱、麻料處理廠、刃物研磨機等等。我們無從透過《末日審判書》估算這些水磨的平均馬力是多少，但如此多元的用途顯示出經濟上的重要性：一直到整個工業革命期間，水磨依舊是英國的主要能源來源。[43]水磨的出現意味著相較於先前的文明，出現了持久的進步，中世紀晚期的確也被稱為「奠基於水和風的中世紀工業革命（medieval industrial revolution）。」[44]

風力先前雖然已經用於航行，水磨在古典文明尚不見蹤影，一直要到一〇六六年諾曼人征服英格蘭（Norman Conquest）的時期才發明：第一批具可信記錄的水磨在一一八五年才出現。日後的相關爭議也顯示出水磨在經濟上的重要性。當時有位叫伯查德（Burchard）的富有神職人員，直接向教宗策肋定三世（Pope Celestine III）抱怨，說某騎士靠著水磨獲得收入，卻拒絕繳納什一稅（個人必須繳交十分之一的年所得，用於支持教會與神職人員）。即便水磨的主人主張他們現在面對的是新情況，不在現行規定的範圍內，一一九五年教宗便開始強制徵收與水磨有關的什一稅。[45]

整體而言，相較於先前的文明，中世紀歐洲在製造與農業兩方面，顯然有能力達成更高的生產力，然而中世紀最創新的部分技術，例如機械鐘錶與印刷機，在當時對經濟活動產生的影響並不大。由重量驅動的時鐘在十三世紀末問世，但一直要到一五〇〇年後，才具備經濟上的重要性。中世紀的家庭很少擺放時鐘，時鐘是有錢人的精緻玩具與科學家的實用工具。經濟史學家厄什寫道：「一五〇〇年，絕大多數的城鎮都建有某種類型的鐘樓。至於家庭時鐘的話，雖然不少富裕人家都有，但在整個歐洲並不普遍，一直要到後期才產生變化。日後的作家還提到，十五世紀時，由於紐倫堡（Nuremberg，注：位於德國南部）的製鐘業高度發展，相較於歐洲其他地方，德國中南部的家庭時鐘普及率較高。這批十五世紀的德國時鐘率先顯示分與秒，有的還被天文學家採用。」[46]

公共時鐘的情形則不一樣。中世紀晚期的城鎮建造鐘樓的原因，主要是為了彰顯地位與名聲，而不是經濟用途，贊助者往往是想炫耀自家城鎮有多進步的富裕貴族。即便如此，公共時鐘還是帶來了意想不到的經濟結果。經濟史學家波內爾（Lars Boerner）與塞維尼尼（Battista Severgnini）證實，早期採用時鐘的城市（一四五〇年前就有鐘樓的城市）在一五〇〇年至一七〇〇年間的成長速度，快過沒有鐘樓的城鎮。[47]長期來看，時鐘對於經濟成長做出了重大貢獻，只不過影響比較晚才顯現出來：

> 在鎮上蓋鐘樓的動機往往是為了建立名聲，而非出於經濟上的需求——城鎮並未預料到任何時鐘將在長期帶來的好處，也沒料到任何後世眼中的重要經濟應用，因此，時鐘的經濟用途是逐漸開發出來的。十四世紀與十五世紀時，時鐘已用於協調活動時間，例如開市時間或鎮上的行政會議。至於倚賴時鐘來監督與協調勞動，則主要在十六世紀才慢慢演變而成。最後一點則是在十六世紀中葉，我們可以觀察到時鐘進入文化，反映在日常文化上與哲學上的時間思維，新教運動就是一例（尤其是喀爾文〔John Calvin〕提倡的「時間寶貴」〔scarce time〕概念）。十七世紀還出現波以耳（Robert Boyle）與霍布斯等科學家與哲學家，他們把時鐘當成世界運行的隱喻，解釋國家等制度如何運作。看著這個緩慢的過程，不難想像經過一段時間之後，相輔相成的組織、程序與文化行為等各方面的創新，才轉變成經濟成長。[48]

許多歷史學者都指出準確的時間測量對經濟發展來講的重要性。法國歷史學家勒高夫（Jacques Le Goff）稱公共時鐘的誕生是西方社會的轉捩點。[49]歷史學家芒福德（Lewis Mumford）甚至主張機械鐘才是帶來工業年代的機器，功勞不該歸給蒸汽機。[50]這個說法雖然聽起來有幾分誇大，但時鐘的確改變了西方的整體生活，尤其是工作的步調。在中世紀晚期，要求準時的新型文化態度就已經出現。當然，在時鐘問世之前，人類就已經把一天分成幾個可測量的時間，但「小時」的長度並不固定，取決於白天有多長。換句話說，夏天和冬天會差非常多，也因此世人依舊習慣按照太陽的位置來判斷時間。此外，中世紀雖然有日晷或水鐘，但那些鐘不具備任何商業上的意義。市場會在日出時開門，在太陽抵達天頂的中午收市。一直要到公共時鐘普及後，市場的開市時間才依據以小時計的敲鐘來設定；公共時鐘因此對公共生活與工作產生巨大貢獻，提供方便每個人理解的新型時間概念，進而促進貿易與商業。消費者、零售商、批發商之間的互動與交易不再那麼分散。重要的城鎮會議開始遵守時鐘的步調，市民也更能好好規劃時間，以更具效率的方式分配資源。[51]

時鐘在工業上的重要性則晚了許久才出現，直到十八世紀的工廠制度問世，才顯露出來（參見本書第4章）。雖然設計帶動早期工業革命的紡織機時，鐘錶匠所扮演的角色有被高估之嫌，但工廠制度有固定的工時，機械鐘因此無疑是工廠制度的關鍵賦能技術。工廠的工作協作靠的是規律、例行程序與精確的時間計算。此外，蒸汽機等機械日後的進展，多仰賴了文藝復興時期為了製造科學與航海儀器所研發出來的精密車床與測量工具。鐘錶製造與儀器製造部門之間的密切連結，促進了一八〇〇年左右出現的主要進展。馬克思與馬克斯・韋伯（Max Weber）說得沒錯，時鐘深深影響著資本主義的演變。[52]

中世紀末葉另一項重大的里程碑，要歸給古騰堡發明的第一台金屬活字印刷機，時間是一四五三年，不過這對生產力的主要貢獻在很久之後才顯現。古騰堡的做法不再是替需要印刷的每一頁，製作出非常複雜的雕版，而是替每一個字母與符號製作金屬字，接著按照需要的順序排列。書籍價格出現的變化，充分顯現出古騰堡發明的優點。書價很快就下降三分之二——有能力買書的人口比例愈來愈高。[53] 然而，科技史學家考威爾（Donald Cardwell）所說的「資訊科技的第一次革命」不能只歸功給古騰堡[54]，事實上有好幾項賦能技術一起讓印刷機符合經濟效益，包括紙張（自中國傳入）、便宜的印刷油墨、壓印機（可能源自古代的葡萄榨汁機）、羅馬字母（在歐洲廣為使用，一共二十六個字母，特別適合應用於印刷）。儘管如此，古騰堡的發明依舊是人類歷史上最重要的成就。到了十五世紀的尾聲，歐洲出現超過三百八十台印刷機，製造出排山倒海的大量書籍。古騰堡發明印刷機後的五十年間，書籍的出版總量超過先前的一千年。[55]

克拉克等經濟史學家指出，從總體經濟學的層面來看，印刷機對經濟成長帶來的影響「微乎其微」[56]；但即便印刷產業並未出現在整體的統計數據上，經濟學家迪特馬（Jeremiah Dittmar）近日的研究讓世人得知，印刷機在十六世紀成為都市成長的動力。[57]在採用印刷機的城市，商業教科書的傳播方便民眾傳遞貿易的專業知識，像是如何兌換外幣、決定利息支付方式、計算分紅等等，從而促進珍貴商業技能的傳播。尼可拉斯（Gaspar Nicolas）寫下世上第一本葡萄牙語的算數教科書，並於一五一九年出版。他講到：「我出版這本算數著作的原因，在於葡萄牙和印度、波斯、衣索比亞等地的商人做生意時，算數是絕對必要的。」[58]

此外，我們都知道印刷機促進了科學的普及（後文會再提及），而在十九世紀前，科學並未成為技術進步的支柱。如同經濟學家迪特馬所言，一五〇〇年代時，「在普及產業創新這方面，印刷帶來了最大的好處。我們可以從水運城市最容易取得獲益看出，活字印刷機屬於斯密型成長的助力。迪特馬的研究顯示，由於貿易方式的創新帶給港口城的好處大到不成比例，印刷機帶給港口城的益處也特別大。從更廣的層面來看，對印刷機的早期採用者來講，面對面的互動變得更加重要，因為印刷讓技師、學者、商人、工匠首度在商業情境下齊聚一堂，書店成了知識分子的見面場所。此外，媒介扮演的角色可能較有限。」[59]印刷的主要功能是促進貿易。在商業欣欣向榮的地點，採取新型印刷技術的城市也吸引了造紙廠、書籍彩飾師與譯者聚集。如同本書第10章將再詳談的電腦革命，資訊技術的第一次革命並未讓世界不再有距離。印刷和電腦運算一樣，反而更加凸顯地理位置的束縛，促使眾人聚在一起並加深了都市化的程度。因此，印刷革命和電腦革命一樣，可說是反而讓世界變得更不「平」。

雖然印刷業本身規模太小，不足以帶動整體的成長，但印刷無疑經歷了熊彼得式的轉變。在印刷術發明以前，都是由抄寫員負責抄寫文稿，而新技術讓抄寫員的技能變得過時。世人面臨被取代的危機時，一般而言都會反對新技術，那麼為什麼西方對採用印刷機如此熱衷？舉例來說，一三九七年，在裁縫師的抗議之下，科隆（Cologne）禁止使用可以自動壓製針頭的機器。一四一二年，由於紡紗工行會抵制撚絲機，科隆市府宣布：「有鑒於眾多在本市行會謀生的民眾將陷入貧窮，也因此市議會同意，此工坊與所有一般的類似工坊，無論是今日或未來，皆不得製造或設置機器。」[60]

那麼為什麼抄寫員沒有用同樣的方式抵制印刷機呢？其中一個原因，在於活字印刷機當時主要還是尚未受到規範的幼稚產業。歷史學家弗瑟（Stephan Füssel）指出，在產業的早期年代，多數的城市人得以自由發明，不會受到行會的規定或政府規章限制。[61]後文也將提到，在行會勢力增強的地方與產業，行會通常會試圖阻止替代科技，印刷業也不例外：在十六世紀，巴黎的抄寫員行會就發起了暴動，以抗議取代勞力的印刷技術。

的確，不是每個人都因古騰堡十五世紀帶來的發明而感到開心。我們知道印刷機的採用引發了好幾起的勞工暴動，例如一四七二年，義大利熱那亞（Genoa）的專業抄寫員發起抗議；一四七三年，德國奧格斯堡（Augsburg）的紙牌製造者發起抵制；一四七七年，法國里昂（Lyons）的出版商暴動。然而，整體而言，印刷機的快速散布顯示，抵制的力道沒有想像中的強。奈德梅爾（Uwe

Neddermeyer）在〈抄寫員為何沒暴動?〉（Why Were There No Riots of the Scribes?）一文中主張，背後的原因很簡單：印刷機的出現整體而言讓抄寫員受惠。大多數的手寫本，實際上是由替自己抄書、沒有商業動機的人製作，少有抄寫者與宗教團體靠複製書本謀生，也因此對大部分受到影響的人士而言，印刷機不會讓他們損失收入。至於那些收入的確因此消失的人，大多會有其他更好的牟利選項：「許多專業抄寫員繼續靠抄寫文件、清單、書信與記錄謀生，也就是那些靠印刷來複製不划算的文本。」[62]或許更重要的是，印刷機創造出不斷成長的書籍需求，也帶來許多抄寫員能獲益的新工作。

當時的人也留意到這個情形。一四九〇年左右在里昂出版的《伊斯班尼綜合釋義》（*Expositiones in Summulas Petri Hispani*），編輯崔克索（Johann Treschel）就寫到新型的印刷術終結了抄寫員的事業，「如今他們得改負責裝訂書籍」。[63]的確，在十五世紀的最後幾個十年，許多修道院的繕寫室原本長期負責抄寫新書，如今改把心力放在封面設計與裝訂，有的甚至自行架設印刷機。因此，部分抄寫員甚至慶幸新型印刷術問世後，不必再做無聊的抄寫工作，改成專心設計和裝幀書籍。奈德梅爾寫道，要是「詢問古騰堡時代的抄寫員是否贊同新技術，多數人都會斬釘截鐵地回答：『當然。』」[64]後文的第8章將討論，二十世紀抵制勞力替代技術的力道十分微弱，原因是製造業穩定擴張，大部分的勞工有其他理想的工作選項，只不過顯然不一定百分之百都是如此。

不論如何，總而言之，中世紀的技術進展促進貿易的程度，大概勝過節省勞力。造船與航海方面的進展，包括三桅船、研發出取代櫓的可動舵、發明航海羅盤等等，尤其為地理大發現的年代提供了賦能技術，促成隨之而來的國際貿易。此外，帆船的打造最後由十五世紀葡萄牙的卡拉維爾帆船（caravel ship）集大成，也就是探險家達伽馬（Vasco da Gama）、哥倫布（Christopher

Columbus）、麥哲倫（Ferdinand Magellan）發現貿易新航線時使用的船隻類型。歐洲急起直追，已趕上先前較為先進的伊斯蘭與東方文明。當時的歐洲冒出了一些精彩的技術火花，不過仍然在模仿外國技術，但再過不了多久，歐洲人就會從模仿者變成創新者。[65]

## 沒滴下汗水的靈感

在一五〇〇年至一七〇〇年間，西方拉開了與其他地區的技術差距。歐洲不再是技術落後的地區，且早在工業革命發生之前，就開始拓展技術的新疆界。中世紀與工業時代之間的橋梁，由文藝復興搭起。文藝復興始於中世紀的義大利，接著逐步擴散至歐洲各地。起初，文藝復興是個文化運動，但也是技術變革背後的重要力量。即便如此，後文會再提到，文藝復興的關鍵發明幾乎沒有一樣是用來替代勞工的；要是不巧真的取代勞力時，也遭受了頑強的抵抗。

文藝復興時代的技術進步，有賴中世紀末的一項發明：古騰堡的印刷機。古騰堡印刷機帶來史上第一次大量出現的技術文獻，詳盡的水壩、泵浦、水道與隧道細節出現在世人眼前，技術知識也因此得以傳遞累積。文獻清楚地顯示，文藝復興的領袖人物深知機械的實用性，如在各領域都有所貢獻的超級發明家達文西，稱機械學為「數學科學的天堂，數學科學在機械學中獲得實踐。」[66]然而，從理論上的「最佳實務」一直走到「機器先是獲得採用，接著又被廣為利用」，中間這段路相當漫長。因此，登載在一長串技術文獻中的發明，也鮮少對經濟成長帶來任何重大的影響。舉例來說，德國學者鮑爾（Georg Bauer）在《礦冶全書》（*De Re Metallica*）中記錄了五花八門的採礦機器；義大利工程師宗卡（Vittorio Zonca）也描述出極度複雜的生絲加撚機；在近一世紀後，英國人盧比（John Lombe）大受啟發，前往義大利尋找珍貴機器的祕密。然而，如同技術文獻中提到的多數機器一樣，那些機器並未成為文藝復興歐洲的標準設備。同樣地，荷蘭工程師德雷貝爾（Cornelis Drebbel）替英國皇家海軍服務時，打造出世上第一艘可駕駛的潛艇，一六二四年還在詹姆士一世（King James I）面前示範操作；但潛艇技術要實際拿來運用，還得再等兩百多年。德雷貝爾的船雖然曾在泰晤士河測試過幾次，卻未引發進一步研發的熱潮。[67]

愛迪生說發明是一分的靈感，加上九十九分的汗水——但這句話在文藝復興時期的歐洲並不適用。當時的情況正好相反，點子和設計圖很少真的會做出原型。事實上，文藝復興充滿新奇的技術點子與大量的想像，但實踐的不多。如同經濟史學家莫基爾所言：「如果發明日期不是以第一次實際打造，而是以任何人第一次想到那個點子的時刻來算，那麼文藝復興時期的確可視為與工業革命一樣充滿創意。然而，這個時期想像出來的槳輪船、計算機、降落傘、鋼筆、蒸氣輪、動力織布機、滾珠輪軸，雖然這讓研究點子的歷史學家興味盎然，但由於無法運用於實務，所以並沒有帶來經濟上的影響。」[68]

從經濟學的角度來看，文藝復興的技術頂多稱得上替「蒸汽機」這項人類迄今最重要的技術突破鋪路。蒸汽機的科學始於伽利略，以及他的祕書兼發明史上第一台氣壓計的托里切利（Evangelista Torricelli）。托里切利在一六四八年發現大氣有重量。一六五五年，德國物理學家奧托·馮·居里克（Otto von Guericke）接續做的一系列實驗顯示，大氣的重量可以作功：馮·居里克發現，如果抽空圓筒中的空氣，活塞會被推擠下降，並能抬起重量。法國物理學家帕潘（Denis Papin）發現，在圓筒中灌滿蒸汽後再加以凝結，也能達成相同效果，於是他在一六七五年打造出一台蒸汽機，雖然十分簡陋，可說是史上第一台。這一系列的發現，最後由英國發明家紐科門

（Thomas Newcomen）的蒸汽機集大成。紐科門的設計依據便是大氣有重量的洞見；對日後的工業發展而言，大氣重量是文藝復興時期最重要的發現，但絕非唯一在工業上有所應用的科學成就。[69]

從機器史的觀點來看，伽利略的力學理論是另一項成就里程碑。古代阿基米德提出的槓桿原理帶來了部分的進展，但阿基米德並未考慮到更複雜的機器運轉，伽利略的力學理論則顯示所有的機器，包括滑輪系統、齒輪系統等等，共通的功能在於它們都以最有效的方式施力。在伽利略之前，每種機器各有一套描述，支配著所有機器的一般法則尚未被發現。運動學之父勒洛（Franz Reuleaux）指出了這個轉變的重要性：「早期的人認為每一台機器都是獨立的整體，由獨有的零件組成，完全沒有發現（或是鮮少注意到）我們稱為機構（mechanism）的各別零件組。磨是磨，壓製機是壓製機，就這樣；也因此古書從頭到尾都將每一種機器分開描述。」[70]此外，在力學理論出現前，機器僅有質的評估；力學理論出現後，可以有量的評估。從經濟的觀點來看，伽利略的力學理論特別值得注意的地方在於重視效率。機械的功能是配置與運用大自然提供的力，利用水力、風力、畜力等等，以最有效的方式做一定量的功。[71]然而，當時這種洞見鮮少運用於實務，民眾經常搞不清楚力學與魔術，顯示出借用大自然的力量執行日常工作的原理尚未普及。許多人認為機器是欺騙大自然的裝置，機械製造者是擁有魔力的人。「機械魔術師」的傳說持續了好長一段時間，例如音樂家奧芬巴哈（Jacques Ofenbach）的歌劇作品《霍夫曼的故事》（*The Tales of Hoffman*）中，發明家斯帕朗札尼（Spallanzani）這個角色依舊被當成魔術師（注：在第一幕中，斯帕朗札尼製造出一個機械女娃娃，主角一時不察愛上『她』）。[72]

從提升生產力的技術改善觀點來看，文藝復興時期主要還是中世紀的延續，因為大多數技術節省資本的程度，勝過節省勞力。採礦出現一些進展，包括引進地下軌道運輸與各式泵浦裝置。[73]採礦業大概是最直接獲益於科學家和科學的產業，從空氣流通到抬升煤礦，伽利略與牛頓留心許多採礦的工程問題，然而他們的洞見並未減少礦場所需的勞工人數。此外，當時農業依舊是最大的經濟部門，農場技術的改善對整體生產力而言，有著最大的影響力。最重要的農業發明是新型農牧業的出現，包括引進餵食家畜的畜舍、新型作物、不再需要休耕等等。農夫得以飼養更多的牲口，生產更大量的動物製品。然而，用來減少農事所需勞動人數的發明少之又少，例如新型的鐵犁減少了犁田需要的牲口數，也因此節省資本的程度，大概多過節省勞力。其他的農業發明，像是現在一般認為是圖爾（Jethro Tull）在一七〇〇年左右所發明的現代播種機，同樣也是節省資本的程度比較高，播種機改善了農田的利用，將種子撒得更均勻。[74]

一如紡織業的情形，當替代勞力的技術出現時，通常會遭受抵制，從中作梗的往往是執政者。舉例來說，起絨機預計可以讓一名成年男性與兩個男孩完成十八名成年男性與六個男孩的工作，於是英國在一五五一年立法禁止使用起絨機。不過，在將近一個世紀之後，查理一世（Charles I）發布了另一項公告，宣布廢止禁用法令，顯示那段期間不但有人依舊偷偷使用，還逃過了違規的罰則。[75]當時勞力替代的發明里程碑是威廉．李牧師一五八九年發明的針織襪機，同樣也備受阻撓。伊麗莎白一世拒絕頒發專利，理由是「李牧師，你志氣可嘉，但請想一想，你的發明對朕可憐的子民會造成什麼影響，這個機器鐵定會搶走他們的工作，使他們家徒四壁，淪為乞丐。」[76]女王的決定反映了襪工行會反對新的技術：襪工擔心手中的技術會失去用武之地。行會激烈抵制李牧師的發明，使得他不得不離開祖國。

歷史上勞力替代技術遭到抵抗的例子數不勝數。除了紡織業，英國樞密院在一六二三年要求停用製針機，並下令摧毀所有機器製的針。類似的例子還有九年後，查理一世禁止使用桶子鑄模，以免那些依舊利用傳統工法製桶的工匠生計受到威脅。[77]歐洲其他地方的反對也同樣激烈。十七世紀歐洲各地許多城市下達了官方命令，禁止使用自動織布機。一六二〇年，萊頓就是因為使用自動織布機而出現了暴動。[78]德國則是在一六八五年至一七二六年間，乾脆全面禁用自動織布機。此外，一七〇五年的著名事件則是帕潘的蒸汽消解器（steam digester）被憤怒的弗爾達（Fulda，注：德國中部城市）船夫搗毀：

當時，弗爾達河與威悉河（Weser）的河運交通由船夫行會壟斷，帕潘一定是察覺到可能會碰上麻煩。他的良師益友兼著名的德國物理學家萊布尼茲（Gottfried Leibniz）寫信給該地的領主卡塞爾選帝侯，請求他讓帕潘「不受干擾地通過卡塞爾」。然而，萊布尼茲的請求不但被駁回，還被斷然地拒絕：「選侯國委員會在同意上述請求時遭受了嚴重的阻力，沒說明任何理由，只要在下轉達他們的決定，因此選帝侯殿下並未答應你的請求。」帕潘不肯放棄，決定硬闖。他的蒸汽船抵達明登（Münden）時，船夫行會先是試著讓地方法官沒收那艘船卻未果，於是他們乾脆直接攻擊船隻、加以搗毀，把蒸汽引擎敲成碎片。帕潘日後一文不名死去，屍骨下落不明。[79]

技工行會與弗爾達的船夫行會如出一轍，在前工業時代的歐洲控制著各地城鎮的學徒制度與生產，例如十六世紀中葉的倫敦大約就有七五%的勞工隸屬於某個行會。[80]經濟史學家奧格爾維（Sheilagh Ogilvie）表示：「在歐洲工業化以前的八個世紀，行會是替經濟活動設定遊戲規則的中央機構。」[81]行會阻撓替代技術的引進，有時以合法手段，有時動用暴力，以保障自身的技能與利益。行會對於新技術的態度，經濟史學家有不同說法，但愈來愈有共識的看法是行會的態度取決於技術如何影響他們握有的技能。整體而言，行會不會試圖慢下技術的進展，但要是威脅到成員的工作機會，行會的確會大力反對。[82]若是新技術有利，行會就會默許；但要是新技術會帶來不利的影響，他們就會激烈抗爭，即便有時反對也沒用。舉例來說，經濟史學家艾斯坦（Stephen Epstein）主張，要是某項技術僅僅會節省資本，或是讓工作者的技能更加寶貴，那麼該技術不會遭到反對。相較之下，替代技術比較容易遭到抵制。[83]不過艾斯坦也指出，各別行會的反應實際上通常是政治結果，而非市場力量：「窮工匠與富匠人的看法有著基本上的不同。窮工匠少有資本投資，謀生主要是靠自身的手藝，也因此他們（通常會與雇工結盟）反對資本密集與節省勞力的發明。富匠人則相對樂觀其成。」[84]

奧格爾維展開了一項開創性的研究，追蹤技工行會幾世紀間的活動，證實了技術變遷背後的政治經濟學，有時也可能讓新技術被採用，即便部分工匠將成為輸家。有時，如果某個行會更有力的分支會因技術獲益，那麼較弱的分支就會被犧牲。技工行會有時會被勢力強大的商人打壓。有時候主政者會為了經濟利益授予發明家特權，而有關當局會因為賦予利益直接獲得報酬，或預期能分到利潤。不過通常行會一旦認為技術將威脅到成員的技能與行會稅，就會大力制止，成功阻擋。奧格爾維解釋：

> 由馬匹拉行的機器搶走行會師傅的工作時，行會抵制機器，例如一四九八年時，科隆仰賴馬力的捻輪被禁，因為它威脅到亞麻撚線工行會的成員。在早期的現代歐洲，多數行會成功禁止使用多幅織帶機（multi-shuttle ribbon frame），但由於荷蘭織帶工行會的內部派系大力支

持，一六〇四年後這項技術傳到了北尼德蘭。一六一六年後也傳到倫敦，原因是織工公會（Weavers' Company）內部一小群有政治勢力的成員，搶在抱持敵意的公會成員能夠動員抵制活動前，就率先採用了多幅織帶機。[85]

行會與破壞性的新流程、新產品互動時，最明顯的特徵就是反對創新。前現代的人經常會抱怨行會阻礙創新。行會公開展開遊說活動，阻止行會成員與外來者以新方式製造事物。市政、諸侯、領主與帝國政府永遠在斟酌如何回應行會的反對創新的請願，他們通常會立法處理相關事務。[86]

法律學者丹特（Chris Dent）詳細研究英國伊麗莎白時代（注：一五五八年至一六〇三年）與詹姆士時代（注：一六〇三年至一六二五年）的專利與法律案件，發現「這段期間的法律決定證實，盡量提高就業是菁英階級的頭號要務。」[87]這個時期政府對於替代技術抱持的態度與古典時代十分類似，政治菁英為了避免引發社會動亂而反對技術。相較於中世紀時代，十五世紀與十七世紀之間強大的民族國家興起，政府再度對技術進步有了更大的影響力。中世紀的封建制度讓權力分散在各地各自統領軍隊的封建領主手中，君主的領土因此分布在零散且大致上獨立的地帶，缺乏中央政府。然而，隨著時間推移，君主之間的競爭愈演愈烈，必須動用更多資源投入戰爭，此時君主都需要更集權的架構，好方便集中所需的資源。[88]軍事歷史學家萊特（Quincy Wright）估算，十五世紀的歐洲由五千個左右的政治單位（political unit）組成，然而到了三十年戰爭（Thirty Years' War，一六一八年至一六四八年）的期間，已經整合成五百個左右。[89]步兵團興起，握有土地的貴族不再能有效地提供軍事上的保護，封建寡頭政治被中央集權的君主取代。政治學家提利（Charles Tilly）

指出：「戰爭創造國家，國家製造戰爭。」[90]在一五〇〇年至一八〇〇年間，西班牙八一％的時間都在與敵人交戰，英國與法國也花了超過一半時間在打仗。[91]戰爭刺激了創新。經濟史學家羅斯堡（Nathan Rosenberg）與小伯澤爾（L. E. Birdzell Jr）主張：「在西方，政治勢力相互競爭，各自的政治中心大幅受益於引進承諾將帶來商業或工業利益的技術變遷……畢竟讓其他人佔盡先機就不妙了。世人一旦發現相互競爭的政治中心不惜一切代價求勝，讓政治勢力與經濟現況站在同一陣線，那麼一起反對技術變遷的可能性，或多或少就從西方人的心中消失了。」[92]

從政府開始贊助工程師，頒布專利給發明人，替關鍵的商業利益設置專賣權等，不難看出政治力量愈來愈難與技術保守主義站在同一陣線。由政府帶頭的技術追趕最著名例子，包括沙皇彼得大帝（Tsar Peter the Great）下定決心要讓俄羅斯現代化，以彼得．米克亥洛夫（Pyotr Mikhailov）的化名親赴荷蘭造船廠工作，學習造船技術。然而，雖然政府顯然感到有必要推動技術進步，卻並不是什麼技術都支持。前文提過，政府會盡量限制採行替代型技術。因此整體而言，文藝復興時期的技術是斯密型成長的槓桿，而不是熊彼得式成長的引擎。舉例來說，航海成為歐洲強權參與國際貿易的關鍵，為此天文儀器與羅盤成為賦能技術。從技術的角度來看，文藝復興時期恰如其分地被稱為「儀器的年代」（age of instruments）。望遠鏡、氣壓計、顯微鏡、溫度計是當時的主要技術成就，用途五花八門。伽利略用望遠鏡觀測木星的衛星；拿索的莫里茨親王（Prince Maurice of Nassau）用望遠鏡眺望過西班牙軍隊，他麾下的艦長也用望遠鏡觀察海上是否出現敵艦。即便貿易與戰爭並非相關發明原本預設的用途，這些發明的確也在相關領域派上用場。[93]

儀器的年代帶來了重要外溢效應，儀器製造商的工坊成為科學家、工匠、業餘愛好者碰面的地點，也扮演著傳播新觀念的重大角色，促進科學與技術的互動。科技史學家考威爾指出：「可以說到了一七〇〇年，現代技術打下了基礎。在世紀末之前，『技術』（technology）這個新詞彙正巧出現；而『發明家』（inventor）一詞的用法，也大致開始有了今日我們所理解的意思。」[94] 然而，這下子也更難解釋為何工業革命沒能更早問世。

# 第2章　工業革命前的繁榮

到了十八世紀，歐洲的技術前緣已有了大幅的拓展，然而這場大躍進對成長與繁榮所帶來的影響，依舊眾說紛紜。經濟史學家克拉克甚至表示：「西元前八〇〇〇年的消費者要是能取得包括肉類在內的更多食物，以及更多的樓層空間，他們就能輕鬆享有一八〇〇年英國勞工寧願選擇的生活方式。」[1]

你要是熟悉小說家珍・奧斯汀筆下的十八世紀上層階級，就會知道那群人享有的生活水準遠遠讓狩獵採集者望塵莫及。在珍・奧斯汀一八一一年首度出版的小說《理性與感性》（*Sense and Sensibility*）中，布蘭登上校（Colonel Brandon）提到某教區長的年收入是三百英鎊：「這個小教區僅能讓費勒斯先生（Mr. Ferrars）過著愜意的單身漢生活，但不足以娶妻。」[2]而當時農場工人平均年收入大約僅有費勒斯先生的十分之一，而費勒斯先生已經無法討到老婆。要了解費勒斯先生的收入究竟是多少，可參考《理性與感性》出版的時間點，那一年哈廷頓侯爵（marquess of Hartington）兼第五代德文郡公爵（duke of Devonshire）的繼承人卡文迪許（William Spencer Cavendish）正好成年。這位第六代公爵所繼承的財產包括四棟鄉村宅邸：德比郡（Derbyshire）的查茨沃斯莊園（Chatsworth House）與哈德威克廳（Hardwick Hall）、約克郡（Yorkshire）的博爾頓修道院（Bolton Abbey）、南愛爾蘭的利斯莫爾城堡（Lismore Castle）。此外，公爵在倫敦還坐擁三座宮殿：奇斯威克宮（Chiswick House）、伯林頓府（Burlington House）與柏克立廳（Devonshire House）。其他的財產還有愛爾蘭與英格蘭八個郡的土地，這部分的年收入是七萬英鎊。[3]當時收入極端不平等的情形，除了有這些逸事證據證明，也有統計數字證實。一八〇一年，英國前五％人士的收入超過全國總家戶（實質）所得的三分之一，到了一八六七年，這個比率甚至還微幅上漲。[4]一八六七年，歷史學者泰納（Hippolyte Taine）拜訪完上議院後表示：「眾人向我指出最重要的幾位貴族，一一介紹了他們的名字，細數他們名下龐大的財產：一年最多竟有三十萬鎊的收入。貝德福德公爵（Duke of Bedford）來自土地的年收入為二十二萬英鎊；里奇蒙公爵（Duke of Richmond）光是某塊佃農地，就達三十萬英畝。西敏侯爵（Marquess of Westminster）是倫敦某區一整區的地主，等目前的長期租約到期，他將獲得一百萬鎊的收入。」[5]

如此極端的差異是如何出現的？首先，我們可以注意到，德文郡公爵與西敏侯爵等富裕貴族的收入來自資本，而非勞力。在珍．奧斯汀的時代的英國，資本是收入差異背後最主要的力量。依據經濟史學家林德特（Peter Lindert）的估算，一八一〇年時，金字塔頂端一〇％的人口握有英國超過八〇％的財富，[6]這些財富主要來自土地。國家財富大約是國民所得的七倍，而農業土地約占了國家財富的一半。[7]換句話說，要不是因為農業這項重要技術，地主階級的財富不可能成真。若少了農業技術，十八世紀的英國地主階級就不會出現。新石器革命留下的禮物過了大約一萬年後依舊形塑著英國，這顯示儘管經過了千年的技術變遷，經濟生活並未因此出現基本上的轉變；多數人依舊在家庭制度的農地上工作，很少有取代勞力的技術進步出現。即便中產階級正在興起，社會地位與財富仍然來自土地。

## 農村生活的愚昧狀態

人類史上多數的時期既沒有財富，也沒有不平等。不平等的年代始於新石器革命。與先前的搜食者年代相比，接下來的時期只不過是人類歷史的滄海一粟。前文提過，先人並未具備任何保存肉類的技術，只能立刻吃下肚，不可能累積大量餘糧；一直要到農業發明後才有可能保存食物並擁有土地，個人得以囤積大量盈餘——進而帶來財產權的概念，以及維護相關權利的政治架構。史前時代自然沒有留下任何記錄說明最初的政治架構如何出現，然而中世紀歐洲封建制度的興起，顯然源於佃農用勞力交換騎士的保護；政治當權者的早期起源大概也是遵循類似模式而來。政治架構的庇護提供了一定程度的穩定性，但代價是不平等。[8]西元前一五〇〇年左右的邁錫尼（Mycenae）希臘墳墓骨骸顯示，王室成員的骨骸比平民高了兩至三英寸（注：約五到八公分），牙齒狀況更是平民遠遠不能及，顯示王室享有較好的營養。西元一〇〇〇年左右的智利木乃伊也提供了進一步的證據：在菁英階級的身上，除了有裝飾品與金髮夾等富裕象徵可以識別，[9]骨骼也較少有疾病帶來的病變。啟蒙時代的法國哲學家盧梭（Jean-Jacques Rousseau）曾提出政治上的不平等源自農業的發明，看來此一概念似乎成立。[10]

當然，如果農業發明讓平民也能獲益，不平等的代價也有可能很低。因此，考古學研究的重要問題之一，與農業對一般人的興旺程度造成的影響有關。雖然我們缺乏前工業時代的生活水準數據，攝食（food consumption）顯然是個重要的面向。考古學家知道個人的身高與遺傳有關，人口的身高則會反映出攝食模式，也因此他們經常會倚賴身高來評估食物的攝取量[11]，尤其是如果某個社會的人民窮困到食物需求會隨收入急速上升，那麼此時身高便足以作為攝食的指標。除了身高，考古學家也會檢視骨骼與牙齒特徵等各種健康指標，有時還會得出略為不同的結論。不過整體而言，可得的證據顯示，新石器時代後出現的不平等隨著平均生活水準逐漸下降。

長久以來，我們認為農業的發明大幅改善了一般人的生活，減輕人類的負擔，我們不必再汲汲營營，隨時四處尋找食物。然而，一九六〇年代以來出土的身體數據顯示，這個浪漫的農業生活型態觀點是場美麗的誤會。學者研究從搜食轉換至仰賴農業生存的社會，發現這個轉變與身高變矮、健康惡化、營養不良等情形的增加有關。舉例來說，人類學家阿梅拉戈斯（George Armelagos）與寇恩（Mark Cohen）證實，二十一個過渡至農業的社會中，有十九個健康情形下滑。[12]另一位人類學家拉森（Clark Spencer Larsen）也得出類似的結論，由各種骨骼與牙齒的病狀來看，伴隨農業而來的其實是整體健康全面下滑。[13]雖然日後又有數份研究出現，但近日阿梅拉戈斯與其論文共同作者重新探究了這個問題，他們發現採行農業與成人身高下降、整體健康情形惡化有關，並進一步指出在採行農業的時期，全球各大洲都出現人口身高下降的現象。[14]此外，相關發現也符合狩獵採集者的飲食遠遠更為多元的證據，農業造成攝取的食物類型減少，導致部分所須營養素不足的程度增加。[15]

農業問世後，生活條件惡化的事實令許多經濟學家、人類學家與考古學家困惑不已：究竟為什麼狩獵採集者會自願交換生活方式，改進入《共產黨宣言》中所說的「農村生活的愚昧狀態」（idiocy of rural life）？[16]當然，其中一種可能為改採農業是人口壓力帶來的結果。在冰河時期的尾聲，狩獵採集者的人口密度愈來愈高，取得食物也更加艱難。[17]舉例來說，生態學家賈德．戴蒙（Jared Diamond）指出：「人類被迫二選一，一個選項是縮限人口，另一個選項則是試圖增加食物生產，我們選了後者，而最後帶來了饑荒、戰爭與暴政。」[18]然而，這個因果關係也有可能完全相反。另一派的理論指出，在人均所得未成長的情況下，更高的生產力帶來了更多的人口。農業之所以會被採行，是因為農業是個比較好的技術，首度為大量人口帶來了更高的收入。無論如何，農業問世後，生更多孩子的成本下降，母親再也不必帶著嬰兒覓食。此外，由於更高的所得能餵更多人，人口成長增加，於是抵消了人均所得的成長。當然，我們無從知道哪個是因、哪個為果，兩種解釋也許都有說得通之處。我們只能確定，採行農業後人口增加了。狩獵採集者的人口密度很少超過一人／平方英里，通常更低；農業社會的密度則平均是四十倍到六十倍。[19]

## 人口魔咒

更好的技術僅帶來了更多人口這個概念令人洩氣，卻也解釋了為什麼人類史上大多數時期的成長皆停滯不前。如同農業的採行，每一個提振生產力的新發明普及後，只讓人口得以成長。此直觀想法的知識基礎為馬爾薩斯於一七九八年所提出的「馬爾薩斯模型」（Malthusian model）。在這個模型所描述的有機社會中，支配著人類經濟活動的法則，與支配著所有動物社會的法則是一樣的。動物與人類的數量取決於可供消耗的資源。按照馬爾薩斯模型來看，長期而言，人類的收入以及他們可供消耗的資源完全由生育力和死亡率而定，也因此生育率愈高、人口愈多，每個人能分到的資源就愈少。反過來說，如果死亡率因為疾病或乾旱等原因上升，活下來的人就能分得比例更高的資源。因此，即便前工業時代的技術進展累積起來很可觀，緩慢的技術採用速度卻無法達成持久的所得增加。由於人口調整需要時間，技術進展有可能在短期間內帶來更高的所得；但長期而言，所得成長會使死亡率下降，於是出生率開始超過死亡率，人口開始成長。技術更上一層樓帶來的唯一影響就只有人口增加，當所得再度回到僅達維生水準，人口將停止成長。[20]

許多歷史學家指出，馬爾薩斯提出理論的當下，相關的概念正變得不再適用——當時是工業革命的開端，英國終於打破工資的鐵則，逃脫了馬爾薩斯陷阱。[21]有些經濟學家與歷史學家依舊認為，前工業世界困在惡性循環中，人口的負回饋讓人均所得無法成長。[22]這個看法大概有幾分事實，但說馬爾薩斯模型適用於所有的前工業社會，實在也過於牽強。首先，實證研究顯示，至少在十六世紀後，前工業社會生育率與死亡率的波動主要並非由工資的變化所帶動。[23]其次，在工業革命之前，某些地方依舊達成持久的所得成長。[24]雖然我們手邊關於中世紀晚期之前的工資數據為數不多，西元三〇一年羅馬皇帝戴克里先（Diocletian）頒布的高價格法令就有羅馬工資的資料。經濟史學者艾倫（Robert Allen）依據戴克里先的工資清單，估算出一般無技術羅馬工人的所得，大約只夠買最基本的生活必需品，他們的實質工資和十八世紀的中南歐及亞洲的工人差不多。[25]然而到了一五〇〇年，英國與荷蘭共和國已經出現了小型分流，與其他的西歐地區與全球情形開始分歧。到了一七七五年，倫敦與阿姆斯特丹的勞工工資遠遠超過了各地的勞工（請見圖三）。

經濟學家麥迪森（Angus Maddison）最新修正的宏觀國內生產毛額估算也指向了類似的方向：一五〇〇年前，多數經濟體的人均所得主要處於停滯的狀態，但英國與荷蘭共和國在一五〇〇年後增加。[26]鄂圖曼帝國十七世紀的人均所得為一九九〇年的七〇〇國際元（注：國際元是在特定時間與美元有相同購買力的假設通貨單位。一般以一九九〇年或二〇〇〇年為基準，與其他年份作比較），並未高過於西元一世紀的拜占庭與埃及，但微幅高於當時的英國、荷蘭與西班牙（一九九〇年的六〇〇國際元）。在一世紀至十八世紀間，西班牙的平均所得幾乎文風不動，穩定維持在相同水準，與十三世紀的英國與荷蘭人均所得差不多（約為一九九〇年的九〇〇國際元）。然而，一三

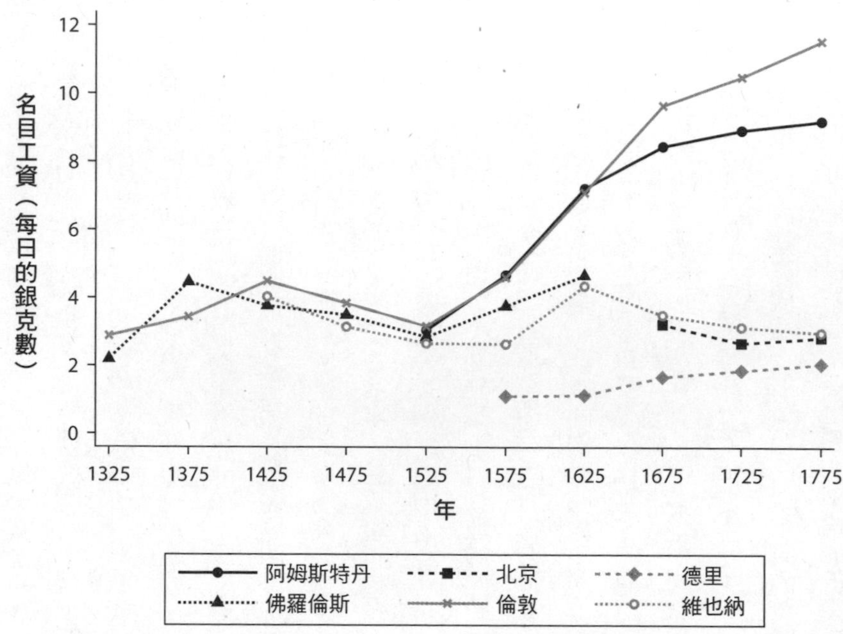


**圖三：一三二五年至一七七五年，以每日銀克數計算的名目工資**

資料來源：R. C. Allen, 2001, "The Great Divergence in European Wages and Prices from the Middle Ages to the First World War," *Explorations in Economic History* 38 (4): 411–47; R. C. Allen, J. P Bassino, D. Ma, C. Moll-Murata, and J. L. Van Zanden, 2011, "Wages, Prices, and Living Standards in China, 1738–1925: In Comparison with Europe, Japan, and India," *Economic History Review* 64 (January): 8–38.

四八年腺鼠疫爆發後（亦稱「黑死病」），帶走歐洲三〇%至五〇%的人口，造成人口的長期衰退），英國與荷蘭的平均所得開始加速成長。[27]然而，這樣的成長不應被過分強調，因為此時的人均所得成長主要來自人口萎縮。英國的人口再度成長後，人均所得在一四〇〇年至一五〇〇年間微幅下滑。不過，一五〇〇年後，英國與荷蘭共和國的人均所得幾乎翻倍，一八〇〇年分別達二二〇〇國際元與二六〇九國際元（一九九〇年價格）。同一時間，歐洲其他地區並未出現太大的成長，包括比利時、德國、葡萄牙、西班牙與瑞典。當然，我們無從確認相關估值的正確性，不過工資數據與國內生產毛額的估值皆顯示，在一五〇〇年至一八〇〇年這段期間，歐洲各地的經濟走向了分歧的道路。

## 地理大發現的年代

然而，一五〇〇年後的所得成長與替代型技術沒有太大的關係。如果說馬爾薩斯模型大致能說明一五〇〇年前的經濟生活，接下來兩個世紀的英國與荷蘭共和國，更適合用亞當．斯密（Adam Smith）的洞見來解釋。達伽馬、哥倫布與麥哲倫等人的探險事蹟，帶來重要的地理大發現，開啟了持久的斯密型成長年代。跨洲貿易興起，世人發現並開始消費前所未聞的新商品，糖、香料、茶、菸草、米等不計其數的殖民地產物，自不曾聽說過的遠方運送而來。國際貿易興起的實證證據相當零散，不過一六二二年至一七〇〇年的數據顯示，英國的進出口加倍。此外，船運的急速擴張也顯現出貿易的重要性增加，自一四七〇年至十九世紀初期，西歐的商船隊成長了整整七倍。[28]愈來愈高的人口比例得以取得五花八門的殖民地貨物以及其他舶來品，民眾開始喝更多茶，通常還加糖調味，飲食中亦出現了新的香料，此外他們也買了更多奢侈華貴的布疋。工業革命因此被視為消費者革命，引發了人類的新慾望，刺激芸芸眾生更賣力工作，好買得起各式各樣新奇別緻的殖民地商品。[29]

從供給面來講，貿易興起促進了工業發展。英國許多第一代的工廠創辦人是商人，他們抓住了貿易擴張帶來的商機。[30]中世紀傳統手工業主要替地方市場製作產品，成長中的「承包商人階級」（entrepreneurial merchant class）促進了鄉村工業的興起，製造出口至國內其他地區的商品，甚至外銷——經濟史學家門德爾斯（Franklin Mendels）將這個過程命名為「原始工業化」（proto-industrialization，注：又譯「原工業化」、「原型工業化」）。[31]從統計數據來看，相關工業欣欣向榮。統計學家格雷戈里．金（Gregory King）在一六八八年發表了著名的英國情勢與現況探討，引發歷史學家日後長期的爭論：為什麼英國的貿易經濟並未反映在勞動市場的統計數字上？照他的估算，當時僅有八％左右的勞動力是商人或工匠。然而，經濟史學家林德特與威廉森（Jeffrey Williamson）重新探究相關估算後發現，相關數字實際上應該高出許多：商人、店主與工匠的人數高達三十八萬四千人，約占二八％的勞動力。即便農業仍然是主要的經濟活動，英國算是十分活躍的前工業經濟體。[32]

地理大發現的年代不是經濟奇蹟的年代，不過可得的證據大多顯示，英國的經濟正在成長。經濟學家麥迪森估算，英國一五〇〇年至一八〇〇年間的成長率平均每年達〇．二二％。[33]雖然以一九九〇年價格估算的前工業成長不免仰賴大量假設，不過使用其他數據來源的其他計算法，也得出類似的成長率。[34]相關估算背後的假設或許未能說服抱持懷疑態度的人士，不過十八世紀的作家無疑認為英國算是相對富裕的國家。英國作家笛福（Daniel Defoe）最著名的作品是小說《魯賓遜漂流記》（*Robinson Crusoe*），不過他也寫下大量的前工業時代英國遊記，一七二四年出版的《大不列顛環島之旅》（*A Tour through the Whole Island of Great Britain*）指出：「勞工很珍貴，工資很高，今日沒人單單為了餬口而工作；我們的勞工不必在外頭勞動，不喝溪中的水；因此雖然我們很富裕，還是得傾全國之力，才有辦法建造大型建築、堤道、水道、馬路、城堡、防禦工事，以及其他的公共工程，不像羅馬人僅靠著少量的國家支出就能建造完工。」[35]笛福不是十八世紀唯一對英國的富庶程度感到印象深刻的人士，亞當．斯密在形容北美時也提到：「即便北美的富裕程度尚不如英國，勞工仍領到了豐厚的報酬，家中有很多孩子也不是負擔，而是帶財給父母的源頭。」亞當．斯密同樣指出，十八世紀的英國人比先前的世代更為富裕：「英國土地與勞力的年生產值……絕對比一百多年前高出許多，也就是查理二世（Charles II）復辟的時期（注：此處指的是一六五八年的第一次復辟）。此外，復辟年代的年生產也絕對又再比一百年前左右高出許多，也就是伊莉莎白女王即位的時代（注：一五五八年）。」[36]

所以雖然珍．奧斯汀筆下的英國呼應了經濟現實，地主階級的財富讓工業資本相形見絀，但經濟生活正在轉變。[37]十八世紀時，土地所占的總財富份額大幅下降，各式各樣新型的職業如雨後春筍般冒出。相關職業通常和新興的商業與製造階級崛起有關——笛福稱之「中間那群靠貿易發大財的人」。[38]就許多方面來看，英國的經濟架構仍舊是新石器革命的遺澤，然而隨著國際貿易的興起，愈來愈高的人口比例獲得成長帶來的好處。此外，由於商業中產階級的生育率首度超越窮人，中產階級快速擴張；社會流動通常是向下，而非向上，[39]於是這股擴張成了隨後經濟發展的關鍵。中產階級家庭所從事的職業迫使他們必須學習技能，無法將所有的時間都花在昂貴的休閒娛樂上，不像地主家庭能仰賴資本帶來的收入，培養優雅的休閒與藝文品味。亞當．斯密一針見血地指出這種心態與能力上的差異：「商人習慣主要把錢投資在能獲利的事上，仕紳則習慣把錢花掉。」[40]由於父母如何投資孩子的教育與教養，主要取決於他們預期孩子將從事怎麼樣的職業，中產階級的工作倫理通常會與「資本主義的精神」一起有效地傳給下一代。[41]

經濟學家麥克洛斯基（Deirdre McCloskey）所談到的「布爾喬亞的美德」（bourgeois virtues）包含節儉、誠實與勤勞。[42]相關美德讓布爾喬亞得到空前的成就。就連馬克思與恩格斯（Friedrich Engels）也在《共產黨宣言》中提到布爾喬亞階級（注：本章將 bourgeois 譯為「布爾喬亞階級」或「中產階級」，《共產黨宣言》中文本亦有「有產階級」、「資產階級」等各種譯法）的特色，指出布爾喬亞「率先展現人類活動能做到的事，創造出遠遠超越埃及金字塔、羅馬水道、哥德式大教堂的奇蹟」。[43]的確，工業革命領袖人物出身的家庭通常已經在從事某些商業與工業活動。歷史學家克魯澤（François Crouzet）的重要研究蒐集了大型工業事業創辦人的資料，列出兩百二十六名受訪者的父親職業。資料顯示，雖有部分的創辦人來自仕紳與工人階級，但來自中產階級家庭的超過七〇%，其中靠著貿易與商業致富的占了多數。[44]因此，馬克思的洞見沒有被推翻——現代資本主義確實始於文藝復興期間，由新世界的發現所帶動。

不過，我們也不應過度強調前工業時代的英國活力。雖然在一七〇〇年，農業占的就業比率已經下降，小型工業興起，英國貿易經濟出現了前所未有的擴張，但在工業革命前，農業與製造的區別，實際上沒有那麼明確。當時興起的農村工業一般是淡季的活動，許多住在偏遠地區的勞動者身兼農人與製造者（manufacturer）。在冬季的月份，由於農事不多，民眾會從事紡織工作。笛福筆下製造者的特徵便是擁有兩匹馬，一匹運送食物與羊毛給織工，另一匹負責運送布料到市場。同一時間，這戶人家裡附近的土地上還有母牛在吃草。[45]農業不是他主要的職業，但他部分的謀生收入來自土地，他也因此得以自立。在這種所謂的「家庭生產制度」，住宅、農場與商行之間沒有明確的區別。在十八世紀早期的英國，大約僅三〇%的勞動者會在某些時刻賺取工資，絕大多數的人仍是自雇。就連領取工資的人士，主要也是在家工作。套句歷史學家克魯澤的話，「家庭生產制度」的盛行程度，意味著製造業大多數時間仍是「沒有工業家的工業」。[46]

# 第3章　為什麼機械化會失敗

為什麼大體而言，人類長久以來沒有出現熊彼得式的成長？沒有任何單一理論能解釋，為什麼數千年來技術創造力未能為平民帶來更高的生活水準。馬爾薩斯陷阱提供了一定程度的詮釋：生產力提升會帶來更大量的人口，進而限制人均所得的成長。然而，並不是全球的情形都完全符合馬爾薩斯論：自一五〇〇年起，生活水準的確有所提升，地理大發現的年代替大部分英國與荷蘭共和國的人民創造出持久的生活水準改善。要是少了技術方面的突破，這樣的榮景不可能出現。造船與航海技術的進步（例如三桅船與航海羅盤問世）促成了國際貿易的興起。然而，這類技術進展帶來熊彼得式成長的為數不多——反倒成了斯密型成長的助力。前工業社會的經濟成長也因此不只量的增長比較緩慢，質的方面也與我們認知中的現代經濟成長不同。[1]在我們的年代，成長大幅仰賴的因子包括技術的採用、就業的創造性破壞，以及進一步帶來創新的新型技術與知識。雖然前工業的世界顯然在某種程度上歷經過此種類型的成長，然而在形塑歐洲分歧的經濟道路上，熊彼得式成長僅扮演著次要的角色。因此，真正的謎題在於為什麼技術創造力（顯然不時就碰撞出耀眼火花）很少從基本層面改變經濟生活。當然，簡單來說，技術創造力是成長的前提，但不是充分條件。技術點子得先化為可靠的藍圖與原型，還得找到生產用途，才會對生產力和繁榮產生影響。前工業時代不缺創意，缺的是實踐。達文西是前工業世界的典型發明家，畫下數百種發明的設計圖，但他幾乎不曾努力打造出可以實際運轉的原型。至於其他無數個的確打造出原型的發明，例如德雷貝爾的潛艇，則是未能進一步研發。即便找到了可以應用之處，發明服務的對象通常是政治，而非經濟用途。舉例來說，羅馬帝國的統治者就靠著技術建造出宏偉的建築物，以增加自身的威望。

人類史上多數時期的技術進展不像今日，有研發部門專門替特定的工程問題找出技術解答。從前技術發展的方式現在的情形相差甚遠，幾乎可說是毫無特定章法。當今科學家與工程師密切合作，將點子導向正確的應用，這種合作方式的重要性對我們而言幾乎是常識，在前工業時代卻十分罕見。始於伽利略的科學革命大力促進了這樣的互動，催生了日後的技術發展。大氣壓力的發現以蒸汽機的研發最為關鍵，蒸汽機最終取代水力，成為工業革命的引擎。然而，其他的工業革命技術也可能在缺乏科學進展的情況下被發明，進而廣為運用——為什麼卻沒有發生？

這個問題大致上有兩種解釋。有的學者強調技術的供給受限，有的學者則指出需求有限。熊彼得認為任何技術若要被採用，一定得有某種需求存在。[2]馬爾薩斯也抱持著相同的觀點，他指出：「需求在很大程度上的確是發明之母。最崇高的人類心智活動中，有部分源自必須滿足身體的需求。」[3]我們一下子就能想到自工業革命以來，好幾個技術發展的例子符合這一派的觀點，包括美國政府希望搶在納粹德國之前研發出原子彈的「曼哈頓計劃」（Manhattan Project）；塞維利（Thomas Savery）研發了蒸汽機，為的是解決英國煤礦坑的抽水問題；美國發明家惠特尼（Eli Whitney）率先提出可替換零件的概念，目的是「以正確有效的機器運轉取代工匠的技藝。工匠技藝少不了長期的實作與經驗，然而這個國家並未大量擁有這方面的能力。」[4]

究竟為什麼前工業的世界缺乏成長？與「需求會帶來刺激」的相關解釋大多都會強調，讓我們得以「以少做多」的省力技術僅在資本比勞力便宜的情況下，才會符合經濟利益，而在前工業的年代那樣的情形也許十分罕見。例如歷史學家李萊（Samuel Lilley）主張，古典文明的奴隸比機器便宜，因此少有研發與採用昂貴機器的誘因。[5]這種主張再進一步延伸，即就許多方面來看，奴隸其實就是前工業時代的機器人。在匈牙利，無酬的農奴替封建領主工作，他們被稱為「robotnik」，也就是現代的「robot」（機器人）這個字的詞源，這個字也在捷克作家卡恰佩克（Karel Čapek）一九二一年的著名戲劇《羅梭的萬能工人》（*R.U.R*）中首度登場。[6]幾乎我們想得到的任何日常體力事務，奴隸都能做。此外，與今日所有的機器人技術相比，奴隸能做到的體力活仍遠遠勝過機器人。

「古典時期奴隸制度妨礙了技術發展」這個論點引發了高度爭議。此外，以古典時代的情形來推論前工業社會的全貌，也確實不太妥當。羅馬帝國的奴隸制度在西元二世紀的尾聲幾乎絕跡。然而，羅馬奴隸制度的終結卻是農奴制度的開端，並未帶來自由。農奴和奴隸不同，他們有權留下部分的勞動成果，但也和奴隸一樣必須遵守諸多限制，以確保穩定的勞力供給，從而壓低了工資。一三四八年的黑死病雖然造成勞力短缺，終結了英國的農奴制度，政府卻立法阻止工資上揚，帶來了深遠的影響。此外，在全球各地，奴隸制與農奴制延續了很長的一段時間，即便到了一七七二年，也就是美國發表獨立宣言的前四年，農業改革家楊格（Arthur Young）的估算指出，全球僅四%的人口是自由人[7]，剩下的九六%是奴隸、農奴、獨立傭工（independent servant）或附庸（vassal）。

雖然很難明言奴隸制妨礙了機械化到什麼樣的程度，關鍵問題不是奴隸制（或農奴制）本身是否阻撓了勞力替代技術的採用：機械化的誘因不取決於勞工是否自由，而在於勞力的價格。近日的研究以可信的方式證實了「大量的廉價勞力」與「機械化速度緩慢」之間的關聯（雖然是研究現代的情境）。[8]在美國南方，長存的奴隸制度使得農業一直高度勞力密集。即便奴隸已在南北戰爭期間解放，黑人人口的工資依舊偏低，直到密西西比河的一九二七年洪災，才促使美國南方某幾個郡走上了不同道路。許多黑人家庭離開淹水區，到他處尋覓工作。與未受洪水影響的區域相比（也就是便宜勞力依舊充足的地方），淹水區的農場主人由於無力阻擋黑人勞力的流失，只好走向更為資本密集與機械化的道路。

我們不難用密西西比河的例子想像，在前工業時代，相對便宜的勞力減少了誘因，替代勞工的技術因此未被廣為利用。經濟史學者艾倫甚至主張工業革命始於英國的原因，在於在工業革命的開端，英國以外的地區採用機器不符合經濟效益。[9]艾倫主張，英國的工業革命之路始於黑死病，黑死病造成人口長期減少、勞力短缺，勞工的議價能力也因而增強。[10]即便政府立法壓低勞力價格，但佃農要求得到自由，拒絕接受農奴制，工資最終開始上揚。英國在地理大發現的年代貿易興盛後，工資開始以更快的速度飆漲，而這個勞工的勝利也帶來了勞動成本提高的新挑戰。英國該如何保住貿易競爭優勢？艾倫主張，關鍵要素在於英國的工業家很幸運，恰巧坐擁煤山。[11]煤業早期的興起讓英國與荷蘭共和國等其他的高工資經濟體截然不同。英國工業碰上的情形是能源價格低、人力成本高，於是他們開始採用在其他地區不符合成本效益的機器。然而，雖然這類解釋聽起來十分合理，近日出爐的資料顯示，英國工資大幅成長的程度其實沒有先前想像的高。[12]此外，即便假設英國的工資相對高，早期的勞力替代技術問世時間其實比工業革命早得多，但遭逢激烈的抵制，例如：威廉．李發明的針織襪機與起絨機。

事實上，在工業革命以前，需求帶來技術進展的例子可說是鳳毛麟角。經濟史學家莫基爾的權威性研究回顧了前工業世界的技術發展，指出前工業時代較為確切的發明描述，其實就是「發明為需求之母」。[13]開發技術不是為了回應某種已經存在的需求，而是偶然發生的技術進展，創造出先前沒想到的慾望與新需求。舉例來說，古騰堡的印刷機帶來對於書籍、教育、讀寫能力的需求——

而不是書籍的需求帶來印刷機的發明。冰河期的狩獵採集者率先留意到爐邊石灰岩和沙子燒過的殘留物，但他們無法預知千年前的意外發現，將帶來世上第一片羅馬玻璃窗。[14]同樣地，當托里切利發現大氣有重量時，他無從預測後來發生的一連串事件，最終會促成蒸汽機問世。

「新技術會帶來對於新技術的需求」，這個理論顯示前工業時代缺乏成長的主因在於技術供給面的障礙。數個理論從供給面解釋，可能是前工業時代的幾個不同因素拖累了技術的供給，例如眾所皆知，冒創業的風險是技術進步的關鍵，但很少人提到在前工業時代，創新的風險較高、獎勵也少。量產的年代來臨之前，世界沒有社會安全網，冒險創業的好處少之又少，潛在的壞處卻多了好幾倍。十九世紀與二十世紀的發明家有可能致富，但在以前的年代絕無可能，因為新技術的市場一般為地方市場，規模小很多。在最糟的情況下，創業失敗可能會飢寒交迫、窮愁潦倒。此外，由於前工業時代的技術進展通常一直有地區性的限制，可以引導甲地出現進一步技術進展的乙地技術，通常在甲地無人知曉。而這樣的路徑依存有時會導致社會走向技術的死胡同。舉例來說，在北非與中東的大部分地區，駱駝鞍的發明（大約發生在西元前五〇〇年至一〇〇年間）使得駱駝逐漸取代有輪運輸，分給建造道路與橋梁的資源也因此減少，導致基礎設施不良，也不太有發明其他新型運輸方式的誘因。不過，前文也提過，即便發明是一種風險活動，技術知識也需要時間才能傳開，印刷機等破天荒的技術終究還是被研發了出來，並受到採用。[15]

更重要的是，雖然經濟學家通常忽視文化是經濟發展的障礙，世人的看法長期阻礙著進步。經濟史學家莫基爾深具影響力的理論便主張，十七世紀的科學革命替成長文化鋪好了道路。[16]這種說法也許言之成理。社會學家韋伯認為，以理性與科學的態度取代迷信的文化是技術進步的關鍵，而這種文化一直要到啟蒙時代才出現。[17]除了迷信的問題，多數的前工業知識分子並不認為機械化有何好處。他們身處的文化對於技術發展抱持的態度，和古典時期的哲學家如出一轍。如同英國哲學家羅素所言：「柏拉圖和多數的希臘哲學家一樣，認為閒暇是通往智慧的必要條件，因此為了謀生而工作的人並沒有這種餘裕。」[18]古希臘哲學家亞里斯多德也在《政治學》（*Politics*）中寫道：「過著工匠或勞動者生活的人，不可能實踐美德。」[19]換句話說，工作，尤其是打造機器所需的那種體力活，被古典時代許多最偉大的思想家視為不入流的雕蟲小技。然而，雖然十八世紀英國上層階級所抱持的觀點，與不追求進步的古代哲人沒有太大的不同，反倒是中產階級或生產階級（producing class）經歷了更為重大的轉變。此轉變的核心在於宗教的信念出現了變化。雖然技術與宗教的關聯向來複雜又薄弱，宗教信仰顯然在前工業的歐洲出現了轉變，民眾對於技術進步的態度也跟著改觀。希臘羅馬人認為大自然由諸神主宰，操縱自然是有罪的，甚至有危險，而這種觀點與中世紀的基督教形成對比。歷史學家主張，中世紀的基督教替未來的技術進步奠定基礎，擁抱更為理性的神。歷史學家懷特解釋：「基督教和古代異教或東方宗教截然不同……不只建立了人與自然的二元論，也堅持人類為了正當目的開發大自然，其實是神的旨意。」[20]

我們無從證明因果關係，然而所謂的「如果神希望人會飛，神會給人翅膀」，顯然在拉丁禮教會（Latin Church，注：亦稱「西方教會」）引發了不同說法。十三世紀聖方濟各會修士培根（Francis Bacon，注：英國科學家與哲學家）想像出汽船、汽車、飛機；馬姆斯伯里修道院的修士埃默（Eilmer of Malmesbury）也一樣，並未因為試圖利用滑翔翼翱翔天際而滿懷罪惡感。[21]就某些方面來說，神職人員甚至促進了技術的發展。本篤會（Benedictine order）對中世紀生活產生極大的影響，他們強調工作與生產是美德，可以提供救贖。這裡的意思並不是說基督教每一次都支持進步，反例包括伽利略因為支持地動說，引發了著名的軒然大波，伽利略除了被視為異端，還鋃鐺入獄。然而，雖然拉丁禮教會對於科學的壓迫確實妨礙了部分的發明事業，早期的工業化卻未奠基在科學之上。在工業化的過程中，蒸汽機出現的時間其實較晚。一直要到十九世紀，科學才成為經濟發展的支柱。莫基爾寫道：「我們會與一般的工業革命聯想在一起的『裝置浪潮』（wave of gadgets）中，蒸汽動力就是最明顯的例外。許多裝置單靠一六〇〇年的知識就能輕鬆辦到。在十八世紀末至十九世紀間，科學對於生產型經濟的相對重要性不斷成長。隨著所謂的第二次工業革命的到來，科學在一八七〇年後更是變得不可或缺。」[22]

工業革命的開端發生的時間與地點，另一種解釋是前工業世界的制度妨礙創新的程度勝過鼓勵。許多經濟史學家受到經濟學家諾斯（Douglass C. North）開創性的研究啟發，主張一直要到一六八八年至一六八九英國發生光榮革命（Glorious Revolution）後，國會的勢力高過王權，才替工業革命的先決條件打好基礎。[23]在那之前，尋租（rent-seeking，注：指個人、企業或政府透過壟斷或管制等手法謀利）的君王以及其他所謂的「經濟寄生者」（economic parasite）輕輕鬆鬆就能從他人身上得到收入，不需要勤奮從事生產活動。一六八九年的《權利法案》（*Declaration of Rights*）第四條改變了遊戲規則，這下子國王未經英國人民同意不得徵稅；要是少了議會的授權，王室抽稅就屬違法的行為。然而，雖然《權利法案》確實是重要事件，但要解釋工業革命為何遲遲未出現，還得找出整體而言可能妨礙技術進步的變量。前文提過，前工業的文化與制度並未妨礙所有的進步；在十八世紀前，就已經出現不容小覷的技術進展。關鍵差異似乎在於英國光榮革命前的政府經常試圖攔下取代勞工的技術，而工業革命的關鍵發明，用途正好是替代人力。

## 工業革命的起源

所以，日後促成工業革命的必要制度變遷究竟是如何發生的？有一種可信的說法是工業化之路始於發現新世界。艾塞默魯、強森（Simon Johnson）、羅賓森等學者皆證實，在政治制度大力制衡君主勢力的地區，大西洋貿易的成長讓商人團體強大起來、限制王權，並推動了對工業與技術進步有利的制度改革[24]；也因此在那些制度相對而言不那麼專制的經濟體（例如英國與荷蘭共和國），經濟成長得更快。王室圈以外的商業團體是貿易的關鍵受惠者。以英國為例，國會成功阻止了數名都鐸王朝與斯圖亞特王朝的君主設立王室壟斷權，因此貿易一般由商人主持，有的是獨立商人、有的是商業合夥，與歐洲大部分的地區形成對比。至於其他地方，王室的貿易壟斷盛行，例如葡萄牙規定只有王室交易所「印度之家」（Casa da Índia）能與非洲、亞洲進行貿易。西班牙帝國的類似機構是位於塞維亞（Seville）的「貿易署」（Casa de Contratación），殖民地的貿易由卡斯提亞王室（Castille）壟斷。在法國，商人的政治影響力只能說不如以往。[25]雖然早期的大西洋貿易讓王室以外的部分商業團體致富，特別是胡格諾教徒（Protestant Huguenots，注：十六至十七世紀的法國新教教派，政治上反對君主專制）。在拉羅歇爾之圍（La Rochelle，注：胡格諾教派的根據地）後，路易十四最終宣布新教為非法教派，促使胡格諾教徒紛紛離開法國。[26]在議會未能制衡行政權的國家，貿易依舊由王室掌控。

議會與王權之間的角力是許多重大社會政治紛爭的核心，包括一五七〇年代的荷蘭起事（Dutch Revolt）、一六四〇年代的英國革命（English Revolution）與一七八九年的法國大革命。[27]由於北海國家發生的衝突持續發酵，議會在荷蘭共和國與英國的重要性持續增強（相較之下歐洲其他地區長期以來不曾起衝突，議會在南歐與中歐的影響力減弱），經濟史學家凡・贊登（Jan Luiten Van Zanden）、柏林（Eltjo Buringh）、波斯克（Maarten Bosker）發現，在一五〇〇年至一八〇〇年之間，殖民時期的歐洲歷經了持久的制度分流。[28]北海國家的議會活動增加，歐洲其他地區則減少（請見圖四）。在一五〇〇年代中期以前，法國議會的政治影響力與活動雖然有增加，但隨後君主便找出辦法繞過三級議會（Estates General）徵稅。在西班牙，與新世界有關的地理大發現（主要是金銀礦）為王室帶來新財源，需要取得議會同意的徵稅需求減少，也就沒必要召開會議。

接二連三的事件解釋了為什麼北海國家的議會活躍度增加。以荷蘭為例，大西洋貿易的商業利益引發了荷蘭商人與哈布斯堡君主國（Habsburg monarchy，荷蘭起事前統治荷蘭的政權）之間的紛爭，最終導致一五七〇年代爆發了獨立戰爭。由於商人是獨立派的主要政治勢力，獨立派在北方低地國（northern Low Countries）的荷蘭議會（Estates Of Holland）與三級議會（Estates-General）取得了政權、建立了荷蘭共和國後，商人也自然而然成為新興的統治階級。在英國國內，制度變遷受到一六四二年至一六四九年間的英國內戰（Civil War）影響，議會派擊敗保皇派，並在審判過後處決了查理一世。日後，英國內戰帶來了一六八八年的光榮革命，英國議員與荷蘭的軍事力量結盟，罷黜了詹姆士二世，並改採君主立憲，荷蘭執政奧蘭治親王威廉（William of Orange）登上英國王位。英國內戰最後由議會取得勝利，支持工業的議會派系人數大增。[29]此外，光榮革命帶來一六八九年的《權利法案》，王室再也無法以專制的手段統治國家，例如《軍紀法》（*Mutiny Act*）規定國王不得未經議會同意設立與維持常備軍，以縮限國王以軍事力量推翻國會的能力。此外，議會藉由縮短徵稅的有效期限進一步取得政治力量，國王被迫定期召開國會，才能協商新事務。此外，為了防止君權由內部掌控議會，還採取了防堵買席位與買票等新措施。[30]

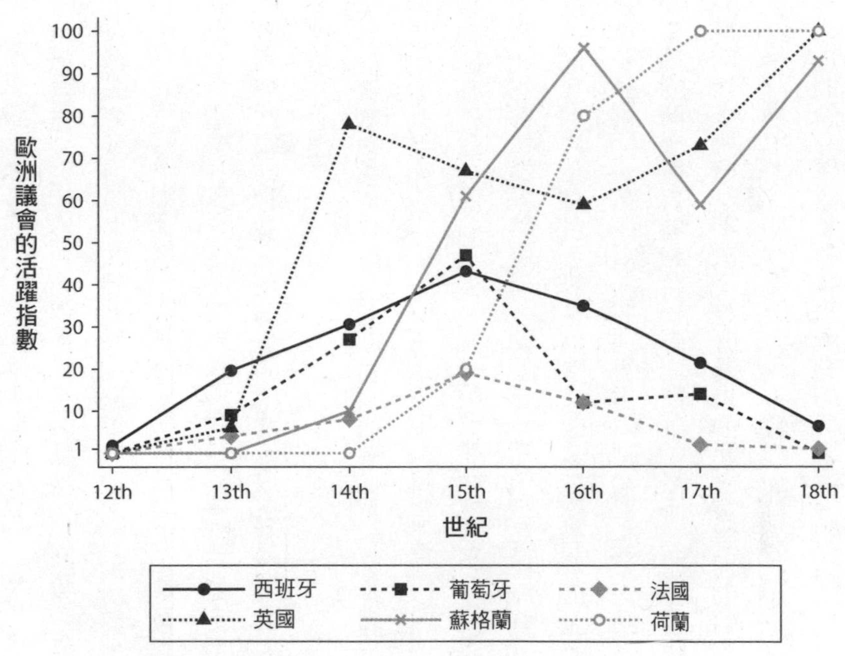


**圖四：一一八八年至一七八九年的歐洲議會活躍指數**

資料來源：J. L. Van Zanden, E. Buringh, and M. Bosker, 2012, "The Rise and Decline of European Parliaments, 1188–1789," Economic History Review 65 (3): 835–61.

注：此一活躍指數計算議會每世紀召開會議的次數。若指數為〇，代表不曾召集議會。若數值為一〇〇，該世紀每年皆召開會議。

最終，除了政治力量從王室轉移到國會手上，支持商人製造者（merchant manufacturer）的勢力也日益增強。雖然商人很難稱得上國會的主要團體，他們的利益受到輝格黨聯盟（Whig coalition）保障，也就是代表商人與新教徒地主的團體。[31]同時，擁有土地的貴族階級（一八三二年前，此一階級的成員大多掌控著政治力量的關鍵）並未對創新與工業的機械化帶來太大的貢獻，但至少並未阻擋。[32]一部分原因在於英國身為貿易國的歷史，讓貴族得以多元經營財富，對某些貴族而言，工業化甚至會帶來好處。[33]在光榮革命後貴族雖然日益走下坡，然而上議院一直到二十世紀初，依舊維護著土地階級的利益，英國貴族因此得以保有部分勢力，較不受社會上其他角落發生的社會經濟力量變遷威脅。[34]

一切的一切使得議會愈來愈保護工商利益，並確保契約會被履行，財產權成為最重要的考量。誠如亞當．斯密一七七六年所言：「大不列顛的法律帶來保障，光是人人皆能享有自身的勞動成果，便能確保任何國家皆能欣欣向榮。」[35]當然，並非所有制度都對經濟與技術發展有利。窮人接受教育的機會不多，也無法擔任陪審員。即便在一八三二年與一八六七年的改革法案出爐後，多數的一般公民依舊未能享有政治權利。許多國會決策背後的經濟考量，仍然由重商主義有缺陷的信條主導：視貿易為零和遊戲。有些國會法案禁止出口機器，亦不許工匠移民。其他法案之所以能通過，為的是保護英國的商業與製造業免於外國競爭。然而，即便當時的英國絕非現代的民主政體，缺乏自由放任經濟的諸多特徵，英國仍舊成為更多元、寬容與勤奮的社會。一六八九年，英國哲學家洛克（John Locke）寫道：「如今寬容至少被我們國家的法律確立。」[36]人民享有言論自由，可以自行選擇職業，也能隨心所欲參與幾乎所有的科學與發明活動，商人與地主階級齊聚一堂。法國哲學家伏爾泰（Voltaire）造訪英國時寫道：「英國的貴族子弟並未看輕商業。內閣大臣湯孫德

（Lord Townshend）的弟弟就在倫敦市經營一間商號。」[37]此外，作家笛福十八世紀初的遊記這麼形容英國商人：「此地的貿易絕非紳士恥於從事的行業。簡而言之，英國的貿易造就了仕紳：經過一兩代後，商人之子，或至少是孫輩，成為地位崇高的仕紳、政治家、議員、樞密院成員、法官、主教、貴族，與出生最高貴、來自最古老的家族人士並肩而立。」[38]

這種情形在北海國家以外的地方前所未聞。英國商人階級相對而言較大的影響力，在與歐陸對照時最為明顯。在荷蘭共和國以外的歐陸地方，工商業由王室一手掌控。以法國為例，路易十四的財政部長科爾伯（Jean-Baptiste Colbert）主張工業發展需要國家的支持，他認為這是法國免於破產邊緣的關鍵。為了促進經濟成長，讓法國的奢侈品製造自給自足，科爾伯成立各大國營工廠，例如一六六五年設置了皇家鏡子玻璃廠（Manufacture Royale de Glaces de Miroirs），以取代威尼斯的進口玻璃。一旦法國國內的玻璃製造工業站穩了腳步，便立刻禁止進口。製造廠稽核員記錄下的統計分類將製造業分成三大類，看得出王權握有很大的影響力。第一類是王室金庫贊助的國營工廠：這類工業所製造的產品主要為王室獨享的奢侈品，如著名的戈布蘭掛毯工廠（Manufacture des Gobelins）就雇用了大量工匠，全力替王室的享樂服務，負責裝飾凡爾賽宮（Versailles）、聖日耳曼城堡（Saint-Germain）、馬里城堡（Marly）。第二類為「皇家製造廠」（manufactures royales），由私人企業接到皇室的正式邀請後，在指定區域替公共消費製造商品。最後的第三種是「特許製造廠」（manufactures privilégiées），享有皇家專賣權，獨家生產與販售特定商品。以上三種工業沒有任何競爭者，亦不曾機械化；製造業能存活，全靠王室的支持贊助。[39]

歐洲君主不僅未鼓勵工業發展，反倒積極阻擋。神聖羅馬帝國最後一任皇帝、一八三五年前擔任奧匈帝國皇帝的法蘭茲一世（Francis I）顯然就很懼怕技術進步帶來的政治結果，他拚盡全力讓經濟停留在農業狀態。統治者心心念念著成立工廠後，家庭生產制度的勞工將會被取代，窮人都集中在都市，可能就會組織起來反抗政府。一八〇二年，為了防堵來自下層的威脅，法蘭茲一世禁止在維也納興建新工廠，一直到一八一一年都嚴禁進口與採用新型機器。當興建蒸汽鐵路的計劃呈至法蘭茲一世手邊時，他的回答是：「萬萬不可，國內將爆發革命。」[40]於是哈布斯堡帝國（Habsburg Empire）的鐵路車廂長期由馬匹拉動。

沙皇尼古拉一世（Tsar Nicholas I）也一樣跼蹐不安，要是俄羅斯的機械化工廠普及，可能會危及他的統治權。沙皇為了慢下進步的腳步，他下令禁止舉辦工業展。一八四八年歐洲各地爆發了一連串的革命運動後，俄羅斯更是制定新法限制莫斯科的工廠數量，特別嚴禁任何新型的紡織廠與鑄鐵廠。[41]如同在神聖羅馬帝國，鐵路不僅沒被視為革命性的技術，還被認為助長了革命，也因此一八四二年前，俄羅斯僅僅建造了一條鐵路，連接聖彼得堡與位於皇村（Tsarskoe Selo）和巴夫洛夫斯克（Pavlovsk）的幾棟皇家宅邸；就連鐵路資訊都經過審查，俄羅斯的報紙亦不得刊登相關報導。工人擁有的流動能力與資訊的散布不利於統治階層，俄羅斯的菁英階級也的確有理由擔心工廠機械化將引發的問題。《紐約時報》的聖彼得堡通訊記者在一八九五年報導：「週六，費美香菸工廠（La Ferme）的機械化引發了嚴重暴動。員工認為使用機器將造成廠內許多人失業，他們搗毀機器，把殘骸扔出窗外。」[42]

前文第1章提過，英國政府其實也長期試圖阻擋替代技術普及，然而即使十七世紀查理一世下令阻擋起絨機，在光榮革命過後，局勢仍發生了變化。經濟學家艾塞默魯與羅賓森寫道：「在都鐸與斯圖亞特時期的英國，帕潘（蒸汽消解器被弗爾達砸毀的發明家）或許會遭受類似的敵意對待，但一六八八年後一切都變了。帕潘在他的船被毀之前，也的確想過要在倫敦試航。」[43]十分值得一提的是，即便在一六八八年前，英國君主時不時會禁止取代勞工的技術，但後來就很難找到相關的例子。部分原因在於光榮革命後，國會削弱了行會的勢力，外加競爭日益激烈。即便英國一直要到一八三五年的《市政法人法》（*Municipal Corporations Act*）才正式廢除行會，行會在很久之前就開始流失成員與勢力。前文討論過，如果技術能輔助成員的技能，行會並不會抵制技術的進步，只有成員的生計受到威脅時才會抗議。工業革命仰賴的是替代勞工的機器，也因此行會勢力減弱是出現工業革命的先決條件。

隨著市場日益整合，一切水到渠成：行會的勢力不會超出所在的城市，也因此隨著城市間的競爭增強，行會的政治勢力連帶減少，例如羊毛工行會是羊毛業勢力最龐大的行會，曾成功替成員保障了良好的工資。他們透過請願與暴力，成功阻擋西英格蘭使用起絨機數十年之久。然而，接踵而來而來的競爭改變了遊戲規則。在行會靠暴力手段長期抗拒使用起絨機的威爾特（Wiltshire）與薩默塞特（Somerset）兩個地區生意開始搶不過格洛斯特（Gloucester）後，他們便不再抵制——羊毛工發現自己可以靠著機器，以更低廉的成本拓展生意。[44] 原本的鄉村地區冒出伯明罕（Birmingham）與曼徹斯特等新市鎮，擺脫行會的約束，自然成為工業革命的引擎。[45] 此外，整體而言，一六二〇年至一八二三年間共四千兩百一十二項專利申請的統計分析顯示，外在挑戰愈嚴峻的英格蘭地區投資了更多的新技術研發。[46] 技術進步的本質產生了變化也相當關鍵。經濟史學家麥克勞德（Christine MacLeod）檢視一六六三年至一七五〇年之間的五百零五項專利申請，發現用來取代勞工的技術少之又少。四五%的專利據說是為了助勞工一臂之力，其他的三七%號稱能節省資本，僅二%自稱能節省勞力。然而，一七五〇年至一八〇〇年之間，省力技術的比率增加四倍。[47] 由於擔心遭受抵制，發明家的確通常不會去提節省勞力的動機，然而替代技術大增的情形，提供了英國技工行會沒落的額外證據。

相較之下，中國的行會「公所」則延續了較長的時間，公所幾乎全面掌控了各自的產業[48]，勢力比歐洲行會還要龐大，他們利用自身的力量，隨時強行限制引進勞工替代技術。當時的觀察家瑪高溫（Daniel J. Macgowan，注：十九世紀派駐中國的美國傳教士）在一八八六年寫道：

本國商人為佛山的黃銅器皿製造商自伯明罕進口了一批黃銅薄板，導致一群銅匠失業，因為他們迄今的工作，正好是敲薄進口的厚板；看來當地人不會容忍這種事發生，於是他們為了圖個清靜、不讓帝國最繁榮的城市中最會惹事的階級暴動，只好將那批掀起爭議的金屬退回香港。此外，不久前某位從美國回來的中國人進口了幾台功能強大的縫紉機，可以替上層階級縫製毛氈鞋底，但地方手工製鞋者的子弟拆毀了那批機器，他們寧願以父執輩的方式做事，那位想闖出一番事業的中國人損失慘重，灰頭土臉地回到香港。無獨有偶，幾年前某個思想進步的中國人成立了蒸汽棉織廠，但徒勞無功，工廠閒置，棉花農連一磅棉花都不願供應，就輕鬆打敗工廠。來自法國的繅絲機除了能大幅節省時間金錢，還能改善絲織品的品質與數量，在廣州流行過一陣子，日後也曾被中國資本家引進蠶業區，但被村民破壞拆毀。[49]

中國當局憂心引發社會動亂，站在行會那一邊。某份一八七六年提交至倫敦外事辦公室（London Foreign Office）的報告特別提到：

過去一年間（一八七五年至一八七六年），曾有人試圖在此一港口（上海）成立蒸汽棉織廠公司，目標是利用當地種植的棉花製造棉布……與目前由中國人織成的布料雷同……但用上英國機器與蒸汽機的長處……中國的報紙廣泛報導了此計劃後，棉布行會的態度令人萬分憂心，（計劃的）國內支持者因此縮手。很不幸，國內人士盛行著一種想法，特別是當地的手工布料工人認為，如果類似的計劃開始執行，他們的行業將會立即消失。行會因此通過決議，禁止購買任何以機器製成的衣物……地方官員擔心人民會暴動，亦拒絕支持並否決了此計劃。[50]

民眾抱持著反對替代技術的心態，再加上公所屹立不搖，同樣也解釋了為什麼中國遲遲未工業化。相較於英國城市，中國城市的分布較為分散，城市之間的競爭程度較低，公所的勢力也較不受威脅。因此十八世紀當英格蘭城市之間的競爭削弱了行會的力量，經濟學家狄麥特（Klaus Desmet）、格雷夫（Avner Greif）、帕倫特（Stephen Parente）主張，中國因為缺乏競爭，還要再等兩百年，和世界經濟接軌後才會工業化。一八四二年第一次鴉片戰爭結束後，英國取得五個通商口岸，得以在中國從事外貿活動。第一次世界大戰結束後，通商口岸增至近百個。外國貿易帶來的競爭讓中國技術落後的程度昭然若揭，於是西方大量的省力技術在二十世紀初被引進。[51]

然而，英國的行會之所以會沒落，原因不只是城市之間的競爭削弱了行會勢力，政治選擇也帶來了影響。「煙囪貴族」這個新興階級興起，民族國家之間的競爭日益激烈。英國的政治制度與司法系統原本支持勞工與行會的目標，反對替代技術，但自十八世紀始，他們改站在創新者那一邊。議會多次駁回紡織工、精梳工、剪切工禁用織棉機、梳毛積、起絨機的請願。前文提過，英國政府轉而支持機械化的部分原因，在於商人製造者的政治勢力擴大。他們的財富有賴於大英帝國的昌盛貿易，又需要機械化才能維持在國際上的競爭優勢。此外，由於英國仰賴貿易，經濟保守主義更不見容於政治現況。外國侵略帶來的外患威脅性逐漸高過國內底層的動亂，民族國家之間的競爭變得更加激烈。統治菁英清楚意識到自身的軍事力量得靠經濟實力撐腰。

一七六九年通過的法令，進一步凸顯出政府大力支持創新者的決心：毀損機器者將處以死刑。[52]當然，第5章會提到，勞工依然拚盡一切的方法反對引進省力機器。一八一一年至一八一六年間盧德主義者的暴動便是源自國會取消了一五五一年不得使用起絨機的禁令，引發勞工對於替代技術的恐懼。然而，英國政府對於試圖阻擋技術的努力，採取愈來愈鐵腕的立場，甚至派兵平定暴動。由一七七九年蘭開郡（Lancashire）發生暴動後通過的提案，可以清楚看出政府對於民眾搗毀機器的看法：「大型暴動唯一的攻擊目標是新型製棉機；然而設置那些機器使國家大大受惠，況且摧毀我們國內的機器，只會使機器移轉至他國……進而傷害到英國的貿易。」[53]

同一時間，英吉利海峽另一側的局勢相當不同。英國走過工業革命時，法國正處於政治與社會革命的開端。如同經濟史學家傑夫・霍恩（Jeff Horn）所言，法國大革命讓法國政府真真切切感受到來自社會底層的威脅。[54]英國政府大量利用高壓統治的手段制止民眾破壞機器，法國政府則恐懼機械化將進一步加深社會動亂。英國的創新者與工業家碰上工匠毀損機器時，政府幫忙出面阻止；英吉利海峽另一頭的政治動亂，則讓法國業者無從仰賴政府的保護。湯普森（E. P. Thompson）的著名經典研究顯示，盧德主義的本質是政治動亂，[55]然而英國的機器暴動者是為了反抗，而不是起義。相較之下，法國的革命威脅真實存在。一七八九年法國版機器暴動所造成的影響，不只讓法國工業化的時間晚於英國，巴黎群眾湧至巴士底監獄，憤怒的達內塔勒鎮（Darnetal）羊毛工人衝破負責防守塞納河橋梁的禁衛軍防線。人民前往聖瑟韋（Saint-Sever）的製造業郊區，毀損當地的機器。接下來又發生了層出不窮的事件，對法國造成深遠的影響。剛成立的卡隆公司（Calonne and

Company）內有三十台機器被憤怒的暴民搗毀；盧昂（Rouen）郊區有超過七百台珍妮紡織機被破壞；喬治・加奈特（George Garnett）等數名工業先驅試圖回擊但寡不敵眾。此外，他們和英國的同行不同，沒有國家軍隊助陣。法國的工業家與投資人無法把希望寄託在政府身上，等著政府保障他們的利益，因為政府也恐懼叛亂的工匠會讓全國更加動蕩不安。[56]政治上的不確定性，讓人缺乏投資機器與工業的意願，法國的經濟發展因而受阻。經濟史學家霍恩解釋：「勞動階級全面引發社會與經濟革命的可能性，造成法國政府與歐陸企業家無法像英國一樣，在面對勞工抗爭時，能在安全狀況下獲得最大的利潤或創新……一七八九年的機器破壞，屬於革命政治崛起的面向。法國政府外強中乾，幾乎無力鎮壓。在那個革命的十年（一七八九年至一七九九年），法國的工業企業家無法仰賴國家平息勞動階級的抗爭。」[57]

## 小結

一七五〇年前速度緩慢的經濟發展，無法以缺乏發明創造力或好奇心來解釋。前工業的世界帶來許許多多重要的發明，包括安提基特拉機械、機械鐘錶、印刷機、望遠鏡、氣壓計、潛水艇；有些前工業發明甚至比帶來工業革命的裝置浪潮還複雜。然而，光具備技術創造力的天才，顯然還不足以帶來經濟發展。技術必須先找到經濟用途、進而廣泛被採用，才會促進經濟發展。如同經濟學家馬赫盧普（Fritz Machlup）所言：「辛勤工作需要誘因，靈光一閃則不必。」[58]

在工業革命發生前，地主階級牢牢掌握著政治力量。權力架構由農業的發明形塑，史上頭一遭，人類有辦法儲存食物、擁有土地，個人有辦法累積大量盈餘，帶來財產權的概念，保住相關權利的政治架構隨之而生。佃農用勞力交換騎士的保護，帶來不平等的世界，尋租帶來的利益遠勝過進步。統治階級恐懼勞力替代將製造貧困與社會不安，最糟還可能挑戰政治現況。取代勞力的技術因此經常遭受抵制，甚至被禁用。進步對掌權者而言弊大於利，西方世界困在技術陷阱中，威脅到人民技能的技術被大力抵制。

然而，接二連三的事件讓情勢開始對創新者有利。民族國家興起，各國君主之間的競爭益發激烈，限制技術進步的成本大幅增加。落後的國家一下子就會被進步的國家取代——最糟的下場是被征服。政治現況因此愈來愈容不下經濟保守主義。換句話說，外患帶來的威脅開始高過社會底層帶來的威脅。技工行會盡全力抵制替代技術，但城市之間的競爭愈演愈烈，削弱了行會的勢力。行會一弱，政府更能站在企業家與發明家那一邊，行會處於不利的情勢。經濟學家狄麥特、格雷夫（Avner Greif）、帕倫特寫道：

司法制度與政府的支持減少後，新技術威脅到工作時，技工行會就開始採取暴力手段。相關的暴力行為以暴動、遊行、破壞財產的形式出現，在十九世紀之交出現的頻率增加。一八一一年至一八一六年間，盧德主義者的暴動抵達高峰。這樣的暴力回應並未彰顯出勞工的力量，只顯示出勢力衰退的行會制度垂死掙扎……無力回天，行會愈來愈無力阻止引進省力技術。英國經歷重大的工業化，逃脫馬爾薩斯陷阱將是遲早的事。[59]

一直要到統治菁英開始站在創新者那一方，英國工業才開始機械化。

# PART Ⅱ

# 大分流

一七八〇年至一八五〇年，不到三代的期間，一場人類史上前所未有、影響深遠的革命，改變了英國的面貌。從那時起，這個世界與從前有了天壤之別……或許除了新石器革命，沒有一場革命能像工業革命那樣，帶來如此翻天覆地的影響。

——義大利經濟史學家卡羅·M·契波拉（Carlo M. Cipolla），《歐洲經濟史：工業社會的興起》（The Fontana Economic History of Europe）

新增的財富要是未能令人感受到帶給大量人口好處，出力帶來財富的人沒能分享到成比例的甜美果實；兩個階級形成了對比，一個人數增加，一個財富增加；一個靠付出更多勞力賺錢，卻只分到不穩定、僅能勉強餬口的工資，一個卻能享受高雅文化的一切好處；這樣的情形隨處可見，在各地帶來相同的思想運動與不滿的情緒。

——歷史學家保羅·曼突斯（Paul Mantoux），《十八世紀的產業革命》（The Industrial Revolution in the Eighteenth Century）

機器的興起曾導致勞工抗拒技術進步。接下來的章節將介紹帶來工業革命的技術主要屬於勞工替代技術（第4章），並從中解釋為什麼各地民眾紛紛抵制技術（第5章）。然而這一次，機械化的受惠者牢牢掌握著政治權力。在多數情況下，勞工缺乏政治力量，因此他們的抗議往往徒勞無功。

以現代的眼光來看，揭開工業化序幕的似乎是有助於建立工廠制度的幾項不起眼發明，這些發明開啟了工業永續擴張的年代，創造出現代世界。工廠的故事與科學的故事極為類似。若是把現代科學歸功給伽利略、培根、笛卡兒（René Descartes）等人，好像年代隔得有點遠，但這幾位的確可以被視為奠定基礎的先賢。同樣地，一直要到阿克萊特（Richard Arkwright，注：發明水力紡紗機，被譽為現代工廠之父）、克朗普頓（Samuel Crompton，注：英國發明家、紡織業先鋒）與瓦特（James Watt，注：英國蒸汽機改良者）的年代，才開始打下工廠制度的技術根基。工業革命之前早有工廠，但先前的工廠無法與現代的工廠制度相提並論——誠如馬克思所言，現代工廠的特徵是引進機械。[1]因此，相關機械的發明者亦可被視為現代工業的創造者。

工廠制度的興起和科學的演變一樣，屬於起起伏伏的漸進式過程。經濟學家羅斯托（Walt Rostow）曾主張，工業革命自「起飛」後，便進入自我持續的成長。這個論點被隨後的實證分析推翻，指向較為漸進式的詮釋。[2]工業革命期間，除了整體成長的速度緩慢，連工業產出也未出現飛躍性的激增。[3]一七五〇年至一八〇〇年間的人均所得成長幾乎沒比同世紀初快多少，不過到了一八七〇年，英國的人均所得比一七五〇年高了八二%，換算起來年成長率達〇．五三%。以現代的標準來看，這樣的成長速度顯得緩慢，但與前工業經濟的成長率相較，已經明顯快上許多。

工業革命對總體經濟造成的影響，並未大到足以稱為經濟革命，但幾個異軍突起的現象顯示，一七五〇年後發生了一場技術革命。相較於前十年，一七六〇年代核准的專利數量，年平均成長不只多了一倍，且日後還持續激增。[4]當然，有人會質疑部分專利的經濟相關性，然而專利數量大幅成長的時間點，正巧支持著歷史學家阿什頓（T. S. Ashton）那句雋永的話：「一七六〇年左右，一波裝置的浪潮席捲英國。」[5]大約就在那個時間點，許多工業革命的決定性發明問世，阿克萊特的水力紡紗機與瓦特的蒸汽機分離式冷凝器皆在一七六九年取得專利。

當時為什麼並未出現經濟革命，不是個難解的謎題。畢竟光有更好的技術，不一定會帶來更快的經濟成長；經濟成長的前提是技術被廣為採用。然而，工業革命起初只發生在少數幾個領域，相加後不過占了整體經濟的一小部分。換句話說，在早期的階段，工業革命並不是集體的現象。經濟史學家佛林（Michael Flinn）解釋：「統計數字告訴我們的似乎是一個穩定成長的經濟，加上一小群極度活躍的領域。統計上來說，即便到了十八世紀末，那一小群領域只占國民生產中相當小的比例，然而光是那些領域的成長，就足以讓經濟中現有的整體成長率翻倍。」[6]工業革命始於紡織業，也就是勞工以最深切的方式感受到機械化工廠力量的產業。後文我們將看到機械化開啟了經濟歷史學者所說的「大分流」（Great Divergence），也就是在工業革命過後，西方成長至比世界上其他地方富裕許多的時期。然而，在工業化的早期，英國內部也發生了大分流：工資停滯、利潤上揚，收入不平等飆升。

# 第4章　工廠來了

科技史學家考威爾稱一七六九年為「奇蹟年」（annus mirabilis，注：指出現重大發明或發現的年份），該年通常象徵著工業革命的開端。[1]前文提過，那一年阿克萊特與瓦特註冊了他們決定性的發明。然而，事實上工業革命的起源可以回溯到更久之前，主要與工廠制度的演變同時發生。工廠制度首度出現的時刻不得而知，一八三五年尤爾（Andrew Ure，注：蘇格蘭醫師、化學家、管理思想家）率先於《製造業的哲學》（*Philosophy of Manufactures*）一書，將工廠制度定義為「男女老幼各階勞動者同心協力、勤奮看管一系列的生產機器，由中央動力持續驅動機器。」[2]第一個工廠制度的法律定義可以回溯至一八四四年：「任何樣式的建築物……在周圍空地或庭院內外，用蒸汽或其他機械動力發動或啟動任何機械。」[3]換句話說，若要追蹤工廠制度的起源，就得追蹤世人開始應用由機械力提供動能的製造機器。隨著勞工替代機器的興起，現代工業終於來臨。

了解工廠制度最好的方法就是與先前的製造方式互相對照。到了十八世紀初期，家庭生產制度依舊是英國的主流。經濟史學家曼突斯所描述的前工廠生活／工作極具啟發性，點出了工業革命帶來翻天覆地的變化。家庭生產制度的一般工匠住在小屋裡，窗戶又少又小。室內通常只有一個房間，既是生活空間，也是工作坊。家具為數不多，因此有空間可以擺放物品，例如織工可以放置織布機。勞務的安排很簡單。如果某位工匠的家庭人數夠多，一家子什麼事情都會自己來，只不過家人間會有小小的分工，例如妻子和女兒可能會坐在紡車旁，兒子則梳理羊毛，丈夫負責梭子。有些工匠會雇用其他工匠，受雇者和工匠老闆在同一個屋簷下吃飯睡覺，不會把老闆當成不同社會階級的人。工匠老闆自行掌控生產，不倚靠任何提供財源的金主，原料與必要的工具都掌握在自己手中。他的生計部分來自土地，「工業」（industry）通常只不過是副業。自中世紀以來，生產幾乎沒出現過變動。

家庭式工業（domestic industry）的產出成長速度緩慢但相當穩定。市場的整合程度增加時，商人就成了部分工匠不可或缺的中間人，協助工匠把貨物銷往英國各地與國外。由於工匠所生產的布料一般未經修整或染色，商人把貨物賣至市場前，就得先幫忙做最後的加工，因此商人有必要雇用工人，就此成為「商人製造者」。商人雇用的工人依舊住在鄉間，他們雖為獨立承攬人，但生計愈來愈仰賴商人製造者。如果碰上歉收，他們可能無力更新工具與設備。商人製造者注意到這個窘境後，開始提供生產工具。於是住在鄉間的獨立承攬人如今成了受雇者，領著工資，聚集在商人製造者居住的鎮上。換句話說，眾人逐漸失去生產工具的所有權，也失去工作步調的自主性，帶來馬克思所說的工人階級（working class）。資本與勞力之間緩慢但永不停歇的分道揚鑣，成為開啟工業化過程的特徵。自十七世紀晚期開始，這個異化（alienation）的過程橫掃英國全境，不過程度不一。約克郡的工匠依舊保有獨立性，但布拉福區（Bradford）則由富裕商人掌控工業。不過，各地的生產方式都尚未改變，看不到機械化的蹤影。[4]

為什麼工廠制度會興起？前文提過，國際貿易興起，民族國家之間的競爭愈演愈烈，導致國家很難再靠技術保守主義維持政治穩定性。由於工資上揚，英國為了保住國家的貿易競爭優勢，機械化勢在必行。市場愈來愈大，外銷海外的廠商便有動機減少勞動成本。此外，日益激烈的競爭，也讓政治勢力有意願放手讓廠商機械化。再說了，製造商有資金用昂貴的機器取代勞工，不過在大多數的情況下，要讓經濟上與技術上要可行，一切得在工廠中發生。有些設備是龐然大物，得設置在大型廠房裡，不可能塞進工人的小屋客廳。蒸汽機、冶鐵攪煉爐、撚絲機等機器，全都需要廠房。[5]因此工廠制度的發展是技術演變的過程，在經濟與政治誘因的帶動下機械化。此外，剛才提過，工廠制度的誕生日一般的說法是一七六〇年代晚期，但工廠其實在更早之前就出現了：一七一八年，英格蘭德比（Derby）的製絲廠就已經在五層樓的建築裡，雇用了三百名左右的工人。

## 機器的興起

英國絲業的開端，始於一批握有技術的勞工在《南特敕令》（*Edict of Nantes*，注：法國亨利四世一五九八年頒布宗教寬容敕令，但一六八五年時，路易十四宣布新教為非法宗教，《南特敕令》被廢除）廢止後離開法國，定居於倫敦郊區。由於市場充斥走私者帶來的便宜進口絲，英國絲業在早期的年代很難站穩腳步。英國相對高的工資讓國內製造商難以競爭，因此想辦法降低勞動成本成了當務之急。人民前仆後繼研發撚絲機，但徒勞無功。即便如此，據傳義大利早有這樣的機器。一七一六年，約翰．盧比踏上了危險的旅程，想找出義大利的祕密。盧比想出一窺廬山真面目的妙計，他偷偷畫下機器圖，藏在絲裡送回英國。返國一年後，他與提供必要資金的哥哥湯瑪斯，在德比附近成立了第一座製絲廠。工廠依據來自義大利的圖稿打造撚絲機，湯瑪斯．盧比就此成為富翁。湯瑪斯除了靠自工業間諜活動而來的機器累積財富，還因對英國有功而被封爵。德比的機械化製絲廠的確傲人，但即便德比與斯托克波特（Stockport）出現了規模龐大的工業活動，這些活動依舊小到並未對整體經濟活動產生重大影響。製絲廠是「侏儒年代的巨人」（giants in an age of pygmies）。[6]

製絲業的發展揭開了工業革命的序幕，但工業革命真正的開頭是棉花。一七五〇年時，棉花業原只是個小產業，但它迅速擴張，最終成為英國最大的產業，足足占了一八三〇年國內生產毛額的八%。曼徹斯特市等工業中心興起只是棉花業擴張的結果之一，在英國的棉紡織業者超越中國與印度的時刻出現（中、印兩國是十七世紀棉紡織業龍頭）。一直到了一七五〇年，孟加拉每年生產八千五百萬磅的棉製品，英國僅產出三百萬。[7]英國競爭力薄弱的原因在於亞洲勞工較為便宜；然而，英國的成本劣勢很快就成為優勢，國際競爭刺激了機械化生產問世。

在機器的年代來臨前，「棉紡」（cotton spinning）是個相當耗力的過程。若要製造細支紗（注：較為細柔的紗），依舊需要紡輪與紡錘，紡車則用於製造粗支紗。在工業革命的開端，棉紗的製造分為三階段。第一階段是撥開原棉，去除上頭所有的泥土；接著要梳棉，也就是把棉線整理成粗紗；最後粗紗才被紡成紗線。在工廠的設置中，這三個階段都機械化了。阿克萊特是現代棉業的先驅，因此也是工業革命的先驅。歷史學家曼突斯寫道：「阿克萊特的機器工業不再只屬於技術史的範疇，而是一種含義最包山包海的經濟現實。」[8]雖然好幾種發明都歸功於阿克萊特，阿克萊特最大的成就無疑是一七七六年問世的克勞姆弗德二廠（the second Cromford mill，注：阿克萊特的克勞姆弗德工廠〔Cromford mill〕是世上第一座水力棉紡廠）。廠內的水力機器依據生產流程排列，成為其他早期棉廠的藍圖。[9]

當然，阿克萊特並非橫空出世、單憑一己之力就改造了棉業，只不過碰巧是第一位成功的製棉工業家。數十年前，在一七四〇年代與一七五〇年代，保羅（Lewis Paul）與懷特（John Wyatt）就發明了大有可為的輪紡系統（system of roller spinning，注：保羅設計點子，懷特打造出機器，接著又一起合作改善），懷特很早就意識到這個系統可以運用在工廠制度，但未能真正實踐。依據他個人的估算，輪紡可以把所需的勞力砍三分之一，增強英國工業的獲利能力。在光榮革命前（注：一六八八至一六八九年），懷特大概不會大肆張揚任何節省勞力的好處，而他居然會鼓吹，顯示當時世人已經更能接受替代技術。即便如此，請別誤以為這個主題已不具爭議。本書第5章會再帶大家看，十八世紀的工人經常搗毀他們認為會威脅到工作機會的機器。這大概就是為什麼懷特覺得有必要強調，被取代的工人很快就能在別處找到工資更好的新工作：「布商貿易能獲得的額外好處自然讓業界興奮，布商還能因為機器所帶來的好處拓展自家貿易。好處愈多，擴張的規模就愈大。布商事業做大了，就有辦法雇用因為機器而失業的那三三%的人……布商其他每一個子事業都需要更多人手，也就是需要紡織工、修剪工、洗滌工、梳棉工……與從前相比，這些全職工人全都將有更多錢能養家。」[10]懷特主張，取代工人的機器將不只讓少數幾位工業家荷包滿滿，而是全英國都會富起來。雖然事情真如懷特所想，英國最終會因為機器而富裕，但他的輪紡甚至沒能讓他本人和公司賺錢，搞到合夥人保羅負債入獄，機器和保羅的其他財產一起被扣押。最終，懷特與保羅在一七四二年破產，兩人的發明被賣給《紳士雜誌》（*Gentleman's Magazine*，注：近代最早的通俗雜誌）的編輯凱夫（Edward Cave）。凱夫在北安普敦（Northampton）成立了一間小型工廠，共設有五部水力機器，這座工廠日後又轉手給阿克萊特。[11]

阿克萊特的成功之處，並不在於他是億萬發明家；他的成就其實是克服工程瓶頸，讓輪紡能有實務用途。十八世紀的英國發明不同於文藝復興時代的技術，這個年代通常是一分的靈感，九十九分的汗水，而且研發的目標都一樣：減少生產的勞力成本。阿克萊特的水力紡紗機讓輪紡能有實際用途，依據估算節省了三分之二的紡紗勞力成本，還讓粗絨棉的生產整體成本下降了兩成。阿克萊特的第二項發明「梳棉機」也帶來類似的經濟效益。阿克萊特的梳棉機和水力紡紗機一樣，並不算什麼令人目瞪口呆的新奇發明。他的發明的創新程度甚至引發爭議，申請專利受到挑戰。[12]

另一項關鍵發明是哈格里夫斯（James Hargreaves）的珍妮紡紗機（spinning jenny）。據說哈格里夫斯的靈感來自他看見紡車傾倒在地，但還在轉動，看起來就像是自己會旋轉。可以確定的是哈格里夫斯的機器十分簡單，就是一個四方框加四條腿，一邊有一排紡錘。珍妮紡紗機和水力紡紗機一樣是不需要科學突破的發明。珍妮紡紗機勝過被取代的紡車之處，在於單一工人可以同一時間紡好幾條線。雖然珍妮紡紗機的造價比紡車貴七十倍，依舊比建造阿克萊特式的工廠便宜；占的空間不大，也不需要有工廠環境。[13]珍妮紡紗機能一下子就普及開來，大概就是因為不需要變動太多目前的生產程序。

雖然珍妮紡紗機並未直接促成工廠制度興起，但的確有間接的效果。克朗普頓從小就用珍妮紡紗機紡紗，長大後加入著手改進的行列，並於一七七九年發明了「克朗普頓紡紗騾」（Crompton mule），混合了哈格里夫斯的珍妮紡紗機拉桿以及阿克萊特的水力紡紗機。紡紗騾一開始先被家庭式工業採用，但很快就用於工廠，最初的木頭滾輪也改成阿克萊特使用的鋼輪。

紡紗機取代紡車後，手動織工也被趕走，也難怪紡紗機不太受工人歡迎。哈格里夫斯發明出機器的風聲傳開後，布拉克本（Blackburn）的居民闖進他家砸毀機器。在英國工業化的典型年代，工人破壞機器的事件時有所聞。即便政治勢力已經開始移轉至機械化的受益者手上，發明家依舊不可能宣稱自己的技術是用來取代勞工，甚至連能節省勞力都不提。經濟史學家亨弗里斯（Jane Humphries）解釋：

十八世紀早期的發明者鮮少宣稱自己的發明能節省勞力。他們大概判斷出，宣傳一項發明不利於地方就業不是個明智之舉。值得留意的是，發明家更可能宣傳他們的發明能促進就業，尤其是替婦孺帶來工作，暗示原本領救濟金的民眾這下子可以自食其力。然而，靠發明取代勞力的說法逐漸被接受。到了一七九〇年代，專利擁有者不再有所顧忌，紡織、金屬皮革貿易、農業、製繩、入塢、釀酒等方面的發明，全都宣稱具備節省勞力的好處。儘管如此，所謂節省勞力的範圍不包括所有的勞工，主要還是指握有技術的成人勞動者。宣傳內容通常是有了這項發明後，就不再需要很多力氣或技術，可以用缺乏技能的婦孺代替受過訓練的成人技工。懷特替他（和保羅）的紡紗機辯護時列出的計算，很值得深思。他的聰明之處，至少顯現在知道濟貧法（poor law）的主管機關，將會對替婦孺增加工作機會的事感興趣。懷特宣稱，布商要是原本雇用一百名工人，這下子可以解雇三十名「最厲害的好手」，用十個孩子或殘障人士取代，獲利因此會多三五%，地方行政區也可連帶省下五英鎊的救濟金。由於此類取代是勞工抗拒新技術的主因，需要一定的膽試，才能如此堂而皇之宣傳，私底下大概有更多發明是朝這個方向努力。[14]

紡紗機究竟能省下多少勞力，眾說紛紜。紡紗機顯然可以節省勞力成本，取代原本的手工織工。舉例來說，採用珍妮紡紗機不只是用資本取代勞力，也是在用童工取代相對昂貴的成年工人。以阿克萊特為例，他曾寫道英格蘭峰區（Peak District，注：主要位於德比郡北部）能供應大量孩童——這大概可以說明為什麼阿克萊特把峰區選為製造基地。早期的紡紗機的確也特別設計成孩童也能負責照顧（詳情請見本書第5章）的形態；當代評論家尤爾就曾一針見血指出：「機器每一項改良的目的向來是朝降低成本走，方法是用婦孺的勞動取代成年男性。」[15]

當然，潛在的好處不只是用機器和便宜的勞力取代昂貴的勞力，工廠之所以雇用孩童的另一項動機是進一步掌控工廠的勞動力。許多童工是窮人學徒（pauper apprentice，注：工廠興起後，學徒常淪為童工），遠離家人朋友，在工廠裡做工。儘管孩童經常占了很大比例的勞動力，但他們並未享有其他工人擁有的保護（像是有成年的同事在場）。孩童經常被交辦去做一些無工資或沒報酬的工作。許多工頭與管理者為了控制一大群不守規矩的孩童，他們抄出棍子，而不是端上甜頭。與成年的工人相比，童工沒什麼議價能力，脅迫他們遵守工廠的規矩簡直輕而易舉。[16]正如經濟史學家亨弗里斯寫道，製造業者顯然十分清楚發明的好處，特別是「規避工匠的作法與掌控，減少抗拒改變的力道」。[17]

儘管如此，雖然紡紗在十八世紀末葉進入工廠制度，家庭生產依舊利用手動織布機，也因此有人擔心一旦阿克萊特的專利到期，紡紗機的數量將大增，人手將不足以織出所有紡好的棉線。卡特萊特（Edmund Cartwright）牧師與某位曼徹斯特的紳士曾論及此事，對方認為不可能建立織造廠，而卡特萊特決心證明他說錯了。卡特萊特是鄉紳之子，先前就讀牛津大學，僅有紙上談兵的經驗；他在木匠與鐵匠的協助下證明了自己的論點，耗費數十年的光陰與財富，打造了動力織布機。後來，卡特萊特與格雷肖兄弟（Grimshaw brothers）建立了一間工廠，廠內共有四百台靠蒸汽提供動力的織布機。然而，織工擔心飯碗不保，於是把那間工廠燒到什麼都不剩。在伊莉莎白一世在位期間，由於女王擔心民眾會暴動，卡特萊特的織布機幾乎絕對會被禁。然而，到了卡特萊特的年代，英國政府通常會站在發明家這邊，不但沒下令禁用卡特萊特的發明，還出資贊助。卡特萊特成功證明了他的發明對英國的貿易競爭力而言至關重要，並於一八〇九年向國會申請到補助。[18]

動力織布機無疑是項重大發明。動力織布機在十九世紀期間逐步改良，生產力跟著提高；經濟史學家貝森（James Bessen）曾計算，一八〇〇年手動織布機的織工靠一台織布機，要花近四十分鐘才能產出一碼的粗布。到了一九〇二年，一名織工可同時操作十八台自動動力織布機，不到一分鐘就能產出相同長度的布[19]，不過代價是手動織工被取代。接下來的第5章我們會再回頭看看手動織布機的織工命運；至此，值得注意的是動力織布機問世後，紡織業的機械化幾乎已經大功告成。

## 鐵、鐵路與蒸汽

多數人認為蒸汽驅動了工業革命。這種看法的確有幾分事實，但蒸汽動力在工業化過程中，其實出現得較晚。從人力與畜力轉換至機械力確實是工廠制度興起的決定性特徵，不過蒸汽機所帶來的經濟影響一直要到十九世紀中葉才顯現。蒸汽動力的好處的確遠大過水力，畢竟水力有地理條件的限制。馬克思寫道，蒸汽機問世後，原動機（prime mover）終於出現：「蒸汽機的力量完全由人類掌控，運用的地點不受限，在城裡也能用，不像水車用於鄉村。蒸汽機讓生產漸漸集中於城鎮，不像水車那樣四散於鄉間各地。」[20]然而，或許更重要的在於蒸汽機的應用並不受任何單一用途或產業的限制：蒸汽機不同於水力，可以用於陸運。蒸汽機和電腦、電力一樣，屬於經濟學家所說的「通用技術」（general purpose technology）。

與十八世紀其他純屬於工程範疇的重要技術相比，蒸汽機是科學革命的副產品，源自大氣有重量的發現。蒸汽機問世後，科學首度站上技術發展舞台的中央，重要性日漸增加。而大氣壓力的發現開始具備實質用途，始於十七世紀晚期塞維利之手。塞維利是康沃爾（Cornwall）的英國陸軍軍官。蒸汽機在早期年代（當時稱為「火力機」（fire engine））僅是一個泵浦，由一個水槽加一個鍋爐組成，主要是為了銅礦場的排水需求專門設計，不過塞維利卻了解到蒸汽機的萬用本質。他認為除了採礦，蒸汽還有供水給城鎮與各家各戶、滅火、推動磨坊轉輪等等用途。不過，塞維利的發明甚至連替礦場抽水都還辦不到，適用深度僅限於三十英尺左右。一七一二年，紐科門的蒸汽引擎問世後，火力機就被棄用。然而，由於缺乏效率，紐科門的引擎同樣也用途不廣。由於生產時需要消耗大量能源，採用的製造商不多。一直遲至一七七〇年，紐科門的發明幾乎完全只用於替煤礦場抽水，或是煤炭十分便宜的地區。

一直要到瓦特發明了獨立冷凝室，蒸汽才有辦法在汽缸不會損失太多熱能的前提下凝結。[21]不過，瓦特的蒸汽機一直要到數十年後，靠著博爾頓（Matthew Boulton）合夥的資助方才嶄露頭角。瓦特的蒸汽機在一七八四年的阿爾比恩麵粉廠（Albion Flour Mill）首度派上用場，博爾頓與瓦特公司（Boulton & Watt company）還為了推廣蒸汽機斥資贊助。一年後，瓦特的蒸汽機用於棉布生產，接著逐漸普及至羊毛紡織廠、鋸木廠、釀酒的麥芽廠、食品加工、甘蔗廠、鐵礦與採煤場。儘管如此，蒸汽機帶來的立即總體經濟影響依舊十分有限。經濟史學家馮．通策爾曼（G. N. Von Tunzelmann）計算，與次好的技術相較之下，蒸汽機所帶來的「社會節省」（social savings，注：指技術進展帶給社會的好處，亦譯「社會結餘」、「社會儲蓄」）估算，要是瓦特沒有發明獨立的冷凝器，英國一八〇〇年的國民所得僅僅會減少〇．一%。[22]不用說，這類估算永遠取決於前提如何假設，不過直觀來看，在一八〇〇年前，蒸汽機所帶來的整體經濟影響微不足道。可得的數據顯示，十八世紀一共打造出兩千四百台至兩千五百台蒸汽機，[23]但經濟史學家卡夫茲（Nicholas Crafts）的研究顯示，一直到一八三〇年，蒸汽對於整體經濟的影響依舊很小。[24]日後蒸汽機以更快的速度增加生產力，特別是在一八五〇年至一八七〇年之間火力全開，然而與電力和電腦等日後的通用技術相比，蒸汽帶來的經濟影響仍然不大。農業與建築在內的許多經濟部門，依舊大多未受到影響。此外，蒸汽也未進入民眾家中。然而，如同電力與電腦帶來的經濟好處，蒸汽帶來的生產力影響，也是隔了一段時間才顯現。蒸汽機普及速度緩慢的原因在於在很長的一段時間，水力仍比較便宜，蒸汽並未出現摩爾定律（Moore's Law）效應。一直到一八四〇年代，多數的工廠依然由水力提供動力。一直要到蒸汽機消耗的燃料大幅下降的年代，蒸汽機才開始具備經濟效益。

十九世紀中葉，蒸汽機帶來運輸革命，於是蒸汽機的經濟好處開始顯現。鐵路問世前，工業革命主要是個地方上的現象，英國許多地區仍未影響。不過這不代表運輸在十八世紀並未出現進展：當時的國會通過了法案，授權「收費公路信託」（turnpike trusts）徵稅與發行債券，並用於道路建設，替英國四通八達的道路網打下基礎。[25]十八世紀時，收費公路系統的成長改善了英國的道路，再加上公共馬車技術也出現進步，民眾耗在路上的時間大幅減少。一七五〇年代時，從倫敦到愛丁堡需要花十天至十二天；到了鐵路最初問世的一八三〇年代，相同的距離如果搭乘公共馬車，大約需要四十五個小時。[26]即便如此，在先前史上所有的時刻，騎馬依舊是最快的，但只有一小部分人口負擔得起這種交通方式。日後將成為火車乘客的英國人在鐵路發明前，大多得步行到目的地。此外，與公共馬車相比，火車又快又便宜。第一批火車的速度是公共馬車的三倍、最高步行預估速度的十倍。[27]一戰爆發時，要是改成只使用鐵路問世前的交通方式，英國人利用鐵路的總運輸量將多耗五十億個小時。

鐵路載人類走過千山萬水，不過鐵路的問世，本身就是一段很長的旅程。鐵路不但需要蒸汽動力，便宜的鐵對鐵路以及對幾乎是整個工業革命而言，也是不可或缺的賦能技術。興建工廠、蒸汽機、機器、橋梁與鐵路都會用到鐵。十八世紀前，高爐生產的生鐵昂貴又易碎。一七〇九年，也就是紐科門的蒸汽機出現前三年，第一個大突破出現了：達比（Abraham Darby）發明了一種熱爐鑄鐵法，用焦煤取代木炭。雖然無法把這種焦煤煉鋼法歸功給達比，但達比的確讓這種方法變得更加經濟實惠。依據估算，在一七〇九年至一八五〇年間，生鐵的平均成本下降了六三%。[28]

由達比家三代人主持的「柯爾布魯德爾鐵公司」（Coalbrookdale Iron Company）的演變史，其實就是一趟鐵路的焦煤煉鐵之旅。這間公司的故事引人入勝，說出帶來工業革命的各種技術，如何彼此息息相關。達比的煉鐵生產法讓蒸汽機的汽缸（柯爾布魯德爾日後成為此一領域的製造龍頭）更加精密，也讓蒸汽機更省能源，並能有效減少焦煤煉製的鑄鐵成本。一七七四年時，柯爾布魯德爾裝設了博爾頓與瓦特公司出產的引擎，一八〇五年又升級至新設計，而這段期間的生產率翻了三倍，自每天十五噸躍升為四十五噸。一七五七年，柯爾布魯德爾為了運送成噸的原料，建立了十六英里的鐵路網。十年後，木軌改成鐵軌，帶來全世界第一條鐵製的鐵路。換句話說，達比的煉鐵法比較屬於鐵路的賦能技術。鐵路用的是鐵軌，最初的源頭是焦煤煉鐵法。[29]

通往蒸汽客運鐵路的道路，由柯爾布魯德爾鐵公司起頭，但走完這段路花了數十載。第一條客運鐵路在一八〇五年開幕，但車廂是用馬拉的。鐵路問世前，蒸汽力量被試圖應用於五花八門的陸地運輸工具上，然而泥土路與《收費道路法案》（*turnpike acts*）收取的過路費，使得那些嘗試無法普及。英國工程師特里維西克（Richard Trevithick）是蒸汽鐵路發展的關鍵人物，他在一八〇三年打造了「倫敦蒸汽機車」（London Steam Carriage）。特里維西克的成就包括捨棄分離的冷凝器以及縮小蒸汽機的重量與體積，因此蒸汽機更能有效地用於運輸。然而，還得等好幾項其他重要技術到齊，包括更理想的傳動裝置、軌距、聯軸器等等。一系列的發明最終在史蒂文生（George

Stephenson）的火箭號（Rocket）集了大成——火箭號是首度用於公共交通與全蒸汽鐵路的蒸汽機車，行駛於利物浦（Liverpool）與曼徹斯特之間。

「利物浦—曼徹斯特鐵路」（Liverpool-Manchester Railway）的開幕日一八三〇年眾所矚目的大事件，現場冠蓋雲集，連威靈頓公爵（Duke of Wellington）兼英國首相韋爾斯利（Arthur Wellesley）都出席了。然而，即便蒸汽客運鐵路問世象徵著英國工程的一大勝利，剪綵日卻發生了意外。曾任內閣大臣與利物浦議員的霍金深（William Huskisson）也來了，兩年前他因為不同意國會改革而下野。開幕當天，霍金深不顧火車請乘客待在車廂內的宣導，擅自在預定的停留站下車，他的身體靠向威靈頓公爵的車廂，希望兩人能和解。他和首相談得太專心，看見另一台火車朝自己駛來時已經太遲，於是他摔了一跤，倒在那輛火車前方的鐵軌上。由於火箭號並未配備煞車裝置，司機只能靠換檔至逆向才讓火車停下，操作十分複雜，霍金深當天傍晚傷重不治而亡。

二十世紀的興登堡號空難（Hindenburg disaster，注：一九三七年德國飛往美國的飛船興登堡號起火，造成三十多人死亡）過後，飛船技術被棄置；而霍金深發生的火車意外雖被大肆報導，鐵路熱潮卻並未消失。英國各地的民眾開始留意到火車這種新型的長程運輸工具。英國鐵路網的涵蓋範圍自一八五〇年的六千兩百英里，一八八〇年拓展至一萬五千六百英里。大約在那段期間，傳記作家斯邁爾斯（Samuel Smiles）形容鐵路是「這個國家目前為止最令人歎為觀止的公用事業，不但遠遠超過任何政府創下的功業，就算將史上先前任何時期的所有社會加起來也比不上。」[30]如同我們的年代，數位技術帶來了更廣大的世界，鐵路讓十九世紀的人們得以超越以往的地平線。有了鐵路後，書籍、信件、報紙、人民的流動性大增，發明與新點子以更快的速度散布。勞工更能前往他處尋覓更好的工作。運輸成本下降，製造商的市場跟著拓展，各區得以專精化生產，投入自身較握有優勢的商品。規模更勝以往的工廠開始利用規模經濟的好處。地方上的壟斷事業面臨外地實業家帶來益發激烈的競爭。此外，工廠規模擴大後，生產時採用蒸汽機的經濟效益也變大。換句話說，鐵路促成製造業採用蒸汽動力，進而帶來了大量的新型勞力密集職業。

好幾位經濟史學家利用「社會節省」的概念比較鐵路與次佳技術帶來的好處，估算鐵路對於整體成長的貢獻。郝克（Gary Hawke）的早期研究認為，與鐵路有關的撙節總計達一八六五年六％至一〇％的國內生產毛額；光是貨運就占了約四％的國內生產毛額；依據乘客感受到的舒適度價值，客運部分估計達國內生產毛額的一．五％至六％，但郝克並未納入省時帶來的所有附帶好處，大幅低估了客運撙節。[31]經濟史學家陸尼（Tim Leunig）將乘客省下的時間計算進去後，估算出客運帶來的社會撙節約為一八六五年五％的國內生產毛額，一九一二年更是達一四％。此外，在那段期間，鐵路整整占了六分之一的整體生產力成長。[32]如果要了解那些數字有多驚人，可以考量在鐵路時代的前夕「收費公路信託」帶來的社會撙節，只達基期低許多的一％的國內生產毛額。[33]然而，鐵路主要的好處亦在鐵路發明了很長一段時間後才顯現。相關好處的經濟重要性在一八七〇年代後飆升，三等車廂的價格銳減，許多民眾生平第一次負擔得起外出旅遊。[34]

換句話說，工業革命的全部好處花了超過一世紀才顯現出來。英國有些地區大致上不受影響，蒸汽與鐵路對於整體經濟的衝擊一直要到十九世紀下半葉才大幅顯現。不過，有些地區與產業相當早就感受到加速的變化，某幾項產業的擴張的確左右了一八〇〇年後的整體統計數字。無可否認的是，當時的人有留意到工業的興起，例如一八三五年時，英國報紙編輯暨國會議員拜因爵士（Sir Edward Baines）指出：「製造業這場前所未有的擴張，可回溯至一系列的精采發明與發現。全部加總起來後，如今紡紗工一天產出的紗線，要是按照從前的製程來做，他得花上一整年；從前漂白一塊布需要六至八個月，現在只需要幾小時。[35]」種種的變化，從棉都曼徹斯特就可略知一二。

# 第5章 工業革命及其引發的不滿

一八四四年，英國政治家兼作家迪斯雷利（Benjamin Disraeli）出版了小說《科寧斯比》（*Coningsby*），故事中的主角對於當時的技術能力感到十分驚奇：「我看見城市裡到處都是機器，曼徹斯特絕對是現代最非比尋常的城市。」[1]英國的棉製品當時有三分之二左右由工廠製造；蒸汽技術取代了肌肉的力量；利物浦與曼徹斯特之間第一條多功能鐵路在十多年前開通，現代工業正在興起。然而，儘管曼徹斯特這座城市及其他的工業重鎮享有種種榮耀，機器帶來的好處卻未能澤及天下百姓，也成了眾所關切的議題。《科寧斯比》出版的同一年，恩格斯發表了他造訪曼徹斯特期間所寫下的《英格蘭工人階級的狀況》（*The Condition of the Working Class in England*），當時人人都對曼徹斯特的城市機器大軍驚嘆不已，恩格斯卻認為，機器只會拉低一般民眾的收入，僅有屈指可數的幾名工業家能獲得好處：「改良的機器使得工資下降，布爾喬亞激烈地爭論此事，工人也一再怒吼……英國的中產階級傾向無視工人的痛苦，尤其是那些靠著剝削廣大受薪民眾致富的工業家。」[2]因此，勞工與「中間的那些人」（middle sort）對於技術進步的態度相去甚遠。[3]經濟史學家蘭德斯（David Landes）寫道，中產階級與上層階級自認活在最美好的世界；對這兩個階級的人而言，技術是新的天啟，他們將「進步」奉為新的宗教，工廠制度提供了讓他們能自圓其說的證據。然而，對於貧困的勞動階級，「尤其是被機器產業取代或壓榨的群眾……他們絕對有不同的看法。」[4]工業家讚嘆機器的興起，而勞工通常抗拒引進機器、害怕失業。道出勞工心聲的詩歌如下：

技工與貧困的勞工
四處遊蕩
一貧如洗，只有窮困
在鄉村，在城鎮；
機器與蒸汽動力
帶走窮人的希望，
看看那數字
失業的可憐蟲。[5]

貧困的勞工怨聲載道在所難免。一八四〇年代之前，勞動階級的境況一直沒出現改善，許多民眾的生活水準下降。在曼徹斯特與格拉斯哥等急速發展的製造城市，出生時的預期壽命比全國平均少了十年，而全國的平均壽命也不過四十歲。縱使收入的大幅增加可以彌補工廠城市對工作與生活帶來的討厭副作用，然而這樣的補償性薪水大多不見蹤影。雖有部分證據顯示，工廠城市的工資高過鄉下地區，某種程度上不過是補償了對健康有害的骯髒環境；然而把生活成本也納入計算後，英國北部的城市並未出現工資溢酬（wage premium，注：指工資高過整體工資）。[6]在工業革命的典型年代，產出出現了前所未有的擴張，但成長帶來的好處並未落入勞工手中。[7]一七八〇年至一八四〇年間，每名勞工的產出成長了四六%。相較之下，每週的實質工資僅上升了一二%。[8] 如果將一七六〇年至一八三〇年間上升了二〇%的平均工時納入考量，就實質工資而言，很大一部分人口的時薪其實縮水了。[9] 工業革命的好處落入工業先驅的手中，利潤率加倍。[10] 經濟史學家林德特就曾計算過，在一七五九年至一八六七年這段期間，隨著資本占的國民所得份額上升，金字塔頂端前五%占的所得份額也幾乎加倍，自二一%升至三七%。[11]

各式各樣的物質水準定義與計算方式證實，在工業化階段的早期年代，許多平民的日子的確更加難過。學者普遍同意，在一八四〇年前，英國的平均食物消費量並未增加。[12] 除了食物，非基本製成品（non-essential manufactured goods）所占的家戶支出份額也下降。勞動階級消費萎縮的現象顯示此類商品成長的需求來自中產階級。在典型的工業年代，消費迅速呈現不平等的現象。十九世紀上半葉，整體的家戶消費增加，但工廠工人與困在農業裡的勞工負擔得起非必需品的人數減少。[13] 即便仍有爭議，生物指標（biological indicators）亦顯示整體的物質生活條件下降。由於當其他條件全都相同時，營養好的人長得比較高，因此成人身高可當做人民物質水準的指摽。[14] 學者依據這個想法進行研究，發現生於一八五〇年代早期的世代，身高在十九世紀吊車尾；此外，一直要到十九世紀最後十年，成人身高才恢復到該世紀頭幾個十年的水準。[15] 相關研究指出的時間模式雖略有不同，但意見一致：一八五〇年的男性比一七六〇年的祖先來得矮。

以衰退的生物指標討論物質水準時，營養與疾病和民眾的健康密不可分。健康不佳是工業革命期間的關鍵議題，也引起了當時的人激昂地討論。英國的社會改革家查德威克（Edwin Chadwick）調查了此事，並於一八四二年發表了《英國勞動人口衛生狀況報告》（*Report on the Sanitary Condition of the Labouring Population of Great Britain*），指出公共衛生主要與環境有關。工業化讓疾病在窮人之中散布的原因，在於窮人生活在愈來愈不健康的環境裡。因此，解決公衛危機便是在解決工業城鎮的健康挑戰，像是垃圾清運、汙水處理、提供乾淨飲水等等。愛丁堡大學聲譽卓著的醫學教授艾利森（William Alison）強力主張，工資低是公共衛生不佳的原因。他認為，若要解釋一般民眾的健康情形，失業、消失的收入與營養不良將是關鍵因素。[16]

兩種解釋都有幾分道理。工業革命帶來的結果是工業中心興起。工業中心著名的特徵除了外觀相當不賞心悅目，還包括過度擁擠與不健康的環境。隨著鄉村地區收入消失、就業機會逐漸減少，勞動者開始往都市地區湧入。在一七五〇年至一八五〇年這段期間，住在居民數超過五千人的城市人口比率，自二一%飆升至四五%。由於工業城鎮的生活條件慘不忍睹，經濟史學家探討了與工廠制度興起相關的「都市懲罰」（urban penalty）。[17]即便到了一八五〇年，曼徹斯特與利物浦的預期壽命分別為三十二歲與三十一歲——遠遠不及全國的平均四十一歲。[18]然而，查德威克的觀點雖然大致能解釋這樣的壽命差異，天花疫苗卻大幅改變了該時期的疾病環境——也就是說，估算當時的物質條件惡化情形時，甚至大概還得進一步往下調。此外，從環境出發的觀點掩蓋了一項事實：收入減少也使得人民營養更不良、身高更矮。即便平均而言收入有所成長，中產階級的收入上升時，許多小老百姓的收入則消失。美國也出現了相同的狀況，在工業化的早期年代，食物價格上揚的速度遠快過勞動階級工資上升的速度。經濟史學家科姆洛斯（John Komlos）與亞哈恩（Brian A'Hearn）就研究了美國的工業化過程：

> 現代經濟成長的開端帶來了結構性的轉變。自一八三〇年代早期出生的世代起，不只一個世代的平均身材縮水，由此可以推知，美國人口的營養狀況在這段期間惡化。這種身材縮水

的情況多發生在經濟情勢瞬息萬變的期間，特徵包括人口快速成長、都市化和工業化。營養狀況惡化與死亡率、疾病率上升有關。快速工業化帶來了先前沒察覺到的副作用，成因是不平等的情形增加，食物的實質價格明顯上揚，飲食因此產生變化，不宜食用的食物取代了好的食物，也就是說，與理論上成長的經濟會帶來的結果不同，人類的生物系統並未良好運作。[19]

## 「英國問題現況」

平民的不幸是什麼原因造成的？英國的工資已經高過其他大多數的地區，但當時的民眾依舊擔憂時局的變化，機器正在讓百姓的工作流失。早在恩格斯思考工人階級的處境前，就有人談過這樣的觀點，例如一七九〇年代伊甸爵士（Sir Frederick Eden）的著名作品《窮人的狀況》（*The State of the Poor*）便探討了英國的現況。濟貧院（workhouse，注：又稱「濟貧工廠」、「貧民習藝所」）是當時提供窮人工作與住所的機構，伊甸爵士十分關切機器將使濟貧院收容的人員失業：

許多人抱怨羊毛的製造引進機器，主張紡紗機與羊毛梳理機除了讓此處的勤奮窮人失去工作，也對國家帶來十分不利的影響：我得坦承，所有我聽過關於這個主題的論點，最後全都證明田地應該由勞動者來挖，不該交給犁和馬來耕種……這是國家的大不幸，羊毛織工有機器時，他們能完成的工作是沒有機器時的十倍。[20]

隨著工業與農業加速機械化，民眾憂心所謂的「機器問題」（machinery question）將在十九世紀初期惡化。李嘉圖等經濟學家主張：「勞動階級認為採行機器往往對他們不利，這個看法並不是出自偏見或錯誤觀點，而是源自正確的政治經濟學原理。」[21]李嘉圖在他著名的《論機器》（*On Machinery*）中主張，機器減少了無特殊專長勞工（undifferentiated labor）的需求，帶來了技術性失業（technological unemployment）。《論機器》促使好幾位研究者用理論證明，這樣的失業現象只不過是短期的問題。[22]然而，在接下來的數十年，民眾對於機器的恐懼可說是有增無減。狄更斯（Charles Dickens）與伊莉莎白．蓋斯凱爾（Elizabeth Gaskell）等維多利亞時代的小說家在作品中捕捉當代關心的議題，並經常反映出勞工對機器的感受。蓋斯凱爾的小說《瑪麗．巴頓》（*Mary Barton*）背景設在一八三九年至一八四年的曼徹斯特，書中人物在倫敦國會召開聽證會前說：「你終於能說出心聲了，老弟，願主保佑你，一定要他們毀掉雇主的機器。自從有了珍妮紡紗機，老百姓的生活就不好過了。機器毀了那些可憐民眾的生活。」[23]此外，當時的人也憂心機器對勞工的工資、尊嚴、精神、自主性與社會地位造成的影響。一八三九年，狄更斯數度造訪曼徹斯特的工廠，他本人雖也有過貧困度日的經驗，但依舊被當地民眾的生活與工作情形嚇到。狄更斯的小說《艱難時事》（*Hard Times*）就是在講當時留下的印象。狄更斯和馬克思一樣，主張「工人運用工具，但在工廠，人被機器所用」，他還在小說裡描述了焦煤城（Coketown）的工業景象：「蒸汽機的活塞單調地移上移下，就像一顆憂鬱的大象頭，瘋狂擺動」，此一描寫強調了工廠工作的重複性質，工人受工廠的機械力量奴役。[24]

自一八三〇年代起，機器問題成為「英國問題現況」（conditions of England question）所討論的主題——這個詞彙由蘇格蘭歷史學家卡萊爾（Thomas Carlyle）提出，代指典型的工業革命年代一般英國工人的情況。卡萊爾大力批評工業化，並認為機器只會降低工人的地位。彼得・蓋斯凱爾（Peter Gaskell）與凱伊－莎圖瓦茲爵士（Sir James Kay–Shuttleworth）等社會改革者也抱持類似的看法，認為工廠工時冗長，再加上工人被迫全神貫注機器的重複性動作，對於精神與智識的發展難免帶來不良的影響。[25]家庭生產制度通常被描述成理想的境界，與工廠形成對照，一般被稱為工業的黃金年代。相關論點認為，與住在工業城鎮的人們相比，住在鄉間的家庭受到保護，孩童不會接受到外界對道德發展的影響，父母得以引導孩子的想法與感受。此外，人們普遍相信家庭式工業支撐著家庭結構，工廠則聚集大批來自鄉間各處的工人，形成新的社會弱勢階級。[26]

即便工廠與家庭生產制度的對比被誇大，家庭生產制度工作者的人生無疑與工廠工人相去甚遠。在家庭生產制度，家與工作坊之間沒有明確的界線，工匠有更多時間和妻兒相處，可依據自己的需求工作，不必聽從任何上級的要求。雖然工時長，但他們可以自行決定一天之中何時開工、何時收工。許多勞動者厭惡工廠的原因，也就不難理解。對他們而言，工廠強制規定工時，缺乏自由，跟坐牢沒兩樣。工業革命學者藍迪斯寫道，工廠制度「要求並最終製造出新型勞工，由無情的時鐘不停鞭策」。[27]

如同今日人工智慧的未來被描繪成世界末日，工業革命時代的人也預測，未來技術帶來的壞處將多過好處。蓋斯凱爾堅信自己只目睹了開端，也就是未來生產將幾乎全面自動化，並對就業帶來嚴重的負面後果：

> 目前仍需要人類巧手來加工的程序，等到幾乎全都改由機械發明來執行後，很快就會不再需要雇人，或雇用的價格將得能和機器競爭，然而這是行不通的，因為人力一定永遠都是比

較昂貴的動力；再怎麼低也無法低於某個價格點，工資不能低到沒人肯做——難就難在要鎖定這個最低點……

> 的確，那一日似乎很快就會到來……製造廠將滿是機器，由蒸汽推動，巧奪天工，執行著幾乎是所有必要的程序，田地也以同樣的方式耕種。這些並不是不可能的空想，只不過是下個世紀將來的重大改變的冰山一角。我們只能問——還能怎麼辦？龐大的災禍將降臨到人類頭上。[28]

蓋斯凱爾絕不是第一個提出類似概念的人，但恩格斯正是受了他的作品啟發，開始思考勞動階級的境況，他認為工廠制度是工人苦難的源頭。恩格斯和戰友馬克思一起寫下《共產黨宣言》，日後馬克思拓展了恩格斯的作品，在《資本論》的其中一章詳細討論到機器，主張「當工業某些部門採用機器，造成其他部門的勞力被大量裁撤，那些部門的工資將降至勞動力的價值以下……英國這個機器國度是世上最可恥的地方，為了最卑劣的目的浪費人類的勞動力」。[29]

整體而言，在維多利亞時代，機器批評者所提出的問題遠比他們能回答的問題多得多，不過他們也激起另一批人竭力替機械化辯護，例如：巴貝奇（Charles Babbage，注：英國發明家與機械工程師）、評論家尤爾與拜因爵士等人。巴貝奇在《論機械與製造的經濟學》（*On the Economy of Machinery and Manufactures*）中主張，機器是工人勞動時的好幫手：「對工人而言，種種操作中多了一股助力幫忙，如虎添翼。此時架構最簡單的工具或機器來幫我們的忙……昂貴蒸汽動力的發明，已替這座小島的居民多添了數百萬個助手。」[30]尤爾也主張，機器普及後除了會增加工人的生產力，也將創造出工資更高的新工作，使得一般大眾得以往上爬：

> 優秀的工人不會抱怨機器讓他們的雇主大發利市……他們會努力把自己的處境提升至工頭、主管、新廠合夥人的境界，同時也會增加市場對於他們同行的勞力需求。唯有不斷以這種方式進步，工資水準才有可能持續提升或不往下掉。要不是因為工人老是抱持著錯誤的觀念、引發衝突與波折，工廠制度原本會以更快的速度發展，造福所有相關人士；皆大歡喜的例子會更常出現，有能力的工人會成為富裕的企業家。[31]

拜因也抱持相同的觀點，他認為，在工業城市，工人強大的不安感主要源自「幻想與情緒，未能好好運用自身的判斷力」。[32]拜因和巴貝奇一樣，認為機器可以輔助勞力，而不是取代勞力；他亦主張，所有類型的勞工在機器的輔助下，都將獲得豐厚的工作酬勞。拜因還提到：「不是工人做苦工，而是蒸汽機替他們代勞。」[33]拜因檢視了二十三萬七千名棉織廠工人的資料，指出他們的工資不但購買必需品綽綽有餘，還能購買許多奢侈品。雖然他的數據顯示工人的名目工資在一八一四年至一八三二年間下降，拜因仍舊認為，改良後的機器讓工人買到更便宜的商品，彌補了工資的下跌。儘管如此，拜因也指出，被動力織布機取代的手動織機工人「不論是在大城鎮還是在鄉村都淒慘落魄；他們的工資少得可憐，往往在衛生有問題的狹小住處勞動。」[34]

機械化工廠取代家庭生產制度後，關於工人經濟狀況的證據為數不多。剛才提過，經濟與生物指標都顯示，在工業革命的典型年代，部分人口的物質水準停滯不前、甚至下降。這樣的指標顯露了許多跡象，也描繪出整體的物質生活走向。然而，在工業革命早期，工業革命並非整體的現象。紡織工業率先機械化，工廠的力量在這個領域強力展現。近日，亨弗里斯與班哲明．施耐德（Benjamin Schneider）等經濟史學家帶我們看見機械化工廠帶給部分人口的個人悲劇。手動紡紗原本提供英國鄉下成千上萬的成人（大多數為女性）兼職工作，而這個行業首當其衝。亨弗里斯與施耐德指出，在十八世紀晚期，機械化讓手工紡紗宣告死亡，英國各地的農村家庭遭逢長久的痛苦。紡紗工人逐漸失去就業機會，家庭收入遭到重創，農村家戶遲遲無法從打擊中站起來。[35]

然而，在大眾的想像裡，手動紡織機的織工是工業革命的悲劇英雄。生於一八四六年的動力織布機工人沃爾特・弗里爾（Walter Freer）的傳記寫道：「在他出生前，手動紡織機的織工是勞工中的貴族。」[36]紡織工的技術和手工紡紗工一樣，在機械化前進的過程中變得過時。經濟史學者艾倫曾檢視織工的工資，指出動力織布機普及後，隨之而來的是貧窮。工資不平等的現象不但加劇，織工的潛在收入也縮水至僅能維生的水準。[37]手動織布機織工的狀況說明了「英國問題現況」的一般情形：工廠制度普及後，許多工匠失去了收入來源。亨弗里斯的重要研究探索了六百位男性的自傳，描述他們在工業革命時代的生活與工作情形，以躍然紙上的筆法記錄下手工貿易消失引發的個人悲劇。[38]六百位男性的故事呼應了經濟史學者艾倫的觀點。艾倫寫道：「工業革命的生活水準問題，源於手動織布機及其他手工貿易受到破壞。」[39]的確，學者鄧肯・拜賽爾（Duncan Bythell）所做的詳盡研究經常被引用來說明手動織布機工人的處境，而事實上沒有某些記錄講得那麼悲慘；但即便是拜賽爾也指出，動力織布機帶來了「近代經濟史上最大量的裁員或技術性失業」。[40]一八一六年，斯托克波特地區的織工失業率是六〇％。十年後，達溫鎮（Darwen）的手動織布機織工失業率依舊達六九％；格拉斯哥有五千名織工找不到工作；下城（Lowertown）所有的織布機中，有八四％長期閒置。[41]

工作消失，人民必然會受苦。然而，在工業革命期間，失業有多大程度是機械化造成的，卻難以判斷。除了缺乏完整的統計數據，造成失業的原因也層出不窮。織工失業率高的那幾年，恰巧也是景氣差的時期，也就是說，某種程度上屬於週期性失業，而非技術性失業。[42]英國實業家與議員約翰·費爾登（John Fielden）是利用景氣相對好的統計數字（一八三三年）進行估算的，也因此他提出的數字大概比較接近技術性失業：費爾登調查了蘭開郡與約克郡等三十三個以手動織布機為主力的城鎮，最後得出的失業率大約是九%。[43]這樣的失業率是永久的或是暫時的，還得另外探討。即便動力織布機織造的來臨造成了某些地區的手動織布機工人失業，有的工人最終還是在他鄉找到了工作。

工人流動性的證據也同樣零零星星。一八五〇年左右，曼徹斯特、格拉斯哥、利物浦等工業城的成人中，僅有四分之一是當地出生，顯示英國的流動性相當高。然而，相較於三十多歲的勞工，更年輕有為的工人流動性更高。三十幾歲的工人往往會守在差不多的居住地與職業，即便遷徙，通常也只會搬到附近的地區，很少人會從南部的鄉村地帶，北漂至工業城市討生活。[44]

前文提過，由於工廠老闆雇用工人時，偏好更便宜、更聽話的孩童；再加上工廠的工作本質，工業革命的世代因素也因此被強化。一八三五年，當時的評論家尤爾指出：「即便是在今日……原本在農村或從事手工業的人，如果年紀過了青春期，就幾乎不可能被訓練成能幹的工廠工人。」[45]在機器的輔助下，紡紗變成一下子就能學會的工作，也不需要出太大的力氣。一八三三年的童工國會聽證會上，證人解釋：「阿克萊特、瓦特、克朗普頓等人的發現大大造福了人類，〔讓生產改頭換面〕，成人被孩童取代。孩童工資較低，而且學一下就能得心應手。」[46]阿克萊特的第一批工廠便幾乎全數雇用年幼孩童。哈格里夫斯的珍妮紡紗機更是已臻完備，孩童有辦法一次操作八十至一百二十個紡錘。[47]隨著棉紡騾子的紡錘數量快速增加，工廠的童工數量也跟著增加：童工與成人勞工的人數比從二比一上升至九比一左右。[48]羊毛精梳也一樣，尤爾觀察到，有大量的「自動機器設計成可以精梳羊毛……羊毛乾燥後，要從稱為『羊毛除雜機』的機器取下。這種機器永遠由孩子負責，通常是十歲、十二歲或十四歲的男孩。」[49]相關例子有關鍵的統計數字佐證：到了一八三〇年代，孩童約占二分之一的紡織勞動力、三分之一的煤礦勞動力。[50]

對工廠老闆而言，孩童成了便宜的成人勞工替代品。雇用孩子唯一的成本通常只有吃住。發工資時，童工僅拿到成人工資的三分之一至六分之一。[51]孩童除了工資廉價，管理起來也方便，成年工人則常常有酗酒的毛病。博爾頓與瓦特公司某名負責看管機器的男性工人每次一領到一點錢，「就喝到昏天暗地，隔天讓機台亂跑，弄到天下大亂」。[52]此外，工廠可以逼迫孩童長時間工作，一天工作十八個小時。由於機器可以日夜運轉、永不停歇，為了不浪費技術帶給工廠的任何一丁點好處，孩童通常被迫輪班，一天只供餐一次，用餐時間通常少於四十分鐘，還得利用這段休息時間順便清理機器。要是不服從工廠的紀律，就會遭受體罰。雖然工廠童工的工作情形調查人員發現，極端的虐童案實屬少數而非常態，但顯然仍有許多童工受虐。李頓紡織廠（Litton Mill）的老闆艾里思・倪漢（Ellice Needham）會在對童工拳打腳踢後，用指甲掐破他們的耳朵。當過童工的布林科則描述了工廠裡各種「別出心裁」的凌虐手法，包括用銼刀鋸下童工的牙齒、吊住童工的手腕、淋瀝青燒毀童工的頭髮。當然，不是每一名工業家都虐童至此，但誠如拜因爵士所言，這樣的工廠的確是「人間煉獄」。[53]

成年工人則是鮮少遭受童工碰上的殘忍待遇，他們最關切的是收入受到威脅。即便假設機器不會暫時減少整體的勞工需求，也無法保證被取代的工人一定能找到工資更好或危險性較低的工作。有的工匠的確在工廠找到工作，然而換新工作的成本通常很高，必須轉換跑道、搬到新的地方。北安普敦郡近日的研究提供了例證：精紡業在英國日益機械化後，北安普敦郡的家庭式工業崩壞，使得地方製造者無力競爭。北安普敦郡的紡織業所占的就業率，自一七七七年的一一％，一八五一年下跌至一％；織工與羊毛精梳工所占的勞動力比率下跌的速度更快。在那段時期的頭二十年，淨人口下跌了，顯示部分勞工外移，有可能是遷至其他地區從事工廠工作。然而，北安普敦郡的紡織就業下跌時，農業就業卻上升了，顯示許多紡織工人改行至低薪的農業工作。此外，由於農業無力吸收大量湧進的勞工，可以假設失業率增加。[54]

由於生產程序不斷改變，勞工的技能以更快的速度過時，勞動力被迫變得更靈活，不斷適應飛快的進步。即使失業只是暫時的，民眾也必須靠著在有工作時省下有限的工資，才有辦法在沒工作的期間應急——英國政府補助的失業保險要到一九一一年才問世。經濟史學家馬克辛・伯格（Maxine Berg）的研究詳細地檢視了機器的問題，並一針見血指出：

> 男女勞工深深感到空前的流動需求，無論是地域的流動性還是職業的流動性。對他們而言，機器代表著失業，或至少代表著失業的風險。最好的情況下，這樣的失業只需要找到另一個同類型的工作或轉行就能解決；最糟的情況下，在資本不足的時期，整體經濟都會受到衝擊。機器伴隨著技能型態的改變，又太常與引進更便宜的無技術勞工有關……然而，在這段時期，政治經濟學上的概念轉變也與階級鬥爭息息相關。蘭開郡一八二六年的反機器暴動，以及一八三〇年的農業暴動，背後皆是嚴肅的政治經濟學。[55]

尤爾等機械化的辯護者說得沒錯，工廠最終會創造出工資更好的新工作。此外，更便宜的紡織品顯然讓每一個人都受惠。然而，對部分勞工而言，這樣的好處於事無補，勞工替代技術率先讓他們的技能過時。在一八四〇年代前，工業化的好處鮮少落入勞工的口袋；也許再多的論述都不如勞工本身的反應。工業革命創造出新工廠與工作，但也帶來眾多盧德主義者。對許多生活在工業革命時代的勞工來說，反抗是很合理的反應。

## 盧德主義者

所有探討機器問題的討論，一定得將短期與長期分開來談。雖然技能因機器而過時的勞工最初受苦，工業革命最終還是帶來了先前的世代享受不到的新好處，連窮人也受惠，過程中還創造出工資更優渥的新型工作。十九世紀的機械化辯護者或許說對了，勞工在反抗機器時被情緒蒙蔽了判斷力。然而，對失去生計的勞工來講，長期的好處又有什麼用？尤其就壽命來看，他們說不定也活不到新技術帶來好處的那一天。工業革命的經驗顯示，所謂的「短期」可能就是人的一生；至於長期就更不用說了，長期而言我們都不在了。由於工廠老闆享受到機械化的好處與利潤，付出代價的卻是勞工，許多民眾想到的是機器威脅到自己的生計，所以必須毀掉機器。

事實上，經濟學家會困惑，如果工業化讓人民成為冗員，人民怎麼會自願去參與工業化的過程？當然，其中一種解釋是家庭生產制度帶來的潛在收入持續減少，接受工廠工作的機會成本跟著下降。工業化不斷壓低工業產品的價格，農村工業不具競爭力，農村工作者的收入跟著被壓低，不得不去工廠找工作。此外，要是民眾自認有其他選項，那麼他們還願意從家庭生產制度進入工廠制度，這就真的令人難以理解了——而事實上他們別無選擇。有些工人的確反抗日益機械化的工廠，但他們未能成功阻止機器的普及；英國政府則是選擇支持工業先驅。歷史學家曼突斯寫道：「〔勞工」的抵抗不論是出於本能還是經過考量，不論是採取和平行動還是暴力抗爭，顯然都沒有機會成功，因為他們抵抗的是時代的潮流。」[56]

採行機器技術與否的問題，經常引發勞工與英國政府之間的衝突。查爾斯・狄格立（Charles Dingley）成立了英格蘭萊姆豪斯（Limehouse）的第一座蒸汽動力鋸木廠，也因此榮獲技藝學會（Society of Arts）頒發的金牌獎，但一七六八年五月十日，工廠被五百名左右的鋸木工人燒到寸草不留，理由是這座工廠剝奪了他們的工作。四天前，鋸木工人告知狄格立他們即將採取的行動，但狄格立卻很不明智地以為工人只是說說而已。據說鋸木工人抵達時，狄格立的辦事員克里斯多福・理查森（Christopher Richardson）質問他們要幹什麼，「他們告訴我，鋸木廠運轉的同一時間，數千名鋸木工正在因為沒麵包吃而餓肚子。」[57]比起鋸木工人對機器洩憤，英國政府對於萊姆豪斯暴動事件的回應更能反映局勢。前工業時代的統治者因為擔心引發社會動亂，他們會試圖中斷取代勞工的技術進步。然而這一次，英國國會在一七六九年通過了法案，破壞機器就此成為可判處死刑的重罪。[58]

然而，一七六九年的法案並未能遏止類似的騷動再次發生。一七七二年，曼徹斯特一座使用卡特萊特動力織布機的工廠被燒燬。一七七九年，機器普及速度最快的蘭開郡發生了多起同樣危險的暴動，人恰巧在那一帶的工業家約書亞・瑋緻活（Josiah Wedgwood）在信上提到了事態的嚴重性。瑋緻活在路上碰上數百名暴動的工人，其中一人告訴他，他們已經摧毀了所有找得到的機器，接下來要搜索全國。英國政府當機立斷，立刻派遣軍隊到利物浦鎮壓，一下子就驅散了暴動的民眾。蘭開郡發生暴動後，英國通過決議，限制使用機器將影響英國的貿易競爭力。這個決定不僅表明了英國政府的看法，也顯示出當時商人握有比前工業時代更大的政治影響力。即便機器普及會讓勞工失業、造成社會動亂，英國的貿易競爭優勢不容破壞。萊姆豪斯與蘭開郡發生的事件很難稱得上是獨立個案，約克郡西區（West Riding）與薩默塞特等許多地方也接連發生暴動，但英國政府連戰皆捷，迅速平息了所有試圖阻止機器普及的暴動。[59]

勞工試圖以其他方式阻撓機器技術擴散，只好向國會遞交抵制各式機器的請願書。無數的請願中，羊毛精梳工請求抵制卡特萊特的精梳機、技工請求停用造紙機、棉織工請求停用據說使他們失業的機器。[60]然而，試圖以政治手段阻止機器普及同樣也徒勞無功。雇主再次指出，貿易少不了機器，而英國這個國家的前途仰賴貿易——這種說法在國會引發的共鳴強過工人的怨言。

不過，勞工的關切不是完全沒被聽見。英國國會成立了羊毛工業調查小組，最後提出著名的一八〇六年報告。藍道．傑克遜（Randle Jackson）曾代表布商、負責考量「英國毛料製造狀況」（State of the Woollen Manufacture Of England），到下議院委員會報告。傑克遜採取不同的辯論思路，主張機械化讓製造商的顧客失業，是在讓製造商自己沒生意。[61]會中他除了提出限用機器對工業家而言也有好處，多名證人也指出機器壓低了工資，對人民帶來了負面的影響。然而，儘管指證歷歷，委員會最終還是得出遠遠更為樂觀的結論，主張「要是不再使用根基漸穩的機器，勞工舒適的生活似乎會被剝奪，勞工數量也會減少」。[62]

毛料工業狀況的調查結果顯示，英國勞工無力回天，既未能阻止新技術散布，也未能讓國會執行禁用舊型替代技術的法規。民眾請願了整整十年，希望能執行回溯至十六世紀的起絨機禁用法規，但英國國會終究在一八〇九年廢止了舊法，引發了更多的暴動。在一八一一年至一八一六年的盧德主義者抗爭期間，諾丁罕郡（Nottinghamshire）的暴動者主要攻擊目標為針織機，約克郡的暴動則由抗議普及起絨機的修剪工帶領——兩種機器都是行之有年的技術。被搗毀的各式機器的共通點，在於威脅到抗議者的工作，抗議事件層出不窮。經濟史學家霍恩解釋：

> 盧德主義者這個名字，據傳源自萊斯特（Leicester）的織襪學徒奈德．盧德漢（Ned Ludham）。盧德漢被老闆罵了一頓後，拿著錘子破壞織襪機。後來他的名字被誤傳，被稱為「奈德．盧德」（Ned Ludd）、「盧德指揮官」（Captain Ludd），有時也被稱為「盧德將軍」（General Ludd）。他的追隨者把機器當做破壞目標。一八一一年二月初，盧德運動首先在蕾絲業與襪子業爆發，地點是諾丁罕、萊斯特與德比三地構成的「英格蘭中部地區三角」（Midlands triangle）。盧德工人自身的社群獲得了高度的民意支持，得以發起至少一百起的獨立攻擊事件，摧毀了一千台機器（一共兩萬五千台），價值六千至一萬英鎊。一八一二年二月，中部地區的盧德主義平息下來，但已經激勵了約克郡的毛料工人在一月開始採取行動。四月時，蘭開郡的棉織工爆發第三起事件。工廠被武裝群眾攻擊。數千人參與相關行動，包括許多生計並未直接受機械化影響的民眾。儘管參與的群眾來自各行各業，盧德主義者通常只摧毀「創新」或威脅到就業的機器，放過其他機器。相關暴動各自的起因不一，爆發的地區不同、部門也迥異。盧德主義者最初的抗爭可能帶來共十萬英鎊的損失。之後，在一八一二年至一八一三年間的冬天、一八一四年的夏秋、一八一六年的夏秋、一八一七年的年初等一波又一波摧毀機器的浪潮中，又有另外數百台織襪機被毀。[63]

然而，盧德主義者並沒有比前輩成功多少，只迫使英國政府派遣更多軍隊鎮壓（請見緒論），也因此工人面臨的政治局勢依舊令人絕望。盧德主義者發生暴動的同時，國會的另一個委員會正在聆聽棉織工申請救濟的請願，他們於一八一二年時向國會報告。那份報告清楚顯示，即便工人受苦，政府絕不會做出任何讓英國在國際貿易中處於劣勢的事：「關於棉織產業有多少民眾處於水深火熱之中，委員會完全了解，也感到最深的惋惜；但府方認為，不〔應該〕以立法的方式妨礙貿易自由。」[64]該年成為首相的利物浦伯爵（Lord Liverpool）甚至認為，任何提供給失業勞工的短期協助只會妨礙他們再度就業，危及英國的經濟。肯揚爵士（Lord Kenyon）在寫給利物浦伯爵的信上解釋，即便他並不預期加速機械化將能改善勞動階級的處境，政府仍不該對抗技術的力量。[65]從後來的發展便可看出英國政府「從善如流」，在一八一二年至一八一三年間，有三十多名盧德主義者被吊死。[66]

許多歷史學家指出，工業革命機器暴動的起因，不僅僅在於勞工恐懼技術進步將造成自己被取代與失業。在拿破崙戰爭（Napoleonic War）與一八〇六年的大陸封鎖（注：拿破崙對英國發動的經濟封鎖政策，一八一四年結束，希望藉此迫使英國讓步與保護法國經濟）期間，勞工反抗機器的事件益發頻繁，顯示其他的重要因素也引發了社會動亂。除了戰爭與貿易中斷引發景氣循環至低谷，摧毀機器的行為也是在表達對於收入下降與工時過長的不滿，抗議缺乏投票權、自由與尊嚴。有時民眾抵制工廠制度的原因不只是為了制止機器普及，相關因素的相對重要性，也解釋了為什麼許多機器暴動事件環環相扣，再加上某些事件彼此密不可分，更是難以剖析。即便如此，有的例子可以明顯看出勞工之所以會攻擊機器，理由是他們認為機器讓他們的生活過不下去。蘭開郡的紡紗工放過了紡錘數不足二十四的珍妮紡紗機，只摧毀大型機器。此外，暴動者有時摧毀的是與工廠制度無關的機器。一八三〇年的「斯溫隊長」暴動（"Captain Swing" riots，注：名字源自暴動者寫下的恐嚇信署名「斯溫隊長」）一共在英國掀起了兩千多起只摧毀農業機器的事件。一八三〇年的九月至十一月底，共有四百九十二台機器被毀，其中絕大多數是脫粒機（threshing machine，注：收割用的機器，可分離農作物的籽粒與莖稈）。[67]英國政府再次採取鐵腕做法，下令軍隊與地方民兵對所有的暴動者採取行動，共計兩百五十二人被處死，有的死刑犯則送至澳洲或紐西蘭。[68]斯溫隊長事件的起因，長期以來歷史學家一直爭論不休，不過布魯諾．卡皮瑞提尼（Bruno Capretini）與漢斯–約阿希姆．沃斯（Hans-Joachim Voth）兩位經濟史學家利用新蒐集到的脫粒機散布數據，提供了新的解釋。兩人的研究發現符合直覺：取代勞工的技術是動亂發生機率的關鍵性因素。[69]採行機器時，發生動亂的機率大約會高五成。雖然搗毀機器的事件有時反映出勞工對於整體的經濟與社會情勢不滿，然而相關的統計證據顯示，機器本身是引發勞工關切的關鍵因素。

## 恩格斯停頓

恩格斯觀察到「工業家的財富是用廣大受薪者的苦難換來的」，以他的觀察期間而言，這句話大致上算是準確。勞工反抗機械化工廠的同一時間，英國經濟進入了空前的成長期。從經濟理論的觀點來看，很難解釋為什麼經濟明明出現成長，實質工資卻停滯或甚至下降的情形。然而，經濟學家依據目前的經濟趨勢提出了模型，顯示在技術進步的同時，工資與勞動所占的收入份額有可能下降。[70]後文將對此另外解釋，相關的理論也有助於了解工業革命的典型時期。如果技術取代了現有工作雇用的勞工，工資與勞動所占的國民所得份額會下降。相較之下，如果技術變革的好處是輔助勞力，則能增加勞工執行現有工作的生產力，或創造出全新的勞力密集活動，進而增加勞力需求。換句話說，產出與工資背道而馳的現象，會在技術的主要功能是取代勞工的時期發生。家庭生產制度中的工匠被機器取代，而機器又通常由童工來看顧，此外，孩童往往沒什麼議價能力，時常做無薪工。資本所占的收入份額增加，意味著技術進步的好處分配得相當不平均：工業家獲得企業利潤，接著再用利潤投資工廠與機器。經濟史學者艾倫稱這段時期為「恩格斯停頓」（Engels's pause），也就是恩格斯觀察與書寫情勢的期間。[71]

工業革命的典型期間是工業資本的年代。在十九世紀的前四十年，利潤所占的國民所得份額翻倍，土地與勞力所占的份額則同時下降。前文提過，在典型的年份，產出成長的速度幾乎是人民工資的四倍。然而，在接下來六十年間，情況改變了（請見圖五）。在一八四〇年至一九〇〇年這段期間，每名勞工的產出增加了九〇%，實質工資增加了一二三%：英國的勞動與資本所得產生巨大分歧後，接下來便是一段差距縮小的時期。一八八七年，英國政府的統計長羅伯特・季芬（Robert Giffen）觀察到這個現象。他利用英國自一八四三年開徵所得稅後蒐集到的個人所得數據證明，富人總所得翻倍的原因在於富人的人數加倍。不只是富人的人數有所成長，勞工的總所得同樣也翻倍，但勞工的人數並未大量增加。換句話說，富人並未變得更富，只是有錢人的人數增加了；勞工的境況也大幅改善。[72]

季芬的分析並不令人意外。英國政府早已發現所有類型的勞工稅收都大幅增加。英國首相威廉・尤爾特・格萊斯頓（William Ewart Gladstone）在二十多年前就告訴下議院：「見到不只是富人變得更富，連窮人也不再那麼窮，實在令人感到無比欣慰……〔如果〕看英國勞工的平均情形，無論是農人、礦工、技工還是工匠，各種鐵證都顯示，過去二十年間，人民謀生的方式獲得改善，我們幾乎可以宣稱不論是在哪個年代，史上沒有任何國家有像我們這樣的成就。」[73]

關鍵的問題在於為什麼實質工資最終開始上揚。最有說服力的解釋是技術變革愈來愈偏向勞力

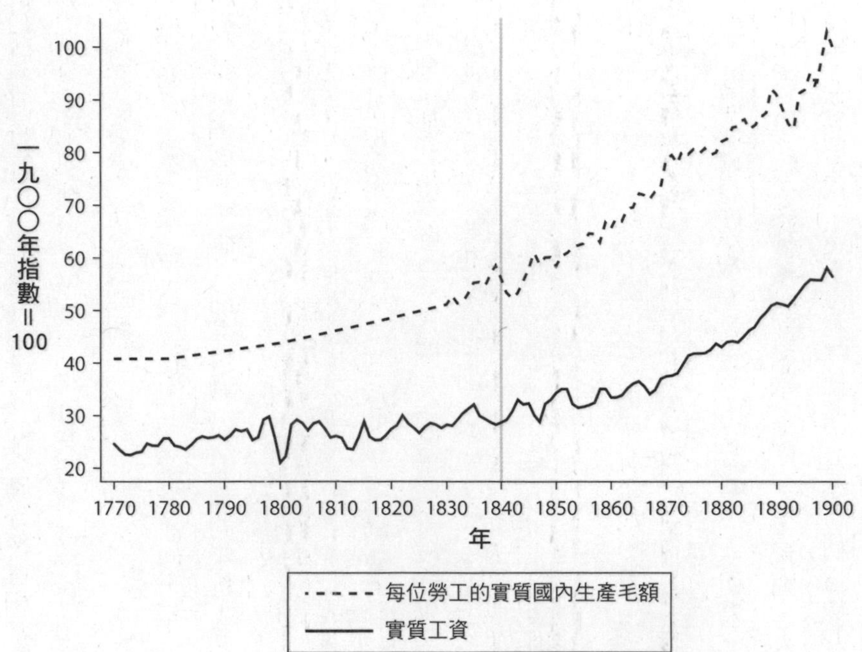


**圖五：一七七〇至一九〇〇年間英國每位勞工的國內生產毛額與實質工資**

資料來源：請見書末之本圖附錄。

提升（labor-augmenting），而不是勞力替代，人力資本逐漸取代物質資本（physical capital，注：指機械設備等人造的生產工具），成為成長的主要火車頭。從技能、知識、能力來看，人力資本的累積和物質資本一樣，可以視為一種投資，因為日後更高的收入可以抵銷教育與訓練成本：勞工的生產力與工資及技能有關。經濟學家奧戴德．蓋勒（Oded Galor）的著名研究證實，人力資本一直要到十九世紀晚期才開始變得關鍵，也就是技術進步增加了技能需求的時期。[74]識字率與接受教育的年數雖然不是各式技能完美的評估方法，但經常用來當成人力資本累積的指標。在工業化年代的早期歲月，物質資本的投資快速擴張，人力資本累積則少有變化。[75]在一七五〇年至一八三〇年期間，英國的識字率主要仍處於停滯狀態，但之後便急速上升。[76]一八三〇年代前，男性勞動力平均受教育的年數同樣也未增加，但二十世紀初增至三倍。在此同時，一七六〇年到一八三一年之間，英國的投資率幾乎翻倍，接著就一直維持在相同水準，直到一戰爆發。[77]因此，在一八三〇年代前，技術進步似乎拉升了物質資本的需求、取代勞工，讓勞工的技能變得多餘。然而，在那之後，技術進步讓人力資本的需求相對增加。

長期以來，人力資本累積一直尚未出現的解釋很簡單：需求不多。學者藍迪斯指出，在工業革命的早期年代，許多工作不需要太多的正式教育，甚至完全沒必要。[78]讀寫能力很少是工業要求的就業能力。雖然在職訓練顯然會帶給工廠工人新技能，工廠工作需要的技能還是少於它們所取代的工匠工作。英國發明家巴貝奇當時指出，工廠問世前，每一位勞動者都得具備充分的技能，才有辦法執行生產程序中的每一項工作——就連最難的也得會。工匠的工作坊並不分工，工人不會只專精少數幾項程序。相較之下，工廠的特徵就是分工，最困難的部分只交給高階技術勞工，不需要技術的工作交給無技術的勞動者。工廠制度普及後，童工興起的現象證實了這個論點。前文提過，在工業革命早期，孩童（十四歲以下者）所占的勞動力比率急速成長，一八三〇年代童工約占了紡織業一半的勞動力，以及三分之一的採煤礦工。[79]這樣的現象不只在英國出現，美國東北的證據顯示，在美國工業化的早期階段，童工所占的製造勞動力比率升高，在一八四〇年代達到高峰。[80]從這個角度來看，美國工業化過程遵循的模式與英國類似。經濟學家勞倫斯・卡茲（Lawrence Katz）與羅伯特・馬戈（Robert Margo）近日研究美國經驗，並指出：「機器有『專門用途』（special purpose），因為機器被設計成完成特定的生產工作，而那些工作先前由握有技術的工匠以手工具執行……機器雖然有專門用途，『按程序執行的』機器，取代了生產過程中原先負責某些步驟的工匠，但機器沒辦法自己跑——需要操作人員。操作人員握有的技術比他們取代的工匠來得少，工匠有辦法自己從頭到尾完成產品，操作人員則只能在機器的輔助下，完成較為有限的工作步驟。」[81]卡茲與馬戈發現，隨著工廠取代了家庭生產制度，美國的中等收入工匠工作消失——這與今日的情形相當類似：電腦讓中階收入的工作自動化，相關的工作因而消失（後文第9章會再回頭談當代模式），只不過中階收入的工作者這一次是被由電腦控制的機器取代，而不是負責看著機器的童工。

然而，在十九世紀期間，這個模式變得愈來愈黑暗。回到英國的情形，到了一八五〇年代，孩童所占的勞動力大幅下降，原因極可能是一八三〇年代的《工廠法》（*Factory Acts*）規範了工時，改善了工廠童工的勞動情形；童工成本上升，促使蒸汽機被採用。不過，真正的因果關係也可能正好倒過來。無論如何，一八三〇年代後蒸汽機開始普及，機器的體積愈來愈龐大，需要技能程度較高的操作人員：隨著機器日益複雜，工廠設備與操作設備所需的人力資本，兩者之間愈來愈相輔相成。早在一八三〇年代，當時的評論者蓋斯凱爾就已經觀察到這個趨勢，他主張：「自從蒸汽紡織的普及程度大增、取代了手動織布機，由於過於年幼的孩子無力看顧蒸汽織布機，工廠的成人工作者的數量因此增加。」[82]

技術進步究竟在何時成為助力，其實很難判斷。實質工資在一八四〇年後開始成長，所以拐點大約就是在那個時候出現的。然而，整個過程並不像採行新技術那樣逐漸水到渠成。一直要到一八三〇年代，蒸汽動力才開始明顯影響著整體成長，也就是童工抵達高峰的時期。鐵路亦首度在一八三〇年代鋪成，接著在十九世紀下半葉成長，人力資本的需求跟著加劇。鐵路問世後，工業革命從地方走向全國，大型工廠利用規模經濟服務正在擴張的市場。由於大型工廠採用蒸汽動力的速度增快，交通運輸革命使得生產走向技術密集。蒸汽被採用、生產力的成長速度增快，帶來了經濟上的額外勞工需求，這點也抵消了勞工被取代的部分負面結果。然而，實質工資成長的速度甚至比生產力成長還快的原因，在於更多地方冒出了新工作，惠及勞工。工廠的數量與規模都增加，帶來全新的技術型職業。工廠需要管理者、會計、文書、銷售員、機械工程師、機工等各種人才。技術型職業愈來愈重要，大概也是十九世紀下半葉識字率推升的原因：與不需技術的工作相比，技術型職業的工作者較多人識字。[83]

人力資本愈來愈重要這點，是否讓工資在一八四〇年後成長？懷疑此說的人士指出，經濟學家所謂「技能溢酬」（skill premium）的演變，十九世紀期間的相關證據並不多。[84]某項研究發現人力資本不會帶來報酬，不過這個結果並不意外，因為那項研究主要針對的是舊型建築技術的報酬，而建築業不受機械化影響。[85]機械化不一樣，機械化需要的是新技能，這點最終反映在勞工的工資上。以美國為例，經濟史學家貝森追蹤了十九世紀的工廠工資走向，也就是開始採行動力織布機與蒸汽的時期。如同英國的總體工資趨勢，美國機械化後又晚了數十年，工廠織工的工資才出現成長。貝森主張背後的原因很簡單：動力織布機的織工所需的新技能，需要一段時間才能學會，而他們的技能又花了更久的時間才反映在工資上。由於各工廠採用的新技術最初並未標準化，工廠使用的織布機往往五花八門，織工的技術出了原先工作的工廠後，不一定派得上用場，也因此要到機器變得更為標準化後，工廠工人才有辦法威脅若不依據技能續薪，他們就要跳槽。[86]

當然，教育與技能等以外的因素也有可能影響長期的工資走勢，最低工資等政府規範與工會的議價能力也是其他重要變因，但這無法解釋工資在一八四〇年左右相對於產出增加的現象，英國一直要到一九〇九年才首度規範最低工資。此外，十九世紀中葉前最重要的兩種意識型態「歐文主義」（Owenism，注：社會主義的先驅，要求改善工人困境）與「憲章運動」（Chartism，注：英國工人階級要求普選權的運動）並未建立出任何重要的全國性勞工運動：「似乎鮮有證據顯示……運動的影響範圍夠廣或民眾夠齊心協力，足以深深影響到英國在一八五〇年前的所得分布。」[87]即便一直到一八九〇年代，也就是全面性工會密度統計資料首度發表的時期，英國的工會入會率（unionization rate）依舊相當低：大約僅有四％的勞動力是工會成員。[88]工業化過程本身依舊是工資上升的最佳解釋。

## 小結

常言道，英國的工業革命是西方與世界其他地區出現大分流的開端，但同樣重要的是，早期的機械化在英國國內也帶來大分流。這段時期被稱為「恩格斯停頓」，許多民眾的生活水準停滯，甚至下降。還要再過數十年，技術進步帶來的好處才會逐漸跑進一般大眾的口袋。以手動紡織機的織工為例，在動力紡織機普及後，他們的收入急速下降。在工業化的早期年代，成長所帶來的好處絕大多數都握在資本主的手上。

在前工業年代，君主通常會壓制技術，以減少發生政治動亂的可能性，對他們而言，破壞性的創新弊多於利。然而，到了十八世紀，英國的新興工業階級已經成為強大的政治勢力。由於機器是英國貿易競爭優勢的關鍵，也影響著工業家的命運，政治領袖下定決心普及機器技術——即便代價是工人會被淘汰。前文討論過，最重要的因素或許是民族國家之間的競爭愈來愈激烈，再加上技工行會的政治力量消退，也就是說機械化對統治階級來說，突然間利大於弊。政府因此開始支持創新者與工業先驅，不再站在憤怒勞工的那一邊。要是工廠對勞工沒好處，勞工也不會願意接受工廠興起；這種說法乍聽之下有理，但其實是錯誤假設了不存在脅迫的成分。隨著機械化工廠取代家庭生產制度，工匠收入消失，許多人把怒氣對準機器。盧德主義者竭盡全力阻止技術前進，卻因為缺乏政治勢力而徒勞無功。技術進步的潛在受益者如今手握政治力量，其他的大量人民則深受其害。

然而，短期與長期必須分開來討論。英國工業革命最後的數十年，新興的模式出現了：蒸汽的採用加速了生產力的成長速度，實質工資開始隨之上升。這種現象主要發生在勞工並未組織起來要求提升工資、政府也未採取任何重要干預的情況下。理由很簡單：在工業化的典型年代，隨著機械化工廠取代家庭生產制度，技術以資本的形式出現，取代了原有工作崗位上的技術勞工。早期的工廠雖然也出現新型工作，那些工作需要的卻是不同類型的勞工：紡紗機設計成適合工資極低的童工來看顧，孩童既缺乏議價能力，還相對容易控制；負責看著機器的童工取代了中等收入勞工，情形與今日的先進機器人十分類似。相較之下，在工業革命後面的階段，隨著複雜度增加的機器問世，工廠需要更多技術勞工，技術因此成為勞工技能的助力。此外，工廠規模愈來愈大，需要更多工程師，也需要更多管理與行政人才。技術變革便從取代勞工變成輔助勞工，勞工握有的技術變得珍貴，議價能力也跟著上升。民眾不再普遍反抗機器成為現代的成長模式，這點幾乎稱不上巧合。接下來我將會帶大家看，民眾對技術變革所抱持的態度，取決於他們是否為潛在的受惠者。

# PART Ⅲ

# 大平等

反對技術革新的盧德主義者可說是搬石頭砸自己的腳，因為有工資更好的新工作機會出現了，取代了他們失去的工作。亨利．福特（Henry Ford）替他那座位於密西根高地公園（Highland Park）的工廠發明了生產汽車的裝配線，降低打造汽車所需的平均技能水準，將早期複雜的車輛工藝產業拆解成可重複的簡單步驟，有五年級學歷者就能勝任。這樣的經濟秩序支撐了廣大中產階級的興起，也支撐了以中產階級為基礎的民主政治。

——法蘭西斯．福山（Francis Fukuyama），《政治秩序的起源（下卷）：從工業革命到民主全球化的政治秩序與政治衰敗》（Political Order and Political Decay）

世人憂心技術進展將造成工作消失已不是新聞。在一九三〇年代經濟大恐慌時期，歷史學家查爾斯．比爾德（Charles Beard）及其他的美國思想領袖指責工程師與科學家，認為他們是製造大規模失業環境的罪魁禍首。在一九六〇年代初期，史上第一次，企業開始重度倚賴電腦，工具機減緩工廠生產區的工作成長，世人再度對自動化感到恐懼。就連當年還是新起之秀的伍迪．艾倫（Woody Allen），也在單人脫口秀的固定表演橋段，提到這股歇斯底里的自動化恐慌，談自動電梯如何害他父親沒了工作。

——作家葛瑞格．帕斯卡．柴克瑞（Gregg Pascal Zachary），〈技術究竟是創造工作還是摧毀工作，或兩者皆有？〉（"Does Technology Create Jobs, Destroy Jobs, or Some of Both?"）[1]

人民的生活水準如果持續惡化，困在恩格斯停頓中，機械化還有可能順暢無阻地推行嗎？當然，歷史不可能以不同方式重演一遍給我們看，不過十九世紀初期的勞工並未默默吞下苦果。他們在生計受到機器威脅時，竭盡一切所能抗拒機器。那麼為什麼二十世紀的西方國家，卻鮮少出現盧德主義者？沒人站出來反對使用機器嗎？很可惜，歷史學者並不太關注這個問題。不過，理由顯然不是因為改變的速度趨緩。隨著蒸汽動力在十九世紀下半葉被引進，機械化的腳步又增快了許多。接著，電氣化與內燃機的問世帶來所謂的「第二次工業革命」，機械化的普及程度在二十世紀又更進了一步。

英國以外的歐洲國家以各種不同方式步入工業化，共通點在於這些國家工業化的時間都比英國晚，進行工業追趕時，有辦法採用英國已經發明的技術，也因此得以挑選不同的工業化道路。前文提過，法國在革命的年代，來自底層民眾的威脅迫在眉睫，所以法國政府無法像英國的統治菁英一樣，以鎮壓的手法處理勞工對於機械的不安。也因此正如經濟史學家霍恩所言，法國的工業化不僅被推遲，還有著根本上的不同，特徵是國家干預的程度更高——由國家出面來調解勞動與資本之間的利益分歧。[2]普魯士則和英國一樣改革制度，取消行會帶來的貿易限制，替工業化的推行打好了基礎。[3]不過，普魯士與英國有一點不同：教育在普魯士的工業化過程中，從一開始便扮演著更為重要的角色。在第5章我們已看到，英國一直要到工業化的後期階段，由於出現蒸汽動力等更多的技能密集技術，教育才開始重要；在普魯士，只要具備必要的技能，就能輕鬆執行英國已經發明的技術，也因此教育從工業化的開頭就扮演著重要角色。[4]

然而，相關討論的重點，不在於解釋邁向工業化的不同道路。追趕式的成長，永遠與拓展未知的技術前線所帶來的成長有所不同。[5]美國在始於一八七〇年代的第二次工業革命中取代英國，成為技術的領導者——換句話說，如果要追蹤技術前線，我們得改把目光放在美國經驗上。關鍵的問題在於為什麼機械不再受到抵制。福利國家（welfare state）的興起的確讓失業不再是那麼沉重的打擊。然而，遲至一九三〇年，美國的福利支出（包括失業給付、退休金、健康保險與住房補助）僅占國內生產毛額的〇．五六％。[6]一直要到發生經濟大恐慌與二戰，福利國家才興起。當然，相對而言盧德主義者銷聲匿跡，可能也反映出勞工靠著參加工會爭取到更好的工資與工作條件。前工業時代的行會激烈抵制技術，認為技術威脅到行會成員具備的技能；工會則不同，加入工會的勞工並未對著機械洩恨。美國或許有著工業世界裡最暴力的勞工史，但一八七〇年代後，勞工很少把矛頭指向機器，甚至不曾有過這種情形。為什麼？我將在接下來的章節主張，原因是民眾開始認為，技術對自己有利。雖然很難證明就是這一點造成二十世紀鮮少出現盧德主義式的激烈情緒，但要是不去看因為技術進步而真正發生在勞動者身上的事，便更難解釋為什麼人民不再搗毀機器。

我們知道，新技術有可能讓工作消失，也可能創造出全新的工作，或是澈底轉變工作的本質，即便文檔中看起來沒什麼不同。前文提過，如果技術變革涉及取代勞動力的技術，光有生產力成長，可能不足以彌補技術變革對就業和工資造成的負面影響。相較之下，賦能技術除了增加生產力，還讓勞工得以進入嶄新的工作、職業甚至是產業。經濟學家蜜雪兒．亞歷山波勒絲（Michelle Alexopoulos）與瓊恩．科恩（Jon Cohen）在某項大型研究中發現，在一九〇九年至一九四九年這段期間，美國的重大發明主要是賦能技術。新工作問世時，有些舊工作顯然被摧毀，不過整體而言，新技術大幅提振了工作機會。巨型的新工業拔地而起，製造出汽車、飛機、牽引機、電動機械、電話、家電等等產品，也因此創造出大量的新工作。隨著技術的神祕力量一直推進，職缺大增，失業率下滑。[7]亞歷山波勒絲與科恩檢視第二次工業革命的技術，證明內燃機與電力創造出來的工作數量，多過其他的技術。節省勞力的機械也對生產力產生了類似的效果，但提振就業的程度沒那麼大——這點顯示電力與內燃機讓勞工進入先前無法想像的工作。經濟學家因此得出結論，這段時期的技術符合勞工利益。艾塞默魯與雷斯特雷珀寫道：「第二次工業革命期間發生的技術與組織變革，充分解釋了新型工作……的重要性。第二次工業革命創造出新型的勞力密集工作，替新一批的工程師、機械師、修理工、事務人員、後勤工作者與管理者帶來工作機會。他們負責新技術的引進與操作。」[8]

當賦能技術帶來大量薪資更優渥的新工作，在那樣的世界，就連替代技術對勞工而言都不算太壞的消息。二十世紀的勞動市場出現了前所未有的波動，但也是最多勞工依舊得以期待日子會更好的時期。美國工廠創造的半技術工作數量不斷成長，提供大量機會，就連被技術取代的人也能另謀差事。人民有辦法離開農地上的苦差事，找到更合意、工資更高的工廠工作。沒錯，多數人不是因為替代技術問世，才被迫離開農場，而是被第二次工業革命的煙囪城市吸引，畢竟那裡提供的工資和工作條件都更好。在此同時，家中的機械化，讓女性得以離開無酬的家事，接受有酬的辦公室工作（第6章）。農場勞工、鐵路電報員、電梯操作員、碼頭裝卸工等等，有的人的確處於劣勢——尤其是在一九三〇年代，經濟大恐慌導致其他的工作選項減少，激起民眾對機械的疑慮。然而，即便是在當時，相較於十九世紀式的暴動（第7章），沒有任何勞工抗議引進機械。對勞工來說，機械化的好處實在太大。製造業持續擴張，民眾教育程度提高，絕大多數的人有辦法轉換到薪水更多、危險性更低的工作，美國的一般大眾成為進步的主要受惠者（第8章）。是的，勞資關係大概有發揮了一些作用，減少了過渡期的痛苦，再加上整體而言工作者薪資提高，工作條件獲得改善，這點也有幫上忙。福利國家的興起，的確讓失去工作不再像從前那麼可怕。我想傳達的重點，並不是貶低社會發明（social invention，注：指讓個人、制度、社群得以提升的轉變，例如新法案與社會運動）的重要性，我要強調的是，技術讓每一個人獲得更好的機會，馬克思的無產階級成員成為堅定的中產階級。勞動者承受的適應成本降到最低後，合理的反應自然是允許機械化繼續前進。

# 第6章　從量產到大繁榮

一七八六年，當湯馬斯·傑弗遜（Thomas Jefferson，注：一七七六年《美國獨立宣言》主要起草人，曾任美國駐法大使與第三任美國總統）參訪英國時，美國是個剛誕生的共和國，技術上差人一截。瓦特的蒸汽機是當時的技術奇蹟，證明英國相對而言是個技術先進的國家。傑弗遜表示：蒸汽機「簡單、重要，很有可能會帶來廣泛的影響。」[1]美國日後也會感受到相關影響的威力。法國思想家托克維爾（Alexis de Tocqueville）一八三一年造訪北美各地時讚嘆：「世界各地沒人像美國人一樣，貿易與製造以飛快的速度進步。」[2]一度落後的美國，如今在某些領域一點一點跟上腳步，而且很快就會在技術上領先群雄。直到一八六七年的巴黎世界博覽會（Paris Universal Exposition）登場，美國技術的一日千里廣獲認可：美國人展示了五花八門的新技術，拿下各大獎項與獎章，包括電報、機車、縫紉機、收割機以及割草機。在接下來的半世紀，每年的專利數量幾乎成長四倍，一八五一年的水晶宮博覽會後躍升十三倍，也因此到了一九〇〇年，當愛德華·W·拜恩（Edward W. Byrn）回顧美國專利局（Patent Office）近日的技術進展時，不禁讚嘆：

在這股巨大的浪潮中，人類以驚人的規模與無比多元的方式，運用聰明的頭腦，以無遠弗屆的程度，帶來益處無窮的成果，要完全了解實在令人感到力有未逮，只有心懷謙卑……發電機電力的來臨，占據了全球商業活動廣大的新角落，發動我們的車子，供應我們燈光，電鍍我們的金屬，啟動我們的電梯，處死我們的罪犯，還以無聲又強大的方式，悄悄替我們做了上千件其他的事。[3]

電力與內燃機是這個世紀的通用技術，不只影響到工業的每一個層面，也讓一般民眾的生活大幅轉變。經濟史上最重大又同時發生的事件，就是愛迪生發明電燈泡後僅十星期，卡爾．賓士（Karl Benz，注：即賓士汽車創始人）也在一八七九年的跨年夜，成功測試了他的燃氣引擎（gas engine）。[4]因此，如果說一七六九年是工業革命的奇蹟年（阿克萊特與瓦特在那一年，雙雙替自己的決定性發明取得專利），一八七九年則象徵著第二次工業革命的開頭。不過，我們不宜過分強調愛迪生與賓士各自的貢獻。創新的浪潮讓工業煥然一新，在量產的年代達到高潮，他們二人不過是這波浪潮中的一員。如同美國商人愛德華．費林（Edward Filene，注：以建立百貨連鎖店聞名）所言，量產之於第二次工業革命，正如工廠制度之於第一次工業革命。[5]

## 工廠電氣化

量產這兩個字永遠與福特汽車公司（Ford Motor Company）脫不了關係。福特和旗下工程師的豐功偉業，不僅僅是研發出革命性的新型運輸工具：他們還成功駕馭了電力，設計出先進的生產系統。在福特T型車（Model T，注：福特汽車公司一九〇八年推出的第一款汽車產品）問世前，我們的語彙中甚至還沒有「量產」（mass production）這個語彙。然而到了一九二八年，福特替密西根胭脂河工廠（River Rouge）剪綵時，「量產」已經成為大家朗朗上口的詞。雖然「量產」的定義大概是在《大英百科》（*Encyclopaedia Britannica*）所收錄的一篇福特掛名的文章（那篇文章其實是他的發言人威廉．J．卡麥隆〔William J. Cameron〕所撰）才首度出現，在那之前，由於《紐約時報》一九二五年刊出的週日專欄〈亨利．福特解釋量產〉（Henry Ford Expounds Mass Production），量產一詞早已流行起來。那篇由他人替福特代筆的文章主張，量產是一項美國的發明。按照福特本人的定義，量產完全去除拼裝零件時所需的手動勞力，他說得沒錯。[6] 如同英國工業革命中的工廠制度，量產是一個技術事件——量產的前提是工具機工業有辦法製造可互換零件，還要有電動馬達驅動機器。要是少了這兩方面的發展，美國民眾所要求的巨量新商品與新裝置，不可能以成本夠低的方式大量生產。

從某些角度來看，量產是工廠制度的延伸，並由更新、更好的技術催生。歷史學家大衛．霍恩謝爾（David Hounshell）主張，量產之路始於戰前的美國。美國發明家惠特尼、柯爾特（Samuel Colt，注：左輪手槍普及者）、艾薩克．辛格（Isaac Singer，注：勝家縫紉機〔Singer〕創始人）、塞盧斯．麥考密克（Cyrus McCormick，注：機械收割機發明人）通常被視為所謂「美國製造系統」（American system of manufacturing）的先驅，複雜產品由量產的個別可互換零件組裝起來。這種系統的優異之處，在一八五一年的倫敦水晶宮博覽會期間被廣為認同。參觀者指出：「美國機器做的每一件事，幾乎全是這個世界誠心期盼機器能做的事……最令人興奮的是柯爾特那把能連續發射左輪手槍，不但殺傷力驚人，還使用可互換零件製作。這種方法獨特到被稱為『美國系統』。」[7]

然而，「可互換零件」的概念並不是美國的發明，這個概念連稱不稱得上是發明，都是個問題。早在一七二〇年代，瑞典工程師克里斯多福．波勒姆（Christopher Polhem）製作的木鐘就已經利用了可互換零件。美國工業的成就是設計出夠精密的工具機，使得統一的零件有辦法大量生產。零件若要可互換，就得完全一模一樣。然而，一直要到改良工具機成功後，相同的零件才能大量生產。福特的工廠所採用的機器技術絕大多數源自槍械生產，也就是工具機工業的源頭。[8]柯爾特的名言「萬事皆可由機器製造」便點出福特終將採行的原則；[9]柯爾特的那句話來自他對工具機的信念，在當時尚未普及。一八五四年克里米亞戰爭（Crimean War，注：英法與俄羅斯之間的戰爭）期間，英國國會成立了專責委員會，研究以最便宜的方式製造武器的方法。探索小型武器能否用機器製造時，美國系統自然成了觀察的重點。約瑟夫．惠特沃斯（Joseph Whitworth）是曼徹斯特的工具機製造商，委員會委託他當專家證人，因此他參訪了大約十五個美國城市的製造設施。惠特沃斯顯然對自己見到的東西印象深刻，在報告中提到：「只要是（機器）能代替人工的事，一律大力朝這個方向前進。」惠特沃斯並不認同柯爾特所說的「萬事皆可由機器製造」，他在委員會面前表示，技術勞工永遠還是會派上用場。惠特沃斯不認同的關鍵在於零件的可互換性。柯爾特認為，機器有辦法生產出大量一模一樣的零件，就不需要再靠人工修正；惠特沃斯則主張，不可能達成足夠的統一性，因此組裝時永遠還是需要人工。[10]

重大的技術躍進自然不會天天出現，還要再過半世紀，福特才會證明柯爾特說對了。福特率先證明，壓低成本與大量生產是獲利最大化的策略，企業得以打進看似廣大無邊的消費者市場。然而，如同歷史學家霍恩謝爾所言，這個策略需要由更精良的機器製造出一模一樣的零件。福特的工程師清楚知道，可互換零件的組裝問題在於零件大小不一，也因此「精密」是他們對工具機的主要要求，於是他們便專心打造專門機。當時，關於這個主題的權威專家指出：「人盡皆知，福特的機器全球第一。」[11]福特的裝配間不需要任何的手工調整。一九〇八年福特T型車出廠，是第一個符合相關標準的產品。

接下來的挑戰是組裝零件，連續性流程生產（continuous flow production）提供了解決之道，勞工可以待在原地，等零件被帶到面前，而「移動式裝配線」（moving assembly line）能成真的前提，又是工廠每一個角落都由電力提供燈光與動力機械。電力讓生產改頭換面，一九一三年，福特位於密西根底特律北部高地公園工廠引進了移動式裝配線，全面成功駕馭這項新技術。電動馬達提升了使用機器時的精確度與速度；電動吊車梁減少了移動與拖拉零件所需的勞力；電燈帶來了更精確的作業；電風扇讓工廠更衛生、溫度更適合人類待在裡頭。最重要的是，電力帶來彈性，工廠得以不斷重新配置機械位置、加快生產速度。一九一三年時，組裝一台福特T型車大約需要十二小時的工時；一年後，同樣的車一小時半就能組裝出來，就跟生產個別零件一樣，電氣化帶來了省時的好處。

確實，許多工廠在一九〇〇年前就已電氣化，不過早期的電氣化主要只有照明用途。自愛迪生一八八二年成立了紐約市珍珠街發電廠（注：Pearl Street，全美第一座商業中央發電廠）一直到第一次世界大戰這段期間，更優良的燈泡問世，加上發電與輸電效能改善，居家照明成本下降了九成。雖然電力照明的好處難以量化，顯然技術上遠優於煤氣燈。電氣化減少了工廠的空氣汙染，工作環境變得更健康。電力也讓發生火災的危險下降，讓工作場所變得更加安全，降低火災保險成本。此外，更理想的照明也改善了精密度，更能製造出統一的可互換零件，減少手工調整的必要。簡而言之，電力以各種方式帶給了企業與勞工諸多好處。報告顯示，電燈引進工廠後，勞工請病假的比率下降五成，也難怪美國政府出版局（U.S. Government Printing Office）讓員工在電燈與煤氣燈中二選一時，員工全數選了電燈。[12]電力在所有想得到的各方面都更勝一籌。出版局的電工指出：「對印刷工作而言，從靠皮帶連結的蒸氣驅動，轉換至每台機器自己有電動馬達，好處不是節省動力而已，工作品質也提升，印壞的紙張減少，雇員待的室內也變得更乾淨、更健康，需要修理機器的情況也變少了。最重要的是，在印刷機生產力提升的同時，印刷機並未因為轉速過高而耗損。動力不曾故障；沒有任何一台馬達曾壞掉過。事實上，這是出版局有史以來第一次動力不曾中斷，可以好好運轉。」[13]

然而，有好長一段時間，電動馬達依舊沒流行起來。在二十世紀初，美國工廠九五％的機械動力依舊由蒸汽與水力提供。不過，在二十世紀的早期階段，供給面的改變促使工廠電氣化，電動馬達在一九二九年提供八〇％的機械驅動力。[14]從芝加哥到墨西哥灣，從美國東岸到北美大平原，當時的人觀察到美國正在走過「重大的動力轉換……唯有始於百年前的工業革命能相提並論。」[15]《紐約時報》記者在一九二五年寫道，這個新的動力轉換「正在帶來第二次工業革命」。[16]

電力傳動姍姍來遲的原因，在於馬達必須夠可靠、夠有效率，還得超越由蒸汽或水力帶動的機械系統。這樣的馬達在一八八四年後逐漸問世。那一年，美國發明家法蘭克．J．史伯格（Frank J. Sprague）研發出第一台派上實際用途的直流電馬達。測試的結果很快就讓世人見識到這種新型電力系統的好處：與機械系統中，齒輪、輪軸、皮帶的摩擦力耗損的能量相比，電動馬達的優點一目瞭然。轉換至電動馬達的過程並非一朝一夕之事，但腳步不曾停下。在二十世紀上半葉，馬達提供的動力成長至近六十倍，普及程度隨之爆增——電力成為工業的主要動力來源，大幅領先其他選項。另一項助力是尼古拉．特斯拉（Nikola Tesla）研發的交流電馬達，幾乎可以驅動任何機器：「交流電馬達能夠被採用與迅速普及，特斯拉的貢獻，不亞於愛迪生讓白熾光得以商業化。」[17]事實上，電動馬達對於美國生產力的貢獻遠勝過電燈對生產力的影響。電力再也不只能照亮事物，還能提供動力。

然而，電力花了那麼長的時間才對生產力帶來重大貢獻，更重要的原因在於需要先實驗重新配置工廠，才能獲得工廠電氣化的完整好處：「正如城市的電氣化不只是換掉煤氣街燈與有軌馬車；工廠的電氣化也不是把水車和蒸汽機換成馬達那麼簡單。」[18]電氣化、工廠重新配置、現代管理，全都是同一個過程中的元素。如同美國經濟學家保羅・大衛（Paul David）所言，美國製造生產力的主要助力一直要到一九二〇年代、也就是第一座電氣化工廠出現後，又過了兩個世代才出現。[19]經濟史學家小華倫・戴文（Warren Devine Jr）詳細解釋[20]，主要原因是轉換至「單元驅動」（unit drive）的時間相對來得晚。在一九〇〇年前，「直接驅動」（direct drive）一直是主要的製造系統。「直接驅動」是指各台機器透過機械連結連至集中的中央動力源（通常是蒸汽機或水車），採取這種系統的工廠，直接由電動馬達取代水車與蒸汽機，成為動力來源，但並未重新組織生產流程。中央動力源一啟動，不論實際使用多少台機器，都由天軸與中間軸組成的網絡依舊全數一起運轉。此外，萬一中央動力源中斷，所有的機器都會停止運轉，生產將停頓，直到動力源修好為止。就算已經改用電力了，動力源通常只單獨有一間動力室，就像以蒸汽或水力驅動的工廠一樣，此外還有雜七雜八的皮帶、滑輪、轉動軸承，把動力輸送至工廠各個角落。從水力的年代以來，工廠的基本設計就不曾出現太大的變化，動力的傳輸方式決定了生產的安排方式。

若要充分利用電力帶來的彈性，關鍵的步驟就是擺脫工廠各角落靠機械方式輸送動力的裝置。然而，剛才提過，世人花了很長的一段時間，才完全了解到靠電力馬達驅動機器的好處。「集體驅動」（group drive）是工廠演變的中間階段，可以由中型馬達搭配較短的軸承來驅動一組機器。電力工程師發現，要是每台機器都自行配備小馬達，根本就不需要軸承。轉換至單元驅動讓工廠的設計方式出現大改造。單元驅動具備的彈性讓工廠得以重新配置工作流程、納入裝配線技巧，機器如今可依據生產操作的正常程序來安排位置。福特的胭脂河工廠等新型工廠，為了完整運用裝配線技巧，一共只有一個樓層，這帶來進一步的好處——包括每平方英尺的建造成本大幅下降。此外，不必再靠機械方式傳輸動力後，由於天花板不再懸掛轉動軸承，負責拉動可互換零件的天車（注：工業環境中的起重機）就更容易安裝了。許多相關改變省下的資本多過勞力，多數的勞力節省又與建造和維修工作有關，不涉及操作。經濟學家傑羅姆注意到當時的情形：

工業技術產生變化時，即使是立即受到影響的操作部分，所需的勞力並未出現很大的變化，依舊有可能大幅改變其他流程需要的勞力；例如：設備需要占用的空間減少、廢料減少或產品受損情形減少；也可能節省燃料、動力、供給，或是減少機械的損耗。廠房空間、原料、設備在施工過程中，全都需要勞力，任何使用上的節省，間接影響著勞力需求。工廠動力部門的電氣化，由於不需要皮帶和軸承，可能減少所需的維修勞力。[21]

電氣化如何影響到勞工？本書第8章會再回來談這個問題，不過除了前文提及的健康好處，值得一提的是，美國勞工的收入也快速增長。量產不只讓一般的美國人家也能取得琳瑯滿目的新商品，也讓勞力進入良性循環。製造出現爆炸性成長，操作人員的需求也愈來愈多。隨著更多資本投入機器，操作人員的技能也跟著水漲船高。與今日科技業的新興工作相比，工廠的工作相對簡單，大部分需要執行的任務勞工都有辦法邊做邊學會。歷史學家大衛．奈伊（David Nye）指出：「讓要做的事簡單明瞭的好處，就是每一項工作都能快速學會。不僅幾乎任何人都能在福特工作，還可以到處調動勞工。」[22]當然，第7章會再提到，瞬息萬變的勞動市場帶來了一些適應問題，不過整體而言，一直到一九七〇年代前的這段期間，多數人都能預期自己的工資將增加。一九三〇年代，經濟學家費德里克・C・米爾斯（Frederick C. Mills）曾評論：「在機械化的壓力下，世人必須以新方式學會新事物。」[23]以玻璃業為例，經濟學家傑羅姆提到：「手工的玻璃吹製工有可能被取代一事已順利解決……方法是讓瓶子的吹製工，改吹其他不受機器影響的器皿；或是把手工的吹製工調去機器崗位。」[24]不只是玻璃業，在許多產業，手動的勞工改任機器操作員。工廠電氣化後，部分的維修工或搬運工被取代，但機器的操作範圍擴大，也代表有新興工作在等著他們，生產力與工資都更勝一籌（詳情請見第8章）。第二次工業革命最大的好處，在於除了替一般民眾帶來新商品，也替他們創造出全新的工作。大量湧進美國家戶的電器用品，同時促進了民眾身為消費者與製造者的能力。

## 帶來解放的機器

如果說工業革命的主要特徵是工業機械化，第二次工業革命的決定性特徵就是家庭機械化。蒸汽動力讓十九世紀的工廠樣貌大幅轉變，但當時民眾家裡依舊沒什麼兩樣。相較之下，電力則讓家裡澈底變了樣子。奇異（General Electric）與西屋（Westinghouse）等企業率先拓展一般民眾能接觸到的電器用品，例如熨斗（一八九三年首度進入市場）、吸塵器（一九〇七年）、烤麵包機（一九〇九年）、冰箱（一九一六年）、洗碗機（一九二九年）、乾衣機（一九三八年），例子不勝枚舉。所有的相關發明不全是美國貨，不過美國的確是這些家電最大的市場，美國的家庭主婦也是最大的受惠者。所謂的「家戶革命」（household revolution）不只讓家裡更方便舒適，還替家庭主婦代勞了各種無酬的工作，女性得以到業界從事有薪工作，美國的勞動力迅速增加，提振了家戶所得。電氣化的先驅人士預見到這樣的發展。一九一二年，愛迪生告訴《好管家》（*Good Housekeeping*）雜誌：「未來的家庭主婦將不再是負責苦差事的奴隸，家庭主婦本人不需要做苦工，不再需要花那麼多力氣在家裡，因為家裡需要做的事變少；家庭主婦也將不再是家務的勞動者，而是管理者，『電力』這個最厲害的女僕，供家庭主婦差遣。電力及其他的機械力量將在女性的世界掀起革命，女性的整體精力很大的一部分，將保留給更寬廣、更具建設性的領域。」[25]

回想一下美國一九〇〇年的房子。當時屋內大多還沒有自來水，也很少有電力與中央供暖系統（見圖六）。由於沒有電，照明一般倚賴蠟燭或煤油燈。日常生活中經常可能引發火災。最糟的情形是明火燈或開放式壁爐的火花，讓整棟房子燒起來。石器時代就發現的火，依舊是家家戶戶仰賴的發明。中央供暖問世前，取暖主要得靠開放式壁爐，每天都得把木頭或木炭扛進家裡、掃除灰燼、生火，既累人又麻煩。此外，讓家裡保持溫暖除了會耗費很大的力氣，冬天的時候，大部分的房間依舊和室外一樣冷：「隔絕寒風唯一的方法，就是把破布塞進縫隙裡。大部分的房間天花板附近還暖一些，地板則幾乎全都凍得像冰塊一樣。」[26]在寒冷的夜晚，美國臥室的主要熱源是在床上擺鐵錠或陶磚（先在廚房的火爐上加熱）。此外，由於缺乏自來水，幾乎每一位想洗澡的美國人都得扛著沉重的木頭或馬口鐵澡盆進廚房，倒進在爐上加熱的熱水：「即便到了二十世紀初，勞動階級的家庭主婦得從街上的給水栓取水回家，和農場主婦得去最近的小溪或井邊打水，沒什麼太大的不同。煮飯、洗碗、洗澡、洗衣和打掃家裡等所有家務需要用到的水，全都得扛回家裡——用完了以後，又得把髒水扛到外頭去。」[27]

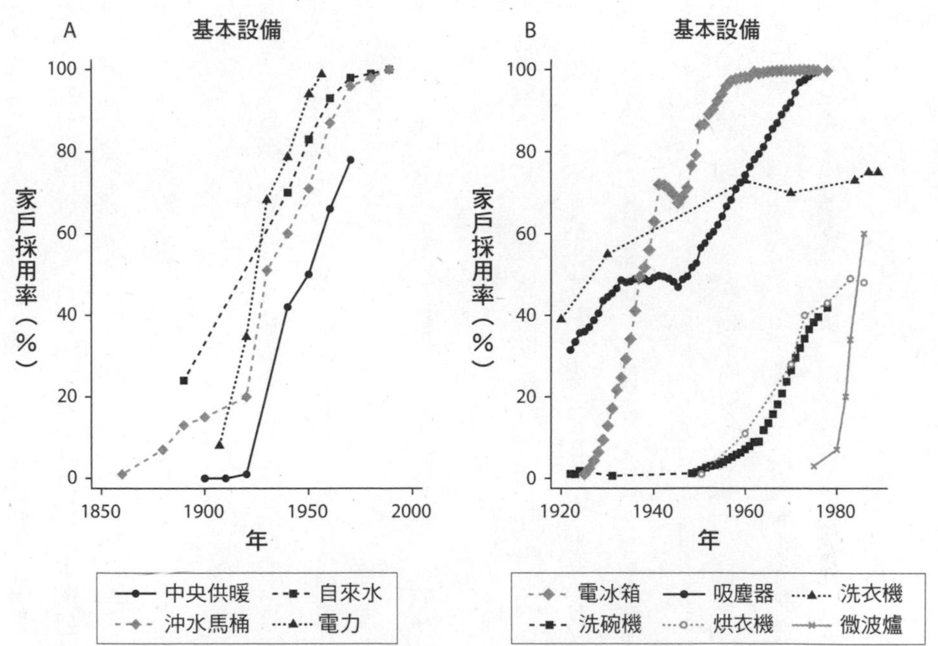


**圖六：美國的基本設備與家電普及程度**

資料來源：J. Greenwood, A. Seshadri, and M. Yorukoglu, 2005, "Engines of Liberation," *Review of Economic Studies 72* (1): 109–33.

農業女性把大部分的勞力用在農場上與家裡，生活特別辛苦。除了打理家務，幾乎所有的家禽都由女性負責照料，此外還得餵食家畜，經常到田裡幫忙。美國農業部（Department of Agriculture）一九二〇年的報告顯示，女性平均每年每天要工作一一．三小時，夏日更是達一三．一小時。夏季時，女性一天中有一．六小時的閒暇時間，冬天可以多休息〇．八小時。受訪的女性中，有一半早上五點起床。大多數的農場都沒有自來水，一天的開頭通常是走到泉水或唧筒旁打水，準備做早餐——沒有任何廚房電器用品的協助。該報告主張，解決之道是讓農村電氣化：「道理就跟農場電力是農人最有力的省時工具一樣，家中的電力將是主婦最大的助手。」[28]然而，農村電氣化一直要到小羅斯福總統（Franklin D. Roosevelt）簽署國家法案後才起飛，他在一九三六年五月二十日頒布了《農村電氣化法案》（*Rural Electrification Administration*），補助私人電力公司未能照顧到的地方合作社。

隨著更多家庭的電氣化後，美國企業開始推廣電器用品，方法是直接打動家庭主婦的心（請見圖六）。一九三〇年代，印地安納州的蒙夕市（Muncie）就曾發放過一些小冊子，標題一語中的：「家「電力，家中的安靜僕人」（Electricity, the Silent Servant in the Home）。奇異公司的廣告寫著：「家對男人來說是城堡，但對女人而言是工廠。」[29]言下之意很清楚：雇用安靜的電力僕人，妳就能少花一點時間做瑣碎的家務。今日許多看起來簡單的家事，從前可是個大工程。以洗衣為例，在一九〇〇年，九八％的家戶靠的是洗衣板。用手洗衣服時，必須先把柴火或木炭放進爐中，把水加熱。接下來，等衣服主要是靠手洗淨與擰乾後，掛在曬衣繩上晾乾。接下來，同樣費力的熨燙工作開始了。以前沒有電熨斗，只有沉重的老熨斗，必須不斷放在爐上加熱。依據一九四〇年代中期的研究，每洗一次衣服，電動洗衣機比用手洗省下三小時十九分鐘。用手洗衣服的女性必須走三千一百八十一英尺（約一公里）的路，才能完成這項工作，用電的話則只需要走三百三十二英尺（約一百公尺）。同樣地，燙衣服從需要花四．五小時變成一．七五小時，要走的路則幾乎少了九〇％。[30]

值得一提的是，電力同時成為富人與窮人的僕人。一開始，新技術顯然被經濟較為寬裕的美國人率先採用：即便在同一條街，有的女性可能和中世紀一樣用手洗衣服，鄰居則有電動洗衣機。然而，隨著基本家庭設備逐漸普及，電器價格也相對下降，進一步加快了推廣的腳步。一九二一年，全國電燈協會（National Electric Light Association, NELA）調查電器用品在費城家庭的普及度，發現僅一半的填答人家中有熨斗和真空吸塵器。電冰箱起初普及的速度較慢，因為保冰箱提供了更便宜的選擇；電冰箱的價格一直居高不下，多數美國人即使有意願換掉保冰箱也買不起。一九二八年，一台電冰箱要價五百六十八美元，不過一九三一年時價格直線滑落，只要一百三十七美元——電冰箱的銷售量一飛沖天。多數其他家電用品，大部分的美國人已經負擔得起。一九二八年，最便宜的洗衣機價格等同三星期的收入；電動吸塵器大約是一個禮拜的薪水，最便宜的電熨斗不到一天的收入就買得到。[31]

一般的美國人家庭很快就「什麼都用電，除了金絲雀與門房」。[32]中低收入戶是價格下降最大的受益者。富裕家庭先前就把最沒人想做、最耗體力的活交給人類傭人。一直要到家戶革命後，其他人也負擔得起僕人，不過是機械版的。到了一九四〇年，很高的人口比率享受得到現代的便利。從那時起，富人與窮人都能利用電力、瓦斯、自來水與下水道網絡，所有的市民逐漸平等。洗衣機、冰箱、洗碗機等技術的高價位，雖造成窮人較晚才開始使用，但量產與分期付款制度很快就讓大多數的民眾都負擔得起。

然而，家戶革命究竟對花在家務（in-home production，家庭生產）的整體時間帶來多少影響，依舊很難講。經濟學家史丹利・萊伯格特（Stanley Lebergott）的早期研究結果符合直覺，做家事的時數大幅下降。[33]依據萊伯格特的估算，在一九〇〇年至一九六六年間，家庭主婦每週的工時減少了四十二個小時——這是很驚人的數字。然而，另一位經濟學家瓦萊麗・拉米（Valerie Ramey）認為，萊伯格特似乎無意間把所有家庭成員做家務的時間全都算進去了，連家庭傭人也納入，並未僅計算家庭主婦耗費的時間。[34]相較於萊伯格特的結論，拉米的計算顯示，女性把黃金歲月花在家務的時間，僅有一定程度的減少：一九〇〇年至二〇〇五年之間，女性做家事的時間僅減少了十八個小時。然而，令人訝異的是，女性減少的做家事時間，又被男性多做的時間抵銷。這是怎麼一回事？家電明顯減少了做家事所需的時間，為什麼家務事依舊那麼耗時？技術歷史學家露絲・史瓦茲・寇恩（Ruth Schwartz Cowan）提出的解釋是家務勞動所需的時數其實並未減少，技術只不過取代了傭人。寇恩指出，一八五〇年代的美國家庭主婦將得擁有三、四個僕人，家中的衛生與清潔程度，才有辦法達到一九五〇年代的中產家庭水準。然而，在電器僕人的協助下，一九五〇年代的美國家庭主婦，有辦法靠一己之力完成。[35]

在這段時期，家事服務的雇傭的確逐漸消失，也難怪法國的圓錐洗衣機（Conical Washing-Machine，注：圓錐形的非電動洗衣機）被以疑心的眼光看待，即便一八六〇年時《紐約時報》記者主張，洗衣女工沒什麼好擔心的：「這種機器會減少需要出的力，節省人手，省掉手洗很多麻煩累人的地方，但我們有信心，這種機器並未設計成取代提供洗衣服務的年輕女性，這種事不會發生。如果年輕女性希望改善自己的處境，做家事時獲得這樣的協助是好事。」[36]我們靠著後見之明知道，洗衣女工的確該擔心手中的技能過時，不過一直要到半個世紀後，也就是電動洗衣機終於來臨之際，她們的職業才開始消失。一九二一年的匹茲堡家管俱樂部（Housekeepers Club of Pittsburg）

聚會時，家管抱怨洗衣婦「忙著聽留聲機，沒認真顧洗衣機」，堅持傭人應該要「好好協助女主人，否則就該離開。」[37]

雖然這點在某種程度上支持了寇恩的觀點，技術做到的事，絕對不只是取代家中傭人而已。首先，電器用品大幅減少了家中需要的重度勞力活，許多女性開始得以把時間用在相對不單調的家事，例如教育與照顧孩子。第二，新技術出現後，清潔與營養標準也跟著往上調。[38]家務活變簡單後，世人做家務的頻率更高，開始更勤於換衣服、更常洗澡，也更常打掃家裡：「民眾不再一年才把地毯拿出去打一次，整間房子一星期就會用吸塵器吸一遍。」[39]第三，如果把每人花的時數，改成每個戶花的時數，經濟學者拉米的估算會更合理：每家花的家務時數，在一九〇〇年至二〇〇五年間下降驚人的三八%。美國家庭的人數的確也在這段期間變少，但每個人花的家務時數並未減少的主張，沒將規模經濟納入考量。[40]晚餐是替兩個人還是一家五口準備，並沒有太大的差別。相關研究替這一派的觀點提供了證據，在電器用品較為普及的地區，女性的勞動力參與率，上升速度也快上許多。圖七顯示，二十世紀時，女性的勞動力參與率出現了驚人的成長。在一九〇〇年至一九八〇年間，女性勞動力增加了五一%。經濟學者傑若米．格林伍德（Jeremy Greenwood）、安納斯．塞夏里（Ananth Seshadri）、梅墨．尤魯寇格魯（Mehmet Yorukoglu）在《經濟學季刊》（*Quarterly Journal of Economics*）發表的重要研究估算，光是「家戶革命」這一個因素，就占女性勞動力成長的五五%。[41]家庭愈來愈機械化後，更多女性進入了勞動市場，從事通常會帶來更多滿足感的有薪工作，更多家庭突然間有兩份收入，美國家戶因此在過程中變得更加富裕。

女性加入勞動力的人數增加，顯然不只是因為技術帶來了省力效用。文化與社會因素也扮演著重要的角色，但不屬於本書要談的範圍。很明顯，儘管要求女主內的壓力不曾間斷，許多女性依舊

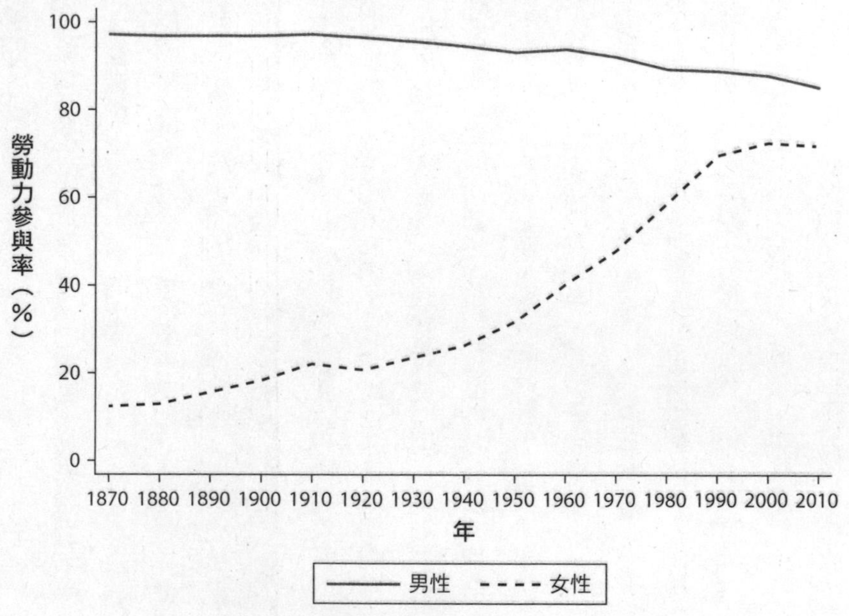


**圖七：一八七〇年至二〇一〇年間，**
**依性別區分之二十五歲至六十四歲美國勞動力參與率**

資料來源：一八七〇年至一九九〇年間取自：*Historical Statistics of the United States (HSUS), Millennial Edition Online*, 2006, ed. S. B. Carter, S. Gartner, M. R. Haines, A. L. Olmstead, R. Sutch, and G. Wright (Cambridge: Cambridge University Press), Table Ba393-400, Ba406-413, Aa226-237, Aa260-271, http://hsus.cambridge.org/HSUSWeb/HSUS EntryServlet；二〇〇〇年至二〇一〇年間取自：Statistical Abstract of the United States 2012 (SAUS) (Washington, DC: Government Printing Office), Table 7 and 587；亦請參見：Gordon, 2016, figure 8-1。

進入職場，技術讓她們更有本錢這麼做。家務的機械化增加了有能力、也有意願進入勞動市場的女性供給，辦公室機器也增加了女性勞工的需求。以一八七四年問世的打字機為例，辦公室機器除了帶來大型的辦公室，也刺激了早期擔任文書職的女性人數增加。文森・E・吉良諾（Vincent E. Giuliano）發表在美國雜誌《科學人》（*Scientific American*）的文章解釋：

> 打字機讓一切都增加了，包括辦公室的規模與數量、辦公室雇用的人數，以及辦公室雇員工作的多元性。此外，辦公室的社會結構也產生了變化。舉例來說，即便在工廠也開始招募女性後，辦公室工作依舊是男性的天下（想一想狄更斯小說《小氣財神》〔*A Christmas Carol*〕裡守財奴老闆史古基〔Scrooge〕辦公室雇的人就知道了）。辦公室機械化是一股強大的力量，足以打敗不願意讓男性的天下出現女性工作者的阻力。開始使用打字機直接導致的結果是辦公室雇用大量女性。[42]

然而，本書第8章也會再提到，文書職的勞動力成長大多發生在一九〇〇年後，也就是辦公室機器普及、家務機械化後，再加上民眾希望增加家中收入，女性才得以向前躍進一大步，尤其是在一九五〇年至一九七〇年間，大約有一千一百四十萬名女性新加入文書職，男性則僅有一百五十萬人從事這類職業。「粉領族」（pink collar）在一九七〇年代變得愈來愈常見，代指負責使用辦公室機器的女性文書勞動力的成長現象。[43] 換句話說，二十世紀的勞動力參與率之所以會上升，主要是機械化帶來的，而不是即便出現機械化現象，參與率依舊逆勢成長。

## 搭乘交通工具抵達現代

探討現代性時，如同家中與工廠發生的轉變，不能不提貨物與人的移動所發生的革命性變化。正如經濟學家亞歷山大・費爾德（Alexander Field）所言，一九一九年至一九七三年間的生產力成長可謂「雙變記」（a tale of two transitions）。[44]第一變是為了利用電力帶來的好處，工廠重新設計。第二變是走向「無馬時代」，機動車輛澈底改變了交通運輸。自一九三〇年代起，第二變的光芒逐漸蓋住了第一變，但機動運輸的轉變其實從更早就開始了。

鐵路業迅速擴張，但美國人在二十世紀前依舊得仰賴馬匹。鐵路讓兩個鐵路端點間的貨物與乘客運輸變得更快、變便宜，但還是需要馬匹，才能抵達最終目的地。[45]工業革命發生很久後，馬匹技術依舊是主要交通方式的原因，在於蒸汽動力並未讓市內交通產生重大變化：「蒸汽機無法在城市街道上使用，原因包括擔心火花會引發火災，外加震耳欲聾的噪音與濃煙。此外，蒸汽機沉重的重量會搖晃地基，震碎人行道。」[46]解決之道是運輸地下化。一八六三年在倫敦揭幕的大都會鐵路（Metropolitan Railway）最初由蒸汽提供動力，但隧道煙霧引發的不適，讓民眾不怎麼喜愛搭乘。蒸汽提供動力的地下鐵不曾飄洋過海到美國，但在十九世紀下半葉，市內運輸的形式依舊不斷產生變化，包括靠馬匹拉動的公車（omnibus）、地面纜車（cable car）、電力街車（electrified streetcar）。紐約市地下鐵終於在一九〇四年通車時，由電力提供動力，速度是馬拉式公車的十倍以上。地面纜車、街車與地下鐵一起讓美國郊區興起，一般市民有辦法逃離城市。然而，這類型的都市運輸方式雖然具備諸多優點，個人的交通工具一直沒有產生變化。民眾依舊受制於公共運輸能抵達的地點與時間表，還是得靠馬匹來往各地。馬匹運輸的彈性較高，道理就跟現代的計程車一樣，但缺點也很多。首先，馬匹運輸慢吞吞的：馬車的時速不會超過每小時六英里（注：約每小時九・六六公里），長程運輸還得換馬。第二，馬兒對多數美國人而言太貴。都市家庭很少有空間能養馬，多數勞工也沒錢買馬飼料，結果就是靠馬兒通勤來往與家中和工作地點的勞動人口，不到五分之一。絕大多數的民眾得步行——馬兒留下的「黃金」，又讓走路不是什麼一大樂事。[47]依據估算，在十九世紀末，市區的馬兒會在每平方英里留下五噸至十噸的糞便。[48]大概就連最戀舊的人都不會想念清掃馬糞與馬屍的工作。

一八九五年十一月，紐約市為了回應汽車問世，出版了一本叫《無馬時代》（*The Horseless Age*）的新期刊。儘管馬匹技術有著諸多缺點，當時大多數的人並不認為「無馬時代」有可能來臨。汽車產業才在醞釀期而已，[49]一八九五年時，全美一共只生產四款汽車。當時除了馬，唯一稱得上有彈性的個人交通工具是自行車。然而，自行車雖然號稱可以「騎向現代」（ride to modernity），頂多只能說替汽車鋪好路。[50]整體而言，騎自行車是一件險象環生的事。幽默作家馬克・吐溫在《馴服自行車》（*Taming the Bicycle*）中提到，他曾試著在一八八〇年代騎過高輪車（high wheeler，注：前輪極大、後輪極小，協助省力的一種腳踏車），最後以一句話，一針見血地總結那場大冒險：「去騎自行車吧，你不會後悔的，如果你還活著的話。」[51]更安全的自行車問世時，車輪縮小，日後更是發明出充氣輪胎，帶來一八九〇年代中期的自行車黃金年代：「民眾瘋狂騎車，自行車產業感覺像是傳說中的黃金國，大家迫不及待要淘金。」[52]然而，美國的自行車風潮一下子就退了流行，自行車產業沒落，許多自行車公司轉型成汽車製造商。

從許多層面來看，自行車都是過渡到汽車的橋梁。[53]美國的自行車產業之父艾伯特・A・波普（Albert A. Pope），不只預測機動車（motor carriage）將崛起，還雇用希蘭姆・珀西・馬克沁

（Hiram Percy Maxim）實現自己的預言。波普製造公司（Pope Manufacturing Company）從來不曾躋身汽車製造商龍頭——波普在一九〇七年宣布破產，但整體而言，自行車產業解決了許多日常的工程問題。要先解決了那些問題，日後才得以大量製造汽車，例如精密的機械齒輪與充氣輪胎。或許更為重要的是，自行車問世後，美國人首度體驗到無馬個人交通工具所帶來的自由。馬克沁宣稱自己就是在騎自行車徜徉時，首度想到汽車的好處。他回憶一九三七年：「半夜時，自行車載我走過一條偏僻的鄉村道路，大幅縮短了距離，不到一小時就走完了。如果搭乘馬車，大概得花上近兩小時。搭火車的話也得花半小時，而且只能把我從一個火車站載至另一個火車站。此外，我還得遵守火車時刻表，這點永遠很麻煩。」[54]按照馬克沁的說法，自行車帶給許多民眾的體驗，製造出方便、便宜的個人交通工具需求——汽車因此問世。

早在十八世紀，就有人試圖靠蒸汽機研發機動車。然而，經過數十年的實驗後，蒸汽車依舊不曾進入大眾市場。蒸汽引擎太笨重、太危險、效率差，不足以讓個人交通工具產生革命。汽車革命要等到內燃機問世才開啟。一八六四年，尼古拉斯・奧托（Nikolaus Otto）取得世上第一個燃氣引擎的專利，但那部引擎不適合用於道路運輸。真的能開上路的汽車設計，始於戈特利布・戴姆勒（Gottlieb Daimler）與威廉・梅巴赫（Wilhelm Maybach）共同研發的燃氣引擎車，以及卡爾・賓士（Karl Benz）的獨立研發。三人率先成功靠燃氣引擎供給道路車輛動力。儘管如此，曾有一段時間，電動馬達看來才會是無馬車輛的推手：「一九〇〇年時，電動車看似極可能快速達到完美的境界，就跟其他的電力應用一樣。」[55]然而，好幾件事讓形勢轉為對內燃機有利。查爾斯・凱特林（Charles Kettering）發明了電子啟動器，燃氣引擎車變得更易於操作；城市道路網擴張，燃氣引擎車能跑的較長距離與速度發揮用處；挖到大量石油讓燃料價格下降；此外，福特工廠的先進量產技術，讓靠汽油提供動力的汽車價格大幅下降，電力車的價格則居高不下。

如同波普所言，馬匹的時代正在消失，但汽車工業若要起飛，還得有高品質的道路，「不只是市內與城市周圍，全國每個角落都得路況良好」。[56]汽車的輔助基礎設施得從零開始打造。在二十世紀初，美國的兩百萬條道路，頂多只稱得上泥土路構成的網絡。只有屈指可數的幾個人負擔得起機動車，還時不時碰上爆胎。在二十世紀初，一位佛蒙特州的醫師和他的司機率先開車橫跨美國，從舊金山開到紐約，一共花了六十三天。[57]後來以天數計變成以小時計：按照谷歌地圖（Google Maps）提供的數值，要是沒塞車，開車走完相同旅程一共是四十小時。在一九二〇年代與一九三〇年代，道路網一下子變得四通八達，駕駛得以靠著公路來往美國東西岸，甚至不需要開在主要幹道未鋪柏油的支線上。美國展現了卓越的工程實力，富蘭克林大橋（Benjamin Franklin）、華盛頓大橋（George Washington）、金門大橋（Golden Gate）、布朗克斯白石大橋（Bronx-Whitestone Bridge），增加了貫穿城市的交通往來。此外，加油站數量也上升，路邊生意開始欣欣向榮，帶來各式各樣的新工作。[58]一九二〇年之前，美國公路旁幾乎沒有任何商業活動；一則一九二八年的生動描寫則是呈現了完全不同的面貌：「每隔幾百碼，就有……加油站，前面擺著六台五顏六色的加油機。加油站之間，以及加油站站內會有小商店，招牌寫著『熱狗』。沒有小店、也沒有加油站的地方，就有大量貼滿海報的廣告看板。」[59]

道路建設是否替汽車工業鋪了路，或者因果反過來才對，學者看法不一，答案大概是相輔相成。[60]要是汽車需求沒有成長，企業界與政府少有投資昂貴基礎建設的誘因；要是少了更好的生產技術，一般民眾無法負擔汽車，也就不會產生汽車革命。一九〇一年的梅賽德斯（Mercedes）是「第一輛具備所有基本元素的現代車」，也是車速的世界記錄保持者，時速可達每小時四〇・二英里（注：約每小時六四．六九公里）——在美國市場要價一萬兩千四百五十美元，大約是當時人均年所得的十二倍[61]，也因此起初僅有一小部分的人口擁有汽車。一直要到福特劃時代的T型車問世，事情才開始大為不同。T型車在一九〇八年開始投產，價格為九百五十美元；一九二七年停產時，價格跌至兩百六十三元。以人均可支配年收入比率來看，T型車的購買價格，自一九一〇年的三一六%，下跌至一九二三年的四三%。那一年，T型車的市占率抵達巔峰：美國售出的汽車中，有超過一半是T型車。分期付款在一九二〇年代相當普及，民眾要買車的話，車子占去的可支配年收入比率進一步下降。名下有機動車輛的家戶隨之大增，一九一〇年是二．三%，一九三〇年上升至八九．八%。[62]

對多數美國人而言，汽車不只取代街車，成為來往於家中與工廠的交通工具。民眾還開始開自家車購物、拜訪親朋好友，週末開車到鄉間遠離城市的喧囂。汽車改變了人民的工作與生活型態，也因此改變了北美大陸的面貌。出現更好、更便宜的交通工具後，城市不再只是聚集在一起的一大群人，還發展出工廠工作區與購物區，住則住在鄰近的郊區。城市被分為工作區、消費區、住宅區。此外，許多在城市工作的民眾，再也不必住在市內。艾斯坦在一九二七年寫道：「不只是鄉間變得和城市更近；城市除了名義上不是，實際上也成為周圍鄉間的一部分。紐約不再只是曼哈頓、布魯克林、布朗克斯，也是長島、拉伊（Rye）、新羅謝爾（New Rochelle），也的確是康乃狄克州與紐澤西州的一部分。」[63]

機動車輛改變了城市的面貌，也讓農業掀起了翻天覆地的變化。從馬力轉換到馬達力，無疑是自從靠馴化動物代替人類肌力後，農業經歷過最重大的轉變。在十九世紀，農業機械化的腳步落後製造業，原因單純是蒸汽機不適合開放式環境，而且對多數農人來說太昂貴。[64]即便十九世紀出現了麥考密克的收割機等重大發明，依舊還是得出動多匹馬拉動。

汽車取代作為交通工具的馬，牽引機也取代了農用的馬。有牽引機的農場自一九二〇年的三．六%，飆升至一九六〇年的八〇%。同一期間，農場上的馬騾數量，從兩千五百萬頭，驟降至僅三百萬頭（請見圖八）。[65]馬匹雖然因此大量過剩，牽引機卻大幅刺激了經濟成長：經濟學家威廉．懷特（William White）估算，牽引機所帶來的直接社會節省，超過一九五四年國民生產毛額的八%。牽引機大幅解決了效率低下的問題，例如馬會吃掉五分之一的農場產出。[66]不過，牽引機雖是農場馬匹數量下降的主因，以快捷方式運送貨物的卡車與客車也造成了影響。在汽車與卡車的助陣下，先前馬要花上一天才能抵達的距離，現在一個小時就能搞定，載送的成本因此大幅下降，美國農場得以服務更大的市場。[67]美國農業部一九二一年的玉米帶（Corn Belt，注：玉米為主要糧食作物的美國中西部地區）農人研究指出，農場服務的範圍擴大。卡車問世後，許多農場的部分或所有產品的市場產生變化。[68]

卡車帶動的經濟成長，遠遠不只是在農業這一塊而已。在一九三〇年代，交通運輸、公用事業、批發與零售，一起占了將近一半的經濟生產力成長，其中卡車與倉儲又占了交通運輸與公用事業成長的三分之一左右。[69]大量的道路投資讓卡車司機在經濟大恐慌時期（注：約指一九二九年至一九三三年）不必開過任何沒鋪柏油的分支道路，就能橫越北美。一九二九年至一九四一年間，註冊的卡車增加了四五%。在經濟大恐慌期間，商家有辦法完整利用貨車運輸的好處，除了配送的選項增多，也更具彈性。城市的百貨公司開始雇用卡車，載送包裹至鄰近的鄉村地帶，消費者打通電話就能買東西，不必開車進城。此外，卡車也提供馬匹以外的彈性短程運輸選項，協助把貨物載送至鐵路端點、農場、工廠、批發商與零售商之間。

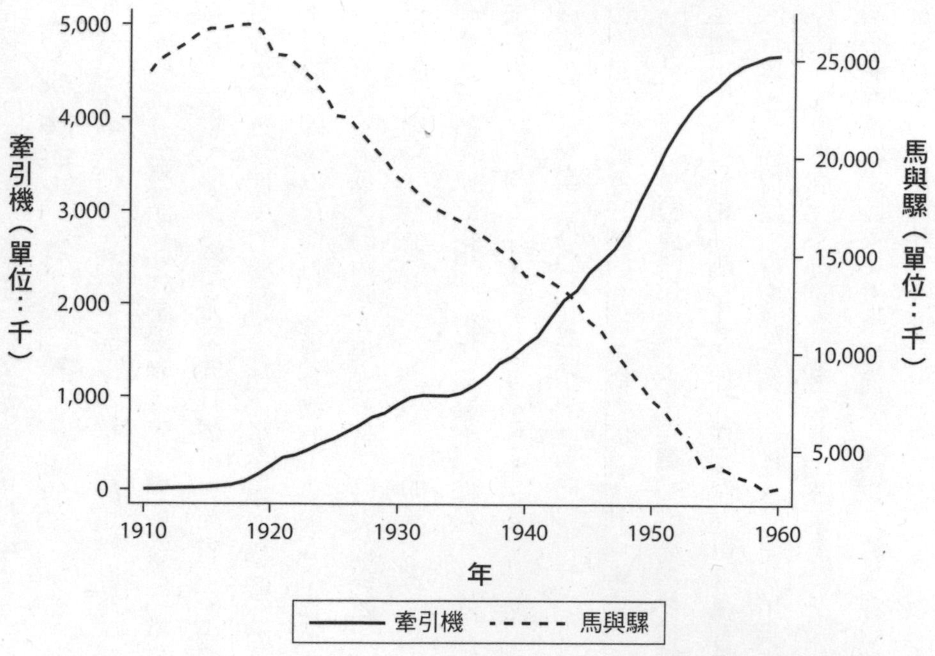


**圖八：一九一〇年至一九六〇年美國農場上的馬騾數量與牽引機數量**

資料來源：R. E. Manuelli and A. Seshadri, 2014, "Frictionless Technology Diffusion: The Case of Tractors," American Economic Review 104 (4): 1368–91.

一九四七年，《巴黎和平條約》（*Paris Peace Treaties*）簽訂後，戰間期的生產力趨勢再現。[70]在機動車輛的輔助下，經濟學家費爾德指出的「第二變」一直持續進行，成為最大的生產力推手。然而，如同電氣化提振生產力，內燃機帶來的完整成長影響，隔了一段時間才出現。原因不是戰爭，而是支持機動交通的基礎設施沒有立即跟上腳步。一直要到一九五六年的《聯邦補助公路法案》（*Federal Aid Highway Act*）出爐後，政府才再度投入與加速基礎建設的支出，機動車輛的完整好處得以顯現。[71]在那之前，從羅斯福總統一九四四年遞交給國會的區域間公路報告看出，民眾認為鐵路貨運的效率勝過公路。報告指出：「公路計劃調查所蒐集的所有證據皆指出，卡車載送的距離相對短，沒有證據顯示，載送距離未來有增加的可能。」[72]雖然今日回頭看，這個預測完全失準，二戰讓情勢看起來確實如此。在戰爭期間，卡車貨運所占的噸里百分比（percentage of ton-miles），在一九四三年下降五．六％，鐵路占城市間貨運的七二％。儘管如此，鐵路的相對重要性持續下降。一九五八年時，卡車載送量占所有噸里的二〇％；州際公路系統完工後，數字快速增加。經濟學家證實了公路系統對戰後生產力帶來的貢獻：一九五〇年代與一九六〇年代的美國生產力增加，州際公路支出的貢獻占四分之一以上，在一九八〇年代則只占七％。[73]卡車文化的全盛期的確在生產力成長黃金年代（一九四七年至一九七三年）的尾聲出現；在一九七〇年代，卡車司機成為新美國牛仔，在《追追追》（*Smokey and the Bandit*，注：一九七七年第二賣座的電影，僅次於《星際大戰》）等賣座強片中扮演傳奇人物。

卡車業不但本身推了美國的生產力一把，也對整體的運輸與貿易帶來重大的外溢效應。卡車業與貨櫃革命皆為戰後的成長引擎。貨櫃運輸直接源自卡車貨運。卡車業者麥爾坎．麥克林（Malcom McLean）發明了貨櫃，整合分散的船運、卡車運輸與鐵路產業。史上第一次成功的貨櫃運輸發生在一九五六年四月二十六日，麥克林的貨輪「理想X號」（Ideal-X）完成了自紐華克港（Port Newark）至德州休士頓的處女航。這趟不起眼的首航與哥倫布發現新世界皆為貿易史上的關鍵事件。如同鐵路與蒸汽船替第一波的全球化（一戰時戛然而止）鋪好路，貨櫃運輸這項技術替始於戰後歲月的第二波全球化打好了基礎。近日的研究顯示，貨櫃問世的頭五年，雙邊貿易了大增三二〇%。[74]

貨櫃不僅改變了貿易的世界，貨櫃運輸同時也帶動了斯密型成長與熊彼得式成長。當時的人盛讚為「把我們的量產技術，延伸至海外貿易運輸」。[75]除了減少把貨物從製造商交到消費者手中的十二個裝卸步驟，依據估算，貨櫃集散站增加了碼頭工人每小時能處理的貨物量，從一．七噸增至三十噸。[76]雖然興建貨櫃集散站需要大量資本，更快速的流通速度卻也省下大量了資本——更不用提失竊率減少所省下的資本了。貨櫃的年代來臨前，有一個廣為人知的紐約碼頭笑話：在碼頭工作的工資是「一天二十元，外加你能帶回家的所有蘇格蘭威士忌」。[77]貨櫃運輸把威士忌加上蓋子，減少貨物在途中的保險成本。

貨櫃問世後，美國碼頭吹的風變了。對碼頭工人而言，那可是掀起滔天巨浪的風。《紐約時報》一九五八年指出：「沒人知道這條路將走得多遠，但用箱子或貨櫃移動國內外貨物的趨勢，正在像潮汐一樣上漲。」[78]如同許多改變時代的技術一樣，貨櫃運輸並沒有受到每個人的歡迎。在貨櫃的年代來臨前，港口擠滿了數千名忙著把貨物從船艦搬上搬下的碼頭工。貨櫃運輸出現後，大量的碼頭工被機器取代。所有的搬運工作逐漸交給起重機和推高機。不過，碼頭工沒有坐以待斃。一九五八年，紐約區的國際碼頭工人協會（International Longshoremen's Association）主席明確表示，貨櫃剝奪太多碼頭工人的工作，碼頭工人將不會幫忙處理貨櫃。碼頭工會的談判人也說：「我們不打算在這波浪潮中溺斃。」[79]在一九六〇年代，有關於貨櫃運輸的勞動管理爭議反覆出現。不過，即便是工會本身，也了解貨櫃將對工會成員的工作帶來的重大改變。一九六八年時，國際碼頭工人協會的會長湯瑪士．W．葛里森（Thomas W. Gleason）指出，紐約港提供了四千零七十萬延人工時的工作，比前一年少三百萬延人工時。他預測貨櫃帶來的壓力，將使總延人工時下降至兩千八百萬。八年後，聯邦法院判決，保障還剩的碼頭工人職位的勞動管理合約不再有效，當時碼頭只剩一千九百萬延人工時。[80]

然而，雖然某幾項替代技術顯然已在二十世紀普及開來，大部分的技術進步仍屬於賦能技術。無馬時代並未帶來失業年代的原因，在於人類勞工和馬匹不一樣，人類有辦法習得新技術，得以從事機器領域之外的工作。汽車、卡車、牽引機減少了馬匹作為農業主要動力的比較優勢，也降低了馬匹載送貨物與乘客的比較優勢，最後的結果是馬匹數量逐漸下降，但勞動人口並未減少，例如街道電車雇用的員工，他們的工作「面臨私家車與公車帶來的競爭」。[81]然而，機動車輛雇用的操作、服務與維修人員大幅增加：卡車司機的工作，現在是美國許多州最大宗的職業（請見圖二十）。此外，生產機動車輛創造出大量就業機會。我們將在第8章看到，工業擴張後，農場的勞工需求下降，反而帶給農場工人其他理想的工作選項。舉例來說，汽車產業很快就超越鐵路，成為美國勞工最大的雇主。汽車工業原本無足輕重，甚至在一九〇〇年的統計數據上，都沒有被單獨列出來，然而汽車業卻在一九四〇年成為最大的製造業。汽車工業崛起後的頭三十年，汽車就業的成長速度，比整體製造就業的成長快七六五％。[82]若想了解這個數字有多驚人，可以想一想半導體發明後的三十年間，半導體就業的成長速度，只比整體製造就業快了一二一％。[83]亞歷山波勒絲與科恩的研究證實了一般的看法，機動車輛提振就業的程度的確超過了其他所有的技術。[84]此外，機動車輛的就業貢獻遠遠不僅限於汽車產業，它也帶來供應商產業、建築、運輸、旅遊業、汽車服務、道路商業等各領域的新工作。一九八六年，歷史學家大衛．L．劉易斯（David L. Lewis）寫道，一九五〇年代與一九六〇年代的汽車工業輝煌年代自然不會重來，但汽車工業依舊「直接雇用大約一百二十萬人。汽車經銷商、加油站及其他相關行業的雇員數量，更是好幾倍。合併計算後，汽車產業提供工作給六分之一的美國人。」[85]

# 第7章 機器問題重現

一九三〇年，美國勞工聯合會（American Federation of Labor）的主席威廉・格林（William Green）投書給《紐約時報》。他描述的情景很眼熟：

> 今日，我們的產業領袖沾沾自喜說，有了機器後，生產力上升了……他們把一切講得光輝燦爛，什麼技術進步、什麼管理、什麼科學進展，但他們有考慮到被錄音取代的音樂家嗎？最新的有聲電影不再需要演員的演技；摩斯電碼操作員被電傳打字機（teletype，注：傳真機普及前的通訊裝置）取代；煉鋼工人被新製程取代；木工看著今日靠模組蓋房子；還有被電傳排字機（teletypesetter）取代的印刷工人呢？成千上萬的勞工失去了工作。他們耗費一生心血取得的技藝，未來將沒有就業機會。[1]

讀格林的文章時，很難不想起恩格斯說工業家的「致富之道是剝削廣大受薪民眾」。[2]然而，兩者不能過度相提並論。二十世紀的確時不時籠罩在對機器焦慮的氛圍裡，然而即便部分勞工難以適應機械化，恩格斯停頓並沒有出現。第8章將介紹隨著技術出現進展，工資和生產力同時上揚，勞動條件改善，美國變得更平等。就連工會領袖都不提倡放慢變革速度，我們可以就此看出一些端倪。二十世紀的美國與典型工業革命年代的英國不同，對技術進步並未全面抵制，原因如同格林在文章下半部所提到的：機械化改善了大部分勞動人口的物質生活。工業革命讓我們看到，長期而言，技術進步將讓整個社會都受益，但機械化將使部分民眾承受痛苦的轉型期。格林也指出技能因機械化而過時的勞動力成員碰上的不良影響。社會得到好處時，有的勞工因此受罪。為了協助這群勞工適應改變，格林主張發放遣散費；縮短每週工時，讓更多人享有閒暇時間；他呼籲打造聯邦就業單位體系，以更有效率的方式媒合工作；提供職業訓練，讓勞工學習新技能；並透過提高工資刺激需求，讓各行各業欣欣向榮。

格林絕不是唯一關切機器問題的人士。一九三〇年代早期，廣播的訪談節目、電影與學術會議，就已經在討論機器搶走人民飯碗的問題。眾議院的勞動委員會（Committee on Labor）甚至就這個主題舉辦過好幾次聽證會。[3]探討機械再度引發眾怒的原因時，無法不提到經濟大恐慌。不過，雖然經濟大恐慌惡化與延長了技術性失業，經濟大恐慌並不是成因。經濟史學家葛瑞戈里・沃羅爾（Gregory Woirol）提到：「展開技術性失業辯論的第一人，這個頭銜要頒給勞工部長詹姆斯・J・戴維斯（James J. Davis）。」[4]戴維斯在一九二七年的演講中，也就是爆發經濟大恐慌兩年後，率先提到勞工碰上的技術挑戰：

> 長久以來，世人認為製作玻璃不可能靠機器取代人類技術。如今，幾乎所有的玻璃器皿都能以機器製成，有的機器極有效率。有一種瓶子，自動化機器的製造速度是熟手職人的四十一倍，機器製造不需要動用有技術的玻璃吹製工。換句話說，現在一個人就能做以前四十一個人做的事……眾多產業循著這種模式產生革命性的變化，玻璃業只是其中一例。我剛開始工作

時是冶鐵攪拌工，在高爐前汗如雨下。鋼鐵業也一樣，世人長久以來認為，不可能用機器取代人力；然而我在上星期，親眼目睹新型的機械化薄版滾製流程，產能是舊方法的六倍。[5]

然而，就跟格林一樣，戴維斯也不是盧德主義者。他接著指出，技術進步的腳步萬萬不能停下：

如果你從長期的觀點來看，前方沒什麼好擔心的。縫紉機問世時，我們曾一度擔心裁縫會餓肚子；但要不是縫紉機的出現，成千上萬的裁縫今日的收入不會超越從前。所以，我擔心玻璃製工的程度，不會超過以前擔心裁縫師的程度。到了最後，每一種讓人類不再那麼辛苦、可以增加生產力的發明，對人類而言都是一種恩賜。唯一需要擔心的是適應期，當機器讓勞工從舊工作轉換到新工作，我們必須想辦法協助他們，把傷害降到最低……請不要誤解我的意思，我認為絕不能限制進步。我們不能以任何方式限制致富的新途徑。勞工不能怠工，也不能減少產出。資本不能在建立起龐大工業組織後關閉工廠，那是死路一條。我們必須永遠不斷前進，一旦過時，就該勇於廢除舊方法與舊機器。[6]

儘管製造就業開始萎縮，嚴肅的評論者幾乎不曾主張慢下機械化的腳步。一九二七年五月公布的兩項新生產力數據來源顯示，製造就業在一九一九年至一九二五年間下滑，引發了技術性失業的爭論。美國經濟協會（American Economic Association）一九二七年十二月舉行的會議上，新出爐的數據自然成為熱烈爭論的焦點。如同經濟學家約翰・D・布萊克（John D. Black）所言：「在這個短短的期間，農業、製造業、礦業、鐵路運輸的勞工人數實際上萎縮了七%，令人難以置信。」[7]多數的分析人士還以為，農業大量出走的勞動力，大多由製造業吸收了。

儘管如此，一系列的研究讓人愈來愈難駁斥部分勞工適應不良。一九二八年，也就是經濟大恐慌的前夕，參議院的教育勞動委員會（Senate Committee on Education and Labor）委託布魯金斯學會（Brookings Institution）研究「美國工業吸收了多少流離失所的勞工」。[8]該研究追蹤各產業因機械化而失去工作的七百五十四名勞工。雖然一一．五%的人在一個月內找到新工作，而且僅五．〇%的人一年後依舊還在找，絕大多數的人失業超過三個月，不過最後轉職成功。其他研究也提出類似的結論，指出過渡成本可能很高。經濟學家羅伯特．邁爾斯（Robert Myers）研究了一九二一年至一九二五年間芝加哥服裝工業三百七十名失業的剪裁師，失業期平均為五．六個月，但一年後依舊有一二．九%的前剪裁師沒工作。[9]此外，勞工的適應能力與年齡有很大的關聯。被取代的剪裁師中，四十五歲以上者，整整九〇%未能找到工作，或被迫接受更低薪的工作。相較之下，年輕的成人大多討到了薪水更佳的飯碗。兩份研究都發現，被取代的勞工中，大約一半找到的新工作工資和前一份一樣。[10]如同工業革命中的英國，美國年紀較大的人特別難適應新技術。許多找到新工作的勞工經濟上更窘迫，至少短期如此。

勞工手中握有的如果是高度專精的技術，自然面臨了最嚴重的適應問題。舉例來說，娛樂產業的子部門電影業經歷飛快的技術變革，許多樂手難以適應。放映電影的戲院自從採用製聲機（sound-producing machine）後，再也不必聘請現場表演的樂手，受雇的樂手人數因此下降。在華盛頓特區，樂手工會與電影院老闆達成減少六〇%雇用的協議。成長中的地方電台樂手需求，抵銷了部分電影院下降的樂手雇用人數，但只有少數樂手得以轉至電台廣播現場表演。如同其他針對被取代勞工的調查，某項研究追蹤了華盛頓電影院一百名被取代的樂手，發現被取代的樂手日後收入大多下滑。往好處想，戲院樂手減少，但電影的機器操作人員增加。電影從無聲走向有聲，「改善了電影機械操作人員的處境，有執照的操作員取代了常見的男孩助手，放映師的平均收入增加。」五間龍頭戲院的代表指出，操作人員增加的人數，超過了因有聲電影而失去工作的樂手人數（約一萬人）。然而，即便新型工作增加，對於無法把技能應用在其他工作上的樂手而言，沒有多大的幫助。[11]

的確，光就勞工被取代的調查無法看出整體的樣貌。雖然當時的「產業技術的再度就業機會與近日改變全國研究計劃」（The National Research Project on Reemployment Opportunities and Recent Changes in Industrial Techniques）調查了技術在失業中扮演的角色，可惜未能提供太多確鑿的證據。該研究的主持人大衛・溫特勞布（David Weintraub）在一九三二年的文章中，針對技術變革對一九二〇年代的就業產生的影響，提出了樂觀的結論。然而，溫特勞布日後的分析卻提出相反的說法：他發現機械化是失業的關鍵要素。[12]今日的經濟學家依舊難以單獨估算出技術對失業造成多少影響，也難怪一九三〇年代的研究同樣面臨類似的挑戰。利奧・沃爾曼（Leo Wolman）在經濟大蕭條期間曾在國家復興署（National Recovery Administration）任職，他指出，有數個實證問題限制了技術性失業研究的進展，其中許多問題似乎難以克服。[13]

儘管有統計方面的困難，當代經濟學家還是得出了新共識：技術性失業的確存在，雖然只是暫時性的。保羅・H・道格拉斯（Paul H. Douglas）、阿爾文・韓森（Alvin Hansen）、雷克斯福德・特格韋爾（Rexford G. Tugwell）等人全都主張勞動市場的僵固性（labor market rigidity）阻礙了勞工被新工作吸納的過程：移居不同地點的支出、重新接受訓練的人為阻力、失去工作帶來的心理壓力等等，全都讓適應新時代變得昂貴又困難。道格拉斯主張，如果要讓適應新技術變得更容易，他不建議買房與過度專精的教育。道格拉斯支持某種形式的失業保險與聯邦就業機構，主張要是少了此類的政策，「勞工幾乎不免抗拒與反對提升產業效率的多數努力」。[14]

經濟學家究竟在多少程度上形塑了公共論述，實在很難說。很少有經濟學家認為減緩進步速度的政策是好事，就算有，也是寥寥無幾。不過，失業勞工的研究與嚴重的經濟不景氣，並未促成以二十世紀的標準而言非常規的政策。美國在二十世紀的重要例外是小羅斯福總統，他的政府其實在試圖放慢機械化的腳步。國家復興署的兩百八十條規章中，有三十六條限制裝設新機器。[15]國家復興署過於著重勞工替代技術，以致於錯過當時許多賦能技術的進展。亞歷山波勒絲與科恩寫道：

> 在這方面，羅斯福政府之所以關切新技術的勞工替代效應，主要是關注製造創新的結果。如果當時能採取更寬廣的視野，也注意到與汽車和電力進展有關的新產品快速成長，羅斯福政府對於新技術帶來的就業影響，將更為樂觀。甚至「自一九三〇年代中期開始橫掃美國裝置浪潮，事實上起了力挽狂瀾的作用」這個觀點，也慢慢被接受。[16]

一直要到失業問題不再是民眾關注的焦點，相關爭論才平息。一直到了一九四〇年，羅斯福總統還在國情咨文中提醒，美國必須開始「找出新的工作機會，速度必須快過創新帶走工作」。[17]一九四一年珍珠港被襲，美國加入二戰，機器問題退燒。為了打敗軸心國，人人都得貢獻最大產能，美國傾全國之力投入。

然而，機器問題只是暫時消失。電子計算機首度進入工作場所後，在新聞媒體上引發了自動化將對工作機會帶來威脅的恐慌，再加上韓戰過後，經濟不景氣三度爆發，失業情形大增，世人開始把兩件事連在一起。經濟學家梭羅在一九六五年回顧：「每當有飛速的技術變革與高失業率出現，民眾難免在心中把這兩件事連在一起，也難怪在一九三〇年代的經濟大蕭條中，技術性失業曾被拿來討論，如今這個話題又再度活絡了起來。」[18]前文提過，技術性失業的討論其實在經濟大蕭條之前。然而，二十世紀的機器焦慮顯然是週期性的，接著韓戰後的失業情形惡化而來。雖然這次的辯論內容大同小異，我們的用語的確見證了技術的進展：一九五〇年代與一九六〇年代的討論，集中在「自動化」（automation）這個新流行起來的詞彙。[19]如同一九三〇年代的「技術性失業」，「自動化」與自動化引發的不滿，成為戰後年代的重要主題。

一九五五年，美國首度全面研究自動化對就業產生的影響，二十六名勞工領袖、產業領袖與政府領導人在國會小組前作證[20]，結論是「美國經濟的所有要素，全都接受並歡迎進步、變革和生產力上揚」，但「在適應前進的腳步時，許多民眾將在個人與身心層面承受打擊，這點沒人敢忽視或否認。」[21]在聽證會上，沒有人提議限用機器，甚至也沒人爭論自動化令人嚮往之處。國會證人只力促政府進一步關心勞工被取代所引發的社會問題，尤其是對年紀大的勞工較難找到更好的新工作憂心忡忡。工會代表提出為勞工發言的傳統要求，要求靠著提高工資、縮短工時、降低退休年齡等方法，分享國家生產力提振所帶來的好處。然而，勞工部長詹姆士．P．米契爾（James P. Mitchell）的回應則是：「我要重申，我們沒有理由認為這個技術的新階段，將導致重大的重新適應問題。科學與發明將不斷開拓產業擴張的新領域。衰退的舊產業或許會生產力下降，但欣欣向榮的新產業將拓展我們的地平線。」[22]

自動化的辯論不只在美國國內延燒。一九五七年，國際勞工組織（International Labour Organization, ILO）召開了第四十屆年度國際勞工組織大會，人人都在談論自動化這個主題。國際勞工組織的總幹事大衛．A．莫斯（David A. Morse）投書《紐約時報》，如同格林主張一九三〇年代的機械化不是新聞，只不過今日以史上前所未有的速度前進，莫斯也指出：「自動化並非新事物，機器的生產力已經提升人類的生產力好幾個世紀了。也許自動化最新之處，在於催化技術變革。兩者都讓發生社會進步的機率多了好幾倍，隨之而來的社會問題也大增。」[23]一九五〇年代的情形一九三〇年代一樣，由於技術變革的速度增快，世人認為這次不一樣了。莫斯也指出，人類的悲劇將是被自動化取代的勞工未能找到其他工作。然而，整體而言莫斯還是滿樂觀的，他認為「更好的生活、更好的全球社會」有機會出現。[24]

在公共論述中，勞工替代技術減少了勞工的議價能力這點，獲得了大量的關注，然而事情很少和表面上一樣直接了當，例如電梯操作員一九四五年九月二十四日的大罷工，使得曼哈頓一千五百棟左右的辦公大樓只得上演空城計，等著上班的人群擠在大廳、塞在人行道上。有幾名勇者靠著雙腿，爬上紐約最高摩天大樓那無止境的樓梯。員工無法上班帶來相當大的損失，妨礙了商業的運轉。而自動化電梯的到來，似乎是確保這種事不會再度發生的最佳解。

然而，要用自動化電梯取代人工電梯，首先得過大眾這一關。起初許多民眾擔心自動化電梯會害他們掛在幾百公尺的半空，只有纜線撐著，沒有任何操作員替他們的安全負責。這樣的關切在今日聽起來頗耳熟，只要去看是否該採行自動駕駛汽車的討論就知道。然而，如同今日的人類駕駛，電梯操作員並非絕對可靠。受傷事件時有所聞，紐約市的多名電梯操作員捲入死亡意外。第七大道上一位操作員丟掉性命，電梯「突然往上暴衝，把他夾死在電梯門上方」。布朗克斯區（Bronx）一名操作員「卡在電梯和電梯門之間」。[25]有一派的聲音試圖限制引進自動化電梯，電梯產業協會（Elevator Industry Association）因此在一九五二年提出報告，指出自動化電梯整整比人工操作的電梯安全五倍。[26]

今日的卡車與計程車司機是否會消失，依舊有待觀察，但一九五〇年代的人顯然說對了，電梯操作員這個職業，很快就會在民眾的記憶中消失。《紐約時報》在一九五六年預測：「電梯操作員有可能加入馬車夫和電車司機的行列，一起被世人遺忘。」[27]那一年，光是紐約市就有四萬三千四百四十台電梯（大約占全美五分之一使用中的電梯），運送一千七百五十萬名乘客，搭乘距離相加起來，可達地球至月球一半的路程。然而，依據報導來看，紐約市雖然在一九五〇年雇用了三萬五千名電梯操作員，一九六三年只剩一萬個電梯操作工作。帝國大廈（Empire State Building）依舊使用人工操作的電梯，但報導指出，要是投資個兩百萬就能減去營運成本，不必再負擔操作員的薪水、退休金和病假。克萊斯勒大廈（Chrysler Building）的五十二台電梯中，有四十八台已經改採自動操作。三分之二的電梯操作員被調去做門房與雜工，剩下的三分之一到外頭另謀生路。[28]

然而，自動化引發的焦慮主要與電腦有關。新聞工作者亞伯拉罕・拉斯金（Abraham Raskin）在一九六一年寫道：「帶給勞工最大恐懼的新聞，就是電腦……未來能做的工作，將是目前最大型的電腦的七十五倍……當電腦開始造成電腦失業，真的該開始擔憂的時刻就到了。」[29]本書第9章將介紹，如同今日的人工智慧，最早的電腦其實並未對勞動市場產生太大的影響，即便到了一九六〇年代也一樣。事實上，一直要到一九八〇年代，電腦才開始對左右就業。即便如此，電腦最初問世時，大部分的評論大多都在恐懼電腦會讓許多美國人失業。這樣的擔憂驚動了政府的核心成員，有的國會議員擔心，萬一政府雇員被電腦取代，為了表彰政治人物的服務而授與公職的做法將會受到影響。機器更有能力從事統計工作，使得政治人物陷入兩難。記者楚賽（C. P. Trussell）指出：「政治人物既希望增加效率，又擔心瞻徇制（patronage system，注：依據政黨背景任命公職）遭到破壞。」這件事被以最認真的態度處理。一九六〇年，由密西根議員約翰．雷斯金基（John Leskinki）主持的眾議院小組建議，應該讓可能被替代的勞工充分了解情況，重新訓練他們操作新的機器，讓他們擁有能保住工作的技能。在就業的淨減少方面，國會小組也建議凍結人事，把空缺留給被替代的勞工。然而，國會並未建議任何慢下電腦普及速度的政策。[30]

在一九六〇年的總統選舉中，參議員約翰．F．甘迺迪（John F. Kennedy）在底特律的誓師大會上，就自動化的難題進行了一場樂觀向上的演講，和勞工部長戴維斯一九二七年的演講有異曲同工之妙。內容直接了當。甘迺迪指出，自動化革命的來臨是「一場帶著耀眼希望的革命，替勞工帶來新富裕、替美國帶來新繁榮——然而，這場革命也帶來黑暗的威脅，包括產業失調、失業率上升，加深貧窮。」[31]甘迺迪上台後，他的勞工管理政策咨詢委員會（Advisory Committee on Labor Management Policy）的第一份正式報告在一九六二年出爐，指出「失業顯然源自自動化與技術變遷造成勞工被取代」，但接著又說「依據目前可得的資料，不可能單獨算出失業源自此類原因的比例有多少。」[32]然而，此一謹慎的措辭，不足以讓甘迺迪打消相關的疑慮。甘迺迪在一九六二年的新聞發布會被問到：「你認為自動化的問題有多急迫？」甘迺迪回答：

> 事實是我們必須在十年間，每星期創造兩萬五千個新工作，才有辦法照顧被機器取代的

勞工，以及進入勞動市場的民眾，這對我們的經濟與社會來說是一大重擔……然而，如果我們的經濟如我們所希望的那樣前進，我們就能吸納眾多需要工作的男男女女。不過我認為，在自動化自然會取代人類的時期還得維持充分就業，的確是一九六〇年代的重大國內挑戰。[33]

甘迺迪隔年遇刺的悲劇，並未終結自動化的辯論。詹森總統（Lyndon Johnson）甫上任便成立「科技、自動化暨經濟進步國家委員會」（National Commission on Technology, Automation, and Economic Progress）。詹森和甘迺迪一樣，並未反對自動化，他在簽署成立國家委員會的法案時提到：「科技同時帶給我們新機會與新責任……」詹森所說的機會是速度更快的生產力成長，責任則是確保沒有勞工與家庭「為進步付出不公平的代價。」詹森主張：「只要我們向前看，我們了解未來將發生的事，妥善規劃未來，明智地設好路線，那麼自動化將會是協助我們繁榮的助手。」[34]一九六六年公布的委員會報告中，大量章節調查了「技術變革是失業主因的看法」，以及擔心技術最終將「除了少數例外，全部的工作都會消失。我們今日所說的工作，很大的一部分將由機器自動處理。」[35]然而，詹森的委員會與甘迺迪的勞工管理政策咨詢委員會不同，他們提出的結論指出，一九五四年至一九六五年間的持續性失業不是自動化帶來的，而且他們還替這個結論提供了分析證據。委員會主張：「失業率在韓戰後持續於高點徘徊，原因不是技術加速進步。實際原因是生產力提高、勞動力成長與未能適當因應總體需求這幾點，彼此交互作用。」[36]然而，委員會即便提出了這個結論，他們還是認為，自動化具備足夠的破壞力，並建議政府拓展免費教育、推出最低收入保證，萬不得已時，政府可以成為雇主。

一九二〇年代與一九三〇年代的技術性失業辯論，在其他年代也有許多類似的例子。一九六〇年代的「科技、自動化暨經濟進步國家委員會」和一九三〇年代的「全國研究計劃」一樣，目的都是研究技術在失業中扮演的角色。雖然委員會的發現有更具體的結論，兩個年代的計劃都未能平息爭議，而且如同二戰在一九四〇年讓世人再也無暇顧及技術性失業，一九六五年的另一場戰爭，實際上也中斷了自動化的辯論。經濟史學家沃羅爾寫道：「在一九六〇年代中期，自動化依舊是重要的熱門議題，一直要到失業率在越戰期間降至四％以下，自動化才開始從熱門刊物每日討論的主題淡出。」[37]

然而，多數的評論與學術研究缺了一塊：了解勞工對於技術進步的感受。前文提過，在工業革命的典型年代，英國工人一遍又一遍發聲，他們向國會請願，請國會制止勞力替代技術普及，用小說與詩歌表達內心的不滿。此外，他們還發起暴動，阻止機械擴散。雖然格林等工會領袖的看法顯示，二十世紀的勞工對阻撓技術進步沒什麼興趣，鮮有直接證據能指出，出現技術性失業的辯論時，勞工本身對於機械化抱持的態度。有一個珍貴的資料來源是經濟大蕭條期間，民眾寫給羅斯福政府的信件，畢竟一般民眾在信上建議的政策，讓人得以一窺美國民間關切的事。經濟史學家沃羅爾取了八百封信為樣本，近日將一小部分的民眾建言進行分類。[38]最常見的提議是增加消費者購買力的計劃，方法包括執行最低工資、管制價格、提供政府貸款、退休金或失業保險計劃，以及創造直接就業。民眾提出的其他計劃則支持擴張各式的工程計劃，帶來公共就業。不過，也有民眾支持阻擋工作替代力量的政策：五％的信件主張限制使用省力機器。

沃羅爾所取的樣本或許無法代表整體的美國民意，但的確顯示出即便在情況最險惡的年代，很少人認為限制機器是個好點子。不過，相關的證據實在有限，工作直接受技術進步影響的勞工有什麼看法，我們無從得知。不過，在一九五〇年代與一九六〇年代，社會學家費了很大的功夫，研究勞工對機械化的態度，他們最終的發現與本書的基本主張不謀而合——勞工的態度主要取決於他們適應技術的情況。舉例來說，威廉．方斯（William Faunce）、埃納．哈定（Einar Hardin）、尤金．雅各森（Eugene Jacobson）研究公用事業採用ＩＢＭ七〇五電腦，發現「對許多人而言，這是一段成長期；其他人則感到這是個失敗與幻滅的時期。這個轉變帶給邊緣的員工與主管重大的考驗，但同時也讓經驗豐富的能幹人員有機會發展職涯、展現自己的工作潛能。技術脫節以及負責的職務內容與工作消失，對部分員工來說是很嚴重的問題。」[39]

工廠也有類似的研究。佛洛伊德．曼（Floyd Mann）與羅倫斯．威廉斯（Lawrence Williams）針對兩座發電站的員工進行研究，發現在較為自動化的工廠中，操作員平均而言更喜歡目前的工作。[40]他們做辛苦雜務的時間變少了，感到身上背負了更多的重責大任，與其他員工的接觸變多。當然，這幾乎沒有說出他們如何看待機械化帶來的轉變。身為社會學家的方斯為了得出答案，一九五八年他著手研究被調到自動化汽車引擎廠工作的人士。[41]方斯發現，員工喜歡自動化工廠的程度遠超過原本的工廠，主要原因是需要處理重物的時間減少，工作變得較不費力。不過，民眾對於機械化所抱持的態度不一定從一開始就是正面的。查爾斯．沃克（Charles Walker）研究了某間自動化煉鋼廠，發現勞工在適應的過程中，工作滿意度出現非常大的轉變：「一樣的工作性質，一樣全是自動或半自動化的工廠操作。勞工一開始對那些工作性質產生恐懼或憎恨的理由，後來卻成為滿意工作的原因。」[42]一旦新事物變成熟悉的事物，態度便會產生變化。

因此，沃克及論文共同作者回顧文獻後，一針見血地指出：

> 田野調查顯示，辦公室自動化對工作滿意度造成的影響，差異極大，取決於……員工是

否在電子數據處理部門工作，工作任務是否增加，或是在其他因為受影響而工作消失的部門任職；此外，也得看電腦是大型還是中型，以及其他數種不同的情形。辦公室的員工認為，辦公室自動化的整體影響是工作減少了，認為方法改變將帶來陣痛期，不過他們通常也歡迎改變，很少抗拒機械化本身。員工對於改變的看法，似乎得看個人是否有能力有效面對改變，以及組織試圖改變的是哪些技能。工廠自動化的研究顯示，相較於較不先進的工廠，勞工更樂於待在自動化工廠，即便自動化工廠是重大不滿的源頭。在適應自動化的過程中，滿意與不滿意的根源各有不同。[43]

的確，前述研究都並未調查被取代的勞工的心聲。工作被機器搶走的人顯然會對自動化比較沒好感。即便並未被取代，勞工對於技術變革的態度，的確要看他們目前的職責受到怎麼樣的影響。員工的部分工作要是被交給機器，失去職務很可能會引發丟掉工作的恐懼。相較之下，如果機器帶來了新任務與新責任，勞工即便偶爾會擔心訓練不足，往往會更有使命感。勞工對於技術變革的觀感，往往得視情況而定。勞工的態度主要取決於技術究竟是增加還是取代了他們的技能。後文會再提到，大部分的時候，技術變革輔助了勞工的技能。機械化除了讓員工在執行目前的職責時，手中的技術變得更加寶貴，機械化也創造出許多嶄新的任務，使得勞工的議價能力增加，勞工因此享有更高的工資。這也解釋了為什麼在二十世紀盧德主義者屈指可數。

# 第8章　中產階級的勝利

加快的變革腳步，是如何影響大多數美國勞動者的呢？與英國在典型的工業革命年代發生反抗機器的暴動事件相比，二十世紀的美國雖然快速機械化，卻不曾經歷規模足以相提並論的動盪。不過，十九世紀的確發生過勞工反對機器的事件。一八七九年，也就是愛迪生發明燈泡的那一年，《紐約時報》報導民眾葛羅夫（Elias Grove）的小麥脫粒機被燒燬。十天後，他收到一封警告信：「葛羅夫先生：你其他的機器也要停用，否則下次丟掉的就是你的命。我們的目標是終止蒸汽脫粒。我們在冬天和夏天找不到足夠的工作。」[1]那篇報導指出，好幾位農夫收到類似的威脅信。然而，美國勞工因為擔心失去工作而摧毀機器的事件，很難找到近期的例子。歷史學家丹尼爾·尼爾森（Daniel Nelson）寫道：

> 農業機械化不是一個無痛的過程。早在一八三〇年代，脫粒機的到來引發抗議，偶爾還會發生暴力衝突，鬧事者是冬天靠打穀賺取收入的民眾。一八七〇年代中期發生了更為嚴重的抵制，省力的綁繩機問世時間，恰巧碰上經濟不景氣，而綁繩機可大幅減少收割需要的工人數。一八七八年的夏天，平日平靜的美國中西部發生了罷工與恐怖行動。俄亥俄州依舊是重要的小麥產區，也是發生力事件的核心地點……隨著經濟在一八七九年好轉，城市勞工到鄉間找

工作的人數減少，危機消失。在那之後，針對機械化的反抗就不多，或者不明顯。[2]

這段話的意思，並不是在說美國的勞工史一般而言很平和。著名的勞工歷史學家菲利浦・塔夫特（Philip Taft）與勞資關係教授菲利浦・羅斯（Philip Ross）主張：「在全球所有的工業國中，美國的勞工史最為血腥暴力。」[3]然而，二十世紀美國的勞工暴力鮮少瞄準機器。塔夫特與羅斯詳細回顧了罷工與勞工暴力事件的起因，其中沒有任何一起與引進省力技術有關，這值得深思。其他研究檢視一九〇〇年至一九七〇年的罷工決定因素時，甚至不把機械化當成勞工決定罷工的潛在原因。[4]機器暴動沒有發生的原因，有可能在於二十世紀的美國白人有其他表達不滿的管道；他們不需要投擲棍棒丟石頭，只要在投票箱前現身就可以了。然而，儘管勞工有權投票，他們仍然通常靠暴力來發洩對於工資和工作條件的不滿；那麼為什麼他們沒用暴力抵制機械化？最有說服力的解釋也最簡單：一般而言，穩定出現的新技術大大造福了勞工。

此外，工會的興起也的確提供了解決紛爭的機制，而十九世紀初期的英國勞工卻沒有這樣的管道：一八二五年英國讓工會合法，但僅比率很小的勞工加入，而且成員一直要到一八七〇年代，才取得合法罷工的權利。[5]此外，從二十世紀的工會對機械化採取的做法，可以看得出機械化對工會成員帶來的好處。工會領袖充分意識到，每星期結束時，勞工從信封中拿到的工資金額中有多少機械力當他們的後盾。工廠電氣化讓勞工得以有更多產出，工資也跟著水漲船高。勞工與工會並未把矛頭指向機器，而是把目標放在分享進步的果實。從工會的觀點來看，機械化可以達成工會成員要求的許多福利，包括更高的工資、更短的工時、提早退休等等。華特・魯瑟（Walter Reuther）一生大部分的時間都在領導美國汽車勞工工會，他顯然並不反對機械化，他的態度僅是民眾的購買力必須能跟著美國工業產能一起成長。此外，魯瑟大力擁護保證年收入，他曾在訪談中提到希望「將來有一天，勞工將不用再花那麼長的時間工作，可以把更多時間用在寫協奏曲、畫畫或從事科學研究上。」魯瑟還信心十足地預測：「技術進展將讓那個願景成真……未來，汽車工人說不定只要在工廠工作十小時，文化將成為他們的主要生活。賺錢的工作只是某種嗜好。」[6]魯瑟相信，技術將讓美國勞工的後院變成伊甸園。

然而大部分的工會幹部並不像魯瑟那樣抱持著烏托邦的願景，他們只求進步對工會成員有利，機械化同樣符合他們的利益。美國勞工統計局（Bureau of Labor Statistics, BLS）一系列不同的個案研究同樣指向了這個結論，證明工會通常會在機械化的過程中扮演活躍的角色。某間麵包坊靠著集體協商，處理引進半自動生產技術的爭議；管理階層與工會幹部得以解決員工被機器淘汰、降級與工資問題：「地方的工會長傳達勞工的共識，改革帶來的整體結果對勞工而言有利……地方的工會長認為，過去幾年經由提升工資與員工福利，勞工分得了工廠生產力提高的果實。」[7]自動化程度提升帶來改變時，合理的做法便是把工作內容減少的員工調去做工作內容增加的職務。這樣的轉換有時會帶來技能水準降級，有時則會升級。資方通知工會代表公司的計劃時，包括預估中的替代，公司會保證萬一員工被降級至工資較低的職位，薪水將保持不變、按照目前的金額發放。這樣的做法是為了減少員工對自動化感到的焦慮，日後正式列於工會合約。美國勞工統計局的資料顯示，每當工會介入處理，工會採取的作法是確保工會成員能收割機械化的果實，而不是妨礙機械化。[8]整體而言，即便部分勞工在過程中吃了點虧，技術帶給勞工的好處還是非常大。此外，企業通常會賠償因機器而丟工作的勞工，以求順利推動轉換。二十世紀的勞動關注點與十九世紀大不相同，二十世紀的重點在於讓轉換更加順暢，而不是妨礙技術進步。工會除了代表著工會成員的利益，也在這方面扮演著主要推手的角色。一九八四年，美國國會科技評估辦事處（Congressional Office of Technology Assessment）回顧過往，指出「勞資關係在引進新技術上，扮演著重要的角色。美國工會利用集體議價、動員與政治策略，試圖減少新技術對勞動力產生的不良社會影響。工會的主要努力目標是減少陣痛期帶來的傷害，而不是從中阻撓改變。」[9]

勞工亦有讚美進步的好理由。技術變革的風掃過工作地點時，工作變得更舒適，危險性降低，工資提高。機械化讓世人得以離開血汗的工作，換成工資更好、也比較不耗體力的工作。勞工從農業流向藍領與白領，替中產階級的崛起打下了基礎。中產階級人數成長，欣欣向榮。一九八〇年代之前的美國經驗，因此和典型工業革命年代的英國成為鮮明的對比。在工業革命中，被取代的英國人付出了高昂的代價，勞工沒有太多選擇，只能改做低薪的工作。工廠取代家庭生產制度時，很少有工人能取得昂貴的人力資本，轉行擔任管理者、會計師、辦事員、機械工程師等等職位，只能搶連童工都能做的低技術生產工作。然而，如果勞工有辦法改做危險性降低、更舒服、工資更高的工作，痛苦很快就會消失。二十世紀，美國的辦公室與工廠到處都是第二次工業革命帶來的大量半技術工作，提供擔心失業的民眾最佳保障。不過確實還是有部分美國人未能過上更寬裕的生活；前文提過，年紀大、技能高度專精、住在偏遠地區的勞工通常很難適應，只好被迫轉至低薪的低技能工作，生活水準至少會暫時下降。然而，雖然機械化讓部分勞工短期間的處境更慘，但那份預計自己將會在中期獲益的期望，似乎讓大部分的老百姓更願意接受機械化。

## 工作不再辛苦

機械化最大的貢獻，或許在於工作環境變得更安全，勞工也更不耗體力。[10]想一想，今日大部分的美國人在有空調的辦公室工作，與一世紀前大多數人的工作環境相比，有著天壤之別。一八七〇年時，近一半的美國勞工依舊從事農業。農業這一行不但是體力活，經濟風險也相當大。由於多數人看老天爺臉色吃飯，他們得與暴雨、乾旱、森林火災、蟲害等各種自然災害競爭。農夫面對許多不可抗力因素，辛苦半天卻落得一無所有。舉例來說，一九三〇年代的沙塵暴吹散了大量的農田表土；一九三五年的「黑色星期天」（Black Sunday）嚴重到「讓東岸伸手不見五指」；[11]一九四〇年代時，北美大平原的農田損失了七五%以上的表土，農夫因此大約損失了每英畝田地價值的三〇%。[12]此外，在戶外工作除了讓事情變得不可預測，隨時有可能受傷，更是加劇了維持穩定收入的不確定性。一天中勞動時間長，畜力又是唯一的助手，肌肉隨時處於緊繃狀態。每天的工作生活都伴隨著危險與粗活。

礦工的情況也沒好到哪裡去。礦工有可能連續好幾天都在地底下工作，不見天日。電氣化之前，只有煤油燈能帶給礦工光線。此外，礦工不斷暴露於坍方的可能性中，永遠可能發生爆炸，肺病通常是逃不了的職業病。在十九世紀末，坑頂坍方、淹水、爆炸等意外，幾乎天天都造成煤礦工人死亡。[13]此外，雖然工廠引進機器意味著極度耗力的工作被取代，機器很少讓工作地點變得更安全。與機器有關的工業事故統計資料相當不齊全，不過這樣的意外顯然時常發生，連《紐約時報》都報到詞窮，報導中的形容詞換湯不換藥：在一八七〇年代至一八八〇年代間，報導工業意外帶來的死亡時，「因機械事故死亡」、「死於機器事故」、「被機器壓到面目全非」、「被機器重傷」、「被機器碾壓」、「被機器剝頭皮」等詞組不斷在許多新聞標題中重複出現。多起傷亡案件中，紐澤西州蘭伯特維爾（Lambertville）的某大型造紙廠老闆，因為衣服被捲進輪軸，「猛然摔在地上，身首分離」。[14]紐澤西紐華克（Newark）某名工程師不小心卡進機械軸，「被碾到血肉模糊」。除了機器意外，爆炸與火災也時有所聞。一九一一年，紐約市發生了「三角女性襯衫工廠大火事件」（Triangle Shirtwaist Factory），新聞媒體封為「自斯洛昆號失火事件（Slocum，注：一九〇四年的客輪失火事件，造成船上一千多人死亡）以來最嚴重的事件」，共有一百四十八名工人被活活燒死，其中絕大多數是年輕女性。[15]大火在工廠裡肆虐時，許多人跳出窗外求生，結果被壓死或重傷。逃過死劫但嚴重傷殘的女工，僅區指可數的人有領到足以養活自己與家人的補償金。

對勞工來說，電氣化整體而言是好事，電力讓工廠更明亮、舒適、安全，但也帶來觸電休克與死亡等世人先前不清楚的危險。主要受害者往往是首度見識到電力威力的移民：「一名新來乍到的克羅埃西亞十七歲少年，戴著溼手套玩開關，看著火花四濺，不幸身亡。」[16]不過整體而言，電力與安全攜手並進。皮帶、齒輪與機械軸是工廠發生意外的主因，隨時可能奪走勞工的手指、手臂與性命；而工廠改採單元驅動後，廠內雜亂的皮帶和輪軸消失，相關意外也隨之減少。電動機器也較少揚起灰塵，空氣更乾淨，工作環境更健康。電燈取代了煤氣燈，進一步減少工廠溼度，改善供氧，酸霧成為過去式。此外，自動化機器增加後，工作最終變輕鬆，也難怪勞工整體而言歡迎工廠的電氣化（請見第6章）。在一九二六年至一九五六年期間，美國首度蒐集全面性的傷害頻率統計資料，製造業的平均失能受傷減半，礦業也一樣。[17]一九五五年，福特胭脂河工廠的工廠員工這麼讚嘆：「自動化拯救了我……如果我得跟從前一樣，把那些沉重零件拖至定點，我不可能工作到六十五歲。如今我應該有辦法工作到八十歲。」[18]這位員工唯一的抱怨，就是自從有了機器輔助，他胖了大約十五公斤。

工作逐漸不再那麼耗體力後，一九五〇年代與一九六〇年代的工業衛生師推測，許多源自扛運、搬動與卸貨的傷害將成為往事。織造業在織布機上加了安全裝置，萬一發生任何意外，機器將自動關閉。此外，報導指出裝設自動化機器後，福特工廠的疝氣率減少八五%。[19]美國勞工統計局指出，自動化讓人類再也不必「配合機器的節奏。那種節奏不自然，引發緊張，可能發生意外。」[20]

機器讓人類不必再做最危險、骯髒、辛苦的工作。千年來，農業一直是人類最主要的活動；如今不到一個世紀，技術就讓大部分的美國勞動力從農場走向工廠與辦公室。表一顯示美國的勞動力出現了職業大轉變：一八七〇年至二〇一五年間，農業所占的勞動人口自四五．九%下降至一．〇%。雖然農業比率在一九〇〇年就開始下降，但下降原因在於藍領與白領工作的增加速度相對快。以總就業來看，農業部門在一九一〇年達到巔峰，之後的每個十年都持續下降。後文會提到勞工離開農場的主要原因，在於都市提供了工資更誘人的工作機會，進而帶來農業機械化的誘因。牽引機在二戰過後開始緩慢普及，但直到一九三〇年代的尾聲才開始大幅成長；到了一九六〇年，八〇%的美國農田有牽引機，一九三〇年僅為一六．八%。

光是牽引機一項技術，就大幅減輕了農事負擔。美國農業部（Department for Agriculture）估算，一九六〇年，牽引機省下三十四億的農田工作與照顧役用動物的工時，等同一百七十四萬名農場工作者。[21]在此同時，農業部門自抵達高峰後，淨減少五百七十萬份農場工作。雖然無法取得汽車與卡車一九六〇年的省力估算，兩者在一九四四年減少十五億小時的托運與運送工時，外加十一億照顧馬匹與騾子的工時。[22]同一時間，鄉村電氣化讓勞工再也不必做繁瑣工作，例如手動擠奶。

### 表一：一八七〇年至二〇一五年間美國勞動力組成變化

| | | 1870 | 1900 | 1940 | 1980 | 2015 |
|---|---|---|---|---|---|---|
| 農夫與農場工 | | 45.9% | 33.7% | 17.3% | 2.2% | 1.0% |
| 藍領工作者 | 總數 | 33.5 | 38.0 | 38.7 | 31.1 | 21.5 |
| | 技工 | 11.4 | 11.4 | 11.5 | 12.0 | 8.4 |
| | 操作員 | 12.7 | 13.9 | 18.0 | 14.7 | 8.9 |
| | 體力勞動者 | 9.4 | 12.7 | 9.2 | 4.3 | 4.3 |
| 白領工作者 | 總數 | 12.6 | 18.3 | 28.1 | 38.9 | 37.3 |
| | 事務員 | 1.1 | 3.8 | 10.4 | 19.2 | 15.5 |
| | 銷售員 | 2.3 | 3.6 | 6.2 | 6.7 | 6.2 |
| | 家事服務人員 | 7.8 | 7.6 | 4.4 | 0.6 | 0.0 |
| | 其他服務人員 | 1.4 | 3.2 | 7.1 | 12.3 | 15.6 |
| 管理與專業人士 | 總數 | 8.0 | 10.0 | 15.1 | 27.8 | 40.1 |
| | 管理者與業主 | 5.0 | 5.9 | 7.9 | 10.4 | 14.7 |
| | 專業人士 | 3.0 | 4.1 | 7.1 | 17.5 | 25.4 |

資料來源：一八七〇年至一九八〇年的數據，取自：Historical Statistics of the United States (HSUS), Table Ba1033-1046；二〇一五年取自：Ruggles et al. (2018)。亦請參見：Gordon (2016), Table 8-1。

注：由於數值經過簡化，各項數值加總後，可能不等於總數。

此外，電力泵浦也讓灌溉變得更不費力。電氣化和機動車輛一樣，幾乎讓某些領域再也不需要勞工：「到了一九二〇年代中期，地方上的坎貝爾冰淇淋與牛奶公司（Campbell Ice Cream and Milk Company）裝設靠管線連接的電動處理設備，牛奶永遠不必直接用人力處理，也不會暴露於空氣中，可以自一個工作站抽至下一個工作站，靠機器分離奶水與奶油，加熱生乳殺菌，均值化後再冷卻至接近結凍的程度，接著裝瓶。」[23]

同一時間，礦業裝填煤炭的工作也機械化。一九二〇年代，煤必須藉由辛苦的人工裝上電動車，在當時可謂「今日的工業最隨處可見的苦差事」。[24]僅過了十年，煤礦坑的機械化裝載量增加了二十倍。此外，機械化的裝載機也進入金屬礦場。報導指出，一九三〇年代早期，密西根的銅礦採用「機械化的裝載機與耙礦機，大幅取代鏟裝。」[25]礦坑與工廠的辛苦體力活逐漸由電動機器代勞，田地上的苦役也由馬達動力接手，勞工則舒舒服服地坐在有空調的辦公室裡：如同表一所示，一九四〇年後自農業轉行的人，主要改在辦公室工作。[26]辦公室機器普及是主要的助力，而不是阻力。大量的打字機、加法機（adding machine）與計算機不但省下了大量的時間，要是沒有這類機器，許多工作將變得太費力，大規模執行不划算。要是機器沒有被發明出來，許多由辦公室機器所做的工作人類大概也不會想做。經濟學家傑羅姆寫道：「如果信全都靠手寫，運算全都靠昂貴又耗神的人力，被視為有必要又符合經濟利益的通訊量與運算量，將大幅萎縮。」[27]

換句話說，機器讓勞工不必去做那些最危險、最耗體力的工作；而是在電氣化的工廠與有空調的辦公室中創造出更舒服的新工作。經濟學家戈登計算，勞動力從事體力活與危險工作的比率，自一八七〇年的六三．一％下降至一九七〇年的九．〇％。[28]當然，這樣的估算不免低估惱人工作消失的程度，因為許多令人不舒服的工作情況有所改善。戈登指出：「只要做一下比較就知道了。一八七〇年在馬匹或騾子後方推犁的農夫暴露於熱氣、雨水、蟲子中。二〇〇九年的農夫則坐在巨型強鹿牌（John Deere）牽引機有空調的駕駛座，靠GPS在農地上定位。農人一邊讀著農場報告，一邊靠電腦精算出播種的最佳距離。在固定的螢幕或可攜式平板上了解農作物價格。」[29]

## 更多的工作機會，更高的薪水

技術不僅減少了工作的危險性與費力程度，也帶來工資更高的工作。一八七〇年至一九八〇年間，時薪的趨勢跟著勞工生產力走（請見圖九）。當然，技術以外的因素也影響著薪資。雖然本書談的是生活水準的長期趨勢，不談短期波動，幾個重要變量仍需要進一步討論。福利資本主義（welfare capitalism，注：納入社會福利政策的資本主義）在一九一〇年代與一九二〇年代興起，被視為實質工資在二十世紀初急速成長的部分原因。企業急著留下雇員，勞工的工資因此上揚。隨著愈來愈多資本投注在機器上，操作機器所需的技能自然也跟著更加珍貴。以福特汽車公司為例，由於許多員工為了另謀高就而離職，帶給福特必須不斷訓練新員工的成本，公司因此採取行動：福特為了留住員工，一口氣把工資調漲至每日五美元，等於是員工到其他工廠工作的兩倍。由於福特占了全美近一半的汽車製造，把工資提升到一日五美元，可說是「工資史上最轟動的事件」。[30]福特除了加薪，還祭出新的員工福利計劃，寶僑（Procter and Gamble）、奇異、固特異（Goodyear Tire）等企業很快就跟進，把類似的計劃納入公司制度，藉由提高工資、提供醫療服務、退休金等等，把生產力提升帶來的好處部分回饋給員工。一九一七年，美國勞工統計局調查了四百三十一家公司，幾乎所有的公司都提供某種形式的福利資本主義方案。[31]

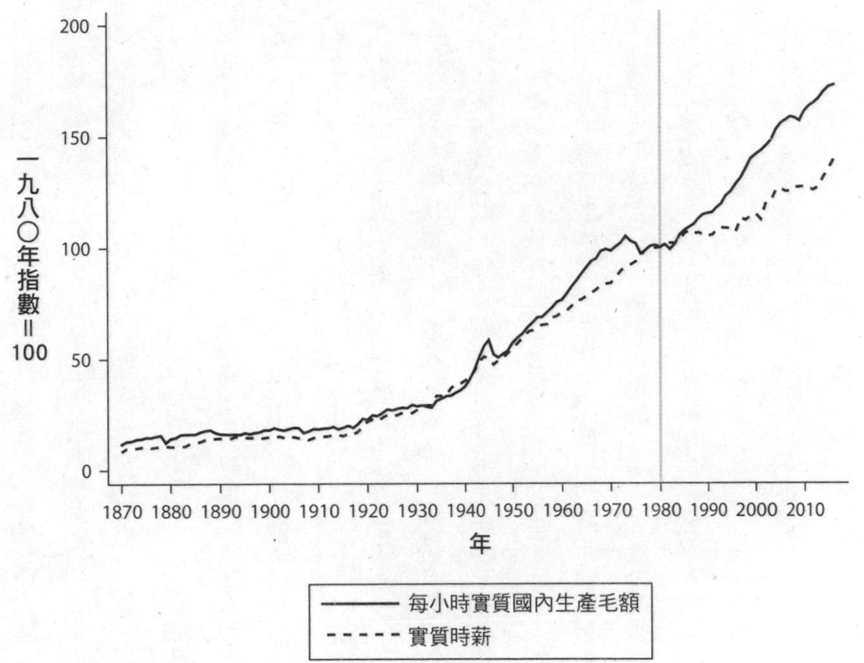


**圖九：一八七〇年至二〇一五年生產工人的每小時實質國內生產毛額與實質時薪**

資料來源：請見本圖附錄。

然而，所謂的「企業利他主義」（corporate altruism），更精確的講法其實是「企業家長主義」（corporate paternalism）。福利計劃很少沒有附帶條件，例如福特汽車公司成立社會部（Sociological Department），負責指導公司員工改善生活方式。社會部的職員會到員工家中做訪查，檢查他們的家打掃得乾不乾淨，還確認員工是否真的依照公司規定結婚了。有一件事時有所聞：福特的員工在公司派人來檢查時，請年輕的業餘女演員假扮成可愛妻子。[32]儘管如此，雇主理應提供哪些福利，福利資本主義依舊提高了受雇者的期待。政治學者路易斯・哈茨（Louis Hertz）在《美國的自由主義傳統》（*The Liberal Tradition in America*）一書指出，傑佛遜總統提出的個人主義、小政府、強大財產權等概念，深植於美國文化。[33]

福利資本主義相當有可能替歷史學家傑佛遜・考維（Jefferson Cowie）所說的美國政治史上的「大例外」（great exception）鋪好路——也就是羅斯福新政所帶來的「集體經濟權」（collective economic right）年代。與新政相關的法規顯然改變了資本與勞工之間的力量平衡。[34]一九三五年的《全國勞資關係法》（亦稱《華格納法》，National Labor Relations〔"Wagner"〕Act，注：該法案的催生者為參議員華格納，旨在保障勞工權益）保障受雇者組織工會的權利，以及集體協商更佳條件的權利。此外，該法還提供解決紛爭的機制，例如成立「全國勞資關係委員會」（National Labor Relations Board），在雇主與員工之間斡旋。其他的法規則更是直接瞄準工資。一九三三年與一九三五年的《全國工業復興法》（*National Industrial Recovery Acts*）授權總統制定有限的公平競爭法，包括設定最低工資。此外，一九三八年的《公平勞工標準法》（*Fair Labor Standards Act*）替許多美國人帶來上限四十小時的每週工時，只要超時，雇主就必須付加班費。

福利資本主義與新政法規的確影響了工資。但不用說，相關變量不足以解釋這一世紀間的實質工資走向。工會力量增強自然也影響了長期工資。[35]多數的研究皆指出，一直到了晚近的二〇〇〇年，也就是當工會力量已經消散，加入工會者的工資，依舊比沒加入的來得高。工會顯然替成員爭取到更高的工資，賦予成員政治聲音。不過說到底，工會的議價能力，取決於工會代表的勞工手中握有技術與知識的價值多寡，電話接線生是最鮮明的例子。一九六八年，電話接線生的罷工幾乎可說是毫無效果，因為自動化的電話系統持續運轉。罷工行動幾乎沒引發任何關注，只上了〈自動化讓罷工中的電話系統繼續運轉〉這個新聞標題。民眾試著打電話給人在全國各地的親朋好友，大多也都能接通。當時的觀察者指出：「如果電話罷工發生在十二年前，一定很難（通常不可能）打通美國的長途電話。」[36]相較之下，自動化讓為數不多的幾位經理與主管就能頂替十六萬零四百四十名罷工者。自動化系統很容易操作，其他雇員不費吹灰之力就接手接線員的工作。工會成員的技能不再被需要時，工會缺乏帶來重大改變的議價能力，頂多能替成員協商離職補償，例如貨櫃運輸讓碼頭工人的技能再無用武之地後，碼頭工人工會僅替因機器失去工作的勞工，爭取到財務補償與二度就業訓練。一旦碼頭工這個職業消失，工會的力量自然也跟著消失。

總而言之，似乎可以說自《華格納法》問世後，工會力量增強，某種程度上也解釋了為什麼與一九三〇年前的工資相比，實質工資出現了成長。然而，即便是在十九世紀的最後幾個十年，也就是紡織工會力量薄弱的時期，紡織工的工資依舊持續成長。[37]此外我們也知道，無論加入工會與否，只要勞工的生產力持續提升，工資將在長期出現成長。圖九顯示在一九七〇年代前，時薪如何隨著每名工人的產出一起上升。美國和英國一樣，即便勞工缺乏組織、政府也未大力介入，這樣的模式依舊出現了。民眾的工資上漲趨勢，讓二十世紀前四分之三的歲月出現的技術變革主要是賦能技術的這個看法，增加了可信度。如同經濟學家戈登所言：

一九四〇年前，實質工資快速增加，一九二〇年至一九四〇年間尤其如此。部分原因可能是美國不再有大量移民，羅斯福總統的新政法規又助長了工會勢力。不過，最根本的原因是技術變革帶動了實質工資的上揚。這部分與勞工的成員性質有關——負責推拉、傳送、抬升的新型機器，讓受雇者不再是一般勞工，而是負責的事務雖然重複性高但專門的操作員，此外還帶來由管理者、工程師、修理員組成的新階層。由後者負責規劃機器的配置方式、訓練新勞工與照顧機器。企業為了降低人員流動率，開始提高工資。如果老手辭職，由一開始動作跟不上的新人取代，裝備線的速度可能會慢下來。就業的本質出現此類轉變的原因，大多在於汽車產業及其裝配線生產法的興起，這象徵著新舊之間的對比：一個是一八七〇年代黑暗殘酷的煉鋼廠，一個是一九二〇年代福特與通用汽車的裝配線。[38]

前文提過，第二次工業革命替勞工創造出新型工作。本世紀的通用技術刺激了生產力與就業成長，失業減少。[39]此外，技術也提升了勞工的謀生能力，蒸汽進入農業等低生產力部門，更多民眾得以轉換至生產力與工資都高的工作。電力產業的成長凸顯出發明家的聰明頭腦、企業的創業精神，以及美國勞動力的流動性。如同汽車產業在一九四〇年取代鐵路成為美國最大產業，電力產業也成為重要經濟活動。電力產業與電力的供應商產業，一起養活數百萬美國人。隨著電氣用品進入家庭，美國家庭主婦的負擔大幅減輕，量產也創造出許許多多先前想像不到的職業與產業。一九〇五年的新產業早期調查指出，所有的電力產業都提供高薪，這點解釋了為什麼歷史不曾記錄下任何大規模的罷工。大約在那段時期，電業的規模依舊相對小，大約提供四萬六千人工作。[40]然而，在接下來數十年，電話、收音機、洗衣機、冰箱、電熨斗等家電開始量產，需要招募愈來愈多的操作員，才能滿足美國人對於新型消費性商品正在成長的需求。

舊產業讓路給新產業，例如汽車產業的就業在一世紀後，緊接在紡織就業後面抵達高峰。然而，即便是舊產業也繼續擴張，量產讓更高比率的人口得以取得五花八門的消費者產品。[41]關鍵在於，任職於相關產業的勞工也從讓他們賺得更高工資的生產技術受益。美國勞工統計局在數個不同的案例研究中發現，引進新機器後，新任務與報酬更理想的工作出現了。[42]此外，相關產業的成長是民眾能得到的最佳失業保障。半技術的工作遍地都是，失去工作的藍領工人有眾多選擇。技術顯然讓部分職業消失，例如：燈夫、電梯操作員、洗衣婦等等，但與有機器輔助的新興職業相比，消失的工作僅占勞動力的一小部分。

當然，前文也提過，數百萬農場工作消失無蹤，那麼農場勞工究竟發生了什麼事？一九六七年，經濟學家理查．戴伊（Richard Day）發表了影響深遠的論文後，有很長一段時間，學界皆認為是農業生產的省力技術大爆發，迫使勞工離開鄉間。[43]一九七一年，愛荷華的農業專欄作家奧莎．D．韋林（Otha D. Wearin）寫道：「動力機器的生產能力大幅減少了農業人口。有人力的耕作單位愈來愈少，愈來愈分散，擁有動力機器的生產者逐漸擴大持有的土地面積，好讓投資能回本。許多鄉間教堂、鄉下學校、鄉村社會與鄉村小鎮遭受打擊，甚至完全消失。」[44]

汽車增加了民眾的機動性，稍稍挽回了農村制度與農村社區的沒落。然而，不少農村社區無疑受到了打擊，但禍首鮮少是農業機械化。如今我們知道，戴伊大幅高估了機械化在棉花收成中扮演的角色。他宣稱在一九五七年時，密西西比河三角洲完全由機器來收割棉花，但實際數據僅占一七%。近日的棉花收成研究顯示，手摘棉花之所以減少，七九%是因為其他地方的工資上升速度較快。[45]勞工不是被迫離開農田，而是被工資較高的城市工作吸引。事實上，農業機械化在很大程度上是廉價勞力離開農村的結果。經濟學家理查・洪貝克（Richard Hornbeck）與蘇瑞・奈度（Suresh Naidu）證實，勞工自農業地區出走的現象，促使農夫投資機械化。[46]

農村電氣化、牽引機、卡車、汽車全都減少了農地的勞工需求。歷史學家羅慕森寫道：「有了電，農夫才有辦法使用各種實用的裝置，不只是電燈，還包括擠奶器、飼料粉碎機與泵浦。然而，一直要到戰爭爆發，農場工人短缺，農產品價格高昂、需求暴增，才讓幾乎所有美國農夫都願意使用牽引機與相關的機器。」[47]羅慕森也提到，由於多數美國人得以選擇工資更高的工作，沒人想從事農場工作，於是改由移民或機器接手：「加州的番茄作物，大多由『手臂計劃』（Bracero program，注：美墨兩國政府在一九四二年達成的勞工引進協議）引進美國的墨西哥勞工用手摘取。該計劃在一九六四年終止後，栽種者表示招募不到美國公民上工。部分勞工領袖不同意這個看法，但收成成功機械化後，相關爭議無疾而終。」[48]

即便勞工確實是被迫離開農場，技術也很少是其因。一九二七年密西西比河大洪水（Great Mississippi Flood）等自然災害促使民眾到城市尋找更穩定的工作，留下來的農人不得不機械化。一九三〇年代的黑色風暴事件（Dust Bowl，注：乾旱與過度開墾引發的連年沙塵暴事件）是另一個讓北美大平原上的許多農夫生計被摧毀的環境災害，農人除了離鄉背井，沒有其他可行的選項。[49]鄉間的工作消失，不少農場勞工無疑生計會出問題，經濟大恐慌時代尤其是一大難關。然而，整體而言，農場勞工被吸引到城市，起因是量產所提供的工作機會。自美國南方鄉間前往芝加哥與底特律等工業城的「大遷徙」（Great Migration）是美國經濟史上的關鍵事件。一戰時，製造業勞工的需求增加，來自歐洲的移民又中斷，許多民眾因而離開農場、投奔工廠[50]，進而促使農場的機械化。一九一九年，愛荷華農業部的艾芬豪・惠德（Ivanhoe Whitted）向《紐約時報》解釋：「愛荷華農民向牽引機求援，牽引機可以解決令人頭疼的農場缺工問題。」惠德指出，四十年前的美國沒幾座大城市，鄉村地帶擁有便宜的大量勞力。然而，由於製造業的緣故，大城市興起，鄉村地區萎縮，不再有多餘的農場勞工。惠德還指出牽引機立了大功，「力往狂瀾」[51]，然而一直要到廉價勞力消失後，牽引機才大受歡迎。

第二次工業革命中的煙囪城鎮帶動了美國的成長近一整個世紀，持續替半技術勞工帶來更多工資增高的穩定工作。百姓受城市吸引的最佳證據，或許就是一八七九年後並未出現農業機械化的抵抗事件。前文提過，民眾因為擔憂農業機械化會影響就業，曾在第二次工業革命前爆發過幾次騷動，但抵制農業機器的聲音基本上消失了。

在量產的年代，儘管勞動市場風波不斷，大部分的勞工期待著更好的未來。生產力成長，他們的工資也跟著漲。經濟學家卡爾多列出一九五七年的六大著名「典型」（"stylized" fact）成長事實。基本上，他摘要了經濟學家自一世紀間的穩定成長中得知的事，指出勞力與資本所占的國民所得份額，長期而言大致呈現穩定的狀態。[52]

## 人人有份

美國富裕起來後，也變得更加平等。二十世紀早期，美國的成長特徵的確十分特殊，不但速度快得驚人，雨露均霑的程度也頗不尋常。一九〇〇年至一九七〇年這段期間，的確可說是「史上前所未有的大齊平時代」（the greatest levelling of all time）。[53]幾乎每一個人的所得皆增加，下層階級的所得成長速度更是快。位於所得分布中段與底部的美國人，成為進步主要的受惠者，不平等的情形發生反轉。美國和其他每一個工業化國家一樣，上層人士的所得下降。值得注意的是，年代晚於第二次工業革命的經濟學家，與馬爾薩斯、李嘉圖、馬克思等工業革命時代的經濟學家不同，他們大多生性樂觀，不熱衷做世界末日即將到來的經濟預測——甚至有點過度樂觀了。不管怎麼說，所謂的工業家靠剝削勞工致富的說法顯然不再流行。一九五〇年代時，經濟學家梭羅提出「平衡成長路徑」（balanced growth path）的模型，指出進步帶給每一個社會團體相同的利益；經濟學家卡爾多提出經濟成長的典型事實，指出儘管急速機械化，勞動所占的所得份額一直大致維持穩定，占國民所得的三分之二；經濟學家顧志耐也提出相當樂觀的經濟進步理論，指出無論選擇什麼樣的經濟政策，不平等的情形將自動減少。[54]這種樂觀的看法在當時其來有自。熊彼得式成長的確讓美國不但變得更富有，也更平等。

然而不幸的是，找出通則的誘人之處雖然不難理解，二十世紀的經濟學者就如同工業革命時代喊著人類即將滅亡的經濟學家一樣，對於找出經濟學的鐵則相當熱衷，他們希望有辦法用單一法則，解釋資本主義在所有時間地點的發展趨勢。顧志耐的理論符合直覺又直接了當，影響了經濟學家對不平等的看法長達半個世紀。顧志耐提出的理論預測，在工業化的早期階段，自農業部門過渡到工資更高、不平等程度較高的製造部門，不平等的程度將會增加；但隨著製造業占的人口比率提高，將有更高比率的國民獲得成長帶來的好處，不平等的現象因而最終消失。換句話說，技術進步難免使不平等的情形惡化，但所有經濟都一樣，只需要耐心等待完成循環，所有人就能共享繁榮。以上的樂觀訊息來自一九五四年顧志耐在美國經濟協會的底特律年會上的演講，顧志耐是當時協會的會長，他在該年的年會上首度提出此一論點，沒多久就被稱為「顧志耐曲線」（Kuznets curve）。

美國成長帶動不平等的情形是否真如顧志耐提出的曲線發展？很幸運，我們得以用實證的方式探索顧志耐的假說。顧志耐與工業革命的經濟學家不同，他的理論建立在出色的統計分析——他是開路先鋒。顧志耐利用新近蒐集到的數據，計算出在一九一三年至一九四八年間，前一〇%的人所占的國民年所得減少了近十%[55]，因而證明了不平等在工業化時代的後期減少。日後經濟史學家也進行分析，一路追蹤整個十九世紀的不平等模式，我們因此能夠檢視不平等的現象是否真如顧志耐的假設所言，在工業化的早期階段增加。林德特與威廉森替美國的情形提出了最詳盡的解釋[56]，兩人的研究發現，一七七五年，也就是美國革命的開端，以及一八六一年，也就是南北戰爭的開端，財產所得（property income）與勞動所得（labor income）都變得更加不平等——這是證據確鑿的研究發現。的確，法國思想家托克維爾在一八三〇年代造訪美國時發現「擁有大量財富的人數相當少」。[57]當時的美國似乎依舊能夠代表傑佛遜的理念，國家由獨立平等的農人組成；或至少與舊大陸相較的確如此。然而，托克維爾也指出這個理想正在逐漸消失：「製造業貴族（manufacturing aristocracy）……正在我們的眼前成長……民主之友理應焦急觀察這個面向：萬一持久的不平等狀況……進入〔美國〕，可以預測製造業貴族將是不平等進入美國的途徑。」[58]

到了南北戰爭的尾聲，工業「王室」崛起的現象更加明顯，剛開始工業化的美國進入「鍍金年代」（Gilded Age，注：約指一八七〇年至一九〇〇年之間的時期），馬克・吐溫與查爾斯・達德利・沃納（Charles Dudley Warner）便在小說《鍍金年代》（*The Gilded Age*）中嘲諷當時的美國。[59]第二次工業革命的工業尚待崛起，但鋼鐵、蒸汽、鐵路已經開始創造出前所未有的財富。美國似乎正在步入舊大陸的後塵，遠離傑佛遜的理想，崛起的工業菁英帶來腐化。約翰・D・洛克斐勒（John D. Rockefeller）、安德魯・卡內基（Andrew Carnegie）、J・P・摩根（J. P. Morgan）、康內留斯・范德比爾特（Cornelius Vanderbilt）等富有的工業家與金融家，經常被封為「強盜男爵」

（robber baron）。一八五九年時，記者亨利．J．雷蒙德（Henry J. Raymond）將范德比爾特（注：靠航運致富的工業鉅子）比喻為中世紀貴族，指出范德比爾特「就像那些舊時的德國男爵，從他們在萊茵河上的城堡俯衝而下，把持那條美麗河流的貿易，強取豪奪，向每一個路過的乘客勒索錢財。」[60]新興巨頭的規模的確大到令人難以想像，例如聯邦政府一八九三年的稅收為三億八千六百萬，其中光賓州鐵路（Pennsylvania Railroad）就占了一億三千五百萬。此外，鐵路業務量的總和遠超過美國政府，後者以現代標準來看很小。美國鐵路公司的總營收超過十億，總債務則逼近五十億——幾乎是國家債務的五倍。[61]

企業歷史學家長久以來不斷在爭論「強盜男爵」一詞有多少程度屬實，不過當時的人鮮少這麼認為，美國工業家的財富本身才是最該關注的事，重點其實在於取得財富的手段。財富是如何積攢而來自然重要，一個人成功累積金錢的方法如果是靠創造就業、舒適與繁榮的新源頭，將被視為替公眾謀福利的人士；要是獲利的方法是靠阻擋競爭、欺騙同胞與貪污腐敗的政府，那麼此人就是全民的罪人。然而，不論強盜男爵靠什麼手法致富，前一%的富人所占的國民所得份額會上升，強盜男爵絕對是很大的因素。然而，所謂「收入不平等全是因為資本的緣故」的說法往往會帶來誤導。

經濟學家一般利用「吉尼係數」（Gini coefficient）來計算不同時空的不平等程度。吉尼係數的優點是一目瞭然。如果國內每一位人民的所得都一樣，那麼吉尼係數是零。如果一個人獨占全部的所得，那麼所得吉尼係數是一。經濟史學家林德特與威廉森指出，財產所得的吉尼係數（property Gini）自然較高，因為財產所有權一般較為集中，然而勞動所得不平等的上升速度更快：一七七四年至一八七〇年間，財產吉尼係數自〇．七〇三，上升至〇．八〇八，薪資吉尼係數（earnings Gini）則自一七七四年的〇．三七〇，上升至一八六〇年的〇．四五四。[62]藍領工匠被取代是背後的重要原因，中階收入工作消失，薪資不平等因而加劇。[63]此外，顧志耐推測不平等增加的緣故，在於美國勞工自低收入的農業工作，轉換至城市的高所得製造工作。一八〇〇年至一八六〇年間，對美國南方與北方的男性勞工而言，都市與鄉村的工資差距同樣增大。由於美國的都市化腳步在一八七〇年與一戰之間加快，第二次工業革命又帶來新產業，技能需求增加，要是其他條件不變，理論上整體的不平等自然也會加速；也因此令人有幾分訝異的是，即便金字塔前一％所占的份額暴增（自九．八％升至一七．八％），不平等（依據整體吉尼係數判斷）的高點依舊在〇．五左右徘徊，一八七〇年至一九二九年間甚至微幅下降。[64]

不平等的現象減輕是否為工業化抵達中期階段的結果？在南北戰爭至第一次世界大戰期間，美國的不平等走向讓顧志耐的假設站得住腳。一八七〇年至一九一三年間，私人財富相對於總私人收入呈上揚趨勢，符合資本進一步影響美國所得分布的說法，金字塔頂端的所得持續成長。一九一八年，美國有三一．八萬家企業，其中規模前五％的公司，就占總淨收入的七九．六％，也因此，比顧志耐早三十五年在美國經濟協會發表演說的前會長歐文．費雪（Irving Fisher），曾在年會上描繪出相當不同的景象；費雪在一九一九年的會長致詞中指出，他認為美國正在面臨「不平等」這項最重大的挑戰，且威脅到美國的資本主義與民主制度最基本的根基：「不論我們如何看待各種理論上的社會主義，我認為，無論我們實際上或理應促成某種社會主義化的工業，社會主義團體真正的力量來自階級對立……面對這樣的情勢時，我們可以預期只要我們的工業能具備更多的民主精神，勞工與大眾感受到大工業也部分屬於他們，不論是所有權與管理權都一樣，剛才提到的所有不幸都將消失。」[65]

從費雪及其他人士表達的關切來看，不難理解為什麼顧志耐曲線大受歡迎。顧志耐曲線似乎暗示了沒必要重分配，只要讓資本主義順其自然發展下去，就會發生重分配。但真的是這樣嗎？近日顧志耐的典型成長理論引發了質疑，畢竟他的說法似乎很難解釋一九八〇年後的情形。勞動所占的所得份額不但持續下滑，收入不平等也趨向於一起上揚（本書接下來的第四部分會再談這個模式）。經濟學家托瑪．皮凱提（Thomas Piketty）大力強調，顧志耐曲線似乎很難解釋成長的不平等會再現的原因。[66]

皮凱提指出，顧志耐觀察的時期是統計上的異常現象，在資本主義的正常狀態下，財富報酬會超越經濟的整體成長率，造成財富收入比（wealth-to-income ratio）上升，進而加深收入不平等，以及財富分布高度的不平等。在皮凱提的世界，資本主義內部缺乏減少不平等的力量，總體經濟或政治上的動盪則不時破壞一般的平衡狀態，例如兩次世界大戰與經濟大蕭條，帶走了富人的財富。大齊平來自暴力、經濟崩潰與極端的政治變遷，而不是顧志耐所描述的那種和平式的結構改變過程。歷史學家沃爾特．沙伊德爾（Walter Scheidel）甚至主張，自石器時代以來，摧毀富人的財富，以及戰爭、革命、國家垮台或瘟疫等大型的暴力與災難，一直是唯一會帶來經濟平等的途徑。[67]

二十世紀的美國感受到的暴力動盪自然比歐洲小很多，不過美國的經濟同樣受到打擊。美國的私人財富在一九三〇年是國民所得的近五倍，一九七〇年萎縮至不到三．五倍，雖然經濟大蕭條是其主因。華爾街受不景氣影響時，頂尖所得者自然受到打擊：經濟大蕭條後，金融界人士暴跌的所得，幾乎完全和前一%人士所占的所得份額下降情形一樣。[68]這並不是說政策不重要。高所得稅率在胡佛總統（Herbert Hoover，注：任期為一九二九年至一九三三年）任職期間調降至二五%。羅斯福總統上台後，一九三三年飆高至六三%，接著又一路增加，一九四四年調至驚人的九四%。[69]然而，調整稅率與移轉的前後，不平等的情形都減少。此外，雖然暴力、經濟崩潰、約束資本影響力的政策等等，全都能解釋最高所得下跌的原因，齊平的現象並未集中在上方。總體經濟或政治震盪如何縮減其他九九%的不平等情形，較為不明顯，尤其是所得分布中下段的部分，因為多數美國人的所得來自勞力，而不是資本。

美國工資之所以能齊平，顯然受到好幾個短期事件的影響，但那些事件並未說出事情的全貌。一九三三年問世的「全國最低工資」（national minimum wage）也許讓所得分布的底部出現壓縮。然而，經濟史學家林德特與威廉森證明，大齊平不只發生在底部：幾乎所有的職業薪級表都出現了壓縮的情形。其他政府干預政策，例如移民政策緊縮，也提供了另一種可能的解釋，因為移民一般是無技術人士，大量湧入的勞工，也會從更廣的層面影響勞動力成長；規定移民名額會造成無技術美國人的工資上升。此外，人口成長減緩也可能讓工資結構更為緊縮。然而，在大西洋另一頭的國家，工資差距同樣也減少，顯示還有其他力量在起作用。歐洲同樣也出現工資壓縮的現象，因此排除了其他只適用於美國的解釋，例如美國的「國家戰時勞工委員會」（National War Labor Board）在一九四二年被指派負責核准美國所有的工資變動。然而，委員會在一九四五年解散後，工資差異依舊相當穩定，顯然規定工資的策略帶來的影響相當有限。[70]

如同顧志耐曲線出現得正是時候，皮凱提的不平等論述似乎也觸及了時代的精神。顧志耐曲線成為強大的政治武器，證明資本主義下的美國依舊能夠維持傑佛遜的理想。以過去的情形看來的確如此，在機械化助長生產力的同時，一般老百姓的工資出現成長，美國成為更平等的世界。相較之下，皮凱提的研究受到歡迎的現象，反映的則是一九八〇年後的經驗。多數的美國人同意，不平等已經到了不能接受的程度，許多民眾感到與資本主義計劃脫節：時薪的走向與生產力成長脫鉤（請見圖九）。

資本主義發展的大理論（grand theory，注：指高度宏觀抽象的理論）不太可能適用所有時空的原因，與勞工的議價能力有關。前文提過，工會在羅斯福新政後獲得了政治力量；經濟學者亨利·法伯（Henry Farber）等人指出，工會密度增加，與工資不平等程度低有關。[71]另一個原因是技術以神祕方式起作用；技術進步有時取代勞工，壓低工資，造成更高的國民所得份額流向資本。然而，有時候技術則是對勞工有利。技術進步與所得分布之間的關係不只一種：有的技術會增加不平等、有的會減少，取決於技術變革的賦能或替代程度，也要看具備正確技能的勞工供給，是否跟得上需求。

說到底，多數人的主要所得來源，並不是物質資本或金融資本，而是人力資本。勞工的財富來自技術，靠人力資本謀生。人力資本如何影響著所得分布不難看出：實證研究顯示，勞工收入的差異七七％源自個人特質。[72]第10章會再介紹，若是缺乏教育與訓練，整個社會團體甚至會被排除在成長引擎之外。

多數的可得證據顯示，一八七〇年與一九七〇年間主要出現技能偏向（skill-biased）的技術改變，與無技術勞工相比，具備技能的人士工資提高。然而，如果技術帶動了技術勞工的相對需求，為什麼工資不平等的情形並未跟著惡化？大齊平的主要解釋源自經濟學者丁伯根開創性的研究。丁伯根用「技術」與「教育」之間的競賽來解釋不平等模式的概念。[73]伊恩·戈爾丁（Ian Goldin）與勞倫斯·卡茲（Lawrence Katz）兩位哈佛經濟學家的實證研究證實，丁伯根的論點的確能解釋美國一九七〇年代前的工資不平等模式。[74]即便技術進步對技術勞工有利，結果卻不一定會加深工資不平等的情形。人力資本報酬除了要看供給，也得看需求。只要技術勞工的供給跟得上需求，技術勞工與無技術勞工的工資差距就不會拉開。短期事件與政府介入的確也影響了大齊平，然而這股長期的平等主義影響背後最無所不在的力量——絕對也是最得到證明的力量——其實是美國勞動力的技能提升，大家都進步，縮小了技能溢酬。[75]賦能技術產生變化，加上教育的普及，帶來了趨同（convergence）背後的主要力量。一九一五年至一九六〇年間，每年的技能供給成長，約比需求快一％，造成薪資差異縮小。此一模式和一九八〇年後的時期形成對比，一九八〇年後的技能需求高過供給。[76]

雖然市場力量影響了部分的技能需求，供給主要得看試圖增加教育與訓練的教育政策和新型制度。若要讓民眾廣泛享受到技術發明的好處，「公立學校」這項制度發明是基本要素。一九一〇年至一九四〇年間一般被稱為美國教育史上的「中學運動」（high school movement）。一九一〇年，僅九％的美國年輕人取得中學學歷；一九三五年時達四〇％。一九〇〇年至一九七〇年間，受教育的年數之所以增加，超過七〇％的原因是民眾念了中等學校。有些地區提供公立學校的速度比其他地區來得快，早期採用者的特徵是社區穩定度高、種族與同質性高、所得與財富均等、富裕程度高。簡而言之，社會資本與財務資本促成了人力資本成形。[77]

需求明顯促成了中學運動。在第二次工業革命的年代，教育是民眾能替孩子做的最佳投資。一八九〇年至一九二〇年間，白領工作一般需要中學學歷，薪水大約是不要求學歷的工作的兩倍。中學很快就成為工作的訓練營——也替人生做好準備。一直遲至一八七〇年，多數美國人依舊從事農業，製造業受雇者則在工業革命的產業工作，例如製棉、製絲與羊毛紡織。相關工作全都不需要太多正式的訓練：僅一〇％的美國勞動者受雇於要求小學以上學歷的工作。童工向來是受教育的機會成本。到了世紀轉換之際，男孩與成年女性的時薪，一般是成年男性的一半。雖然美國大多數的州已經規定強迫教育，由於工業需要廉價勞力，有的州不願意執行，也因此尤其是南方（童工制度存在時間較長的地區），不平等在世代之間傳承下去，只有相對富裕的家庭有辦法送孩子上學。

第二次工業革命帶來的好處是增加技能需求，減少了受教育的機會成本。一九〇〇年，全國一共只有四名女性與六名男孩受雇於汽車業。美國人要是希望孩子日後能逃離辛苦的農業工作，中學學歷是通往高薪工作的門票。此外，中學學歷也逐漸成為大多數工作的基本要求。簿記員、辦事員與經理等辦公室勞工，因為學歷獲得高薪。藍領勞工較少擁有中學學歷，但要是有，絕大多數也都從事與第二次工業革命有關的工作，擔任電工、汽車技工、電機工程師、技師等等。一九〇二年時，迪格利牽引機公司（Decree Tractor Company）的經理明確表示：「男孩們至少得中學畢業，否則他絕不會「雇用他們……如果可能的話，我們工廠喜歡擁有中學學歷的孩子。」[78]一九二〇年時，整整四分之一勞動力從事的職業，至少要求要有中學學歷。奇異等部分頂尖的科技公司甚至要求連學徒都得念過幾年中學。以石油業為例，教育標準在戰後不斷提升，不論是負責生產或管理的員工都得有好學歷。一九四八年，某間煉油廠的管理階層規定，所有的員工都得有中學學歷。一九五三年，應徵生產工作得參加職前測驗，目的是判斷「個人的記憶、專注、觀察與服從指令的能力」；此外，測驗項目還包括數學知識，例如高二程度的代數與幾何。[79]

另一項調查航空業自動訂票系統的研究結果同樣顯示，隨著技術一日千里，公司要求員工具備更複雜的技能。一九五七年，飛機的運量增加至五千萬名乘客，僅僅十年便增加超過三〇〇%。航空公司能夠處理航程預約的能力，關鍵瓶頸是人工處理法。新系統大幅改變了工作內容與訓練需求：

> 安裝設備的同時，訓練教官也開始上課……航空公司延長教育訓練的長度，自五至七

天，延長至八到十天。經過後續一星期的在職訓練後，員工在督導員的陪同下，額外接受二十六至三十三小時的進階班課程……為了維護新系統，多增七個技師工作。技師先前是航公公司無線電工廠的修理員，向來直接處理設備。相較之下，技師今日則獨自工作，地點是有空調、無噪音的控制室。技師穿著便服，唯一需要直接碰觸自動設備的時刻，就只有預防性的保養測試或偶發的設備故障。技師接受系統製造商提供的專門訓練，一星期要參加一天的課程，大約得上六個月……新型預約系統問世後，公司還成立新的小組，負責電子資料處理研究的專業工作，成員是五名系統工程師。這些經過專業訓練的人員負責的職務，包括規劃系統開發，努力讓公司所有的文書作業日後將電子化。他們的起薪是一年七千美元。系統工程師的條件包括大學學歷與各種航工業資歷。值得留意的是，這個小組中，五人有四人擁有工商管理與社會科學的大學學歷，五人全都資歷豐富，擁有公司不同部門的歷練。[80]

與資本主義的大理論相較，教育與技術之間的競賽是個簡單明瞭的實證觀察，並未排除其他力量影響著美國不平等走向的可能性。總體經濟受到的衝擊、工會、稅制政策、金融部門管制等各式各樣的因素，全都影響著美國的不平等。就連顧志耐與皮凱提的早期研究，同樣也提及他們日後的理論並未放入的因素。顧志耐後來提出極度樂觀的理論，主張資本主義發展將長期下來讓不平等自動減少，但他先前也明確提到經濟衝擊可能扮演的角色。皮凱提也在他先前和伊曼紐爾・賽斯（Emmanuel Saez）做的研究中指出：「的確可以說，一九七〇年代後發生的事，只是重來一遍先前的倒U曲線：新的工業革命出現導致不平等增加，但隨著愈來愈多勞工受惠於創新，不平等將在某個時間點再度減少……有的解釋指出，與其他時期相比，技術革命的時期更有利於製造財富，例如十九世紀下半業（工業革命）或二十世紀的尾聲（電腦革命）。這樣的解釋或許同樣值得參考。」[81]

經濟學家布蘭科．米拉諾維奇（Branko Milanovic）也偏好這樣的詮釋，近日提出顧志耐曲線伴隨著每一個新的技術革命。米拉諾維奇的研究確實顯示，英國在工業革命期間的不平等走向，與美國的電腦革命看起來極度類似。[82]然而，這樣的詮釋立刻遭到質疑，那為什麼在第二次工業革命期間，美國的不平等似乎出現了不同的模式？原因在於不同的技術革命適用不同的經濟模型。前文提過，技術與教育之間的競賽，相當能解釋二十世紀前四分之三歲月的勞動市場趨勢，然而這樣的模型僅適用屬於賦能技術的技術進步，與英國工業革命的頭七十年形成明顯的對比。工業革命開頭的技術進步主要與替代技術有關，也使得許多民眾適應不良（見本書第4章與第5章）。從這個角度來看，如同我們接下來將在第9章討論，電腦革命更接近工業革命的經驗。

## 小結

工業革命並未創造出中產階級，但的確促進了中產階級的成長。工廠制度的普及促成了工業資本主義興起，商業與工業布爾喬亞也跟著擴張。然而，工業革命的歷史不只是資本的勝利。「白領」一詞在十九世紀上半葉首度成為日常用語，這點顯示出工業化加快腳步的同時，勞動市場也跟著快速變動。到了十九世紀中，白領工作養活了一群日子相對好過的家庭，我們稱之為中產階級。機械化工業興起，工資兩極化，白領勞工的收入與其他製造勞工拉開距離。前文提過，在工業化的典型年代，機械化造成技能相對高的工匠被取代，起而代之的是負責操作機器的低技術勞工。中階收入的工匠工作消失，被機械化工廠的生產取代。隨著工廠製造出愈來愈大量的產品，不論是家具師傅、鐘錶匠還是鞋匠，所有類型的工匠開始歇業。不過，隨著企業擴大規模，需要更多專業行政人員，白領工作在一八五〇年後開始擴張。再看得更細一點，勞動市場空洞化，工匠遭受打擊，但白領的中產階級受益。美國新進蒐集到的資料顯示，白領工作者的工資在南北戰爭前就已經穩定成長。[83]

在十九世紀，中產階級這個階層開始壯大，經理及其他技術專業人士的數量成長，他們在不斷成長的工廠裡，從事各式各樣日益複雜的行政管理工作。他們擁有崇高的社會地位與相對富裕的最佳證據，或許來自考古學。從麻州的劍橋市（Cambridge）一路到康乃狄克州的哈特福市（Hartford），十九世紀末中產階級的生活情形，走一趟美國東部的舊製造城鎮街道就清楚了。「具有代表性的十九世紀紐約市褐石別墅建築（brownstone），以及北方各州城鎮的義大利式與安妮女王風（Queen Anne）豪宅」，中產階級的成員是「那些房子的第一批居民」。[84]然而，從美國人口的比率來看，中產階級依舊是一個小群組。中產階級家戶究竟占了多少百分比，可從職業統計數據窺知一二。一八七〇年，也就是第二次工業革命的開頭，八%的美國勞工被列入「管理者、專業人士或業主」這個類別（參見表一）。

生產勞工的工資落於人後，但取代工匠的機器無法自行運轉。工人階級聚集在新興的工廠城鎮，由他們負責讓機器運轉。美國都市的工人階級在一八〇〇年代初首度出現，也就是經濟開始工業化的時間點，此一階級接著又在接下來的世紀大幅擴張，製造工作吸引來自歐洲與美國偏遠地區的數百萬移民。工廠需要操作員，「與操作員取代的工匠相比，操作員屬於比較無技術的工作者，理由是工匠有辦法從頭到尾完成一件產品，操作員則只能在機器的輔助下，完成其中幾個製造步驟。」[85]這段話的意思並非指操作員不具備任何技術，工廠勞工必須一邊上工，一邊學會操作機器。雖然早期的紡織機器設計成由童工看顧，蒸汽動力的採行最終增加了技術操作員的需求。第5章提過，恩格斯停頓只持續到技術變遷以孩童取代握有技術的工匠，這也是英國工人經常摧毀機械化工廠的時期。然而，蒸汽機被採用後，事情發生變化，成人重新獲得生產的相對優勢，日益複雜的機械助了他們的技能一臂之力。此外，隨著機器變得更大、更複雜，愈來愈需要由握有技術的工程師與技工來設計、裝設與維護設備，也因此雖然與底下的藍領勞工相比，白領勞動力的工資大幅上升，技工、火爐工、紡織工等生產勞工的工資在十九世紀下半葉也有所提升。體力勞動者的孩子能上升到中產階級的確不多，在十九世紀末，白領中產階級與生產勞工依舊生活在不同的世界。[86]工人階級的男男女女，以及他們的孩子，頂多只能嚮往中產階級過日子的方式，但第二次工業革命改變了他們的命運。

定義著二十世紀的技術，讓生產勞工的生活方式得以勝過十九世紀初的上層階級。熱的自來水與中央供暖系統等奢侈品，自一八八〇年代開始出現在富人的大宅邸，接著在二十世紀初很快就普及到勞動階級的家。[87]同時，二十世紀上半葉，美國家戶開始使用各種電器發明，減輕勞動階級家庭主婦的部分負擔。量產瞄準的自然是大眾市場，汽車等其他的關鍵發明也很快就普及到大量人口。經濟學家戈登的汽車革命論述顯示，每一個人都有屬於他們的車：

> 凱迪拉克（Cadillac）、林肯（Lincoln）與克萊斯勒帝國汽車（Chrysler Imperial）是給舊制度裡繼承財富與住在行政套房裡的人。四孔的別克路霸（Buick Roadmaster，注：「孔」指的是別克車身上的舷窗設計元素，四孔比三孔高級）暗示車主是副總裁，三孔的別克世紀（Buick Century）的車主是仕途順利的中階主管、地方零售事業或餐廳老闆。世人心中接下去的地位排序是奧斯摩比（Oldsmobile）、龐帝克（Pontiac），以及無所不在的雪佛蘭（Chevrolet），年年都是美國最暢銷的車種，剛加入工會的勞動階級搶著購買，他們前進至貨真價實的中產階級地位，有辦法至少靠一台車住進郊區住宅，通常會有兩台。[88]

技術變遷不只讓美國勞工獲得更高的消費力，或許更重要的是，二十世紀的機械化主要屬於輔助技術，因為機器而丟工作的民眾眼前大多有其他還不錯的工作選項，藍領階級的美國人帶著前所未有的高工資回家：「二戰過後的三十年，工業勞工的工資增加，丈夫愈來愈有能力支撐五子登科的家庭生活方式，有像樣的房子、車子、吃得飽穿得暖，甚至可能開著停在私家車道上的露營車度假；愈來愈多勞動階級家庭擁有足夠的收入與消費，搆得上美國廣大中產階級的低階水準。」[89]嬰兒潮世代也反映出年輕家庭愈來愈樂觀的精神，創造出額外的商品與服務需求，鼓勵製造業持續擴張，帶來新型的勞力密集服務。在這段時期，年輕的男性中學畢業生可以找到工資不錯的安穩工作。美國經濟替藍領勞工製造出足夠的機會，光靠工資就能擁有中產階級的生活方式。中產階級在巔峰時期同時混合了白領與藍領勞工，此一結果反映在所得分布出現壓縮，甘迺迪總統有感而發：「上漲的潮水會抬起所有船隻」。[90]馬克思的無產階級成員開始加入中產階級的行列，這點解釋了為什麼勞工抵制機械化成為遙遠的記憶。

第二次工業革命來臨後，美國不再抗拒機器也帶來許多啟示。十九世紀時，機械化偶爾會引發勞工暴動，但二十世紀就沒出現這樣的事件。技術以外的因素扮演著雖然居次但重要的角色。美國很早就採行民主政體，白人男性在一八二〇年代就全部擁有投票權，也就是說，人民希望自己的觀點被聽見時，不必靠暴力的抗議方式。即便如此，美國的勞動史依舊極度暴力，一直到一八七九年還會抵抗機械化。福利國家的興起無疑讓失去工作不再那麼可怕，但福利支出一直要到經濟大恐慌與二戰才起飛。教育擴張與受教育的年數延長，年輕人更能適應不斷演變的勞動市場，然而手中技能過時的人士並未回到學校。或許更重要的是，勞工開始加入工會，要求提高工資與改善工作條件，但工會和技工行會不同，工會很少抗拒新技術。即便爆發衝突，民眾表達疑慮時並未把矛頭瞄準機器。勞工組織起來，成為一股政治力量不斷增強的勢力，但抗拒機械化的力道微弱，甚至不存在。看來，進步帶給勞工的好處實在太大，大到工會與工會成員不會去抗拒進步。

# PART Ⅳ

# 大反轉

自工業革命以來，機械化便爭議重重。機器增加了生產力，提高人均所得，但也讓人類面臨失業危機，工資降低，所有成長的好處全部流向企業主……如今換成機器人威脅著工作、工資與平等……經濟史上有很長的期間情況不是太妙，我們必須想一想，如今是否又是另一個這樣的時期……盧德主義者與其他反對機械化的人士通常被描述成反對進步的刁民，然而他們並非新型機器的受益者，也難怪他們會反對。

——經濟史學者羅伯特．C．艾倫（Robert C. Allen），〈從歷史了解工作的未來〉（Lessons from History for the Future of Work）

二十世紀最重大的成就，無疑是這個世紀帶來了多元繁榮的中產階級，美國社會那群被稱為中產階級的民眾，他們的命運是否正在急轉直下，也因此成了大家十分關切的課題。先前的章節已經解釋過，中產階級之所以能興起，技術扮演著關鍵的角色。本書第五部分則將解釋，中產階級之所以沒落，技術又扮演著什麼樣的角色。前文提過，人民的薪資走向受到種種因素的影響，然而在歷史的長流中，技術是主因。毫無疑問，一九八〇年後驚人的不平等，也是受到其他重要變項影響而出現的，例如：金融部門解除管制、超級明星領到巨額報酬等等。然而，這類因素主要與金字塔頂端前一%的興起有關。更全面的故事則是中產階級陷落，如果中產階級持續欣欣向榮，頂尖人士與其他人拉開距離這回事便不那麼令人憂心。大家一直聚焦在不平等的情形惡化，但最重大的問題，其實是經通膨調整後，絕大部分勞動力所領的薪資實際上是下滑的。在電腦的年代，富裕階級出現成長——但代價是中產階級的萎縮。

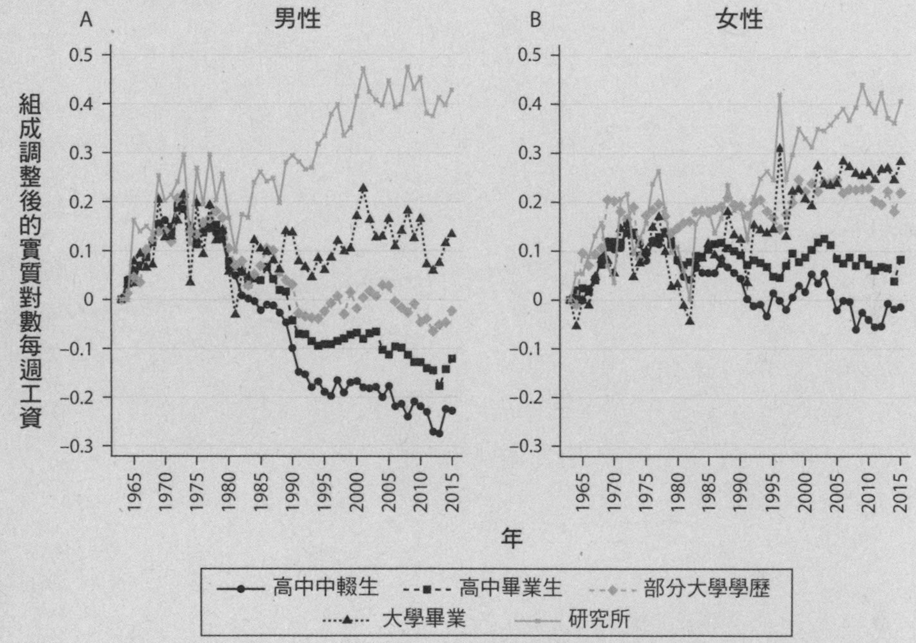


**圖十：一九六三年至二〇一五年間依教育程度分組之全年全職勞工實質每週工資**

資 料 來 源：D. Acemoglu and D. H. Autor, 2011, "Skills, Tasks and Technologies: Implications for Employment and Earnings," in Handbook of Labor Economics, ed.

David Card and Orley Ashenfelter, 4:1043–171 (Amsterdam: Elsevier).

注：資料來源的分析經過擴充，納入二〇〇九年至二〇一五年的數據，資料取自當前人口調查（Current Population Survey）與經濟學家大衛．奧托（David Autor）提供的程式檔。

自從經濟學家丁伯根提出了開創性的研究，經濟學家往往把不平等想像成「技術」與「教育」之間的競賽。與無技術勞工相比，「技能偏向的技術改變」導致新技術增加了高階技術勞工的需求，也因此除非教育制度產出技術勞工的速度，勝過技術帶來的技術勞工需求成長，否則「具備技能者」與「不具備技能者」之間的不平等將加劇。方才在第8章提過，在大平等的時期，技術勞工的供給超出了需求，導致技術勞工及其他人之間的工資差異縮小。一九八〇年後大增的工資不平等，有可能只是反映出市場愈來愈獎勵技能較多的人，也反映出教育制度未能滿足高技術經濟的技能需求。然而，如果經濟發展僅僅是「技術」與「教育」之間的競賽，那麼技術者的工資，理所當然會和其他人拉開距離，但無技術者的工資並不會下滑。不平等的情形會增加，但每個人的工資依舊會成長，只不過成長速度不同。經濟學家艾塞默魯與奧托率先留意到圖十所顯示的大反轉。[1]在一九七〇年代前，所有教育程度人士的工資皆上揚，但一九七三年第一次石油危機過後，工資開始下滑，接著所有美國人的工資停滯了十年左右。一九八〇年代開始出現大反轉，高中以下學歷者的工資再度下滑，接著持續縮水三十年。如同圖十所示，工資下滑的情形主要發生在無技術者身上。在自動化揭開序幕前，這些人口原本會在工廠就業。

# 第9章　中產階級沒落

電腦時代不只象徵著勞動市場發生了轉變，也標誌著經濟學家以不同方式來看待技術進步。近日，經濟學家艾塞默魯與雷斯特雷珀主張，賦能與替代技術之間的競賽，最適合用來理解圖十呈現的工資趨勢。在賦能技術的世界，技術與教育之間的競賽，依舊能用來理解技術進步。新技術增強了部分勞工的能力，輔助他們執行新職責，在增加勞工生產力的同時，也提升了工資。兩相對照之下，替代技術的效果則相反，它造成部分勞工在執行工作時，手中技能過時，工資呈現下滑趨勢。

一九六〇年代，管理大師彼得．杜拉克（Peter F. Drucker）曾主張「自動化」不過是一種時髦的說法，以前叫「機械化」。杜拉克同時用這兩個詞彙來代指機器取代人工。[1]前文討論過，在二十世紀前四分之三的歲月，替代技術的確讓部分勞工的技能再也沒有機會派上用場。燈夫、碼頭工人、電梯操作員等各種勞工的工作消失。即便如此，自動化的年代不能與機械化的年代混為一談。在杜拉克寫作的當下，所有的勞工工資皆上揚（請見圖十）。電腦普及之前，機器的確無法自行運轉，需要操作員讓生產線不斷跑下去。半技術性的辦公室工作與藍領工作出現了爆炸性成長，就連被機器取代的人，眼前也有更五花八門的工作選項。工廠與辦公室機器都是賦能技術，除了提振勞工的生產力，勞工還得以帶著更多的工資回家。從這個角度來看，電腦革命不是二十世紀機械化的延續，而是反轉。由電腦控制的機器帶走的工作，恰恰是第二次工業革命創造的大量機器操作員工作。勞工一度進入量產工業中工資還算不錯的工作，如今則面臨淘汰危機。

## 電腦有辦法做的事

亞當．斯密在《國富論》提到英國大頭針工廠的分工情形。他發現，第一代的工廠靠著把工作細分成幾個小任務，生產力大幅提升。亞當．斯密觀察的是人類勞工之間的分工，自動化的年代則帶來新型的分工：如今，工作要麼分給人類，要麼分給電腦。第一台電子計算機／電腦（electronic computer）在一九四六年問世前，計算的工作由人類執行，「computer」一詞指的是「計算員」，是一種職業，一般由精通基本算數的女性擔任。[2]

人與機器分工的關鍵，在於哪些事交給電腦去做，效率會增加。人工智慧的年代來臨之前（第12章會再回頭談這個主題），主要只將重複性的工作電腦化。原因很簡單，執行軟體工程師能利用「規則式邏輯」（rule-based logic）描述的事務時，機器控制的機器比人類更占優勢。一直到了相當近日，在技術層面上，自動化僅可用於能細分成一系列步驟的活動，事先設定好每一個偶發事故該如何處理。舉例來說，貸款審核員決定是否該核准某筆貸款申請時，必須依據明確的條件。由於我們知道取得貸款的「規則」為何，才有辦法讓電腦審核，不需要人類審核員。[3]然而其他時候，我們只知道某個職業部分要做的事的規則。以自動提款機（ATM）為例，我們輕輕鬆鬆就能寫下一套規則，讓電腦接受存款與領錢吐鈔，代替銀行出納員。然而，當客戶不滿意時，我們很難定義處理規則。銀行自然得因此重新安排工作，出納員不再負責算客戶要存入或提領的錢，而是化身為「客戶關係維護人員」，負責提供貸款及其他投資性產品的建議。也因此存提款自動化後，出納員開始負責各種非例行性事務。

在電腦革命的前夕，許多職業和貸款審核員一樣，基本上有原則可循。絕大多數的美國人依舊從事經濟學家所說的「例行性職業」（routine occupation），一九七四年，美國的馬克思主義者哈里・布雷弗曼（Harry Braverman）呼籲關注例行性職業去人性化的一面，他認為，自從工廠制度問世以來，這個現象就一直存在。布雷弗曼主張「生產的資本主義模式最早的創新原則就是製造分工。各種方式的分工一直是工業組織的基本原則。」[4]從這個角度來看，布雷弗曼只是在重新提醒過去就有的關切。前文提過，一八三〇年代，蓋斯凱爾與凱伊—莎圖瓦茲爵士等非馬克思主義的作家就曾主張，機器的重複性動作會吸收勞工的注意力，對他們的精神與智力產生副作用。布雷弗曼走過量產年代，他發現美國的福特化（Fordization）加快了「例行化」（routinization）的速度。機器操作甚至又再進一步細分，勞工的工作變成機械化的動作，由輸送帶把任務帶到勞工面前。這樣的專業化大幅增加了美國工廠的生產力，但也讓勞工無聊得要命。從這個角度來看，工廠自動化是件好事，有了電腦控制的工廠機器人，機器的操作就不再需要人類直接介入。不必有專門負責顧機台的勞工，許多的例行性工作突然間可以由機器人執行，準確度更高。自動化前進的同時，也多出了許多更為複雜的創意工作。諾伯特・維納（Norbert Wiener）斷言，電腦會「讓人類做更多人類該做的事」。[5]

從負面的角度來看，所謂的不必動腦、浪費人類天賦、顧機台的例行性工作，雇用了高比率的美國中產階級；無數的研究都顯示，例行性工作絕大多數集中在技能與所得分布的中段。[6]電腦控制的機器減少了例行性工作的需求，中產階級美國人的工作消失。在近日的一九七〇年，有超過一半的美國勞工是藍領，或在辦公室工作。他們雖然少有人致富，然而相關的工作支撐著廣大與相對富裕的中產階級。或許更重要的是，這些工作開放給不具備中學以上學歷的人士。[7]然而，布雷弗曼則挑戰了所謂機械化增加了技術勞工需求的說法。布雷弗曼手中沒有太多能證明這點的數據，然而工作變得更加例行化，卻需要更多技術，的確聽起來自相矛盾。二十世紀出現的許多例行性工作，的確不太需要花腦筋，不過本書第8章也提過，笨重工業機器的複雜度增加，辦公室機器五花八門，操作者的確需要具備更多技能。

圖十的大反轉，主要源自電腦讓顧機台的勞工技能過時。自動化的範圍擴大，從一個例行性工作擴展至另一個，勞工在勞動市場中面臨惡化的選項。然而，如同電氣化與採行蒸汽動力，電腦化並非一朝一夕之事。勞動市場受到的影響，要在電腦問世數十年後才顯現出來。經濟學家威廉．諾德豪斯（William Nordhaus）曾進行大規模的研究，探討幾世紀以來電腦的效能。第一個重大的不連續性（discontinuity）大約發生在二戰期間。[8]在一九〇〇年代期間，運算的實質成本減少了一兆七千億倍，其中最大的躍進發生在二十世紀下半葉。為什麼會發生在這個時間點不是謎題：「電子數值積分計算機（英文簡稱為「埃尼阿克」）」（Electronic Numerical Integrator and Calculator, ENIAC）是世上第一台可程式化、完全電子化的計算機，埃尼阿克一九四六年問世，一年後電晶體問世。然而，埃尼阿克雖然有著種種優點，但實在不太適合辦公室使用，它一共有一萬八千個真空管，七萬個電阻，重達三十噸。雖然是通用電腦，主要用途是計算彈道軌跡表。前文提過，在一九五〇年代與一九六〇年代，電腦是自動化焦慮的關鍵來源。然而，如同今日討論得沸沸揚揚的自動化機器與人工智慧，擔心電腦取代人類工作的焦慮，僅反映出電腦最初的幾個使用案例（請見第7章）。舉例來說，在全美零售商協會（National Retail Merchants Association）一九五八年的年度大會上，新型的電腦與商品處理系統讓眾人興奮不已，但很少有與會者真的打開錢包買單。電腦依舊太

笨重、太昂貴，難以普及。[9]

埃尼阿克可以被視為電腦革命象徵性的開頭，但個人電腦（personal computer，PC）才真正開啟了自動化年代。[10]一九八二年，《時代》（*Time*）雜誌封面的年度風雲人物被機器取代，個人電腦榮登「年度機器」（Machine of the Year），當時美國才剛開始電腦化。《時代》雜誌指出：「由於電晶體與矽晶片的緣故，電腦的體積與價格大幅滑落，如今成千上萬的民眾負擔得起電腦了……埃尼阿克要價四十八萬七千美元，今日最高規格的ＩＢＭ個人電腦大約四千美元，有的折扣店還提供七七．九五美元的基本款 Timex-Sinclair 100。電腦專家解釋此一趨勢時估算，自動化事業要是能像電腦事業一樣發展，一台勞斯萊斯（Rolls-Royce）今日將是二．七五美元，一加侖汽油就能跑三百萬英里。」[11]

美國的前五百大工業公司裡，僅一〇%的打字機被換成文字處理器。由電腦提供機械腦的機器人，接手了全國最無聊繁重的工作，但很少有產業機器人化。一九八二年，美國工廠有六千三百台運轉中的機器人，其中五七%分布於四家公司：通用汽車、福特、克萊斯勒、ＩＢＭ。[12]然而，自一九八〇年代起，愈來愈高比例的例行性工作被交給電腦控制的機器。電腦變小、變便宜、變強大，於是例行性工作的就業開始萎縮（參見圖十一）。然而，今日的我們知道，最後的結果並不是全面性的技術性失業，一九五〇年代與一九六〇年代的眾多預測並未成真。自動化取代了某些工作的勞工，但也創造出新的工作。機器人取代了重複性的組裝線工作勞工，但機器也需要能夠設定程式、更新設定，偶爾還需要負責維修的技術人員。「機器人工程師」與「電腦軟體程式設計師」等職稱是自動化帶來的直接結果。舊的工作消失，新的工作出現。舉例來說，自動化的航班預約系統問世後，「再也不用做極度例行性的工作，把每一筆成交的航班放上銷售控制表，也不需要再用麻

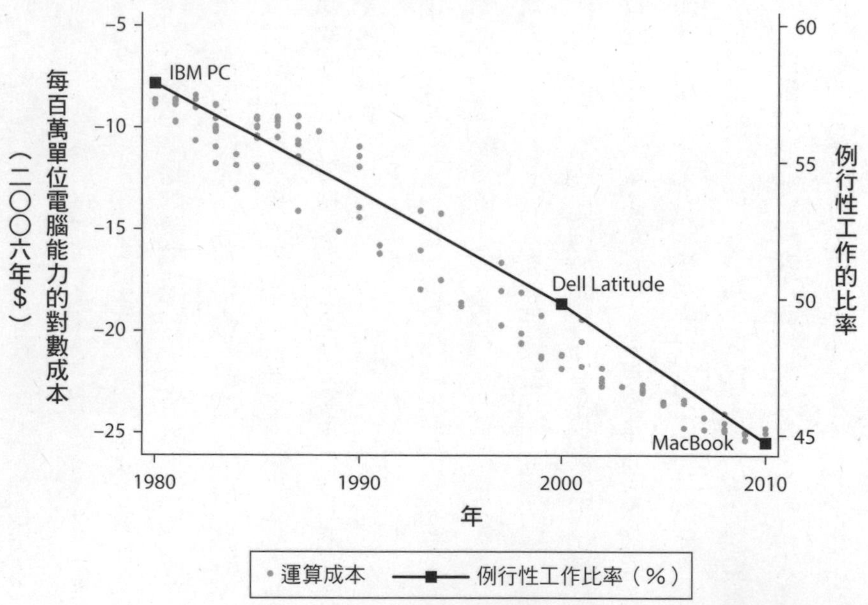


**圖十一：一九八〇年至二〇一〇年運算成本下跌，例行性工作消失**

資料來源：C. B. Frey, T. Berger, and C. Chen, 2018, "Political Machinery: Did Robots Swing the 2016 U.S. Presidential Election?," *Oxford Review of Economic Policy* 34 (3): 418–42; W. D. Nordhaus, 2007, "Two Centuries of Productivity Growth in Computing," Journal of Economic History 67 (1): 128–59; N. Jaimovich and H. E. Siu, 2012, "Job Polarization and Jobless Recoveries" (Working Paper 18334, National Bureau of Economic Research, Cambridge, MA).

注：本圖顯示運算成本下降時，例行性就業如何縮減。每一個點都代表新電腦技術問世的年代與成本。

煩的方法，靠視覺展示版標示哪些航班的位置還空著。」[13]不過，另一個結果則是銷售職責擴大：「『辦事員』（clerk）這個職稱，被『銷售專員』（*sales* agent）或『服務專員』（*service* agent）取代。有兩名員工升職，一人成為專員（Specialist，負責掌管「預約資訊系統」〔Reservisor Information〕），另一人成為專員助理。」[14]

然而，若僅專注於個別職業的起起落落，職場上發生的諸多轉變不免被掩蓋，畢竟許多變化都發生在職業內部。舉例來說，祕書工作並未消失，但今日的祕書和一九七〇年代的祕書所做的事大不相同。電腦革命前，美國勞工統計局對祕書的形容為：「祕書替雇主分擔例行性事務，讓雇主有空處理更為重要的事務。雖然多數的祕書負責速記與接電話，在不同類型的組織，祕書花在相關職務的時間也不一樣。」[15]勞工統計局二〇〇〇年代對於祕書的描述，看得出電腦時代帶來的影響：「隨著技術持續普及至全國各地的辦公室，祕書今日扮演著大不同的角色。辦公室自動化與組織重整，讓祕書開始負責各式各樣的新責任，從前那些責任由經理與專業人員負責。今日許多祕書負責訓練新員工，帶他們認識公司，還透過網路執行研究，學習操作新型辦公室技術。然而，在眾多改變中，祕書的核心責任大體上還是一樣的——負責執行與協調辦公室的行政活動，確保員工和客戶能接收到資訊。」[16]祕書職務發生的事，對其他許多工作而言也一樣。舉例來說，在一九七〇年代，美國的男男女女能靠著當銀行出納員過上好生活，負責接受存款與提錢。前文提過，銀行出納員並未消失，但需要的技能大幅改變，不同類型員工的需求也上升。

儘管如此，電腦化對勞工所帶來的影響，顯然沒有埃尼阿克問世時部分人士所預測的那樣悲慘。雖然電腦取代了比率日益增高的例行性工作，勞工在其他領域還是保住了相對的優勢。原因出在經濟學家奧托所說的「波蘭尼悖論」（Polanyi's paradox）。[17]自動化的關鍵瓶頸，在於工程師很難克服科學家麥克・波蘭尼（Michael Polanyi）的名言：「我們知道的，比我們說得出來的還要多。」[18]（第12章會再詳談人工智慧對波蘭尼悖論產生的影響。）人類時時刻刻都在提取龐大的隱性知識庫，我們甚至很難向自己說明以及定義那些事，也因此要體地寫成電腦程式碼非常困難。如果要了解波蘭尼的意思，可以用重複性的組裝線工作，對照設計新車、寫歌或來一場激勵人心的演說。好歌與精彩演講的規則很難定義，找不出規則；藝術家以及其他創意專業人士也不斷在打破並重新定義規則。從自動化的角度來看，波蘭尼的洞見是關鍵，因為這代表著有很多事人類靠直覺就能做，卻很難自動化，原因在於我們很難定義並描述那些事的規則。需要動用創意思考、問題解決能力、判斷力與常識的活動，我們全都是以隱性的方式來理解那些能力。然而更重要的是，從經濟的角度出發，波蘭尼的觀察也代表著電腦補足了部分的人類技能。交給電腦技術執行的事，例如儲存與處理資訊，讓人類成為生產力更高的問題解決者、決策者與分析者。隨著電腦化減少了此類事務的關鍵輸入成本，人類從事使用電腦的工作時，也變得更具生產力。[19]一九七〇年，律師如果住在沒有法律圖書館的愛荷華州格林內爾鎮（Grinnell），就得開車到最近的大城市，才有辦法做法律研究。在電腦的年代，律師可以繼續把車留在車庫裡，把她的文書處理器連上Westlaw 法律資料庫，即能取得判例法、州法、聯邦法、行政法等法規的數位化記錄。多數專業人員的執業技能，都獲得電腦的一臂之力，例如以下這個在波士頓心臟科醫師史蒂芬・薩茲（Stephen Saltz）的辦公室不斷演變的例子：

> 二〇〇一年九月，薩茲醫師取得年長男性病患哈洛德（Harold，化名）的心臟超音波圖。哈洛德碰上一次小型的心臟病發作，他的病情因為糖尿病變得複雜，因為糖尿病所帶來「無症

狀」（silent）心臟阻塞標準測試測不出來。薩茲醫生一九七〇年代早期在波士頓布萊根醫院（Brigham Hospital）受訓時，心臟超音波檢查有如示波器的裝置，僅提供心臟血流與瓣膜拍擊等有限的資訊。隨著時間推移，電腦化的進展讓儀器得以製造2D影像，幾乎能顯示是心臟的所有功能，包括血流、阻塞、瓣膜洩漏。薩茲醫師利用這樣的影像，看見哈洛德整個心臟前壁都出問題，此一資訊讓薩茲醫師把哈洛德轉診給外科醫師，外科醫師會再幫忙動繞道手術或放置支架。兩種手術都能改善哈洛德的壽命長度與生活品質。電腦化影像讓薩茲醫師成為更優秀的診斷者。[20]

隨著工程師拓展電腦能做的事，技術進步持續朝需要高等教育的技能走，例如複雜的問題解決與創意思考，電腦已經接手較為日常的事務。羅伯特．萊克（Robert Reich）在一九九一年的經典著作《國家的職責》（*The Work of Nations*）中，研究勞動市場的轉變。萊克發現，工作可以分為三大類型，他所謂的「符號分析師」（symbolic analysts）階級崛起，收割了新經濟的好處。[21]符號分析師包括管理者、工程師、律師、科學家、記者、顧問以及其他的知識工作者。在電腦的年代，他們全都成了生產力更高的分析師。萊克認為，除了符號分析服務，還有「例行性工作」（routine job）與「親自服務」（in-person service）。前文提過，例行性工作已經逐漸被電腦取代，「親自服務型」的工作則變得更遍地開花。的確，多數美國人並未從事科技產業或專業服務工作，很少人直接受雇於軟體公司、法律事務所或生科新創公司。然而，這些職業依舊支撐著許多國民的生計。與第二次工業革命中的煙囪工業相比，今日的科技公司很少提供工作給無技術人士，但許多人間接受雇於科技公司。科技公司員工需要許多無技術人士所提供的服務。美國的符號分析師在地方商店購物時，他們支撐著髮型師、酒保、服務生、計程車司機以及店員的收入。這類工作或許沒經歷過生科或軟體生產的技術奇蹟，「但那是多數美國人工作的產業，他們的命運取決於能否持續把自己的時間，賣給販售可輸出的商品與服務（exportable goods and services）的工作者。」[22]

如果說波蘭尼悖論是自動化唯一的障礙，那麼碩果僅存的工作，大多是留給符號分析師的。今日依舊還有大量工作的第二個原因可以用「莫拉維克悖論」（Moravec's paradox）來解釋。莫拉維克悖論由電腦科學家漢斯．莫拉維克（Hans Moravec）提出，意思是電腦很難做到的事，人類輕鬆就能做到。反過來也一樣，電腦能做到許多我們人類感到極度困難的事：「要電腦在智力測驗中解題，或是在下西洋跳棋（checker）時拿出成人程度的表現相對容易，然而，要讓電腦具備一歲孩子擁有的知覺與動作能力卻很困難。」[23]電腦輕鬆就能打敗西洋棋世界冠軍馬格努斯．卡爾森（Magnus Carlsen），卻很難在下完棋後收拾棋盤、放回正確位置。在知覺、靈敏度、動作能力等各方面，任何的人類清潔工依舊能勝過電腦控制的機器。今日的電腦儲存與處理資訊的能力遠遠勝過人類，但電腦無法爬樹、開門、清理桌上咖啡杯、打橄欖球。一種極具說服力的解釋是我們的無意識感覺動作能力（unconscious sensorimotor ability）在人類大腦中經過數百萬年的演化，極度難以模仿。人類從很小的年紀就能走路、辨識與操縱物品，以及理解複雜的語言。因此，讓電腦具備任何四歲娃都精通的基本能力，成了最困難的工程問題。

與波蘭尼悖論關鍵差異，在於許多因為莫拉維克悖論而難以自動化的技能，並未因為電腦而變得更具價值。種種依舊存在的工程瓶頸加在一起，解釋了為什麼勞動市場會出現今日的演變。電腦讓符號分析師過著更富裕的生活，而符號分析師又用更高比率的所得，購買難以自動化的個人服務。然而，例行性工作的自動化讓中學畢業生更難找到工作，也因此生產與自動化部門的勞工，湧向低生產力的服務工作，例如：工友、園丁、托兒工作者、接待人員等等。[24]很不幸，這意味著數百萬的勞工流向生產天花板低的工作，工資因此落後符號分析師。即便如此，經濟學家預測，從事技術停滯不前的勞工，工資將會上升，因為雇主將得付勞工更多錢，才能防止他們流向工資更高的生產工作。前文提過，無大學學歷的男性工資下跌了三十年。換句話說，符合他們技能的其他工作選項變少。佛蘭克・李維（Frank Levy）與理查・莫南（Richard Murnane）是麻省理工學院（MIT）的經濟學家。兩人在二〇〇四年合著開創性的著作《新分工》（*The New Division of Labor*）中，他們和奧托一起率先留意到以下模式：

> 隨著電腦協助帶來了經濟成長，兩種相當不一樣的工作數量增加，且兩者的工資差異極大。薪貧族（working poor）從事的工作，例如：工友、自助餐員工、警衛，那些工作的相對重要性有所成長。然而，更重大的工作成長發生在工資分布的上半部，包括管理者、醫師、律師、工程師、教師、技師。後者有三件事特別突出：薪水高、需要廣泛技能，以及從事相關行業的人士大多仰賴電腦增加生產力。職業結構的中空化——工友變多，管理者也變多——深受工作的電腦化影響。[25]

幾位學者的研究對象主要是美國，但他們觀察到的兩極化不單單是美國的現象。圖十二顯示，中間的空洞化是工業世界勞動市場的特徵。技能與收入分布的頂端與底部出現活躍的工作成長，加深了大學與中學畢業生之間的鴻溝。

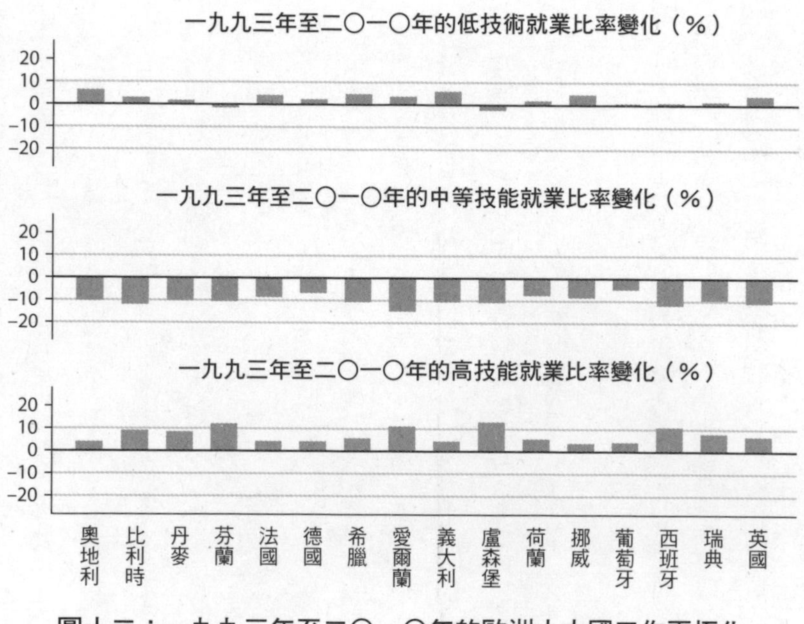


**圖十二：一九九三年至二〇一〇年的歐洲十六國工作兩極化**

資料來源：M. Goos, A. Manning, and A. Salomons, 2014, "Explaining Job Polarization: Routine-Biased Technological Change and Offshoring," *American Economic Review* 104 (8): 2509–26.

## 認知分流

「中產階級」與「勞動階級」（working class）等詞彙，原本用於描述伴隨工業革命而來的重大變化；然而，近日這樣的用語使用上的問題愈來愈多。美國前總統歐巴馬（Barack Obama）在第一次的國情咨文中，一共提到「中產階級」十次，僅提到「勞動階級」一次，也就是當他提到副總統拜登（Joseph Biden）是「來自賓州斯克蘭頓（Scranton）的勞動階級孩子」。[26]隨著工業工作消失，可以列入「勞動階級」的國民愈來愈少。今日有中學學歷的成人大多不在工廠工作，沒有穩定的勞動階級可以讓年輕男女進入，「勞動階級」變成大家避免使用的貶義詞，今日除了超級富人與特別貧苦的民眾，幾乎每一個人都叫「中產階級」。[27]

當然，我們的「中產階級」定義永遠有彈性。在工業革命的典型年代，「中產階級」指的主要是商業與工業的布爾喬亞。然而，在接下來的年代，中產階級也納入了勞動階級。到了二十世紀中期，焊接機操作員及其他藍領勞工被視為擁有相對穩定、薪資不錯的工作。在戰後的黃金年代，勞動階級與馬克思和恩格斯在一世紀前描述的情況迥異，他們有辦法過著中產階級的生活方式。然而，在機器人的世界，所謂「藍領貴族」（blue collar aristocracy）工作機會變少。除了罕見的例外，只有大學畢業的勞工才算中產階級。萊克的符號分析師及其他工作的分別，在於幾乎所有的符號分析工作都要求大學學歷。位於收入分布中段與底部的辦公室與藍領工作消失，年輕人要是只有中學以下的學歷，他們的就業展望比較接近中學中輟生，而不是大學畢業生。因此，社會學家判定一九八〇年後的時期一個人所屬的階級時，大多把大學學歷當成指標，而不是以職業區分。[28]

眾多文獻皆指出，教育強化了分歧，一邊是在新經濟中欣欣向榮的人士，另一邊則是教育程度不如他們的同胞。如果看著勞工如何適應自動化，此一模式更加明顯。具備分析技能的人，向上流動到各式正在擴張的高薪工作，缺乏寶貴技能者則向下沉淪，只能搶奪工資日益低廉的無技術服務工作。在戰後的年代，被取代的組裝線勞工依舊能找到需要類似技能的例行性工作；然而自電腦革命以來，過去從事例行性職業的失業美國人，更不可能找到新的例行性工作。[29]工作選項減少導致一連串的低技能工作搶奪戰，無大學文憑的生產勞工尤其如此。

機器操作員的工作消失時，的確也有新的高技能工作冒出頭來，數值控制工具機需要由電腦程式設計師來設計。一九八五年，第一波的自動化橫掃了美國的汽車工廠，《華爾街日報》（*Wall Street Journal*）就刊登了羅倫斯・麥祖佳（Lawrence Maczuga）的故事：麥祖佳是三十七歲的機器操作員，工作地點是福特汽車的密西根利沃尼亞（Livonia）變速器工廠。麥祖佳一邊在工廠照顧機器、一邊上夜校，取得電腦科學大學文憑。機器自動化後，麥祖佳放棄了組裝線上的半技術工作，接下廠內的「超級工作」（super-job），成為製造技師。有一段時間，麥祖佳一直在考慮放棄福特的工作，成為電腦程式設計師；但福特公布生產要電腦化的新計劃，麥祖佳因此接下了新的職務。[30]

問題出在麥祖佳是特例，不是通例。取得電腦科學學位、或在大學進修專門領域的體力勞動者並不多，也因此隨著自動化減少了例行性技能與體力的需求，藍領人士變得更加弱勢。經濟學家馬提亞・柯特斯（Matias Cortes）、尼爾・賈莫維奇（Nir Jaimovich）、蕭亨利（Henry Siu）發現，無大學學歷的青壯年男性是例行性就業緊縮的主要受害者。許多人的適應方式就是接受低薪的服務工作，例如：幫廚人員、園丁、警衛等等。隨著例行性工作消失，無技術男性更可能淪落到更低階的工作，甚至退出勞動力的可能性大過向上流動。[31]

自動化的副作用不只顯現在工資下跌，勞動市場上的某些群組的失業率也上升了。二十五歲至五十四歲的青壯年男性早上沒去工作的比率，至今已持續上升了數十年（請見圖十三）。經濟學家依舊還在爭論，解釋男性脫離勞動市場的現象時，供給面與需求面的相對重要性，不過逐漸成形的共識是近年來的情形，應該多加考慮需求因素。二十世紀時，福利計劃、另一半外出工作與社會規範改變全都影響著部分男性不工作的決定（請同時參見圖七）。然而，自二〇〇〇年以來，無業情形增加似乎主要是非自願的。經濟學家凱薩琳・亞伯拉罕（Katharine Abraham）與梅麗莎・柯爾尼（Melissa Kearney）近日著手回顧我們所知的男性無業成因，兩人發現自新千禧年以來，二十五歲至五十四歲的男性工作人數減少，貿易和機器人是背後的主因。[32]

然而，女性的經驗相當不同。眾所皆知，「粉領」勞動力的大躍進在二〇〇〇年代時終止，也就是電腦開始取代更多文書工作的時期（請見表十三）。也不過一、二十年前，民眾打電話給美國國鐵（Amtrak）預約火車票時，另一頭會是女性接電話。今日則會聽見錄音：「嗨，我是美鐵的自動助理茱莉。」然而，正如神經科學研究告訴我們的事：女性在互動與社交情境的表現更勝一籌，遠比男性更能適應互動程度與日俱增的工作世界。[33]許多女性並未退回傳統上以女性為主的低薪服務工作，反而向上流動至專業與管理工作。此外，女性擁有大學學歷的可能性也高過男性，女性的技能因此更符合電腦年代的需求。男性愈來愈可能被電腦控制的機器取代，女性則愈來愈可能工作時使用電腦。[34]女性從事專業工作的比率上升，加上以男性為主的藍領部門衰退，許多女性的事業發展因此趕上男性。當然，女性的收入如果要超越男性，依舊還有很長的路得走，但事情已經開始轉變。三十歲以下的美國女性賺錢能力已超越男性——唯一的例外是三大都會區，也就是技術男性聚集的地方。

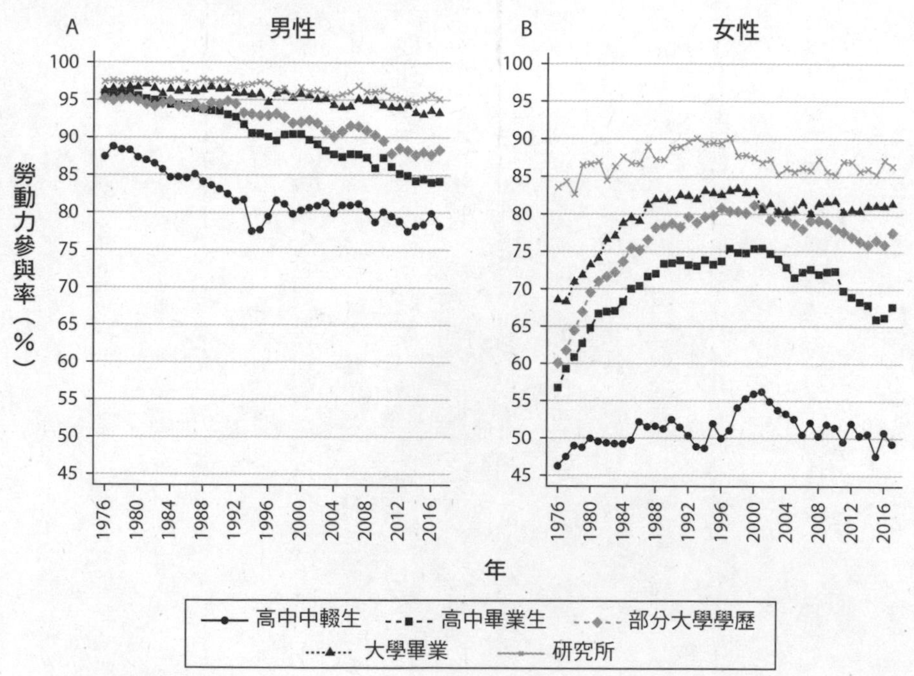


**圖十三：一九七六年至二〇一六年依教育程度分組的勞動力參與率（年齡二十五歲至五十四歲）**

資料來源：一九六三年至一九九一年：「當前人口調查」（CPS）數據取自：D. Acemoglu and D. H. Autor, 2011, "Skills, Tasks and Technologies: Implications for Employment and Earnings," in Handbook of Labor Economics, ed. David Card and Orley Ashenfelter, 4:1043–171 (Amsterdam: Elsevier)；一九九二年至二〇一七年：作者自行分析，數據取自：S. Ruggles et al., 2018, IPUMS USA, version 8.0 (dataset), https://usa.ipums.org/usa/。

雖然此一過程已經持續數十年，近年來多功能機器人（multipurpose robot）等新技術問世後更是明顯，相關的機器人採取自動控制，不需要人類操作員。此外，機器人可以重新設定成執行各種製造工作，例如焊接、裝配、包裝，不能與單能機器人（single-purpose robot）混為一談，也與其他由電腦控制、為單一目的所設計的工具機不同。

很可惜，技術在男性失業率上升現象中扮演的角色，目前僅有多功能機器人的分析，單能機器人的系統性資料少之又少。然而，即便我們因此低估了機器人在經濟中的普及程度，這樣的數據依舊具有參考價值。經濟學家艾塞默魯與雷斯特雷珀估算，每一個多功能機器人大約取代了美國經濟中的三．三個工作。在汽車製造、電子工業、金屬產品、化學等重度機器人化的工業，這些領域的藍領人士自然深深感受到自動化的力量。然而，在機器人被採用的領域，幾乎各行各業都蒙受工資與就業下滑的打擊，無大學學歷的勞工自然面臨較嚴重的工作消失問題。此外，男性被機器人取代的可能性是女性的兩倍。[35]

相關估算集中在一九九三年至二〇〇七年這段時期。然而，「國際機器人聯合會」（International Robotics Federation）的多功能機器人採用統計資料顯示，在後金融海嘯時期，美國工業依舊持續廣泛使用機器人：二〇〇八年至二〇一六年間，機器人使用數量成長近五〇％。然而不用說，機器人的勞工替代效應有可能被其他技術抵銷。如同前文討論過，電腦也替勞工帶來新任務，增強了工作者的技能。儘管如此，可信的證據顯示，近年來的技術變革，整體而言變得更偏向勞工替代技術。如圖十顯示，自一九八〇年代起，無大學學歷的男性實質工資不斷下滑。當然，這種現象也可能反映出其他永久性的因素，例如工作移轉到海外。然而，有更多的直接證據顯示，技術的性質愈來愈偏向勞工替代。經濟學家奧托與安娜．薩洛蒙斯（Anna Salomons）在經濟合作暨發展組織（Organisation for Economic Co-operation and Development, OECD）十八個會員國的二〇一八年大型研究中指出，不論是以生產率增幅（productivity gains）、專利流動（patenting flow）還是設置多功能機器人來評估自動化，自動化都減少了勞動所占的國民所得份額。兩位學者證實，一九八〇年代，隨著電腦更為普及，技術進步才朝取代勞工的方向走，勞動份額因此承受的負面影響，在二〇〇〇年代又更加明顯。[36]

## 恩格斯停頓再現

然而，自動化年代的現象並非絕無僅有。我們在第5章提過，工業革命造成中階收入的工作空洞化，工人的工資下滑，造成不平等的現象加劇。工業化的典型年代因此被稱為「恩格斯停頓」。隨著機械化工廠取代家庭式工業，即便英國經濟起飛，許多人民經濟展望不佳。在工業革命的典型年代，產量出現了前所未有的擴張，但大多數的民眾並未享到成長的果實。每名勞工的產出成長速度是平均每週工資成長速度的三倍多。中階收入的工匠工作減少，工業革命的好處跑到工業家的手裡，獲利率加倍。恩格斯指出，工業家是靠著犧牲可憐的勞工致富，這種說法在恩格斯的觀察期間大致上來說的確如此，一直要到一八四〇年左右，恩格斯停頓才進入尾聲。

如果恩格斯活在今日，他會如何書寫電腦時代？工業化西方的勞動條件，與「撒旦般的黑暗工廠」沒有太多共通之處，但每名勞工的產出與民眾工資的走向，看起來與當年極度類似。自一九七九年起，美國的勞動生產力成長速度是時薪成長的八倍。[37]即便美國經濟的生產力大增、實質工資停滯不前、失業的人增多，勞動所占的所得份額因此下降。企業利潤所占的國民所得份額愈來愈高，勞工分到的比率則很少那麼低過。此外，官方在計算勞動報酬時，一併計算了執行長的薪水，也納入音樂、體育、媒體等各領域的超級明星領到的報酬，也就是說，一般勞工實際上所占的所得份額事實上更小。如同工業革命典型年代的情形，成長帶來的好處從所得分布的底部跑到頂端，從勞工手裡跑到資本擁有者那。在戰後的年代，勞工份額大約徘徊在六四％，然而自一九八〇年代便持續下跌，在金融危機後抵達戰後最低點，近年平均大約是五八％。[38]這點符合圖九顯示的趨勢，「勞動生產力」與「勞工報酬」之間的差距，在一九八〇年代愈拉愈大。此外，這不只是美國現象。舉例來說，經濟學家盧卡斯・卡拉巴伯尼斯（Loukas Karabarbounis）與布蘭特・尼曼（Brent Neiman）證實，自一九八〇年代起，在大多數的國家，勞力所占的國民所得份額持續大幅下跌，兩人主張背後的原因是電腦變便宜了。[39]

利潤上升、勞工份額下降，很容易連結至例行性中階收入工作的自動化（例如：機器操作員、簿記員、貸款審核員），以及勞工轉換至低收入服務工作（例如：工友、服務生、接待人員）。二〇一七年，國際貨幣基金組織（International Monetary Fund, IMF）發表報告，指出「已開發經濟體勞工收入份額下降的最大原因，在於技術進展（由投資財〔investment goods，注：提供生產增加資本的財貨〕的相對價格長期變化評估），再加上初步暴露於例行化。」[40]國際貨幣基金組織發現，電腦控制的機器取代了中產階級的工作，中階技術勞工的勞工份額下降得特別劇烈，吻合勞動市場空洞化的現象。

技術的挑戰也反映在吉尼係數的長期趨勢上（參見圖十四）。經濟學家米拉諾維奇指出：「如同十九世紀初的工業革命，電腦革命加深了收入不平等。」[41]在這些時期，利潤占的所得份額不但衝上史上新高，一般民眾的工資亦停滯不前。前文提過，在這兩段時期，技術取代中階收入勞工的情形都發生了。在電腦時代，不平等加深的主因在於新技術除了大力獎勵高技術的符號分析師，還拉高了資本所占的國民所得。在此同時，隨著中階收入的例行性工作萎縮，無技術勞工移往低薪服務業，因此工資差距更大。同樣地，工業革命時代的技術變遷，一方面使民眾無法保有家庭式工業的中階收入工作，許多工匠受害，一方面製造出工廠的低薪製造工作，以及負責管理生產的白領高薪技術工作。經濟學家卡茲與馬戈指出，電腦對今日勞動市場造成的影響，與十九世紀機械化工廠普及後的情形相當類似。[42]

目前為止，新電腦技術並未像先前大家普遍擔心的那樣，造成廣泛失業。雖然自動化帶走了各行各業的工作，新創造出來的工作也抵銷了消失的工作，顧客與供應商受惠於更便宜的商品與整體消費者支出增加。[43]然而，電腦技術縮小了中產階級的規模，壓低了無技術勞工的工資，也減少了勞工占的所得份額。此外，如同工業革命的經驗，即便出現新型工作，勞工要好長一段時間才能取得所需的技能，成功進入新興工作。許多時候，新型或出現變化的工作內容需要不同類型的勞工；辦公室自動化的案例研究顯示，電腦減少了例行性活動的文書人員，但僅帶來「數量相對少的高薪工作，職責是程式設計與操作新系統」。[44]性向測驗可以篩選出哪些員工適合擔任要求更多技能的新型工作：「被選中的人主要為二十七、八歲、接受過數年大學教育，並擁有……相關工作的工作經驗。」[45]受影響的部門中，年紀較大的勞工或雇員很少雀屏中選，他們沒什麼機會做新創造出來的職位。自動化帶給中年以上勞工的負面影響，遠遠大於年輕人。

替代技術讓現有勞工的技術變得過時，高比率的人口賺錢能力也跟著減少。雖然過程之中出現新型職務，新技術需要花時間學習，況且勞工的工資因此獲得的好處，通常要數年後才會顯現。如同工業革命的情形，動力紡織機織工的工資一直要到手動織布機織工的工作萎縮後，又過了很久才

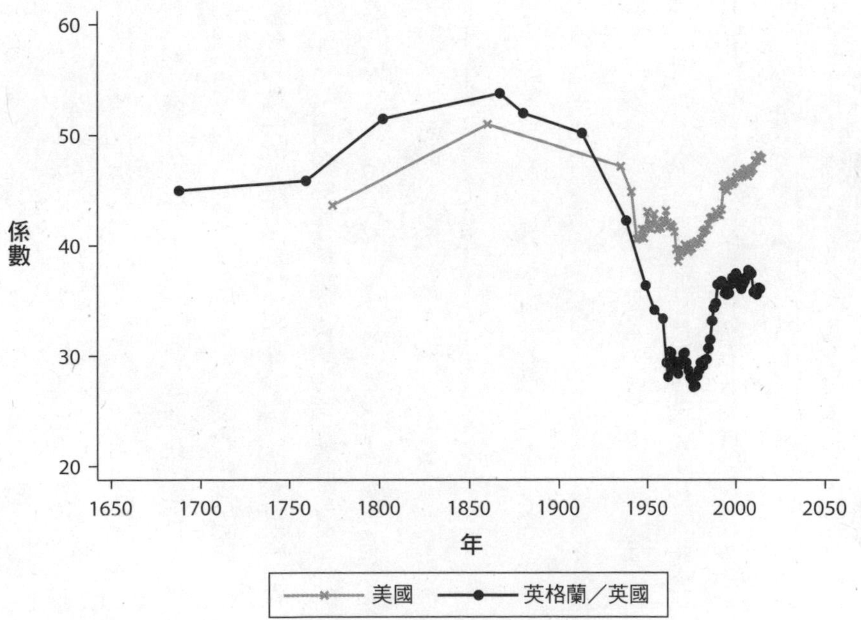


**圖十四：一六八八年至二〇一五年的英美收入不平等**

資料來源：請見本圖的附錄

開始上揚。現代版的類似情形如排字工，同樣也是明顯的例子。電腦的好處在於檔案可以儲存在電腦記憶體，不必麻煩一再鍵入內容，才能修正錯誤；排字工的工作與工資因此受到很大的影響。經濟史學家貝森計算，一九七九年至一九八九年間，排版工與排字工的雇用人數自十七萬人下跌至七萬四千人，調整通膨後的中位數工資下跌一六%。「國際排字工會（International Typographical Union）的成員數大幅下跌，力量大減，一九八六年併入其他工會。」[46]

電腦出版問世後，不再需要繁瑣地重新鍵入文本，排版成本下降，也更容易更動，桌上排版者與平面設計師承接了大部分的排版工作，相關職業的就業機會增加。然而，要完成這個過渡，工作者得學會平面設計軟體，例如排版軟體。我們沒有數據可以判斷有多少排字工成功轉行至平面設計，設計工作需要的技能與排版大不相同，這樣轉行的排字工大概不多。即便成功轉行為平面設計師，工資也不會提升，因為設計師的平均工資處於停滯狀態。貝森解釋：

> 計入通膨後，平面設計師的平均時薪近年來停滯不前；所有類型的設計師的平均工資實際上自一九七〇年代便開始下跌。平均而言，設計師工資微幅高於排字工，但二〇〇七年的設計師中位數所得，僅比一九七六年的排字工時薪高一美元左右。設計師似乎沒怎麼分享到此一技術的好處。為什麼如今一般的設計師習得了大量的新技能，工作責任也大幅增加，卻沒賺得更多?因為設計師的技術與工作安排似乎不斷在變動。取代排字工的平面設計師，部分又被網頁設計師取代，網頁設計師又部分被行動設計師取代。技術不斷重新定義出版與出版方式。每一個改變都需要新的特殊技能——而且這些技能主要得透過經驗或分享知識習得，而不是在學校學到。設計師每一年都得學習新軟體和新標準，才有辦法跟上腳步。幾年前他們學 Flash；

現在學 HTML5，明年可能又得學其他東西。47

職業技能被機器取代後，勞工提升人力資本所做的職業學習投資等於付諸流水。被取代的煉鋼廠勞工，沒辦法隔天一早就展開擔任理髮師的新職業生涯，也很少有能力轉行到專業、管理或工程工作。累積新人力資本的成本愈高，轉換時間就愈長。即便是低技術服務工作，像是在餐廳、飯店、加油站工作，依舊得具備一定技能。幾乎對各行各業而言，經驗都有其價值。然而，為了轉行到高薪工作而取得新人力資本的成本，在技術經濟中無疑高出許多，造成有／無大學學歷者之間的鴻溝愈來愈深。此外，接下來會提到，地點和教育一樣重要。最嚴重的適應問題，就發生在沒落城鎮的無技術勞工身上。

# 第10章 一方樓起，一方樓塌

前文提過，在恩格斯停頓期間，不只是工作場所千變萬化，就連世人居住的社區也發生了變化。十九世紀初，蓋斯凱爾等社會評論家讓機械化工廠帶來的社會影響成為公共辯論的重心，他一八三三年出版的《英國的製造人口及其道德、社會與健康處境》（*The Manufacturing Population of England, Its Moral, Social, and Physical Conditions*）率先引發潮流，啟發恩格斯日後書寫英國勞動階級的處境。蓋斯凱爾認為，人力與蒸汽帶動的機器兩者間的對抗正升高成危機，並主張機械化正在改變「社會聯盟最基本的架構」。[1]蓋斯凱爾指出，工廠制度除了帶走鄉村工業的工匠工作，還在英國的新興工業城中創造出新的弱勢階級：「蒸汽動力的全面應用帶給機器動力，讓各行各業的身心層面被高度同化。整體而言，蒸汽動力摧毀了家庭式勞力，把受害者聚集在城鎮或人口密集的鄰近地帶，造成妻離子散。」[2]

接下來我們會談到，工業革命讓工業城興起，而電腦革命則造成許多工業城死亡。此外，正如工業革命的情形，個人、家庭、社群都承受著極度負面的社會結果。自一九七九年的高峰起，超過七百萬份美國製造工作消失。美國的工業城與煙囪重鎮，也就是藍領工作的聚集處，受到的衝擊力道最強。不論原因是自動化還是全球化，中產階級的工作萎縮，社會問題層出不窮。一九九〇年代，社會學家威廉·朱里亞斯·威爾森（William Julius Wilson）研究了工作消失的城市貧民窟，引發了大量關注。威爾森利用大規模調查與民族誌訪談得出了結論：「鄰里失業率高所造成的結果，破壞性大過鄰里的高度貧窮。內城貧民窟今日的問題，包括犯罪、家庭破裂、福利救濟與低度的社會組織等等，許多問題基本上是工作消失的結果。」[3]威爾森的研究對象是深受經濟轉型與郊區化之苦的地帶，主要集中在內城區的黑人鄰里；然而，那些地區遇上的許多問題，如今也發生在白人的勞動階級社區。

## 當工作消失

沒有任何一座城鎮能代表整個美國，不過伊利湖（Lake Erie）湖畔的俄亥俄州柯林頓港（Port Clinton）算得上相當接近；柯林頓港是一個藍領中產階級小鎮，幾乎各方面都可說是美國的縮影。社會學家與政治學家羅伯特．普特南（Robert Putnam）在《階級世代：窮小孩與富小孩的機會不平等》（*Our Kids*）回顧了他一九五九年的柯林頓港中學畢業班，普特南回憶，同學的爸媽很少受過教育，整整三分之一甚至連中學學歷也沒有。然而，如同鎮上的每一個人，他們享受到戰後繁榮的果實：「有的爸爸在地方汽車零件工廠的組裝線工作，或在附近的石膏礦場、地方上的陸軍基地、小型家庭農場等等地方幹活。」[4]不過，在技術變遷帶來賦能技術的年代，碰上沒工作可做的家庭不多，也不太會在財務上感到不安。雖然柯林頓港很少有家庭稱得上富裕，但貧困家庭也少之又少，而且就算是窮人的孩子，也跟其他每一個人的孩子一樣。不論社會背景為何，大家都參與眾多課外活動，包括運動、音樂、戲劇：「鎮上好多人都會參加星期五晚上的美式足球比賽。」[5]快轉到半世紀後，普特南的同學過得比上一代好，四分之三的人學歷比父母高，絕大多數的人經濟比上一代來得寬裕。或許最令人訝異的是，許多爸媽沒那麼有錢的孩子，他們的成就甚至勝過家境較好、學歷較高的人。弱勢孩子向上流動的程度，幾乎不輸富家子弟。

然而在今日，柯林頓港的美國夢，卻是一場人人際遇大不同的惡夢。再下一代的孩子面臨非常不一樣的現實。父母的職業要是屬於「符號分析師」的類型，孩子的前景依舊不錯。原本靠工廠工作擁有中等家庭財富的民眾，卻每況愈下。普特南指出，美國開始停止向上流動的原因有很多，不過帶給柯林頓港繁榮的製造業基礎開始消失，絕對是其中之一。此外，隨著藍領工作工資下滑，非婚生子女人數大量增加，兒童貧困現象暴增，向上流動變成向下流動。由於藍領工作者往往會在住家附近購物，他們也支撐著服務部門的其他許多工作。藍領工作消失，意味著地方服務經濟遭受重創，商店倒閉，人口外流。工作消失後，許多人前往他鄉尋找更美好的未來，柯林頓港則沒有明天：「柯林頓港的人口在一九七〇年前的三十年間暴增五三%，一九七〇年代與一九八〇年代突然陷入停滯，接著一九九〇年後的二十年下滑一七%。工作通勤時間愈來愈長，絕望的地方工作者到他鄉謀生。我年輕時代的鬧區如今大多變成空蕩蕩的廢墟，無法與郊區的全家一元店（Family Dollar）與沃爾瑪（Walmart）競爭，柯林頓港消費者的荷包逐漸乾癟。」[6]

很不幸，柯林頓港的故事正是美國的典型情形。戰後的年代有許多地方與柯林頓港類似，地方上中等程度的繁榮建立在製造業的基礎上。製造業支撐著欣欣向榮的穩定社區，底層的人有機會往上爬。然而，藍領美國人的就業前景如今不再像一九五〇年代和一九六〇年代那樣，他們居住的社區也不再相同。政治學家查爾斯．莫瑞（Charles Murray）在《分崩離析》（*Coming Apart*，中文書名暫譯）中指出，一般的中產階級美國人，在戰後的年代有辦法像柯林頓港一樣過著好日子，如今則愈來愈遠離整體的美國社會。莫瑞為了解釋這個現象，他依據「當前人口調查」（CPS）提供的人口資料，用統計數字虛構了一個叫「漁城」（Fishtown）的地方——這個名字來自賓州費城同名的藍領社區，居民主要是白人。在莫瑞的漁城，居民全是沒有大學學歷的白人。有工作的人從事藍領職業，提供「親自服務」，或是受雇於低薪辦事員工作。這群人的共通點在於他們握有的技能，不足以在新經濟的競爭中勝出。莫瑞說得沒錯：「經濟愈高科技，就愈仰賴有能力改善與利用科技的人士。這種現象替主要資產是卓越認知能力的人士開啟了許多機會。」[7]莫瑞為了解說美國「認知菁英」（cognitive elite）的好運與「白人勞動階級」的厄運之間逐漸加深的鴻溝，另外又用統計數字虛構了一個叫「貝爾蒙特」（Belmont）的地方，地名源自麻州波士頓附近的中上階級郊區。貝爾蒙特的居民特質和萊克所說的符號分析師非常類似，他們同樣享受到電腦化的好處；他們擁有學士以上的學歷，從事科技工作或技術專業工作，過著無虞又富裕的生活。

接著，莫瑞進一步從戰後的繁榮歲月講起，檢視日後漁城居民發生的種種。其中一個令人憂心、但意料之中的趨勢是有工作的人變少。在一九六〇年，就工作習慣來看，貝爾蒙特與漁城沒有太大的分別：九〇%的貝爾蒙特家戶中，至少有一名成人每星期工作四十個小時以上，漁城則有八一%的人家如此。然而，到了二〇一〇年，差距大幅拉開。八七%的貝爾蒙特家戶中，至少有一名成人每星期工作四十小時以上，漁城的成人有工作的可能性則大幅改變，僅五三%的家戶依舊至少有一人在工作。

隨著漁城無業的情形增加，犯罪也跟著變多。聯邦政府一九七四年至二〇〇四年間的囚犯調查顯示，在州立與聯邦監獄裡，大約八〇%的白人來自漁城，僅二%來自貝爾蒙特。[8]也就是說，犯罪與入獄飆升的情形，集中在白人人口中的一個子人口——勞動階級。社會學家威爾森發現，無業是黑人單親家庭比率成長的原因，除此之外，藍領白人的結婚率也下降了。[9]一直到晚近的一九七〇年，無大學學歷的白人女性僅有六％未婚生子。四十年後則達四四％。今日的漁城只有三分之一的孩子在同時有親生父母的家庭中成長。這點之所以重要，在於單親家庭的孩子在往後的人生機運遠遠不如旁人。經濟學家拉吉．切提（Raj Chetty）與共同研究者發現，家庭結構數據是預測力較強的向上流動指標。一地的單親父母比率愈高，他們的孩子能向上流動的可能性就愈低。[10]

莫瑞並未把電腦革命當成漁城蒙受不幸的原因——他認為無業是工作倫理與福利依賴惡化的結果。至今，經濟因素與文化因素在無業模式、犯罪與結婚率中的相對重要性，學者依舊爭論不休，不過看來強調兩者都很重要比較說得過去。然而，經濟失調無疑能在很大程度上解釋這樣的模式。漁城居民所隸屬的群組顯然受到貿易與技術變遷影響，因而機會變少。漁城的許多社會問題可以直接連結至勞動市場的結果，例如：犯罪率的高低與非法活動的預期成本和好處有關。[11]如果勞工來自勞動市場的預期收入下降，在牢中度過的機會成本也減少，也難怪在歷史上，犯罪活動的相對報酬增加時，民眾更有可能去參與非法的行為。以十九世紀工業化的英國為例，機械化工廠讓勞工的技能變得過時，年紀較大的勞工開始為了經濟利益犯下更多罪，其中又以從事工匠工作者特別嚴重。[12]

失業通常具備週期性與短期的屬性，然而貿易與技術變遷帶來無技術者工資下滑一事，已經持續數十年；這與短期失業相比，更有可能會對犯罪活動產生更為持久的影響。經濟學家艾瑞克．古爾德（Eric Gould）、布魯斯．溫寶格（Bruce Weinberg）、大衛．莫斯德（David Mustard）曾研究「勞動市場機會消失」與「犯罪」的關聯，發現前者帶來後者。失業與工資下滑都影響了無技術男性的犯罪率。論文作者分析的是一九七九年至一九九七年的情形，這段期間的無技術男性工資減少二〇％，財產犯罪增加了二一％。[13]

漁城的居民也為其他厄運所苦，那些因素雖然較不明顯，但依舊直接影響了勞動市場的狀態。社會各階層的結婚率都下降，但漁城人更不可能結婚的原因是工作消失。自一八八〇年代起，白人人口中，具備技術的男性向來結婚的比率最高。在製造業榮景年代進入尾聲前，「從事技術職業的人士」與「藍領美國人」的結婚率差距不斷縮小，接著又再度拉開。勞動市場中的藍領工人地位穩固時，差距變小。然而，在今日的高科技經濟，藍領工作者在勞動市場的狀況愈來愈不穩定，結婚的可能性下降。[14]經濟學家奧托、大衛・多恩（David Dorn）、戈登・韓森（Gordon Hanson）的確發現，藍領工作消失擾亂了婚姻市場，使得結婚率下降。惡化的勞動市場前景讓男性更無法結婚，原因之一是藍領男性沒工作、經濟地位下降，但更令人憂心的是，消失的工廠工作也增加了年輕男女的死亡率差距。隨著工作消失，年輕男性更可能早死。[15]

剛才三位學者的研究發現與其他研究相符。在一九八〇年代早期的經濟不景氣期間，賓州因為工廠裁員而丟工作的勞工，即便距離被裁員已六年，他們的年收入依舊平均少了二五%，剛被開除時的收入更是下降了超過四〇%。[16]然而，被解雇不只會影響到勞工的收入，還會大幅提高死亡的風險。經濟學家丹尼爾・蘇利文（Daniel Sullivan）與提爾・馮・瓦赫特（Till von Wachter）回顧並追蹤勞工的命運，了解工作者因裁員而失去工作後，在他們的身上後續發生了什麼事。兩人發現，工作消失者被解雇後，短期死亡率成長了五〇%到一〇〇%。[17]這樣的影響雖然會隨時間減少，但中年男性的預期壽命還是減少了一・五年，效應等同四十歲時過重四十磅（約十八公斤）。二〇一五年，安・凱斯（Anne Case）與諾貝爾經濟學獎得主迪頓這兩位普林斯頓的經濟學家同樣也詫異地發現，自從世紀之交，中年白人的年死亡率自先前數十年的持續下跌，轉而開始攀升。兩位經濟學者自然指出，死亡率的反轉可能反映出勞動階級白人的勞動市場機會長期逐漸消失，掉出社會光譜的中段帶來太多痛苦。[18]兩人發現，死亡率上升的原因並非心臟病與糖尿病等典型的致命因子，而是自殺與物質濫用。[19]

即便控制種種因子後（包括收入與教育），主觀的幸福通報同樣也顯示失業者遠遠較不快樂。[20]失業帶給男性最大的心理健康打擊，特別是發生在青壯年的期間。[21]某篇被廣為引用的研究甚至發現：「無業打擊幸福感的程度比其他所有任何單一特質都來得大，包括離婚與分居等重大負面特質。」[22]然而，雖然證據強烈顯示，健康幸福與勞動市場的表現密切相關，凱斯與迪頓卻發現，近日「絕望致死」情形飆升一事，有多少程度上能歸咎給技術與貿易其實很難講。鴉片類藥物的濫用與成癮成為重大國家危機，影響著公共衛生與社會福祉。美國的鴉片類藥物危機的確也得納入考量，但濫用藥物也可能是失業率上升的結果。能夠確定的是，中階收入工作的消失帶來了物質與情緒上的痛苦，廣大的中產階級遭到了重大的衝擊。

## 新工作的地理分布

美國的社會之所以四分五裂，原因不只是分配不均。除了收入不平等的情形加劇，遠遠更令人關切的是勞動市場上的大量人口，不但在經濟上每況愈下，主觀的幸福感也減少。此外，民眾愈來愈難理解這群同胞所面對的現實，因為這群人和社會上的其他人漸行漸遠。漁城和貝爾蒙特雖然是依據統計數據虛構出來的城鎮，但它們說明了鐵證如山、情況加劇的地理兩極化（geographic polarizatio）。著名社會學家馬賽和喬納森・羅斯韋爾（Jonathan Rothwell）、瑟爾斯頓・多米納（Thurston Domina）近日檢視了美國的隔離模式，三人發現，在二十世紀的最後二十五年，全美各地出現某種初步的「認知階級隔離」（cognitive class apartheid）；擁有大學學歷的家長與孩子，一起遠離碰上工作消失的家庭所面臨的現實。擁有大學學歷者與其他人漸行漸遠，不只是居住地點的鄰里區隔[23]，在城市之間還發生了更大的轉變，而這樣的轉變與新工作的地理分布有關。

一九八〇年代與一九九〇年代的人預見將來會發生的情形，正好與事實完全相反。全球資訊網（World Wide Web）、電子郵件與手機相繼問世，專家宣稱，地點很快就會變得不重要，地理的詛咒沒多久就會從記憶中消失。[24]艾爾文．托夫勒（Alvin Toffler）等未來學家甚至預測，「地球零距離」（death of distanc）最終會讓城市變成廢墟。[25]二〇〇五年，湯馬斯．佛里曼（Thomas Friedman）的暢銷著作《世界是平的》（*The World Is Flat*）的第一版封面所描繪的世界不再有地理上的區隔。[26]相關作者宣稱，有了資訊科技，面對面的互動將不再有必要，公司與工作者必須聚集在曼哈頓或矽谷等昂貴地帶的年代很快就會消失。然而事實上，即便有了現代的電腦，許多複雜的互動依舊太難捉摸，無法靠科技進行。哈佛大學著名的經濟學家愛德華．格雷瑟（Edward Glaeser）當時便指出，數位溝通與親身溝通頂多是相輔相成，不會彼此取代。[27]效率更高的資訊技術讓人得以維持更大量的關係，連帶增加了親身聯絡的次數。雖然電腦革命的確讓紐約身為製造城的優勢消失，卻強化了紐約的創新競爭優勢。以知識工作（開發與輸出點子）為主的城市生產力提高。

由於「聚集經濟」（agglomeration economies）的緣故，地點依舊重要。聚集經濟的好處在於「就在附近」，例如勞工想要工作地點離家近、公司期望就近找到人才與貼近顧客、家長希望住在好學校旁邊。此外，年長人士也渴望住在提供良好健康照護與氣候宜人的地點。簡而言之，聚集的重點是希望降低移動貨物、人與點子的成本。[28]當然，由於運費大幅下降，公司選擇設立地點時，運送貨物的成本成為較不重要的考量因素。在自動化的年代來臨、而製造就業依舊在擴張前，底特律等工業城就開始衰退的原因，在於生產開始離開五大湖區，移往美國太陽帶（Sunbelt，注：指美國南部日照時間較長的地區）設有工作權法的各州（right-to-work state），也就是禁止公司與工會達成工會保障協議的地區。[29]然而，這樣的區域性自由有可能減少流通聰明人士與點子（高科技經濟的寶貴元素）的慾望，而事實也的確如此。

經濟學家恩里科・莫雷蒂（Enrico Moretti）在《工作的新地理分布》（*The New Geography of Jobs*）一書中，講了一個引人入勝的故事，地點是加州的門洛帕克與維塞利亞（Visalia）。故事情節始於一九六九年，當時有一名年輕的工程師，拒絕了位於門洛帕克（矽谷核心地帶）的惠普公司（Hewlett-Packard）所提供的工作，搬到維塞利亞這個中等規模的城鎮。門洛帕克與維塞利亞距離三小時車程。當時有許多專業人士離開城市，搬到他們覺得比較適合家庭生活的小型社區，而在那個年代，門洛帕克與維塞利亞這兩個加州城鎮都住著欣欣向榮的中產階級，犯罪率差不多，學校品質也差不多；雖然平均而言，門洛帕克的略勝一籌。當時是個美國各地都均衡發展的年代。

然而在今日，門洛帕克與維塞利亞成了兩個世界。矽谷成為全球創新的中心，維塞利亞卻是一灘死水，大學學歷的勞工比率是全美倒數第二，犯罪率節節攀升，相對收入不斷下滑。[30]然而，門洛帕克與維塞利亞並非特例：

〔這兩座城鎮反映出〕全國性的整體趨勢。美國的新經濟地圖出現愈來愈大的差異，不只是人與人之間不一樣，社區也出現差異。少數幾個城市擁有「正確的」產業，還擁有實力堅強的人力資本基礎，不斷吸引著提供高薪的優良雇主。同時，處於另一個極端的城市則是擁有「錯誤的」產業，人力資本基礎受限，整個城市困在沒有出路的工作，平均薪資低落。我將這樣的落差稱為「大分流」（Great Divergence），源於一九八〇年代。在那個年代，美國城市開始愈來愈被居民的教育程度定義……同時，美國社區的種族隔離現象消失，取而代之的是教育程度與收入帶來的隔離。[31]

前述這股潮流始於電腦時代。會計等部分的專業服務，今日的確能自遠端以電子方式傳送，然而電腦技術帶來了新的工作高度集中，也就是說隨著生產變得較為技能密集，地點的重要性也跟著提升。這點可以從新興工作的地理分布在一九八〇年代初出現的重大轉變看出。由於「職業分類」（occupational classification）每十年會更新一次，我們得以找出哪些新工作十年前尚不存在。我與經濟史學家索爾．伯格（Thor Berger）的研究顯示，在電腦化革命前，部分的新興職業依舊是例行性的，新工作不單單出現在技術城市。然而，隨著各式各樣與電腦相關的職業在一九八〇年代爆增，例如電腦程式設計師、軟體工程師、資料庫管理員等等，新興工作的相對優勢大幅流向最先專精知識工作的城市（請見圖十五）。[32]我們在後續的追蹤研究中發現，新行業與新職業的所在地數據也呈現類似的模式。在二〇〇〇年代首度出現在官方統計分類中的新行業主要與數位技術有關，例如網路拍賣、網頁設計、影音串流。諷刺的是，未來學家一度認為技術將讓世界變平，然而事實上技術卻讓世界變得更不平：數位產業絕大多數都聚集在技術人口城市。[33]

科技公司是數位技術的最前線。科技公司的地點選擇，替面對面溝通的價值提供了最佳證據：「矽谷如今是產業聚集的典型例子，顯示出最尖端的技術實際上增加、而非帶走地理鄰近性的需求。」[34]過去二十年的情形支持了這個看法，儘管大量的遠距電子通訊工具問世，矽谷等地的地理群聚效應依舊很強。事實上，隨著新型工作變得更加技術密集，地理的重要性又更高。在一九〇〇

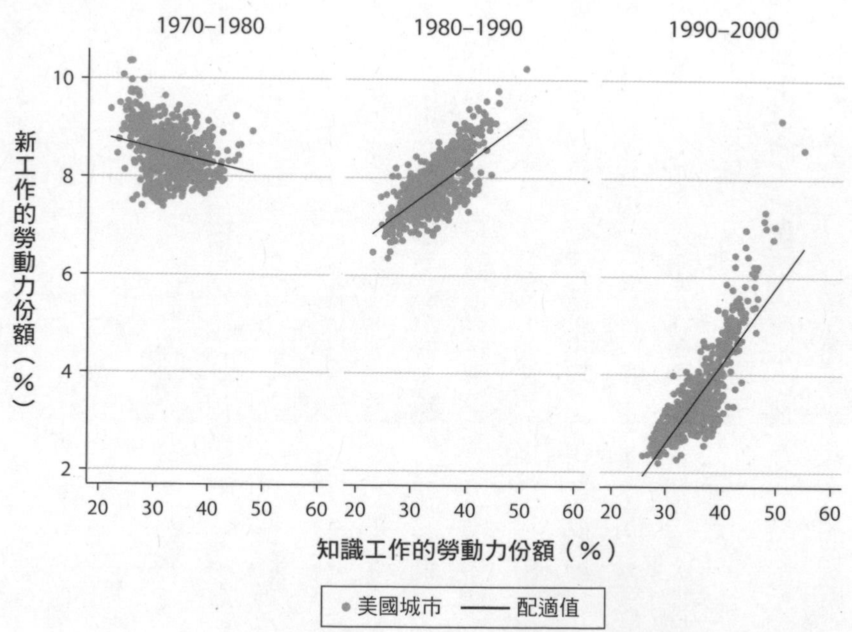


**圖十五：一九七〇年至二〇〇〇年美國城市的知識工作與新工作創造**

資料來源：T. Berger and C. B. Frey, 2016, "Did the Computer Revolution Shift the Fortunes of U.S. Cities? Technology Shocks and the Geography of New Jobs," *Regional Science and Urban Economics* 57 (March): 38–45; J. Lin, 2011, "Technological Adaptation, Cities, and New Work," *Review of Economics and Statistics* 93 (2): 554–74.

注：此三圖顯示每個城市的勞工百分比：受雇於在每一個十年的開頭尚不存在的工作的勞工，以及在全美三百二十一個城市中職業與抽象任務有關的「知識工作者」的初始比率。

年代大部分的時候，平均所得低的地方的確迎頭趕上了富裕的城市與地區。經濟學最常引用羅伯特．巴羅（Robert Barro）與夏威爾．薩拉—伊—馬丁（Xavier Sala-i-Martin）的論文，那篇論文顯示在電腦革命出現前的一世紀，美國各地區持續出現快速的所得收斂。[35]不只美國如此，大西洋另一頭也一樣。各國的大收斂（great convergence）在戰後數十年一直普遍持續下去。然而，所得收斂在一九八〇年代停下，也就是認知隔離（cognitive segregation）的現象變得更普遍的時候。哈佛大學經濟學家彼得．加農（Peter Ganong）與丹尼爾．索哈杰（Daniel Shoag）在〈為什麼美國的區域性所得收斂減少？〉（Why Has Regional Income Convergence in the U.S. Declined?）一文中主張，歷史上，所得收斂的動力來自民眾自貧窮的區域遷徙至富裕的區域。不斷湧入的勞工壓低了富裕地區的工資成長。隨著有人離開，貧窮地區的收入則成長。然而，由於新興工作聚集在技術城市，加上土地利用的管制變嚴格，擾亂了這樣的趨勢：欣欣向榮的城市生活成本提高，無技術者不再有能力移居他地，高技術勞工則持續遷徙。[36]

那麼，為什麼企業不移至勞工與房價便宜的內陸地區呢？答案是創新公司希望待在靠近其他創新公司與技術人才的地點。由於企業在早期階段需要實驗才能成長，基爾．杜瑞頓（Gilles Duranton）與迪爾加．普佳（Diego Puga）兩位經濟學者提出的概念是把城市視為創新的孕育場所。[37]在這段創新期，點子交流對公司而言大有益處，而點子交流的促成因子包含城市的人口密度，以及公司所在地的周圍分布著相關企業，對於技術相對高的人才需求因此升高。創新的育成城市是新興工作的育成中心。等到原型開發出來、操作較為標準化後，再移至不動產價格較便宜、製造成本較低的地方，的確能節省成本。換句話說，新型工作最終將散布至其他地點。只要育成城市產生新型工作的速度，並未快過新型工作的地理散布速度，就會出現就業收斂。然而，新工作只有在標準化後才會散布出去；但自從電腦時代的開端以來，已經標準化的工作並未散布到全國各地，而是被自動化取代，或是移至海外。欣欣向榮的美國城市，因此成為創新的育成城市，但其餘的環節則是在海外完成，或是交給機器去做。

機器取代、而不是輔助工作的地區開始凋零。圖十六描繪出多功能機器人帶來一張不平的地圖，點出一個與技術進步有關的簡單事實：如同多數的其他經濟趨勢，自動化不會以相同的方式、也不會以相同的步調，在每一個地方發生。美國超過一半的機器人僅分布於十個州，其中多數又在東部的心臟地帶——也就是男性無業和生活不滿意度最高的地方。[38]事實上，光是密西根的機器人數量，幾乎就是整個美西的數量。如同機器人的分布，工作消失的情形也不是放諸全美皆同。沒上班的中年男性比率在密西根州的弗林特市（Flint）是五一%，維吉尼亞州的亞歷山卓市（Alexandria）僅五%。經濟學家班傑明．奧斯頓（Benjamin Austin）、格雷瑟與勞倫斯．薩默斯（Lawrence Summers）近日詳細研究了青壯年男性的無業地區，部分的研究發現一如預期，例如平均而言，在教育程度高的地區，男性工作的可能性也較高。[39]另一項發現則是如果製造業向來是居住地的關鍵工作來源，男性有工作的可能性較低。前文提過，自電腦革命的開端以來，新工作絕大多數出現在技術人口城市。同時，在專精例行性製造工作的地區，自動化會帶來反效果：取代勞工，而不是替勞工創造出新職能。

由於在全美各地的工作變得相當不平均，電腦革命讓美國變得更不「平」。出現新型科技工作的地方，地方服務經濟得到提振。經濟學家莫雷蒂估算，城市中每有一個新的科技工作，就會創造出足夠的需求，足以支撐其他五個工作。藍領工作消失的地方則相反，地方經濟受挫。莫雷蒂發現，每消失一個工廠工作，地方服務部門就會少掉一．六個工作。[40]這個過程意味著技術城市欣欣

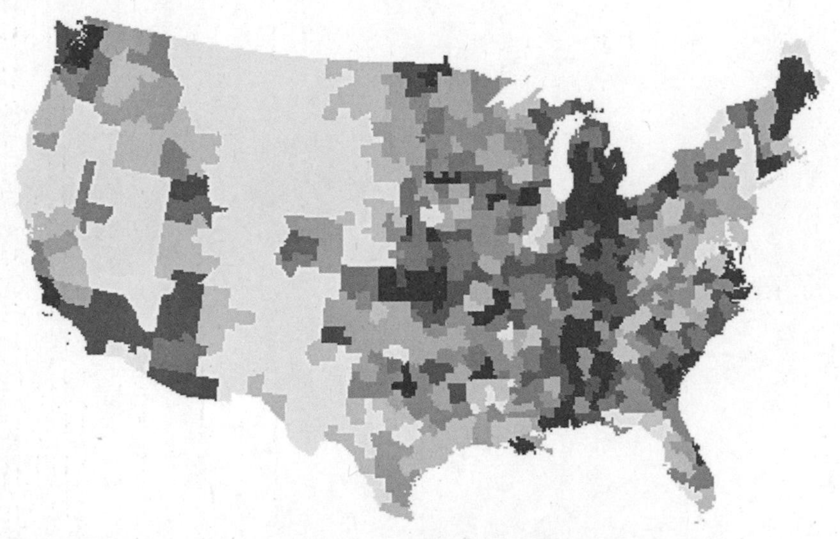

**圖十六：二〇一六年美國工業機器人的地理分布**

資料來源：International Federation of Robotics (database), 2016, World Robotics: Industrial Robots, Frankfurt am Main, https://ifr.org/worldrobotics/；S. Ruggles et al., 2018, IPUMS USA, version 8.0 (dataset). https://usa.ipums.org/usa/。

注：本圖為美國二〇一六年每千名勞工分之工業機器人數量。顏色較深的陰影處，代表每千名勞工的機器數量較高。各郡的地理界限取自「國家史地資訊系統 IPUMS」（IPUMS NHGIS）地圖（www.nhgis.org）。

向榮，煙囪城市日益荒涼。一直到了晚近的一九七〇年，俄亥俄州克里夫蘭（Cleveland）與密西根州底特律的平均所得依舊高過麻州波士頓與明尼蘇達州明尼亞波利斯（Minneapolis）等技術城市。然而，技術城市在近數十年扶搖直上，製造城與工業鎮則沒落。套句經濟學家格雷瑟的話：「如果此類模式持續下去，我們將見到更不平的美國，成功的富庶技術地區在全球的競爭中勝出，貧窮的無技術地區則會落入絕望的深淵。」[41]

# 第11章　兩極化的政治

當社會結構出現裂痕，中產階級開始萎縮，自由民主制（liberal democracy）會發生什麼事？歷史上，貧富差距極大的社會，更容易走向寡頭政治與民粹革命。許多政治學家指出，廣大的中產階級是民主政體能穩定的基本支柱。極端不平等的長期存在，便解釋了為什麼自由民主制並未早點來臨。在前工業社會，地主菁英階級根本沒興趣讓其他人也擁有選舉權，窮人最關切的事則是不要餓死。若是中產階級不存在，就不會有不同的另一套期待，也不太會有人去要求民主。美國政治歷史學家巴林頓．摩爾（Barrington Moore）最著名的一件事，也許就是一針見血指出：「沒有中產階級，就沒有民主。」（no bourgeoisie, no democracy）。[1]這句話雖然引來大量的批評，摩爾的重點並不是中產階級一定都會帶來民主。他要主張的是如同英國的情形，若要出現民主，地主菁英（landed elite）得先被取代——工業化替民主轉型做好準備。

長期以來，社會科學家就注意到經濟發展與民主之間有密切的關聯，但究竟是什麼力量促成那樣的關係，答案很難說。不過，有一派可信的解釋是工業化帶來新興社會團體，新團體握有財富後，開始要求更多政治力量。福山在《政治秩序的起源》一書中，明確點出了工業革命如何改變社會的本質，挑戰舊有的權威秩序。[2]民主興起的確與偏好平等的價值觀普及有關，但相關概念並不是憑空出現。工業革命帶來的深遠改變不僅產生了持久的經濟成長，還大幅改變社會的組成，創造與動員了新興團體——尤其是中產階級與工廠勞動階級。福山的自由民主制度之路，自此始於馬克思的社會階級理論。馬克思主張，舊的封建制度出現的第一個新興社會階級是布爾喬亞。這個階級包含商人市民（merchant townsmen），這群人的財富來自貿易與大力投資工廠制度，進而帶來工業革命。工業革命接著又帶來馬克思的第二個新階級：無產階級（proletariat）。無產階級的成員離開鄉村地區，前往新興的工廠城鎮。這些新群體無法參與封建制度的政治，但日益富裕，逐漸組織起來，要求獲得更多政治力量——也因此形成要求民主的壓力。[3]福山寫道：

> 工業化程度增加導致農民離開鄉下、進入工人階級，在二十世紀初成為最大的社會團體。在貿易擴張的影響下，中產階級的人數開始膨脹，先是英國與美國，再來是法國與比利時，到了十九世紀末是德國、日本和其他「後來才發展的國家」，替二十世紀初的重大社會與政治對抗架設好舞台……關鍵在於，社會上有一個特定的社會團體最強烈渴望民主：中產階級。[4]

## 民主與中產階級的極簡史

馬克思預測，無產階級與布爾喬亞之間的鬥爭將帶來社會主義革命，但事實上，工業化讓勞動階級也被納入廣義的中產階級。不過，如同盧德主義者及其他反對機器的暴動顯示，布爾喬亞與一般勞工的目標打從一開始便鮮少一致。恩格斯停頓是其中一個明顯的理由：勞工在那段期間並未享有工業化的好處。事實上，馬克思認為資本主義將帶來過度生產的危機，機械化工廠自勞動人民身上榨取盈餘，導致少數人握有更大的財富，無產階級則更加貧困。這樣的看法在當時的確似乎相當有理。馬克思預測，由上而下的不平等終將導致整體需求不足、資本主義系統崩潰。馬克思主張，這樣的危機只能靠革命來避免，無產階級必須成為生產工具的主人，重新分配機械化的好處。恩格斯停頓的時間要是再長一點，的確有可能發生某種版本的這種結果，幸好沒有。

我們在第5章談過，局勢在十九世紀中期發生了變化。在馬克思寫作的當下，現代的成長模式開始成形。到了英國工業革命最後數十年，蒸汽的採行加快了生產力的成長速度，實質工資跟著一起成長，技術進步的本質產生變化，人民取得新技能。先前提過，輔助型的技術變遷與勞工的議價能力之間，有著共生的關係；勞工替代型的技術變遷則相反。在恩格斯停頓期間，早期的紡織機器在生產中取代了技術工匠。家庭式工業逐漸消失，工廠出現新型工作，但紡織機器設計成由孩童來看顧。

具備技術的工匠被童工取代，但蒸汽動力更為普及後，複雜度更高的機器出現，打破了此一技能需求下降的模式。工廠的笨重機器需要更有力氣的技術勞工來操作，技術變遷自勞力替代走向勞力提升。隨著勞工的技術珍貴度漸漸增加，勞工的議價能力也跟著提高，勞工的口袋因此開始出現機械化帶來的好處。雖然當中的因果關係很難判斷，但如果不去提現代的成長模式，就更難解釋為什麼各地都發生的機器抵抗運動會消失。先前的章節提過，勞工與代表他們的工會日後鮮少質疑機械化的好處。

現代成長模式的源頭不是有組織的勞工，也不是任何重大的政府干預，但這並不表示勞工運動不具重要性。最後，馬克思所說的社會主義革命並未爆發的另一個原因，在於在工業化的西方，勞工靠工會結合力量開始推動民主，要求更高的工資、更安全的工作條件，進一步重新分配財富與所得。勞工運動的政治分支，事實上接受了機械化的放任自由制度，但他們還是堅持成立靠稅收補助的福利制度。自十九世紀中葉起，工業化讓勞工處於良性循環，機械化提升了勞工的謀生能力，工會也提升了勞工的議價能力，這兩個過程相互增強。技術變遷的輔助本質讓勞工的技術變得更寶加貴，從而增強勞工的議價能力。勞工運動成功利用這點，鼓吹勞工有權正式組織起來，也有權投票。

當然，「法制」與「普選」這兩個自由民主制的元素很難與政治目標分得開，想當然耳，支持者往往會分屬不同陣營。[5]在英國，商業與工業的中產階級替十九世紀的英國自由黨（British Liberal Party）提供了基本支持者。中產階級對於私人財產的法律保護與自由貿易政策比較感興趣；相較之下，勞動階級則對民主比較感興趣。一八三二年，《大改革法案》（*Great Reform Act*）揭開了一系列改革的序幕，英國自此走向漫長的普選道路。《改革法案》的確是「英國史上的重大轉捩點」，開啟了民主化過程與關鍵的經濟改革，例如一八四二年執行個人所得稅，接著四年後又廢止《穀物法》（*Corn Laws*，注：強制執行的穀物關稅，造成勞工的食物支出上升）。[6]由於國會改革已經成為政黨政治問題，背後的支持者是輝格黨（Whig）與激進黨（Radical，日後組成「自由黨」），多數的托利黨（Tories）則反對。《大改革法案》若要通過，輝格黨必須在下議院占多數。自由黨的主要動機是藉由增強國會的力量削弱王權，強化自身地位，但隨著時間推移，部分輝格黨員為了自身的利益，也開始支持讓更多民眾擁有選舉權。自由黨聯盟的共通點在於偏好更多的個人自由，壓制王權與教會的力量，最重要的是自由貿易。然而，他們之所以能勝選是由於勞動階級騷動。經濟學家托克．艾德特（Toke Aidt）與拉菲爾．法蘭克（Raphael Franck）指出：「要不是因為斯溫騷動帶來了暴力事件，一八三一年支持改革的輝格黨無法取得下議院過半的席次。」[7] 勞工擔心脫粒機搶走他們的工作，於是揭竿暴動，引發社會不安，開啟了民主化的過程。社會科學家認為，統治階級視社會動亂為威脅，因而有動力讓更多人民擁有選舉權。[8] 論文作者指出，在先前的選舉中不支持輝格黨與激進黨的選民與贊助者，這次投票給鼓吹國會改革的候選人；不過一直要到經歷機器暴動帶來的暴力後，選民才改變心意，改革者得以在國會占多數。

一八三二年的《大改革法案》幾乎稱不上勞動階級的勝利：沒有任何財產的人民依舊被剝奪選舉權。不過，勞工的確開啟了民主化的過程。從那時起，自由黨與托利黨的選舉競爭替持續普及選舉權帶來壓力，勞工代表的選民比例愈來愈高。這個現象是由拓展工會的努力所促成的，刺激工黨（Labor Party）興起，最終取代自由黨，工黨成為托利黨最大的反對勢力。然而，在十九世紀中葉（距離工黨興起還有很長的時間），托利黨就已經轉變立場，從代表富裕地主改成支持新興中產階級。歷史學家格特魯德．希梅爾法布（Gertrude Himmelfarb）主張，迪斯雷利（注：托利黨領袖）決定推動一八六七年的《改革法案》，使得選舉權拓展至大約四〇%的男性人口，反映出托利黨個是全國性政黨，有能力吸引更多元的民眾。[9]

隨著愈來愈多民眾取得選舉權，工業化西方的勞工利用新到手的政治力量，投票給福利國家政策與社會立法（social legislation，注：涉及福利、撫卹、養老金、住房等各方面的立法）。經濟史學家林德特在《成長的大眾》（*Growing Public*，中文書名暫譯）一書中指出，在一八八〇年至一九三〇年間，重視投票的民主政體課徵到的稅更多，社會轉移（social transfer，注：指人道援助與濟貧等行動）的支出較高，例如：濟貧、敬老、生病補助與失業救濟等等。[10] 林德特鏗鏘有力地指出，福利支出在二十世紀之前相當有限的原因，在於勞工缺乏政治聲音。在工業革命的典型年代，恩格斯停頓持續存在，但英國政府反而減少福利支出。在《大改革法案》問世前，英國也是唯一濟貧變得更慷慨的地區。考量到勞工缺乏政治力量，這點令人匪夷所思。為什麼地主會向自己課徵達二%國內生產毛額的稅，拿去幫助窮人？當時從來沒有政府這麼做過。

林德特依循勞動經濟學家喬治・伯爾（George Boyer）的腳步，主張農村地主仰賴季節性工人，因此留住鄉村地區的農人、確保廉價勞力的來源，符合地主的利益。貧窮救濟能留下勞工，防止他們移居至英國的新興工業中心，然而新興的商人階級取得政治力量後，事情發生了變化。《大改革法案》讓居住在市中心的商人製造者取得選舉權。工業家不認為支持把勞工留在蕭條農村地區的制度有什麼太大的好處。換言之，濟貧法的起起落落，受掌控著政治力量槓桿的團體的私利左右。

有些人士向來擔心，富人會利用經濟力量扭曲民主，讓民主對富人有利。也有人擔心民眾會靠著多數決，利用民主力量的徵稅，奪走富人的財富。法國思想家托克維爾一八三五年出版的《民主在美國》（*Democracy in America*）就提到，普選「把社會的政府送給了窮人」，將導致窮人重新分配富人的財富，因為幾乎在每一個國家，絕大多數的國民並未擁有任何財產。[11]套句政治學者雅各布・海克（Jacob Hacker）與保羅・皮爾森（Paul Pierson）的話，「托克維爾的觀察，在由政治學家所提出的領導理論『所得重分配』（income redistribution）中有了樂觀的轉折，也得到了現代的詮釋。」[12]中間選民理論是政治學家與經濟學家的熱門話題，該理論假設，在多數決的投票制度，決定性的游離選民（swing voter）或中間選民（median voter）最終會刺激政策與重分配政策的供給。由於中間選民的收入多低於國民平均水準，幾乎毫無例外，他們會試圖透過政府達成所得重分配。

此一理論延伸下去，又帶來一個簡潔的預測：更大的不平等，將帶來更多的重分配。[13]

我們全都知道，在不同的地方，政治發展有著相當不同的轉折。政治聲音與福利支出之間存在關聯，但更多人民擁有投票權，不一定代表著更多重分配；更多人擁有投票權與社會福利支出之間的關係很複雜。即便是身處自由民主政體的民眾，也不一定每一件事都有投票權，他們得仰賴民意代表，而民意代表會在許多不同的議題上合縱連橫。美國誕生於反抗英國王權權力集中的革命，國家的建立原則是平等與平民自治；美國依據這樣的精神立國，擁有選舉權的民眾打從一開始就比歐洲國家多了許多。白人男性在一八二〇年代就全都擁有選舉權，但並未如同托克維爾擔憂的那樣，帶來太多的重分配性質的徵稅與支出。舉例來說，在經濟大恐慌前，美國政府的濟貧不曾超過國民所得的〇．六%，直接用於救濟窮人的私人基金會數量也很少。一八九六年時，就連「紐約慈善組織協會」（New York Charity Organization Society）的創始人約瑟芬．肖．洛厄（Josephine Shaw Lowell）都表明，她不認為濟貧能夠治本：「窮人的苦難源自身體上、心理上或道德上的固有問題……救濟是一種惡——永遠都是。即便有其必要，我依舊認為那是一種惡。救濟是一種惡的原因，在於救濟破壞了活力、獨立、勤奮與自助的精神。」[14]

為什麼工作貧困階級（working poor）沒有要求更多的重分配？原因在於美國早期的民主化有自己的問題。後續數十年間出現的政黨制度，必須尋求新的窮人團體與未接受教育的投票者支持，而答應提供工作或允諾其他個人好處，又是動員這群人最有效的方法。侍從主義（Clientelism，注：指選民以政治上的支持，換取各種回饋）一下子就在幾乎每一個層級的政府遍地開花。提供給工作貧困階級短期的甜頭，造成他們的長期利益被犧牲。由於一般美國民眾靠著政治參與換取個人的好處，更難吸引他們支持歐洲出現的那種勞動階級或社會主義政黨，不像歐洲的人民要求更多重分配與全民健康照護等等。[15]共和黨與民主黨靠著提供短期利益、而不是長期的政策參與，獲得美國勞動階級的支持。歷史學家理查．歐斯卻（Richard Oestreicher）主張，侍從主義興起是社會主義不曾抵達美國的原因。[16]

美國的進步時期（Progressive Era，注：約指一八九〇年至一九二〇年間的美國，當時出現大量的社會與政治改良運動）日後解決了侍從主義的問題，不過進步時期的改革目標不是本節的宗旨。十九世紀的侍從主義說明了一個更全面的重點：中產階級在穩定民主制度中所扮演的角色。沒受過教育的貧窮選民無法靠自己在政治上有太大的作為；重分配的徵稅與支出，要看中等收入的選民是否認為自己與低收入者站在同一陣線。中階與低階所得的選民長期以來壁壘分明，因此有可能阻礙共同的政治目標。不平等情況嚴重時（如同十九世紀的情形），中產階級與工作貧困階級之間也沒什麼忠誠度可言。換句話說，有廣大的中產階級時，將最容易集結政治聯盟，補償技術進步的輸家、或因為其他原因失去工作的人士；然而中產階級興旺時，正好也是最沒必要組成這種聯盟的時候。林德特寫道：「當有愈多中等收入的投票者看著那些可能得到公家補助的人，說出：『那可能是我（或我女兒、我全家）』，那麼投票者會更願意靠選票支持利用稅收來提供相關的補助。」[17]要先有具備不同期待的廣大中產階級，才可能出現新型的中產階級政策。

經濟大恐慌中斷了一般民眾的工資大成長時期。在一九〇〇年至一九二八年這段期間，全職製造工人的年收入成長超過五〇%。運輸業與營建業的勞工也碰上類似的工資上揚。他們和在他們之上的白領勞動力一樣，全都收割了成長的好處。我們都知道，經濟大恐慌帶來了羅斯福新政，福利國家興起。然而，新政與福利國家都得靠白領中產階級與勞動階級之間的忠誠度。在接下來的數十年，隨著勞動階級加入中產階級的行列，這樣的忠誠度會愈來愈高。學者普特南生動地描述了一九五〇年代柯林頓港生活，並指出：「體力勞動者與專業人士的孩子住在類似的房子裡。在學校裡、街坊間，在童子軍小隊與教堂團體中，所有的孩子很自然地打成一片……每個人都知道彼此的名字。」[18]這方面柯林頓港並不是特例，在那個年代，體力勞動者及其家人會和白領家庭住在同一條街上。這樣的中產階級生活提供了中產階級政策的基礎。經濟學家戈登解釋：

> 這樣的大致上的經濟平等是最重要的政治事實，戰後的美國打破了戰前的種種情形，既沒有勞動階級，也沒有勞動階級政策，取而代之的是給正在擴張的中產階級的中產階級政策。這群人有著遠大的志向，擁有尚未成為事實的自我認同——更多人尚未抵達那樣的幸福程度，就希望被視為中產階級。一九〇六年，德國的政治經濟學家維爾納・松巴特（Werner Sombart）寫道，美國的社會主義奠基於象徵著美國富裕情形的「烤牛肉與蘋果派」；從戰後年代中產階級的擴張情形來看，松巴特之說幾乎無法反駁。世人開始擁有財產，有望成為布爾喬亞，政治上屬於中間派。藍領階級與白領階級追求的目標明顯重疊，一九四〇年代至一九七〇年代的榮景，象徵著多元穩定的中產階級的平等主義經驗。[19]

美國人走過兩次混亂的世界大戰與經濟大恐慌後，他們的政治立場也因此不再那麼兩極化。勞工的收入穩定增加，機械化讓他們的技術變得更寶貴，他們也替自己贏得更美好的生活。餅變大了，勞動與資本平等地分到餅。戰後歲月是一段工資的快速成長期，利潤持續上升，民眾工作穩定、不怕失業，勞資爭議很少出現。一般民眾的生活水準不斷好轉，許多勞工或他們的孩子也負擔得起中產階級的生活方式。套用福山的話，馬克思的共產烏托邦未能在工業世界成真，原因在於他的無產階級化身為正在成長的中產階級。中產階級崛起，美國進入良性循環，經濟與政治攜手合作。愈來愈多勞工轉換至中階收入工作，政治觀點開始偏向中產階級。

美國政治學家勞勃．道爾（Robert Dahl）的現代政治學里程碑著作，以一個著名的問題起頭；一九六一年他這麼寫道：「幾乎每一個成人都能投票，但知識、財富、社會地位、接近官員的管道和其他資源卻呈不平均的分布，在這樣的一個政治體制，真正的統治者是誰？」[20]道爾的研究檢視了一九五〇年代尾聲康乃狄克州紐哈芬的經驗，答案是政治力量高度分散。紐哈芬由中產階級的中間選民統治，全美其實也一樣。同樣重要的是，隨著美國人的經濟情況愈來愈相似，他們的政治立場趨於相同。一九〇〇年至一九七五年之間，溫和派民主黨與共和黨的比率在眾參兩院都增加，兩黨的極端主義者都減少：「二十世紀中葉，民主黨與共和黨追求政治上的中間人士時，幾乎是臉貼著臉跳舞。」[21]

政治學家賴瑞．巴特斯（Larry Bartels）近日重新探索道爾提出的問題，發現該問題的重要性「……被放大，他的答案的中肯性令人質疑，畢竟過去半世紀以來，美國經歷了劇烈的經濟與政治變化。」[22]隨著經濟不平等在近數十年飆升，為什麼沒像中間選民理論預測的那樣，出現大量的重分配課稅與支出？如果政治聲音與重分配有關，那麼不是應該要有更多的重分配出現嗎？然而，一九八〇年以來，美國的失業、住房、家庭津貼、福利救助金、勞動市場計劃等社會支出所占的國內生產毛額百分比就一直停滯不前。[23]

可能的原因包括低收入勞工因為預期自己日後收入將提高，希望稅率維持在低點。然而，這樣的解釋說不通：前文提過，與上一個世代相比，今日的美國人對於自己與孩子未來的展望還要悲觀許多。因此，政治學家自然開始想知道，道爾所觀察到的多元民主，是否尚未被一小群愈發富裕、利用自身的經濟力量獲取政治利益的菁英給破壞。關切的重點，在於正在增加的經濟不平等已經讓政治制度更未能回應一般民眾的需求，進而強化經濟不平等。中產階級萎縮，國會的溫和派成員也跟著大幅減少，政治變得更加極端：「保守派與自由派幾乎成為共和黨與民主黨的完美同義詞。」[24]經濟與政治兩極化之間的關係，被貼切地形容成「跳舞」，有許許多多的前進與倒退。經濟不平等助長政治兩極化，政治兩極化也助長經濟不平等，要減少技術、貿易、報酬制度等政治以外的變遷所引發的不平等，也變得更加困難。[25]

另一個相關的關切重點是財富愈來愈集中，破壞了民主的正當性。舉例來說，由於打選戰十分昂貴，民選官員愈來愈仰賴手握經濟力量的人士。然而，少數幾個富人在各領域的利益，正在讓一般美國勞工的政治聲音逐漸消失。更令人憂心的是，企業的遊說支出大幅增加，工會成員數量卻在減少，「破壞了勞工組織起來參與政治的主要機制」[26]這方面的例子，從最低工資受到打壓便可看出端倪；大量的民調證據都顯示，不論是民主黨還是共和黨的支持者，民眾長期以來普遍支持增加最低工資。在二〇〇六年與二〇〇八年的選戰中，「國會選舉共同研究」（Cooperative Congressional Election Study）曾詢問七萬名美國人支持或反對提高最低工資，幾乎不論受訪者本身的收入是多少，九五%的民主黨支持者贊同。低收入的共和黨支持者中，也有約七五%的人贊成調漲最低工資，然而年收入超過十五萬美元者僅有四五%支持。其他許多類似的民調也一樣，「民眾持續普遍支持提高最低工資，因此實情更加令人訝異：最低工資的實質價值，事實上自一九六〇年代以來不斷直直落。」[27]然而，如同記者馬瑞琳．吉瓦斯（Marilyn Geewax）所言，儘管選民在意見調查中贊成提高最低工資，卻很少人真的會聯絡自己的民意代表要求這件事。「餐廳與小型企業的老闆組織動員起來，找一流的遊說者出馬，永遠都在告訴國會提高工資會讓利潤減少，雇不起更多的人。」[28]加上勞工組織式微，情勢雪上加霜。巴特斯分析了一九四九年至二〇一三年間實質最低工資的年度波動關聯，證實最低工資的實質價值在民主黨執政時的確比共和黨執政時高四十至五十五美分，但巴特斯也發現，最低工資支持者的命運會如何，勞工是否組織起來的影響力，大過執政者是誰。[29]

重點不在於提升最低工資將是解決勞工關切的最佳方法。更高的最低工資有可能促使業主自動化，因此勞工獲得的好處將是短期的。[30]不過，巴特斯的分析具有更深層的意義：即便有廣大民意撐腰，最低工資依舊未能提高，顯示出勞工正在失去政治影響力。眾所皆知，組織工會的盛況在一九五〇年代中期達到高峰，也就是無大學學歷勞工的技能，更容易被工廠與辦公室機器取代的年代。加入工會提高了這群勞工的謀生能力。此外，成員增加後，工會的勢力隨之增強，即便科技技術有時的確讓勞工握有的技能，卻再也派不上用場（例如燈夫與碼頭工），代表相關勞工的工會也跟著消失。然而，工會成員僅占一小部分的勞動人口。二十世紀中葉最大的工業是汽車業。管理階層決定讓工廠機械化，或進行其他關鍵的資本投資時，「全美汽車工人聯合會」（United Auto Workers, UAW）靠著行使同意權替工會成員爭取到大量福利，包括提高工資、更慷慨的退休金與健康保險。一九五〇年，全美汽車工人聯合會會長魯瑟參與勞工和通用汽車的協商，《財星》（*Fortune*）雜誌稱之為「底特律條約」（the Treaty of Detroit），日後他又與福特和克萊斯勒達成類似的協議，工會成員獲得更高的工資與更多的假期等福利，交換汽車公司不會碰上罷工。魯瑟達成的協議，深深影響著第二次工業革命其他許多量產工業的集體協商，但如同社會學家謝林寫道：

一九五〇年的勞工背後有強大的工會支持，他們夠信任管理階級，有辦法保證組裝線上的勞力不會中斷，以交換理想工資與日後會有退休金的承諾。今日的勞工與雇主不夠信任彼此，幾乎什麼事也無法保證……工會的力量減弱：教育程度低的年輕成人就職的地方，絕大多數並未成功組織工會。勞資之間缺乏協議，年輕成人既無權要求合理的薪資福利，也有沒義務要當忠心耿耿的勞工……就好像一九五〇年代的底特律條約，那個魯瑟與當時其他組織勞工的領袖大力歌頌的條約，被普遍的不信任取代。[31]

二十世紀中期，工會這個制度讓勞工有了統一的政治聲音，建立了無技術者之間的社會連結。舉例來說，政治學者普特南提出令人信服的論點，他主張隨著工會成員數下降，勞工的社會資本也跟著下降。[32]此外，工會代表的勞工類型也跟著改變。工會密度在一九五〇年代與一九六〇年代達到高峰，工會成員相對來說屬於無技術者。今日工會成員的技能程度則和非會員者一樣。[33]

除了工會不再代表無技術者，政黨政治也出現了類似的轉變。在一九五〇年代與一九六〇年代，無大學學歷的中產階級成員是左派政黨的基本支持者。經濟學家皮凱提指出，在那幾十年，法國、英國、美國的左派政黨支持規模更大的重分配，投票給他們的選民往往教育程度有限。然而，傳統上支持勞工的社會民主政黨，日後與教育程度較高的選民關聯性提高。皮凱提主張，在二〇〇〇年代與二〇一〇年代，這樣的轉變造成了「多菁英政黨制度」（multiple-elite party system）的興起，如今，教育程度高的菁英會投給新左派，富人會投給右派。[34]

這樣的轉變使得無技術者離主要政黨愈來愈遠。工會帶給勞工更大的議價能力與政治聲音，促進無技術者之間的社會連結，但工會正在衰退。同時，認知隔離產生了影響，符號分析師更不可能以第一手的方式得知勞動階級的生活情形，因為雙方根本不會在他們居住的社區到面。日益嚴重的經濟隔離，使得無技術者與那些平步青雲的人愈離愈遠，亦解釋了為什麼政治偏好沿著地理線變得兩極化。[35]

## 全球化、自動化、民粹主義

數百萬無技術國民心心念念的議題不再被民選官員關切，他們的政治利益被輕忽，甚至被無視。二〇〇八年，也就是通用汽車關閉威斯康辛州簡斯維爾（Janesville）廠房的前一年，歐巴馬總統到現場進行了一場希望無窮的演說，指出「這座工廠將繼續屹立不搖一百年」。[36]簡斯維爾廠關閉後，歐巴馬的「白宮汽車社區與勞工委員會」（White House Council on Automotive Communities and Workers）會長曾造訪當地一次，但未能提供任何重大協助或救濟。二〇一二年，歐巴馬在的麥迪遜（Madison）選舉造勢活動上告訴歡呼的民眾：「汽車產業再次稱霸。」你若是個恰巧在新聞上看到歐巴馬的簡斯維爾市民，一定會困惑他到底在講什麼。套用記者艾米．戈爾茨坦（Amy Goldstein）的話，你很難把歐巴馬的這些說辭，拿到簡斯維爾再講一遍。[37]

無技術者的經濟機會正在消失，政治上也沒人回應他們所關切的事，於是民粹主義與身分認同政治（identity politics，注：指依據性別、種族、宗教等議題爭取群體支持的政治活動）開始壯大。在二〇一六年的總統選戰，唐納．川普（Donald Trump）幾乎惹惱了所有你想得到的族群，只有一個例外：白人勞動階級。有一派的主張認為，該年的總統選舉結果並不是經濟困頓帶來的結果，而是源自美國白人替自己未來身為宰制團體的地位焦慮。如同政治學家戴安娜．C．穆茨（Diana C. Mutz）所言：「與經濟不景氣相比，群體感受到的威脅感在許多方面是更難應付的對手，因為那是一種心理狀態，而不是實際發生過的事件或災難。」[38]然而，這樣的解釋忽視了美國白人認為他們與他們的身分認同受到威脅，是因為勞動市場上的機會消失。勞動階級永遠不會只是一種經濟分類而已——還是一種文化現象。在製造的年代，男性工業勞工在單調乏味的工廠組裝線辛苦工作，他們必須想辦法替這種工作感到自豪。社會學家米凱萊・賴蒙特（Michèle Lamont）對此提出了有力的論點，指出男性勞工的辦法是建立出「自律的自我」（the disciplined self）這種身分認同。[39]你需要紀律才有辦法每天早起、前往工廠，一個小時接著一個小時、日復一日做著同樣的例行性工作。此外，你還需要紀律才有辦法當個養家的人，一年之中每一個星期都能帶工資回家。賴蒙特在一九九〇年代曾訪問過藍領男性，發現藍領男性自認他們的自律程度遠遠勝過美國其他族群，且認為念過大學的菁英或符號分析師不值得信任。藍領美國人認為那種人不誠實，為了出人頭地不擇手段。此外，藍領白人與黑人人口也保持著一定的距離，他們認為黑人缺乏紀律，太常靠社會福利過活。勞動階級帶有的「白人特質」（whiteness）有其歷史上的淵源。社會學者謝林曾這麼說：

許多工會不肯招收黑人成員，就算收了，地方分會通常會出現種族隔離。一八九〇年代，美國勞工聯合會（*American Federation of Labor, AFL*）成了勢力最龐大的工會組織。聯合會的領袖龔帕斯（Samuel Gompers）呼籲旗下的工會招收黑人，這樣雇主才沒辦法利用低薪的黑人勞工，打擊白人勞工的地位。然而，聯合會卻沒有以太多的實質作為支持自己的主張。全國機械師協會（National Association of Machinists）等好幾個重要的工會不肯招收黑人，卻依舊獲准加入聯合會。那是一個影響深遠的決定。「勞動階級」就此便帶有白人的意涵，整個十九世紀與二十世紀大多數的時期都一樣。[40]

位於鏽帶（Rust Belt，注：指美國工業衰退的地帶）的城鎮，如今四處是無業情形，「自律的自我」這個身分認同更難維持，蟄伏的牢騷甦醒。各種領域的研究都指出，相對所得影響著民眾的志向與主觀的幸福感。[41]白人藍領勞工原本感到自己成功向上流動，如今卻覺得被甩到後頭。「社會概況調查」（General Social Survey）顯示，民眾如何看待近日的過去以及他們對於未來的樂觀或悲觀程度，有著很大的種族差異。自一九九四年起，「社會概況調查」詢問美國人的問題包括：「與你的父母相比，在你現在這個年紀，你認為你今日的生活水準，比他們好很多、稍微好一點、差不多、差了一點，還是差很多？」沒有大學學歷的民眾中，黑人回答變差的百分比，自一九九四年起一路減少，而白人回答變差的比率則暴增。[42]此一心態發生的轉變大致上解釋了川普對於白人勞動階級投票者的吸引力：

> 教育程度低的勞工中，種族矛盾依舊存在；白人勞動者會在不自覺的情況下表現出長久以來對黑人勞工的敵意。在十九世紀末與二十世紀初的工業化時代，也就是大多數的白人工會拒絕非裔美國人入會的時期，當時明顯流露的種族歧視，的確有很大一部分消失了。民權立法、心態轉變、教育程度提升等因素改善了非裔美國勞工的相對地位。沒人能想像今日會有工會領袖像一九〇〇年那樣，以司空見慣的方式詆毀整個「黑鬼族群」。儘管如此，「白人」與「勞工階級」依舊被連在一起……我們訪問的白人男性認為，與先前的世代相比，他們的勞動市場前景正在惡化。他們說對了。在藍領勞工的整體機會正在緊縮的環境下，白人勞工認為黑人取得進展，是在以不公平的方式搶走自己的機會，而不認為是他們的種族優勢地位正在弱化。[43]

人人都知道，川普在選戰中拋出了許多挑釁種族的話語，還攻擊美國的菁英。川普聳人聽聞的言論的確吸引了一些人；他的話無疑是在講給抱持特定身分認同的民眾聽的，也就是賴蒙特在她的研究中所描述的勞動階級。當然，川普的選戰很大一部分集中在移民議題，但要是無技術者有很多高薪工作可做，工資正在上升，川普的手法還會那麼成功嗎？不管怎麼看，技術與全球化在壓低無技術者的工資這件事上所扮演的角色，量的方面超過移民：證據反而顯示，移民促進了就業、創新與生產力，無技術者的工資則沒有受到任何重要的負面影響。[44]「讓美國再次偉大」這個口號，瞄準的顯然是第二次工業革命的煙囪城鎮居民。那些地方一度富裕繁榮，如今卻陷入絕望。以社會流動性為例，幾乎人人都關心自己能完成美國夢的機率；然而收入能上升的展望，主要得看你恰巧在哪裡長大。在美國最大型的城市，孩童要是生在位於全國所得分布最低五分之一的家庭，能爬上最高五分之一的機率，介於北卡羅來納州夏洛特（Charlotte）的四．四%至加州聖荷西（San Jose）的一二．九%之間（一二．九%聽起來不高，但五分位數的代間流動〔intergenerational mobility〕最高也就二〇%：如果生在底部五分之一的孩子，有二〇%的機會可以爬到最高五分之一，那就是說，他們的機會和其他任何孩子一樣好）。[45]美國南方的城市由於歷史上長期歷經種族隔離，社會流動性至今依舊是全國最低。然而，在俄亥俄州克里夫蘭、密西根的底特律與大急流城（Grand Rapids）等製造城市，勞工改善經濟情況的展望，幾乎和南方同樣無望。是什麼因素造成了這樣的機會不平等？在美國夢變成惡夢的地區，有幾件事是一樣的：許多孩子在單親家庭成長，社區犯罪率高，收入嚴重不平等，中產階級凋零。簡而言之，莫瑞筆下之漁城的社會問題，也在那些地區不斷發生。

藍領美國人有很多不開心的理由。前文提過，他們的家庭財務受到打擊，有的人離婚，有的人健康惡化。投票給川普的人五花八門，其中高所得者的確特別多，但許多經濟學家認為，美國的白人勞動階級遭受經濟打擊——那些自認工作被機器或中國人搶走的民眾——讓川普的選情得以翻盤。這樣的解釋聽起來可信，不單是因為符合直覺，也有實證依據。早在川普主義出現之前，全球化就讓美國政治變得兩極。在無技術者的勞動市場前景惡化的地區，國會中的意識型態極端主義者獲得更多的選票。自從中國在二〇〇一年加入「世界貿易組織」（World Trade Organization）以來，美國暴露於全球化力量的國會選區中，溫和派的現任議員更可能中箭落馬，被意識型態較為極端的候選人取代，民主黨和共和黨都一樣。[46]川普打選戰時，自然把全球化當成他的關鍵政見，不出所料，與小布希（George W. Bush）二〇〇〇年的選舉結果相比，在最受到中國進口影響的美國地區，川普的選票出現了最大的成長。[47]然而，全球化雖然是最常被指出的元兇，自動化也打擊了所謂「藍領階級貴族」居住的社區。就算製造真的回到美國，在去工業化的過程中，無大學學歷的中產階級成員失去的大量工作，也回不來了。電腦革命是全球化背後的推手，全面帶走了無技術者的機會：今日就連在開發中世界，例行性工作也開始消失。[48]

在美國，這個過程已經持續了數十年，卻被其他因素掩蓋。雖然許多藍領男性的實質收入下降，然而，由於愈來愈多女性加入勞動市場，部分家庭的所得依舊上升。一直到二〇〇〇年前，也就是女性勞動力參與的成長出現反轉前，女性抵銷了男性的工作赤字（work deficit）。不過，除此之外還有另一個和緩的因素：技術變遷帶給中產階級的日常結果被低所得家戶的補助房貸中和掉了，也就是說即便收入下降，消費大致上不受影響。二〇〇七年房市破沫化之前，來自中國的熱錢，讓就連無技術的美國人都誤以為自己的生活水準正在上升。[49]此外，房市榮景讓建築工作大幅成長，情勢看起來大好，掩蓋住無技術者的工業工作消失的情形。換句話說，例行性藍領工作長期消失的情形，先前被過量的低利信貸與隨之而來的房市泡沫蓋住，金融海嘯則讓一切現形。[50]

金融海嘯本身的確也直接導致全美各地的工作消失，不過在工廠歇業的地區，失業率後來也開始下跌；然而問題在於工作機會雖然回升，高薪工作一去不返。金融海嘯過後，參考記者戈爾茨坦的精彩報導便可知道簡斯維爾居民遭遇的情形。她描述通用汽車二〇〇八年關閉當地工廠後，鎮上的後續情形：

所以說，在金融海嘯嚴格來說已經結束七年半之後，簡斯維爾的情況如何？出乎意料地好，也或者該說不太好，看你從哪個角度評估。最新的數據指出，羅克郡（Rock County）的失業率暴跌至不到四%，創本世紀新低。許多人如今有工作，就跟金融海嘯前一樣；地方上出現物流中心；位於貝洛伊特（Beloit）的工廠，例如：零食品牌菲多利（Frito–Lay）與午餐肉公司荷美爾食品（Hormel Foods）的廠房開始徵人，有的民眾則跑到更遠的地方工作。以上是好消息。然而，不是每一個人今日的薪水都足以負擔他們期望過上的好日子。該郡的實質工資自組裝廠關閉後就開始下跌……目前的重大工作新聞是折扣零售商達樂（Dollar General）決定要在鎮上南方設立物流中心。市政府提供了一千一百五十萬美元的經濟誘因方案——對簡斯維爾而言是個新記錄。達樂公司表示，他們需要的勞動力最初是三百人左右，或許最後會到五百五十人，這將是好幾年來最大的雇用潮。多數的達樂工作時薪將是十五美元或十六美元——遠低於通用汽車關廠時的二十八美元，但這樣的薪水近日在簡斯維爾夠用了。達樂最近舉辦就業博覽會，湧進三千名民眾，顯示居民急著找工作或想換到工資更好的地方。[51]

簡斯維爾並不是特例。在鏽帶各地，中階收入的工作尚未回來。從自動化技術近日的進展看來，那些工作看來愈來愈不可能回來了。二〇一七年，《華盛頓郵報》（*Washington Post*）曾報導過俄亥俄州的威爾明頓（Wilmington）——當地居民以白人為主，一九九五年名列諾曼·克朗普頓（Norman Crampton）《全美最美好的百大小鎮》（*The 100 Best Small Towns in America*）。[52]川普在競選期間造訪過威爾明頓兩次，出現成效。「讓美國再次偉大」成為威爾明頓的期待，不只是口號而已。二〇〇八年，德國貨運公司DHL一離開威爾明頓，這個人口一萬兩千五的小鎮，就有七千個工作人間蒸發。在自家後院做訂製刀的居民邁可·歐馬切利（Michael O' Machearley）表示，他今日的收入只有二〇〇八年丟掉DHL貨運工作前的一半。然而，跟身邊的人比起來，他認為自己算不錯了。歐馬切利解釋：「鎮上的人，有的人因為DHL關閉而離婚，有的人房子沒了。鎮上的房子有行無市，你賣不掉……我們的市中心以前很美，現在一片死寂。」[53]鎮上殷殷期盼，威爾明頓有可能成為亞馬遜（Amazon）的貨運與物流中心，而歐馬切利告訴我們，問題出在亞馬遜「不會像從前一樣雇用那麼多人，因為亞馬遜使用大量的機器人。」[54]

歐馬切利並不是因為自動化而丟工作，但他說對了，有了機器人，遭逢厄運的無技術勞工，工作機會愈來愈少。歐馬切利如果是在戰後的繁榮歲月失去工作，市場上有著大量的無技術高薪工作等著他，日子不會那麼難過。在自動化的年代來臨前，勞工可以接受勞動市場上的變動，因為他們預期以後總有出頭的日子。然而，今日有那麼一天的可能性變少了。川普在俄亥俄州獲得了壓倒性的勝利，而這個州自二〇〇〇年以來，已有三十五萬個工廠工作消失，中產階級的萎縮程度可能是全美最高。健康照護成為最大的雇主，但該部門的工作薪水通常不如消失的製造業。該州年薪的中位數自二〇〇〇年的五萬七千七百四十八美元，下降至二〇一五年調整過通膨的四萬九千三百〇八美元，原因之一是俄亥俄州工廠使用的機器人數量僅次於密西根。

前文提過，自金融海嘯以來，美國工廠的機器人數量成長了五〇％。機器人革命主要是鏽帶的現象，而鏽帶也是川普替共和黨贏得最大勝利的地區。從前，鏽帶曾是專家學者與政治分析師稱為「藍牆」（Blue Wall）的地方，也就是民主黨的鐵票區，這次卻讓選舉轉而對川普有利。其實並不是每一個製造鎮都把票投給川普，但在重度投資自動化的工業選區，選民清一色支持川普。當投票者的工作的確被機器人搶走，或只是因為機器人所以外頭的機會減少，他們就更可能支持川普。我與伯格、陳靜芝（Chinchih Chen）合作的研究顯示，如果美國工廠的機器人數量自二〇一二年選舉就沒再增加，密西根、賓州、威斯康辛州等搖擺州，原本會支持希拉蕊，讓民主黨取得多數。我們考量了各種不同的解釋，包括全球化與移民。雖然反事實研究法永遠令人存疑，自動化程度與投票模式之間顯然有關係，有效解釋了為什麼雖然自一九九二年以來，這三州每次選舉投票都支持民主黨，這次卻被川普拿下。[55]

因此，技術進步今日在引發抗議這件事情上所扮演的角色，就如同十九世紀初期一樣明顯。近日的抗議和當年一樣，源自對於勞動市場消失機會的重大關切。艾德特、加百列・李昂（Gabriel Leon）、麥克斯・沙契爾（Max Satchell）在近日的研究中主張：「北英格蘭前礦工與美國中西部工廠勞工目前的境況，近似於一八三〇年代初期採行脫粒機後，鄉下的農場工人被解雇的情景。」[56]不過，三位論文作者也指出，斯溫隊長暴動源自擔心脫粒機會搶走民眾的工作，當一個教區的潛在暴動者得知鄰近的教區發生暴動後，也會發生重大的感染效應——這點顯示資訊流會惡化勞動者的關切。[57]然而，這樣的感染在今日又更強大。斯溫暴動發生的年代，比鐵路與電報網的興建還來得早（也就是說資訊得靠雙腳、馬背或馬車傳遞），也因此感染主要發生在市場、市集上碰面的時刻。在社群媒體的年代，資訊傳播的速度大幅增快。眾所皆知，臉書（Facebook）及其他公司使用人工智慧蒐集使用者的偏好，進而強化使用者的政黨看法與偏見。社群媒體無疑成了施力的重要管道，使得川普陣營得以利用民眾的不滿，劍橋分析公司（Cambridge Analytica，注：該公司利用取自臉書的用戶數據左右選情）的醜聞就是例證，不過社群媒體本身不是引發民眾憂心的源頭。

## 新盧德主義者

全球化已經占據政治辯論的中央舞台。在二〇一六年的美國總統選舉中，伯尼・桑德斯（Bernie Sanders）與川普都猛烈抨擊貿易協定，並將之定為競選主軸。川普獲勝的部分原因是貿易對部分的勞動市場產生負面影響，也難怪川普競選時承諾將重新協商貿易協定。川普宣稱貿易協定犧牲了美國勞工，圖利其他國家，吸引感到自己是全球化輸家的選民。川普的確以極端的方式攻擊貿易，不過許多體力勞動者及其家人無疑強烈感受到低成本競爭帶來的苦果——尤其是中國進入WTO後。全球化並未讓所有人統統受惠，但自動化也沒有。如同經濟學家丹尼・羅德里克（Dani Rodrik）所述：「全球化幾乎算不上唯一破壞原有社會契約的衝擊。從各方面來看，在去工業化、空間不平等（spatial inequality，注：指取決於地點造成醫療等各方面的資源不均等）、收入不平等方面，自動化與新數位科技就數量而言帶來的影響更大。」[58]

此外，羅德里克也提供極具說服力的解釋，說明為什麼全球化成為政治上的攻擊目標，自動化卻沒有。羅德里克主張：「貿易成為政治上的熱門話題，原因在於貿易挑起世人對於公平性的關切，另一個重要的不平等因子『技術』卻沒有。」[59]如果不平等是不公平的競爭帶來的，那麼問題比較嚴重。當更好的技術讓舊技術過時，卻沒人有理由抱怨：「幾乎對每一個人而言，『因為做蠟燭的人會失業，所以我們要禁止燈泡』的概念聽起來很可笑。」[60]然而，當一間公司的競爭方式是把製造外包給其他國家，而那些國家的企業，又是依據不同的基本原則競爭（例如：勞工的協商權被壓制、普遍雇用童工，破壞了西方國家的社會契約與制度規範），此時比較容易發生抵制。雖然全球化與自動化影響到同一批人，這批人對貿易感到沒那麼樂觀，因為中國與越南等國家的企業破壞貿易規則，它們的競爭方式違反了美國法規。換句話說，貿易的問題不只在於重新分配所得，畢竟幾乎所有政策干預或市場交易都以某種方式重新分配了所得。技術進步帶給勞工市場無止盡的變動超過兩世紀，但如同羅德里克所言：「當我們預期重分配效應將在長期變得平均、每一個人最終都能受益，我們更可能不去計較所得重新洗牌。那是我們認為應該讓技術順其自然發展的關鍵原因，儘管技術會在短期對部分人士產生重大影響。」[61]

儘管如此，我們必須區分不同類型的技術。如果世人認為，技術進步最終會讓自己的生活更美好，他們更可能接受變動。然而，要是其他的工作機會逐漸消失，民眾不認為在接下來的數十年自己的所得將有所改善，他們就更有可能抵抗技術的力量。前文提過，在工業化的早期年代，並不是每個人都得到好處，也難怪受到負面影響的民眾強烈抵制新技術的引進。雖然恩格斯停頓最終被打破，以相當長期的角度來看，一般民眾最終大幅受益，然而許多被機器奪去工作的人，不曾享受到成長的好處。我們目前正在走過另一段取代勞工的技術變遷。羅德里克指出：「機器人、生物科技、數位科技，以及我們身邊的其他領域持續出現的發現與應用，其潛在好處顯而易見……許多人認為，世界經濟可能正處於另一波新技術大爆發的關口。問題在於，這些新技術有很大一部分屬於省力技術。」[62]

最終，不論結果究竟是受自動化、全球化或其他因素影響，沒有什麼能確保人民將接受市場的判決。許多民眾對近日的技術進步並不感到樂觀，也是情有可原。二〇一八年五月二十三日，「拉斯維加斯烹飪勞工工會」（Las Vegas Culinary Workers Union）的兩萬五千名會員，幾乎全數投票給贊成罷工。他們除了要求提高工資，還要求免於被機器人取代的工作保障。拉斯維加斯飯店廚師查德・聶歐文（Chad Neanover）表示：「我投給贊成罷工，為的是確保我的工作不會被外包給機器人……我們知道技術終究會來臨，但勞工不該被擠走和拋棄。」烹飪勞工工會的財務長也指出：「我們支持改善工作的創新，但反對只會摧毀工作的自動化。我們的產業必須在不失去人性的前提下創新。」[63]

此外，二〇一七年皮尤研究中心訪問了四千一百三十五名美國成人，其中八五%支持限制勞動力自動化的政策，只讓危險的工作自動化，其中又有四七%的受訪者是「強力」支持。此外，五八%的受訪者認為：「即便機器便宜又好用，企業能用機器取代的工作數量應該設限。」至於誰該為勞工失去工作負責，受訪者的答案較為分歧，大約一半的人認為政府該負責，「即使必須大幅加稅也一樣」。自認是民主黨支持者的填答人一般贊成政府應扮演更重要的角色，共和黨支持者則更認為這是個人的責任。然而，八五%的民主黨支持者與八六%的共和黨支持者認為，只應該讓危險或傷害健康的工作自動化。或許不令人意外的是，受訪者若是身處工作消失的勞動市場，則更有可能支持限制自動化的政策：中學以下學歷的受訪者中，十分之七表示應該限制企業靠機器取代的工作數量。大學學歷者則僅十分之四同意那樣的看法。[64]

歷史告訴我們，政治菁英如果擔心技術進步會引發政治騷動，他們就有可能阻止技術進步。[65]前文提過，前工業時代的君主握有至高的政治權力，他們擔心將得和愈來愈富裕的商人階級分享權力。此外，君主還得顧忌來自底層的威脅，恐懼機器若是奪走了勞工的工作，將導致社會與政治動亂。然而，雖然這樣的關切一直持續到十九世紀，民族國家之間日益激烈的競爭，改變了統治階級心中的考量。本書第 3 章提過，行會漸趨式微，國際競爭愈演愈烈，外患的威脅開始大過來自底層的內亂。接踵而來的競爭減少了防堵進步的誘因，主要原因是「技術上落後，將使國家無力抵禦國外勢力入侵。」[66]

英國政府開始站在創新者那一方的主要原因，在於即便進步必須以中階所得勞工為代價，英國的貿易競爭優勢來得更為重要。此外，英國政府意識到強大的戰爭機器得仰賴強大的經濟。換句話說，外患的威脅程度大過機器暴動者帶來的內亂。當盧德主義者的暴動橫掃英國時，國會委員會再次接受請願，聆聽機械化帶給棉花工人的痛苦。那場一八一二年的聽證會報告證實，英國政府即便明白技術帶給勞動力的痛苦，卻依舊決心放任技術帶來惡果。前文提過，利物浦伯爵在一八一二年成為首相，他認為以任何方式幫勞工紓困都將妨礙他們再度就業，並傷害英國的競爭優勢。[67]

十九世紀的政府並未感到技術的力量銳不可當，他們動用大量武力，確保盧德主義者及其他團體無力阻礙機械化。同樣地，勞動階級也不認為機械化是不可抵擋的命運，於是他們一遍又一遍試著阻止機器普及。如果盧德主義者成功了，機械化工廠將無法取代家庭式工業，工業革命很可能不會在英國率先發生。

過去的數十年間，競爭並沒有停歇的趨勢。如同工業革命的部分起因是貿易競爭，電腦化的部分動力來自西方的高勞動成本以及日益激烈的全球競爭。日本、韓國，以及更近日的中國紛紛崛起，使得美國公司不得不選擇把製造移至海外或自動化。一九八四年，奇異位於肯塔基州路易維爾（Louisville）工廠的工會領袖唐納．班尼特（Donald Bennett）曾這麼告訴《紐約時報》：「自動化勢在必行，不然我們整座廠都會消失。眼下有的工作必須放棄，但我們得接受部分改變，才能把工廠留在這裡。我們絕對不想見到那些工作必須跑到其他地方。」[68]近日就連中國也在推動自動化，以抵抗低成本的競爭，如今中國是全球最大的工業用機器人市場。

近年來，世界技術領導者的競賽愈演愈烈。超級電腦是電腦王國的重量級武器，有些讀者會訝異，世上最快的超級電腦已經不在美國。這件事之所以至關重要的原因在於，擁有最快的超級電腦的國家，將在其他好幾個領域也是領先者——這也是為什麼白宮的科技政策辦公室（White House Office of Science and Technology Policy）特別指出超級電腦「對經濟競爭力、科學發現、國家安全而言不可或缺。」[69]二〇一五年，歐巴馬政府成立了「國家戰略運算計劃」（National Strategic Computing Initiative），確保美國保住超級運算的龍頭寶座。然而，儘管美國做了種種努力，如今全球最快的超級電腦在中國。美國對此感到壓力，因為每一任的美國政府都知道，技術龍頭要是換人，政治勢力也會跟著變動。

然而，在中產階級萎縮的自由民主國家，內部的政治騷動威脅愈來愈強。民粹主義的大軍正在前進，無技術者關切之事愈來愈難忽視。即便政府關切國際競爭，民粹主義者則選擇鼓勵限制自動化的政策，也就是他們目前遏止全球化的手法。自動化不必被視為無法改變的冷酷現實，而是政府可以從政治層面加以控制的機會與挑戰。舉例來說，限制技術創新與限制部分用途就不相同。如果政治上強烈偏好保住工作，依舊可能會執行犧牲生產力來支持工作的政策。你在巴黎散步時之所以還能路過數十家實體書店，是因為法國近日通過了《反亞馬遜法》（*anti-Amazon law*），禁止網路賣家提供折扣書免運費。法國立這條法規的部分目標是促進「書目多元性」，協助獨立書商競爭。[70]法國為了留住工作，決定放棄生產力與消費者利益。

以上舉這個例子，不是為了支持反自動化的政策。歷史告訴我們，長期來看，若要提升生活水準，省力技術與生產力的提升是先決條件。工業革命之前的歲月成長緩慢的原因，正是因為世人在抵抗讓勞動力的技能過時的技術。然而重點在於沒有任何事能保證，技術永遠都會毫不受阻地前進。自動化非常有可能成為政治的攻擊目標。二十世紀是人類史上非常不一樣的時期，因為機器鮮少碰到阻力。雖然政黨經常會在一段時間後試圖代表特定團體的利益，選民的組成會轉變；有新的經濟與社會問題浮現時，政治目標也會跟著變。政治人物平日透過動員投票者獲得勢力，他們觀察情勢，配合選民所關心的事隨時變動政治議題，而自動化顯然是今日受關注的主題。在英國，工黨領袖傑瑞米．柯賓（Jeremy Corbyn）認為自動化威脅到勞工的工作，主張向機器人課稅，慢下自動化的腳步。[71] 南韓總統文在寅也已出於就業受到威脅的疑慮，調降了投資機器人與自動化的減稅額。[72]

在美國，楊安澤在角逐二〇二〇年的白宮寶座時，把自動化當成關鍵主題。他認為直接向機器人課稅相當困難，而主張向利用自動化的公司課徵特別加值稅。[73] 雖然很少有候選人把自動化當成最重要的政治主題，近日的事件顯示，民粹觀點一旦引發共鳴，有可能一下子就散布開來。共和黨的川普因為承諾要對進口到美國的鋼和鋁課徵關稅，贏得鏽帶州試圖迎合民意的民主黨人士的讚美，例如民主黨參議員謝羅德．布朗（Sherrod Brown）近日告訴便路透社（Reuters）：「對於俄亥俄州各地歇業的鋼鐵廠，以及終日恐懼失去工作的鋼鐵工人而言，早該這麼做了。大家害怕自己會成為中國欺騙行徑的下一個受害者。」[74]

隨著勞動市場愈來愈防堵貿易影響，技術的替代效應變強，民粹主義者的攻擊目標有可能在未來幾年之間改變。選民終將會發現，中國成為重要工業龍頭已成了既定的事實，能移往海外的工作早已離開歐美，不可能大量回歸。認為對鋼鐵課徵關稅就能讓美國再次有工作機會的人士，可以去參觀一下歐洲的鋼鐵廠。奧地利只需要十四名員工每年就能生產五十萬噸鋼線。奧地利工廠的參觀者表示：「廠內幾乎沒有任何人類，頂多就是三名技師看著平面顯示器監督產出。」[75]

由於美國人今日大多任職於經濟中的非貿易部門，所以美國愈來愈能躲過貿易的直接影響。諾貝爾經濟學獎得主麥可．史彭斯（Michael Spence）與山蒂．拉茨瓦約（Sandie Hlatshwayo）指出，在一九九〇年至二〇〇八年這段期間，非貿易服務可能整整占了九八％的美國就業總成長。[76]然而，接下來我們會看見人工智慧與自動駕駛崛起，高比率的非貿易工作如今有可能被自動化取代。歐巴馬總統卸任時指出：「下一波經濟失調將不會來自海外，自動化永不停歇的腳步將使大量的美好中產階級工作成為過去式。」[77]

## 小結

中產階級會興起，主要是兩次工業革命帶來的結果。自十九世紀中葉一直到電腦年代，技術變革讓勞工以穩定成長的比率加入中產階級。從這個角度來看，電腦革命不是機械化世紀的延伸，而是正好相反。在二十世紀這段期間，辦公室與工廠機器普及後創造出來的工作被自動化帶走。美國經濟的重整並未對中產階級有利。一九八〇年代後數十年的情形，在許多方面與十九世紀初類似。在那段期間，機械化工廠的問世造成勞動市場空洞化，勞工工資被壓低，勞動所占的所得份額下降——受苦的是一般老百姓。要是考量到無大學學歷的中產階級人士急轉直下的命運，近日民粹主義高漲的情形便不再那麼令人百思不得其解。今日的藍領家庭（尤其是那些曾經覺得已經翻身的人）感到被遺忘在後頭。如果低階中產階級的工資上揚，到處都是高薪的就業機會，那麼民粹主義為什麼會這麼誘人便很難想像。

這裡要談的，自然不是美國若在電腦革命的開頭就停下技術的時鐘，今日的日子會比較好過。我們應該慶幸盧德主義者並未成功阻止工業革命。自動化的年代和工業革命一樣，帶來了眾多的好處，消費者尤其受惠。然而，事情也再次跟工業革命一樣，從最根本的地方重組了經濟與社會結構——勞動市場上的大批民眾是受害者。的確，把今日比為十九世紀初確實是誇大了，畢竟我們很難想像會有現代美國人願意交換自己的工作，改去「撒旦般的黑暗工廠」勞動。要是和盧德主義者的物質條件相比，我們今日所謂的窮人所受的苦，也就沒那麼水深火熱。二〇一一年，美國傳統經濟會（Heritage Foundation）發表了一篇引發熱議的報告，標題是〈空調、有線電視、Xbox 一應俱全：在今日的美國怎樣叫窮?〉（Air Conditioning, Cable TV, and an Xbox: What Is Poverty in the

United States Today?）。報告作者說得沒錯，美國窮人的物質條件在過去的一世紀大幅改善。一度是奢侈品的創新產品，今日在所有的家庭中都很常見：「二〇〇五年，符合政府貧窮定義的典型家戶擁有一輛車和空調。娛樂方面，有兩台彩色電視機、有線或衛星電視、一台DVD播放機、一台錄影機。如果家中有孩子，尤其是男孩，家裡會買Xbox或PlayStation等遊戲機。家中廚房會有一台冰箱、一台烤箱與爐子、一台微波爐。其他的家庭便利用品包括洗衣機、烘衣機、天花板風扇、無線電話、咖啡機。」[78]然而，即便是盧德主義者，他們能取得的各式消費者產品，也是他們的曾祖父母享受不到的：

> 遺囑認證記錄及其他資料來源的量化研究，讓歷史學者得出結論：消費者耐久財增加的情形在一六八〇年至一七二〇年間達到高峰，例如：時鐘、家具、玩具、書籍、地毯、馬車、珠寶、餐具、咖啡用品和茶具、畫作及其他室內裝飾品。這類物品依舊大多主要出現在中產階級的家——或許該這麼說：這些東西是中產階級的象徵，中產階級的家就是靠這些物品來定義的。然而，在十八世紀，勞動階級人民逐漸也能取得這些東西，說不定連無技術的窮人、農場雇工、赤貧者，那些處於所得分布底部二〇％的民眾也可以擁有。[79]

今日很多低收入戶買得起的東西，在文藝復興時期就連君主都享受不到，這的確證明了在過去的幾個世紀，物質進步出現了大飛躍。如同經濟學家熊彼得所言，資本主義的成就，不在於提供君主更多雙絲襪，而在於「藉由穩定減少需要費的力氣，讓工廠女工也負擔得起。」[80]然而，那不代表關切正在萎縮的中產階級的幸福沒有意義，也不代表不必關切其他許多的必需品並未變得便宜。

通膨的成長速度快過部分勞工的工資上揚速度，不論美國人擁有多少台電視、微波爐、智慧型手機與電腦，許多人愈來愈負擔不起健康照護、教育與住房。許多家戶不算窮人，但他們曾一度是寬裕的中產階級，如今捉襟見肘，原因之一正是許多消費者產品變便宜，但成本之所以下降，靠的是自動化與生產移至海外。許多美國人同時是消費者與生產者，在勞工替代技術型的變遷年代，東西變便宜的另一面，就是大量的勞動力在勞動市場陷入窘境。那是工業革命的早期年代就發生過的事，在自動化的年代又再度發生。即便我們假設，就跟十九世紀晚期的機械化工廠一樣，自動化的重分配效應將在長期帶來了平均的結果，技術變遷最終使所有人都受益；然而對某些民眾來說，短期就等同他們的一輩子。

# PART V

# 未來

未來會如何？……迄今為止的運算史上，基本運算程序的創新，或是經濟各層面的運算應用並未放慢腳步。或許除了人類，電腦與軟體是最高等級的通用技術。這樣的技術有潛力遍布且幾乎澈底改變了經濟生活的每一個角落。以目前的進步速度來看，電腦的複雜度與運算能力離人腦愈來愈近。或許電腦將是最終極的外包對象。

——經濟學家諾德豪斯，〈兩世紀的運算生產力成長〉（Two Centuries of Productivity Growth in Computing）

十九世紀初的盧德主義者的確讓自己的聲音被聽見了。在接下來的數十年間，與他們同仇敵愾的仿效者也是。然而，抗議者能影響自身命運的可能性微乎其微：民主制度依舊設下了重重限制，絕大多數的民眾生活水準依舊相當低，多數人光是要滿足基本的需求，就已經焦頭爛額。日後，局勢出現了翻天覆地的變化，今日幾乎先進西方國家的每一個人原則上至少都有權全面參與社會的每一個領域：政治領域、經濟領域、文化領域。我們期待人民將不只是在定期選舉中投票，還能透過「參與式民主」發揮影響力；不只是能有一份工作，還要能分享經濟成長的果實——前述一切帶來了「期待的民主化」。

——馬努．崔騰伯（Manuel Trajtenberg），〈人工智慧是下一個通用技術：從政治經濟的角度來看〉（AI as the next GPT: a Political-Economy Perspective）

據說，丹麥物理學家波耳（Niels Bohr）曾開過一個玩笑：「上帝把簡單的問題分給了物理學家。」自科學革命以來，科學知識持續穩定累積，物理科學得以運用經過大幅改善的方法預測結果，經濟學則不然。物理定律在一切時空都適用，對經濟學及其他的社會科學而言，邊界條件（boundary conditions，注：指解題時必須滿足的條件）則得看時代而定。經濟結果的可預測性可說在工業革命前的年代處於最高峰，也就是成長緩慢或停滯的時期。

技術的進展的確和演化過程一樣，也就是無法提出長期不變的敘述。前幾章已經介紹過，自動化的潛在應用範圍隨著時間穩定拓展。然而，我們的確也能指出近期碰到的一些工程瓶頸，電腦能執行的任務類型目前暫時受限。第9章提過，在一九八〇年代的開端，例行性的工作開始大量消失，但早在一九六〇年代，美國勞工統計局就指出：「機械化或許的確帶來許多枯燥的例行性工作，但自動化並非只是這股潮流的延伸，而是反轉：自動化所提供的願景，正好就是讓無聊的工作消失，創造出其他需要高階技能的工作。」[1]勞工統計局在大轉變真正發生前，提早了二十年預測到電腦能做的事。由於採行與普及技術需要一段時間，我們可以經由檢視尚不完美的原型技術，推測目前的工作受未來的自動化威脅的程度。

沒有任何的經濟法則能推測接下來的三十年必然與過去的三十年類似。情況究竟會如何發展，主要得看技術發生的事以及民眾的適應程度。我們有可能正處於一連串賦能技術大突破的關口，未來將替中產階級民眾創造出大量的新工作。然而，過去數十年的實證現實指向了相反的方向，我們有理由相信，除非執行了反制政策，目前的潮流將延續至少一陣子。中產階級的就業前景，目前得看電腦能做到什麼、又無法做到什麼而定。此外，人類與機器之間的分工不斷演變。近日出現的人工智慧突破，讓機器有史以來第一次有辦法學習。為了進一步了解下一波自動化，我們先來看在人工智慧的年代，電腦究竟能做到哪些事。

# 第12章　人工智慧

大型資料庫、摩爾定律與聰明演算法一起構成了進步的完美風暴，替人工智慧近日的眾多進展鋪好道路。過去十年最重要的發展，就是自動化不再侷限於例行性工作，而是延伸至意想不到的新領域。在過去的規則式運算年代，自動化的侷限在於邏輯推演的指令必須由電腦程式設計師指定。人工智慧則是藉由找出新方法，將我們難以描述或解釋的事自動化（例如：如何開車或翻譯新聞報導），讓我們得以解決波蘭尼悖論，或至少解開一部分（請見第9章）。[1]這之間的基本差異，在於任務自動化時不再是靠程式下一套指令，我們現在可以讓電腦「學習」數據樣本或「體驗」。每當碰上未知的任務規則，我們可以應用統計數據或歸納推理，要機器自己學習。

出了科技的領域，人工智慧依舊在實驗階段，然而人工智慧的研究依舊在穩定前進，電腦能執行的潛在任務也隨之拓展。最著名的例子，大概就是二〇一六年 Deep Mind 的 AlphaGo 打敗世界專業圍棋冠軍李世乭。隨著李世乭被擊敗，人類在最後的經典棋盤遊戲中失去了競爭優勢；在西洋棋領域，人類則是在二十年前就已敗北。眾所皆知，一九九六年的六局決勝負棋賽，西洋棋大師加里·卡斯帕洛夫（Garry Kasparov）以三勝擊敗了ＩＢＭ的超級電腦深藍（Deep Blue），但一年後在歷史性的重賽中落敗。

與西洋棋相比，圍棋的複雜性更勝一籌。圍棋的棋盤是十九乘十九方格，西洋棋則是八乘八。

數學家克勞德．夏農（Claude Shannon）曾在一九五〇年的重要論文中解釋如何設計程式讓機器玩西洋棋。西洋棋可能的走法數量，下界估值高過可觀測宇宙中的原子數量；而圍棋可能的走法數量，更是超過那個數字的雙倍。[2]即便宇宙中的每一個原子自成一個宇宙、內部又有我們的宇宙原子數量，原子數量依舊少於圍棋可能的正規走法。圍棋的複雜程度突破天際，就連最優秀的棋手，也無法把圍棋拆解成有意義的規則；職業棋手下棋靠的是辨認「一群石頭圍繞著空白空間」時浮現的模式。[3]前文提過，經濟學家李維與莫南出版精彩的《新分工》一書時，認為人類在辨認模式這方面依舊握有相對上的優勢。[4]當時就辨認模式而論，電腦完全無力挑戰人腦，但現在可以了。

AlphaGo 是怎麼贏的，遠比 AlphaGo 獲勝這件事還重要。深藍是規則式運算年代的產物，要成功得靠程式設計師的功力，他們必須替各種棋盤位置，寫下明確的「若……則……」規則（if-then-do rule），AlphaGo 的評估引擎則沒有明確的程式。機器並不是遵守程式設計師預先下好的指令，而是有辦法模仿隱性的人類知識，繞過波蘭尼悖論。深藍的架構是由上而下的程式設計（top-down programming），AlphaGo 則是由下而上的機器學習產物。電腦利用大型資料集，經過一系列的嘗試，自行推導出原則。AlphaGo 的學習方式是首先觀察先前的職業圍棋賽，接著自己和自己對弈數百萬場棋，持續改善表現。AlphaGo 的訓練資料集包含十六萬名專業棋手下過的三千萬種棋盤位置，遠遠超過任何職業棋手一生中能累積的經驗。AlphaGo 的比賽是麻省理工學院艾瑞克．布林優夫森（Erik Brynjolfsson）與安德魯．麥克費（Andrew McAfee）所說的「棋盤的下半場」。[5]《科學人》（*Scientific American*）雜誌讚嘆：「一個時代結束了，新的時代開始了。對於機器智慧的未來而言，AlphaGo 採行的方法與近日的勝利，隱含著大量意涵。」[6]

深藍或許在西洋棋盤上打敗了卡斯帕洛夫，但諷刺的是，在其他事上卡斯帕洛夫會贏。深藍唯一能做的，就是每秒評估兩億種棋盤位置，設計成只有特定單一功能。AlphaGo 則仰賴神經網絡來執行看來是無窮的任務。AlphaGo 的研發者 DeepMind 公司利用神經網絡，在五十種左右的雅達利公司（Atari）電玩中達到超人類的表現，包括〈電子彈珠檯〉（Video Pinball）、〈太空侵略者〉（Space Invaders）、〈小精靈小姐〉（Ms. Pac-Man）。[7] 當然，程式設計師下達了取得遊戲最高分的指令，但演算法透過成千上萬次的嘗試，自行學習最佳的遊戲策略。AlphaGo（或一般版的 AlphaZero）自然在西洋棋上，勝過預先設定好程式的電腦。AlphaZero 學習遊戲不過四個小時，就能打敗最厲害的電腦。

AlphaGo 的勝利等非常近期的進展，是由巨幅成長的數據集從旁輔助而生的，統稱為「大數據」。凡事數位化後，就能以接近零成本的方式儲存與轉存。在幾乎事事都數位化的情況下，網頁、感測器及其他連網裝置每日都能產生數十億ＧＢ的數據。數位書籍、音樂、照片、地圖、文本、感測讀數等等，持續形成龐大的數據體，提供我們這個年代的原始材料。隨著世界人口中數位連結的比率愈來愈高，愈來愈多人得以取得這世上累積的大量知識，也愈來愈多人有辦法增加這個知識基礎，形成正向循環。數十億人在網路上互動，留下數位足跡，讓演算法有辦法利用人類的經驗。思科（Cisco）表示，在接下來的五年，全球網路流量將會增加近三倍，二〇二一年每年將達三．三ＺＢ。[8] 要了解這個數字有多龐大，可以想一想加州柏克萊大學（University of California, Berkeley）研究人員的預估：全球所有書籍容納的資訊大約是四百八十ＴＢ，人類說過的所有話的文字檔大約是五ＥＢ（注：ZB=$10^{21}$Byte，TB=$10^{12}$Byte，1EB=$10^{18}$Byte）。[9]

數據的確可被視為新石油。大數據愈大，演算法就愈理想。我們提供的範本愈多，大數據就愈能改善翻譯、語音辨識、影像分類以及其他許多任務的表現。舉例來說，愈來愈大的數位化人類翻譯文本資料庫，讓我們更能判斷演算法翻譯重製被觀察的人類翻譯的準確性。每一份聯合國報告永遠都會由人類翻譯成六種語言，給了機器翻譯更多的學習範本。[10]隨著數據供應的擴充，電腦的表現跟著改善。

谷歌翻譯（Google Translate）利用了大量演算法，但要不是電腦硬體依據摩爾定律大躍進，無法那麼普及。運算的諸多元素歷經了數十年的指數型改善，包括運算速度、微晶片密度、儲存容量等等。舉例來說，人工神經網絡的概念（模仿大腦神經連結的多層運算單位）在一九八〇年代左右就已經問世，但運算資源的侷限讓網絡表現不佳，也因此一直到了近日，機器翻譯仰賴的演算法依舊是逐一分析數百萬人類翻譯中的詞組。然而，以詞組為依據（phrase-based）的機器翻譯有不少嚴重的缺點，尤其他們專注在小的字詞單位，通常會造成演算法抓不到大脈絡。解決這個問題的方法是「深度學習」（deep learning），也就是運用層數更多的人工神經網絡。相關進展讓機器翻譯得以掌握複雜句子的結構。在訓練與翻譯推論（translation inference）這兩個方面，「神經機器翻譯」（Neural Machine Translation, NMT）過去是昂貴的運算，但摩爾定律帶來的進展，加上有了更大量的數據集，「神經機器翻譯」今日有其可行性。

機器翻譯的深度學習也有不足之處，其中一個重大挑戰便是翻譯罕見字詞。舉例來說，如果在以神經機器翻譯為依據的系統中，輸入日文的「一期一会」（一生一次的相會），你得到的翻譯大概會是《阿甘正傳》（*Forrest Gump*）。乍看之下很奇怪，但這恰巧是這部電影的日文名字。由於這個詞彙出現的次數少，沒怎麼出現在其他內容中，因此機器判斷你要找的是這部電影。不過，機器學習研究人員找到了有創意的方法繞過這個問題（至少繞過一部分），也就是把字詞分割成子單位。Google的研究團隊在二〇一六年的《自然》（*Nature*）期刊提出，與過去以詞組為依據的系統相比，可以利用「字單位」（word-unit）與神經網絡一起將錯誤率降低六〇%。[11] 雖然 Google 的神經機器翻譯系統依舊落後人類的表現，但它正在急起直追。

人工智慧和蒸汽、電力、電腦一樣，屬於「通用技術」（GPT），能有各式各樣的應用。經濟學家伊恩·考克班（Iain Cockburn）、瑞貝卡·韓德森（Rebecca Henderson）、史考特·史登（Scott Stern）指出，探討人工智慧的發表出現了重大轉變，自電腦科學期刊轉換至應用導向的刊物。二〇一五年，這三位論文作者評估，所有人工智慧的發表中，近三分之二屬於電腦科學以外的領域。[12] 三人的發現符合一般觀察，人工智慧正在應用於五花八門的任務上。讓機器翻譯前景可期的技術也能用在視覺任務，例如影像辨識。相關演算法自影像的個別像素起步，逐漸能處理幾何圖案等更複雜的特徵（feature）。

近年來，影像辨識進步神速，標示影像的錯誤率自二〇一〇年的三〇%，二〇一七年下降至二%。[13] 此一技術許多時候依舊處於實驗階段，但已經出現大有可為的跡象。以德國為例，在柏林的南十字鐵路站（Südkreuz）辨識行人的自動面部辨識技術已經測試成功，可以協助安檢人員執行工作。內政部長湯瑪斯·德·梅齊埃（Thomas de Maizière）指出，即便影像品質不佳，演算法辨識出正確面孔的成功率是七〇%，標示錯誤人士的機率則不到一%。[14] 相同類型的面孔辨識人工智慧也擅長分析疾病。《自然醫學》（*Nature Medicine*）刊登的新研究指出，人工智慧已經能利用病理影像辨識不同類型的肺癌，準確率達九七%。[15] 二〇一七年另一篇《自然》的文章，則是利用神經網絡與十二萬九千四百五十張臨床影像的資料集，測試人工智慧與二十一名經過認證的皮膚科醫師的表現，結果人工智慧已經抵達人類等級的表現：「〔演算法〕的表現在兩項任務中，都表現出受測專家的水準，顯示人工智慧有能力分類皮膚癌，能力堪比皮膚科醫師。在深度神經網絡的協助下，行動裝置有潛力讓民眾在診所以外的地方，也能取得皮膚科醫師的服務。預估到了二〇二一年，全球將有六十三億名智慧型手機用戶，也因此有潛力提供所有人低成本的重要診斷照護。」[16]

機器不只變成更厲害的譯者與診斷專家，還變成更理想的聆聽者。語音辨識技術正以驚人速度改善。二〇一六年，微軟宣布達成轉錄對話達人類程度的里程碑。微軟人工智慧團隊二〇一七年八月的研究報告，指出技術又更上一層樓，錯誤率自六％下降至五％。[17]此外，如同影像辨識技術有望接手醫生的診斷工作，語音辨識的進展與使用者界面，有望取代部分的互動式任務工作者。眾所皆知，蘋果的Siri、谷歌個人助理（Google Assistant）、亞馬遜的Alexa運用自然用戶界面（natural user interface）辨識人所說的話，並詮釋話中的意義，據此做出回應。Clinc公司利用語音辨識技術與自然語言處理（natural language processing），開發新型的人工智慧語音助理，用於麥當勞（McDonald's）與塔可貝爾（Taco Bell）等速食餐廳的得來速點餐窗口。[18]二〇一八年，Google宣布開發取代客服中心員工的人工智慧技術。顧客打電話進來時，由虛擬服務人員接起。如果顧客的要求包含演算法還不能做的事，將自動轉接給人類服務人員。另一個演算法接著分析對話，辨識數據中的模式，用以改善虛擬服務人員的能力。[19]技術演變深深影響著勞工市場。儘管企業已經將工作移至海外數十年，全美依舊約有兩百二十萬人在六千八百個客服中心工作，另有數十萬人在較為小型的地點從事類似的工作。[20]

自動駕駛是近日最大的技術飛躍。早在一九五八年，美國總統艾森豪（Dwight Eisenhower）為了回應蘇聯成功發射史上第一顆人造地球衛星「史普尼克一號」（Sputnik 1），成立了美國「國防高等研究計劃署」（Defense Advanced Research Projects Agency, DARPA）。二〇〇四年，國防高等研究計劃署首度舉辦無人駕駛車的「超級挑戰賽」，目標是在十小時內，在沒有任何人類輔助的情況下，在莫哈韋沙漠（Mojave Desert）駕駛一百四十二英里。所有的參賽車輛中，駕駛最遠的記錄為七．一英里，好幾輛車甚至沒離開起點，最後沒人奪下百萬美元獎金。然而，二〇一六年，全球第一部自駕計程車已經在新加坡載客。

近日的自動駕駛進展源自大數據與聰明演算法。今日有可能在車內儲存完整的道路網特徵，簡化導航問題。一直以來，季節變換所帶來的下雪等挑戰是演算法導航的關鍵瓶頸，但人工智慧靠著儲存先前的下雪記錄，如今有辦法處理這個問題。[21]人工智慧研究者證實，演算法駕駛如今能辨識行駛環境出現的重要改變，例如道路施工。[22]我在牛津的工程研究同仁波諾蘿．馬席貝拉（Bonolo Mathibela）、保羅．紐曼（Paul Newman）、英格瑪．伯思納（Ingmar Posner）在一項大型研究中提出結論：「車輛能因此夠做好準備，不怕在路上、或是在〔車輛〕無法靜止不動的地帶碰上人類——也就是擁有『動態的狀態意識』（situational awareness，注：指意識到周遭發生的狀況，掌握及時的影響，做出回應），就跟人類一樣。」[23]

自駕車雖然依舊處於早期階段，但已經在數種情境實際應用。部分農業車輛、堆高機、裝卸車已經自動化；近年來，醫院開始利用「自主機器人」（autonomous robot，注：不需要人類介入操控即可執行工作的機器人），負責遞送餐點、處方與檢體樣本。[24]二〇一七年，在英國與澳洲都有總部的金屬與礦產龍頭力拓公司（Rio Tinto）宣布，公司在二〇一九年時，皮爾布拉礦場（Pilbara）的自動駕駛運輸車隊將擴張五〇％，完全自主操作。[25]不過，目前為止，自駕車的採行範圍受限，主要運用於相對而言非開放式的環境，例如：倉庫、醫院、工廠、礦場。當電腦程式更能預期車輛可能碰上的各式物品與情境，要自動化相對簡單。程式運用明確的「若……則……」規則，在碰上其他物體靠近時，下令要車輛停下或慢下。至於大城市街道等開放式環境，可能發生的情境太多，幾乎需要指定無窮的規則。

人工智慧加上便宜強大的數位感測器，近來已提升了完全自駕車也能運用在開放式環境的展望。車輛裝備了大量感測器後，汽車公司如今蒐集到數百萬英里的人類駕駛數據供演算法學習。阿傑・阿格拉瓦爾（Ajay Agrawal）、喬舒亞・甘斯（Joshua Gans）、阿維・高德法布（Avi Goldfarb）寫道：「把裝在車外的感測器所傳來的環境數據連結至車內人類的駕駛決定（操作方向盤、踩煞車、加速），藉此人工智慧便能學著預測，周遭環境在每一秒傳入數據時，人類將如何回應。」[26] 即便如此，所有的人工智慧模型都有一個明顯的限制性因素：出現不在訓練數據內的新情境時，不太能預測結果，但城市交通的車輛會不斷碰上新情境。一個辦法是降低環境的複雜度，例如：Drive.ai 自駕車公司在德州的弗里斯科（Frisco）部署載送人類的休旅車，但僅限特定辦公室與零售區。工程師沒有試著模仿人類駕駛，而是試著簡化。所有的上下車都發生在指定的地點：「乘客利用 APP 叫車，前往最近的地點，接著過了一段時間，車子就會回來接他們。」[27]

眾所皆知，自駕車的進展最令人印象深刻，但其發展也遇上了挫折。二〇一八年，優步（Uber）的自駕車在亞利桑那州的坦佩（Tempe）不幸撞死了一名牽腳踏車過馬路的女性，引發了世人對於自駕車安全性的疑慮，也令人全面懷疑起自駕車的未來。然而，各種運輸技術在早期階段都發生過類似的悲劇挫敗。前文在第 4 章提過，第一條公共鐵路在一八三〇年揭幕，開幕式當天，由於火車煞車反應不及，一名國會議員便成了第一起火車事故的亡魂。幾乎每一家英國媒體都報導了這起意外，但鐵路技術並未因此受阻。一九三一年，也就是牽引機加速普及的前夕，《紐約時報》報導一名紐澤西桑莫維爾（Somerville）的四歲男童遭牽引機撞死，另一起牽引機爆炸意外也造成數起傷亡。[28] 此外別忘了，在工程師努力推動自駕車技術的同一時間，人類駕駛造成的意外每一分的調查發現，所有的車禍肇事原因中，有九二．六％屬人為錯誤。[29]此外，車禍帶來龐大的傷亡人數：二〇一三年，全球有一百二十五萬人死於車禍，光是美國就有三萬兩千人喪命。[30]自駕車不必臻於完美才能上路，人類駕駛更是不必。

然而，自駕車依舊很難處理某些情境，尤其是在擁擠的城市，行人與腳踏車騎士增加了路況的複雜度。新加坡的自動計程車車內依舊坐著人類安全司機，在發生緊急事故時接手，儘量降低發生意外的可能性。然而，自駕車雖然仍舊處於實驗階段，但已經出現了成功的市內駕駛案例。在東京，自駕計程車（亦有安全司機）已經在載送付費乘客，「此一服務可望在二〇二〇年的夏季奧運期間，載送運動員與觀光客往返於比賽場地與市中心。」[31]相關事件的意義重大，因為背後的人工智慧系統需要蒐集汽車感測器傳來的數百萬真實世界數據。此外，重要的不只是數據的量。在州際公路開車、或是穿越寧靜的美國中西部小鎮，幾乎無法與繁忙的曼哈頓交通相提並論。不只是演算法如此，連人類駕駛也一樣。讓演算法有辦法在城市交通中應用，因此也成了邁向無人駕駛運輸年代很重要的一步。

不過，自駕車在城市以外的進展大概會比較快速，也就是複雜元素較少的地方。二〇一五年五月，戴姆勒賓士（Daimler-Benz）首度讓自動聯結車上路。此一自駕系統取得了內華達州的批准，只在公路上載貨，目前先在單純情境下試行。此外，二〇一六年十月，科羅拉多州的自駕聯結車成功載送了五萬罐百威啤酒（Budweiser），自科林斯堡（Fort Collins）載至科羅拉多泉（Colorado Springs）。卡車在州際公路上自行開了一百英里，但進入市區後，便由人類駕駛接手。

相關成果引發了不同的反應。今日有一百九十萬的美國人從事重型卡車與聯結車的駕駛工作。

許多人擔心自駕卡車將造成「海嘯般的取代效應」，雖然這不太可能在接下來幾年就發生。[32]思考此類議題時，別忘了採行技術的障礙不只有技術方面的問題。先前的章節提過，當勞工面對著不佳的其他工作選項，替代技術大概會遭到抵制——後文會再回頭談這個問題。

當然，所有負責運輸工作與送貨工作的人類，並未因為自駕車興起便立刻陷入失業危機。經濟學家戈登等人工智慧的質疑者指出，就算「車子有辦法開到我家前面，包裹要如何從亞馬遜的貨車上，抵達我的前廊？」[33]別忘了，人類過去就靠著聰明的方式重新設計工作，解決了看似更為複雜的工程問題。莫拉維克指出，電腦很難做到人類輕鬆就能做的事，人類則很難做電腦輕鬆辦到的事。然而，雖然這種現象依舊成立，工程師已經能採取簡化步驟，讓簡單的任務更加簡單，解決莫拉維克悖論（請見第9章）。

很多人以為，工作若要能自動化，機器取代勞工的方法，就是複製一模一樣的人類程序——這是個常見的誤解，大部分自動化採取的方法其實是簡化。就連最先進的機器人，也無法複製中世紀工匠的動作與步驟。生產能自動化，方法只是把先前無架構的工作，在工廠環境中進一步切割與簡化。工廠的組裝線把工匠鋪的非例行性工作，轉換成機器人問世後便自動化的重複性工作。同樣的道理，我們自動化洗衣婦工作的方法，並不是發明多功能的機器人，有辦法砍樹、挑水、把外頭的柴火或煤炭送進火爐，接著執行用手洗衣的動作。此外，我們自動化燈夫工作的方式，也不是發明有辦法爬上路燈柱的機器人。

簡化工作的近代例子包括「預製組件」（prefabrication）[34]：「現場施工」一般需要高度適應環境的能力，真實的工作環境通常地面有高有低，又會受氣候影響。預製組件是指事先在工廠組裝部分的建築零件，運送至工地，大幅減少需要適應力的需求。許多建築工作可以靠機器人在控制下的情境中執行，降低任務的變化度——這種方式愈來愈普及，尤其是在日本。」[35]不只是建築業，零售業也一樣，聰明的任務重新設計已帶來前景可期的成果，例如亞馬遜收購的 Kiva 系統公司（Kiva Systems），光靠在地上貼條碼貼紙，讓機器人知道自己的精確位置，就能解決倉庫導航問題。工程師靠著聰明才智重新設計工作，就已經打破機器人能做到哪些事的原則。

在一九九〇年代晚期，電腦助零售營運一臂之力，但生產力的成長無法持久，企業一下子就碰上了瓶頸。貨物需要從工廠移至倉庫，接著送往零售店，最終抵達買家手中。用卡車載送貨物「本質上是不具生產力的活動，送貨的司機必須駛過塞車與坑坑疤疤的街道，找停車位，按門鈴，等人應門。」[36]亞馬遜為了繞過這些步驟，正在實驗使用無人機來送貨（跳過交通壅塞的街道）。剛才提到戈登的質疑「包裹要如何從亞馬遜的車上，抵達我的前廊？」看來答案愈來愈有可能是許多包裹不會是用車輛來送貨。以倫敦為例，天空港公司（Skyports）已經在收購屋頂空間，預備改造成無人機可以起降的垂直機場（vertiport）。二〇一八年三月，亞馬遜取得可以回應人類手勢的載貨無人機專利，此一技術應該可以協助解決一個問題：「飛行機器人該如何與路人以及在門階上等候的顧客互動。」「專利內容顯示，無人機將可依據人類的手勢調整行為，包括表示歡迎抵達的大拇指向上、大叫或瘋狂揮舞手臂。專利內容還指出，無人機有辦法放下攜帶的包裹、改變飛航路線避免相撞，還能詢問人類問題，或中斷遞送。」[37]

工程師在人工智慧的輔助下，也想出聰明的辦法減少商店內的勞力需求，但不是透過複雜的自助結帳程序，把結帳人員的工作轉嫁給消費者。Amazon Go 無人商店是典型的替代技術。今日全美約有三百五十萬人從事收銀員工作，但如果你去的是 Amazon Go 商店，你不會見到任何收銀員，甚至連自助結帳區也沒有。顧客只要走進去、掃描手機，帶著需要的商品走出店門。亞馬遜辦到這件事的方法是利用電腦視覺（computer vision，注：利用攝影機和電腦代替人眼來追蹤與辨識）、深度學習與感測器近日的進展，這麼一來就有辦法追蹤顧客、顧客伸手拿的東西，以及顧客帶走的東西。接著，亞馬遜會在顧客離開時，趁信用卡經過旋轉門時結帳，把收據寄至Go APP。Amazon Go最先在華盛頓西雅圖推出，由於同時追蹤數個使用者與商品的技術出了點問題，原型店比預定時間晚了一些才開幕。亞馬遜目前在西雅圖有三家Go商店，伊利諾州芝加哥有一家，預計二〇二一年還會再推出三千家。全球各地的公司也正在投資人工智慧，希望達成相同的目標，例如：騰訊、阿里巴巴、京東商城。

京東等中國公司也開始進一步投資無人倉庫。在京東的上海倉庫，機器由影像掃瞄器引導。機器負責處裡所有的貨物，幾乎全是消費者電子產品：「包裹沿著輸送帶走。網絡各端點的機器手臂將物品放置在正確的軌道上，以塑膠或紙板包裝，放上機動圓盤，包裹經過有如巨大棋盤的地板，接著被丟下滑道，掉進大貨袋。有輪子的電腦化貨架取得貨袋，送至卡車上，接著多數訂單都能在購物者按下購買鍵後的二十四小時內抵達。」[38]京東今日在亞洲各地雇用了約十六萬名勞工，並公開表示，接下來的十年，要將這個數字縮減至八千以內，而且那八千個工作預計將要求相當不一樣的技能組合。[39]

倉庫依舊雇用大量人口的主要原因，在於揀貨依舊主要還是得靠人力來處理。人類在複雜的「感知任務」（perception task）與「操作任務」（manipulation task）方面依舊握有比較優勢，但近日人工智慧也出現了不少突破。伊隆．馬斯克（Elon Musk）成立了加州舊金山OpenAI實驗室（OpenAI lab），研發出命名為「達克堤利」（Dactyl，注：希臘文的「手指」之意）的機器手，它有五根手指，證實近年來驚人的技術進展：「如果你給達克堤利一個字母積木，叫它給你看特定字母，例如紅色的 O、橘色的 P、藍色的 I，達克堤利會旋轉或拋動那個積木，以靈活的動作給你看積木上寫著字母的那面。」[40]雖然這對任何人類而言是小事一樁，重點在於，人工智慧讓達克堤利有辦法學習新任務，主要的辦法是靠達克堤利自行嘗試錯誤。

然而，機器人如果要能成為有效的操作手（manipulator），就得學習辨識與區分各種物體。在這方面，近幾年的最新技術中，最好的例子大概是「機器爪」（Gripper）——這種機器配備兩指的夾子，遠比五指的手好操作。「機器爪」有辦法辨識、操作與分類類似的物體，例如拿起螺絲起子或番茄醬瓶。然而，如果碰上以前沒見過的物品，那它就真的「束手無策」了。[41]這對倉庫而言不是問題，因為倉庫的物品種類是有限的；但倉庫存放著數千種物品，而且還會不斷有新商品出現，所以就需要幾乎不管什麼樣的物品都能拿得起來的機器人。在柏克萊加大的機器人實驗室「自動實驗室」（Autolab），研究人員正在利用人工智慧打造那樣的系統：

> 柏克萊的研究人員模擬了超過一萬種物品的物理性質，找出拿起每一樣東西的最佳方式，接著系統再次利用神經網絡演算法分析所有的相關數據，學習辨識拿起任何物體的最佳方式。從前，研究人員設定好讓機器人做每一件事的程式，今日的機器人可以自己學習。舉例來說，碰上《星際大戰》尤達（Yoda）的塑膠玩具時，系統會辨識出該用機械爪拿起玩具，但如果是一瓶番茄醬，系統就會選擇用吸盤。桶內放著各種隨機物品時，機器手有辦法處理。雖然還不到完美的境界，但由於系統可以自行學習，所以改善速度遠快過從前的任何機器。[42]

也就是說，在感知與操作任務等方面，機器人的能力依舊遠遠不及人類，但已經複雜到可以在架構好的倉庫情境中處理抓握任務，例如撿起貨品、放上棧板、裝入紙箱或盒子裡。機器人在進入工廠的同時，也逐漸在製造業以外的領域嶄露頭角。今日的倉庫自動化程度，大約跟一九八〇年代的工廠自動化不相上下。

的確，以上討論的許多人工智慧技術依舊還是不完美的原型，但別忘了，每一項技術在早期的階段都不完美，比方說對多數評論者而言，世上最初的電話令人啼笑皆非。透過聽筒聆聽沒有形體的聲音，與先前任何通訊形式的體驗都完全不同。一篇早期的《科學人》文章曾主張，電話是可笑的發明，沒有多少用處：「說話的可貴之處在於有聽眾，對著一塊鐵講話感覺很荒謬。」[43]我們現在看過去的想法會覺得可笑，但早期的電話是單線系統，聲音會大幅失真：「一八七八年，最新發明的電話，幾乎比科學玩具好不到哪裡去。使用時，你必須快速轉動曲柄，對著原始的送話口吼叫。你能在靜電干擾中勉強聽到的回話，就像是惡魔發出淒厲的尖叫呻吟。」[44]然而，僅僅過了十年，這項技術看起來就大有可為。一八九〇年，《時代》記者受邀參觀「美國電話與電報公司」（American Telephone and Telegraph Company, AT&T），了解長途電話的進展。公司總監西伯德（A. S. Hibbard）為了展示技術，試撥了一通電話：「他打電話給三百英里外的波士頓，接著來了一場愉快的對話。另一頭的接線生是一位年輕女性，她立刻精神抖擻地談起神智佛教學（Theosophic Buddhism，注：美國移民在十九世紀末成立的神祕學宗教）的最新發展。她不必扯著喉嚨，幾乎就像是一般在講話一樣，聽得相當清楚。」[45]

## 下一波

愈來愈多工作開始自動化，但光是軼事還不足以告訴我們未來工作被取代的程度，也無從得知哪些類型的工作將受到影響，因此，我和牛津研究同仁奧斯本尼在二〇一三年的論文〈就業的未來：哪些工作最容易被電腦化？〉（The Future of Employment: How Susceptible Are Jobs to Computerisation?）中，找出近期自動化工程的瓶頸，並評估近日的人工智慧進展帶給目前的工作多少風險。前文提過，一直到了相當最近，若是有規則的例行性活動，電腦占了比較大的優勢，人類則依舊擅長其他的每一件事。

例行性工作在一九八〇年代開始大量消失，但也有經濟學家做出準確預測，指出光是觀察電腦做的事，就知道哪些領域的工作者會很早就會被取代。勞工統計局一九六〇年的案例研究發現：「受改變影響的員工中，八〇%多一點的人員從事例行性的工作，包括登記、檢查與維護記錄、檔案管理、運算、製表、打孔以及相關的機器操作。其他受影響的則主要包括行政、監督與會計工作。」[46]然而，如果預測工作的未來有諾貝爾獎，應該頒給全才大師司馬賀（Herbert Simon）一九六〇年首度發表的論文〈企業：企業將由機器管理嗎？〉（The Corporation: Will It Be Managed by Machines?）（當然，司馬賀的確因為研究經濟組織的決策過程得過諾貝爾經濟學獎。）[47]司馬賀並未提出明確的架構，但他靠著觀察技術趨勢，提出準到驚人的預測；他認為，電腦將取代許多例行性的工廠與辦公室工作，並正確預測依舊還會有許多負責設計產品、流程與一般管理的工作也會被取代。此外，他還預測會有愈來愈高的人口比例受雇於個人服務工作。換句話說，司馬賀基本上搶先預測到中產階級工作將消失。

今日我們要問的問題則是：在人工智慧的年代，電腦能做哪些事？有哪些事沒辦法？

找出自動化的工程瓶頸，顯然不只是經濟學領域的問題，也因此我很幸運，我同事奧斯本尼已經研究這個主題一段時間了。經濟學家面對的問題在於研究技術變遷時，我們必然會落後（司馬賀不只是經濟學家，還是備受推崇的電腦科學家）。我幾乎跟不上任何實驗室裡發生的事，但我著手撰寫經濟學論文時，麥克正在開發演算法，拓展電腦目前能執行的任務集。

我們依循司馬賀的精神，開始判斷人類將在哪些領域依舊保有相對上的優勢。我們不問「超級智能（superintelligence）的前景」這類回答不了的問題、也不試圖預測未來的重大發明，而是看著地平線上的技術。套句馬爾薩斯在工業革命開頭寫下的話：「世界上已經出現眾多發明，完全出乎意料，無法預知……如果有人在沒有引導的情況下預測到這些發現，沒類推過往的事實、沒參考過往的跡象，那麼這個人應該被尊稱為先知或預言者，而不是哲學家。」[48]本章討論的許多技術尚處於原型階段，但進入市場指日可待。雖然還不完美，但每一場技術演進都始於不完美的技術。早期的蒸汽機只用於礦場排水，甚至就連這個用途都成效不彰。然而，塞維利、紐科門與瓦特全都明白蒸汽機是通用技術，替蒸汽機設想了許許多多的應用。前文提過，人工智慧是另一種通用技術，也已經同時用於執行腦力與體力任務。

由於人工智慧的潛在應用廣大無邊，我和奧斯本尼先研究了電腦依舊做得不好的任務，以及近年來技術躍進依舊有限的領域。舉例來說，若要一窺機器社交智能（machine social intelligence）的最新技術，可以參考圖靈測試（Turing test）。圖靈測試的用途是評估人工智慧演算法的能力，能否以「人機莫辨」的方式溝通。「羅布納獎」（Loebner Prize）是圖靈測試的年度競賽，獎勵被認為最像人類的聊天機器人。這個競賽直接了當，由人類裁判同時和演算法與真人進行電腦上的文字互動。接著裁判必須依據對話試著區分哪個是演算法，哪個是真人。我和奧斯本尼在二〇一三年的論文寫道：「目前為止複雜演算法未能說服裁判它們和人類相像。」[49]然而一年後，電腦軟體「尤金・古斯特曼」（Eugene Goostman）成功說服了三三%的裁判它是人。有的人士因此主張，我們低估了改變加速的速度，但這樣的說法誇大了「尤金・古斯特曼」的能力。「尤金・古斯特曼」模擬英文是他的第二語言的十三歲男孩。即便我們假設演算法有一天將能在基本文字（basic text）中，有效重現人類的社交智能，許多工作的重點仍是人際關係和複雜的人際溝通，例如：電腦程式設計師會與主管或客戶交換意見，釐清目的，找出問題，建議可以做出哪些改變。護理師會與病患、家屬或社群合作，設計執行衛教課程，以改善整體健康。募款人員找出潛在的捐款人，與對方建立關係。家庭治療師輔導案主處理不滿意的關係。天文學家建立研究合作關係，在研討會上報告自己的發現——前述這些任務全都超出電腦的能力。

此外，許多工作需要創意，例如有能力想出不尋常的聰明新點子。調查數據顯示，物理學家、藝術總監、喜劇演員、執行長、電玩設計師、機器人工程師等等全都參與此類活動。[50]從自動化的角度來看，此時的挑戰不在於提出新奇的事物，而是提出有意義的新鮮想法。電腦若要製造出原創的音樂、寫小說、開發新理論或產品、說巧妙的笑話，原則上只需要納入經驗豐富度能與人類相提並論的資料庫，再加上讓我們有辦法做效能評估（benchmark）、判定演算法精巧程度的可靠方法即可。此外，讓演算法存取交響樂的資料庫，判定曲子的好壞，產生原創的重新組合，這種事也完全辦得到。有辦法以許多不同的風格產生音樂、模仿特定人類作曲家的演算法已經存在，但人類產生點子的依據，不只有已經存在的相關作品，還運用上人生各種面向的經驗。

前文提過，要讓演算法在未受控制的環境下與各種沒有固定規則的物體互動，依舊還有許許多多的挑戰。有的感知任務已被證實難以克服，例如在雜亂的視野裡辨識物體，機器人依舊無法與人類感知的深度與廣度匹敵，也因此難以做後續的操作。舉例來說，分辨出究竟是需要清洗的髒鍋子，還是裝著植物的鍋子，對任何人類而言，看一眼就知道了，但機器人依舊很難在這類任務中模仿人類的能力，也因此許多工作極度難以自動化，例如工友與清潔工的工作。雖然單一功能的機器人確實存在，也有辦法執行掃地等各別任務，但目前還沒有能找出垃圾並清掉的多功能機器人。在工廠與倉庫等控制下的環境，有可能透過聰明的任務重新設計避開某些工程瓶頸，但在家裡就不一樣了。除了辨識垃圾等困難的感知任務，「設計機器人操作手的時候，要像人類的四肢那樣柔軟、有辦法隨機應變並提供有用的觸覺回饋，依舊還有進一步的問題。」[51] 雖然極度簡單的任務近日出現了進展，例如：旋轉字母積木、靠機械爪拾起常見物品，甚至是利用人工智慧教機器人辨識撿起任一物體的最佳方法，多數的工業操作還是利用繞道的替代方案來解決相關挑戰。

我和奧斯本尼從相關的工程瓶頸出發，接著依據兩萬種特定的任務描述探索各種工作能自動化的程度。[52] 這種詳盡的資訊有個問題：需要處理大量的數據。因此，我們並未檢視每一個單一的工作任務，而是採樣七十種職業，由一群人工智慧專家，依據那些職業需要執行的任務，判定「可自動化」或「不可自動化」。此一步驟提供了機器學習研究人員所說的「訓練數據集」（training data set）。雖然每一種職業的任務描述都是特有的，我們的資料庫也提供了共通的特徵；我們的演算法依據這些特徵，有辦法學習可自動化職業的特性，接著預測其他六百三十二種職業有可能自動化的程度。我們最後的樣本因此涵蓋了七百二十種職業，九七％的美國勞動力都受雇於那些職業。

我們的分析因為用上了人工智慧，不只帶來省時省力的好處，還凸顯了如今在「模式辨認」這個領域，演算法遠遠勝過人類，例如：我和奧斯本尼相當確定服務生的工作並不適合自動化，但演算法說我們錯了，它以我們兩個人辨不到、遠遠更為全面的方式，分析服務生工作與其他工作的類似之處，預測出服務生可能被自動化。事情也真的發生了，我們完成初始分析後沒幾個月，就聽說麥當勞打算設置自助點餐機，也得知奇利斯美式餐廳（Chili's Grill and Bar's）打算徹底推出平板點餐系統，蘋果蜜蜂連鎖餐廳（Applebee）也將在一千八百家分店引進平板。二〇一六年，幾乎是完全自動化的新連鎖餐廳 Eatsa 開幕。顧客在 iPad 區點餐，接著站在巨大販賣機前等候數分鐘，販賣機就會吐出剛做好的藜麥餐。在機器的另一側，則是由廚房員工烹煮食物，但 Eatsa 不雇用任何服務生。

當然，這些例子不代表所有的服務生工作都會被取代。在許多情境下，消費者偏好有人類服務生的服務體驗，不過服務生的例子的確讓我們知道，服務生的工作原則上有辦法自動化，後文會立刻再回頭談技術採行的決定性因素。

圖十七依據雇用比率繪製出主要職業類別暴露於自動化的風險。依據自動化風險的高低，以及占美國多少就業來看，辦公室與行政支援、生產、運輸與物流、食物準備、零售工作等特別顯眼。整體而言，我們的演算法預測，四七％的美國工作趨向於自動化。也就是說，考量最新的電腦控制設備，再加上演算法得以運用的相關數據，從技術的角度來看，那些工作可以被自動化。相關工作最大的共通點，在於它們都是不需要高教育程度的低薪工作（請見圖十八）。

自從我和奧斯本尼首度發表我們的論文以來，又有好幾項研究出現，那些研究得出的結論與我們有點不同，例如 OECD 評估，一四％的工作有被取代的可能性，另外三二％有碰上重大改變的風險。[53] OECD 誤會我們過於著重職業而不是任務，因而高估了自動化的範圍。OECD 沒注意到，我們在推論職業可自動化的程度時，依據的是那些職業必須執行的任務。依據我們的評

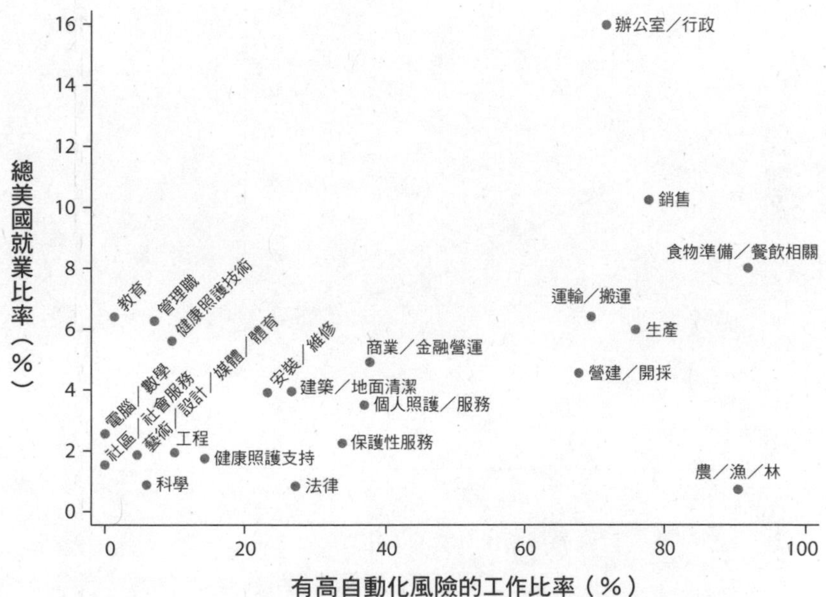


## 圖十七：按主要職業類別分類的自動化風險工作比率

資料來源：C. B. Frey and M. A. Osborne, 2017, "The Future of Employment: How Susceptible Are Jobs to Computerisation?," *Technological Forecasting and Social Change* 114 (January): 254–80.

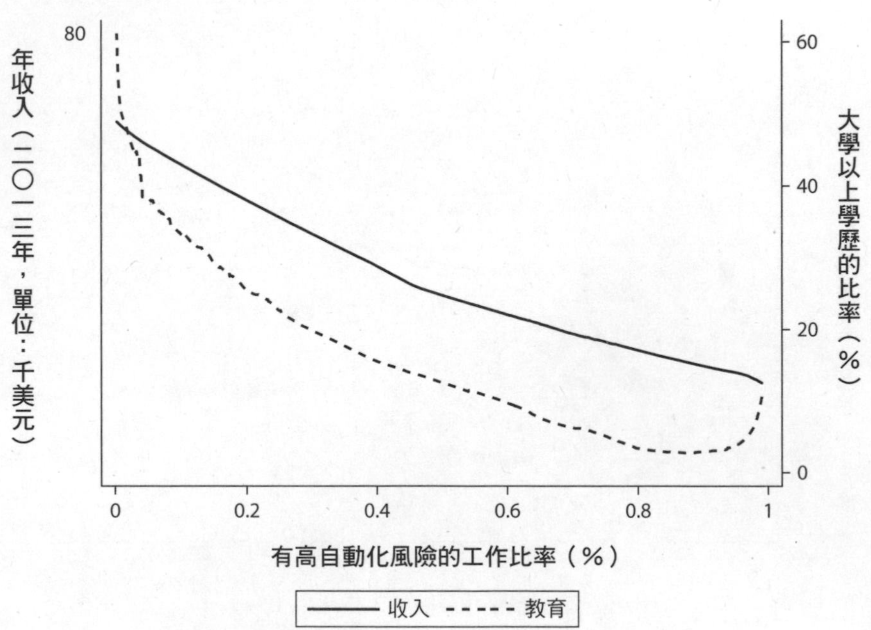


**圖十八：依據收入與教育程度的工作自動化風險**

資料來源：C. B. Frey and M. A. Osborne, 2017, "The Future of Employment: How Susceptible Are Jobs to Computerisation?," *Technological Forecasting and Social Change* 114 (January): 254–80.

注：本圖繪製出某項職業能夠自動化的可能性，比上該職業的中位數年收入和教育程度。高薪與高教育程度的職業，平均而言較不暴露於自動化風險。

估，即便演算法在醫療診斷等任務中日益普及，醫生並未處於自動化的風險。此外，記者也沒有因為人工智慧演算法現在有辦法產出短篇新聞報導，就暴露於自動化的風險。依據我們的評估，即便有的任務會自動化，記者與醫生不必擔心自動化會害自己失業。那麼，為什麼OECD的推測和我們差這麼多？我們的解釋是OECD利用的職業數據較不詳盡，另外就是OECD模型的表現不如我們的訓練數據集。[54]

然而，儘管研究結果有別，相關研究同意，無技術工作暴露於自動化風險的程度最高。[55]歐巴馬總統的經濟顧問委員會（Council of Economic Advisers）採用了我們的評估，利用工資級距找出最可能被自動化的職業，最後發現時薪不到二十美元的職業中，八三%的勞工處於被取代的高風險。時薪達四十美元以上的職業則僅四%。[56]這顯示除非有其他力量抵消這股潮流，無技術者的勞工市場展望大概將會持續惡化。第9章提過，例行性工作的第一波自動化造成許多美國人失去體面的中產階級工作，掉進低薪服務工作。今日許多低技術工作也受自動化的威脅。下一波的浪潮預計將讓中產階級的工資進一步下滑，許多中產階級成員已經在競爭低薪工作。套句哈佛大學教授、歐巴馬經濟顧問委員會主席的傑森·弗曼（Jason Furman）的話：「目前已經有更多這方面的進展出現，例如我們去買菜，我們會把要買的菜拿去自助服務區，而不是交給收銀員；或是我們打電話給客服專線，與自動化的客服代表互動。」[57]

也就是說，一個常見的誤解就是自動化將摧毀技術人士的工作。馬丁·福特（Martin Ford）在暢銷著作《被科技威脅的未來》（*Rise of the Robots*）中宣稱：「許多技術專業人士的就業已經受到先進資訊科技的重大衝擊，包括律師、記者、科學家、藥師，〔也因此〕取得更多的教育與技能將不一定能提供有效的保障、不受未來的工作自動化衝擊。」[58]雖然許多福特點名的工作，的確包含可以被自動化的任務，但也包含數量多出許多的其他無法自動化的任務。舉例來說，法律教授戴娜・李姆斯（Dana Remus）與經濟學家李維近日分析了律師的收費記錄，發現如果立刻全面採行人工智慧及其他相關應用（似乎不太可能），被取代的部分大約占了律師一三%的計費時間。律師大多數的時間都用在法律書寫、調查事實、協商、出庭、提供客戶建議等任務上。李姆斯與李維解釋，律師的工作不只是預測而已：「律師必須了解客戶的情況、目標與利益，並且靠創意思考，找出在合法的情況下滿足相關利益的最佳方式；此外，有時還得拒絕客戶提出的行動方案，遵循法令。這些事通常需要人際互動與情商，至少目前還沒辦法自動化。」[59]的確，我們的演算法也預測，律師屬於低自動化風險的職業。

## 阿瑪拉定律

雖然自動化牽涉的範圍很廣，實際發生的步調又是另一回事。我們的預測依據和司馬賀的預測一樣，僅觀察電腦能做的事；我們的另一件事也和司馬賀一樣，就是不試圖預測改變的步調，速度得看技術本身之外眾多不可預測的因素。[60]不過，我們的確並未預期四七%的工作將在短期內自動化。我們點出有可能影響自動化步調的各種因素。基本上，此處討論的所有原型技術不會在同一時間抵達終點。此外，普及過程將不會一路順暢無阻。法規、消費者偏好、勞工的反對等各式其他變數都將影響技術的採納速度，也因此過高的期待往往會帶來幻滅。美國科學家羅伊・阿瑪拉（Roy Amara）有一句名言：「我們總是高估一項技術帶來的短期效益，卻又低估其長期的影響。」，已往阿瑪拉定律（Amara's Law）的確是技術進步走向的好指引。

從歷史的角度來看，這一次自動化的規模大概不會如同某些預測那樣驚天動地。一八七〇年，大約有四六%的美國勞動力依舊從事農業，今日農業部門僅占一%左右的勞動力（參見表一）。[61]牽引機扮演著減少農場勞力需求的關鍵角色（請見第6章與第8章）。然而，雖然你可能會推論出靠汽油提供動力的牽引機問世時，許多農場工作有被取代的風險，但採行速度的預測難度實際上高了許多。

牽引機有著許許多多的採行障礙。首先，愈來愈複雜的機器，需要更有技術的操作者。一般而言，農夫早期會先觀望，看看其他農場的勞工要花多長時間才取得所需的機器技能。一九一八年，《紐約時報》曾報導：「牽引機是太高級的機器，不能交給不太會操作的人……對買家而言，要如何找到一流的牽引機操作者，通常比如何買到機器還令人費神。」[62]同一年，紐約州立農業學院（New York State College of Agriculture）宣布開設為期三個星期的牽引機與卡車操作課程，以補足技能缺口，加快採行的速度。第二，牽引機的採行和其他通用技術一樣，不同的應用會出現不同的採行速度：「最早的機型只適合耕種、收成小穀粒，一直要到一九二〇年代晚期，技術才開始普及至行栽作物，例如：玉米、棉花、蔬菜。」[63]有些農夫則是一直到機械化發展的晚期階段才採用牽引機。

第三，即便牽引機的普及程度增加，鄉間的大量便宜勞力也讓農場機械化在好長一段時間顯得不划算。不過，第二次工業革命製造出數量不斷增加的高薪工業工作，使得許多美國人離開農場，前往都市，也增加了機械化的誘因。即便如此，在許多情況下牽引機依舊不符合經濟利益，主要的採用者是仰賴雇工的大型農場。許多低收入的農民高度避險，寧願繼續使用馬匹，也不願意投資昂貴的牽引機——即便養馬必須挪出耕地來種植飼料。如果無力一次買下牽引機，貸款的負擔依舊高到農民遲遲不願意採用。一九二一年，《紐約時報》指出美國農場上依舊有一千七百萬匹馬，牽引機僅有二十四萬六千一百三十九台，報導因此關切落後的採行速度。那篇報導主張農業生產力還需要推一把才能增加。[64]推力在十年後出現。儘管一九三〇年代是經濟大蕭條的年代，牽引機的普及終於在那個十年加速，羅斯福新政旗下的計劃（例如農產品信貸公司〔Commodity Credit Corporation〕與農業信貸署〔Farm Credit Administration〕）減少了價格風險，降低利率，農夫得以貸到現金。[65]

阿瑪拉定律也能應用在電腦革命。儘管一九五〇年代與一九六〇年代（參見第7章）出現了普遍的自動化焦慮，但電腦太笨重又太昂貴，以致在一九八〇年代之前無法大量普及（請見第9章）。許多企業讚嘆電腦的能力，但很少真的掏錢買單。如同農夫不喜歡風險、因此不願採用昂貴的牽引機，企業也覺得電腦的成本高到無法負擔。他們的想法沒錯。電腦化終於起飛後，出現了先前沒想到的跌跌撞撞。一九八七年，經濟學者梭羅曾困惑：「電腦年代的跡象隨處可見，只在生產力統計數據裡不見蹤影。」《華爾街日報》也報導：「企業採取的策略是目前先以小規模的方式自動化，等錯誤都修正後，再啟動大規模投資。」[66] AT&T公司的工程主管解釋：「如果你要做的事是一年生產三千萬盒威蒂麥片（Wheaties），你自然有辦法順暢無阻地自動化；但如果你身處競爭的市場產品千變萬化，生命週期又短，那麼還是小心為上。」[67]

技術表現不是唯一的關鍵。若要靠電腦提高生產力，還得有配套的組織、流程與策略改變。在自動化的早期年代，訓練與二度培訓雇員所花的時間往往超出預期；許多企業也並未完整意識到，若要讓機器、電腦、複雜軟體一起有效運轉，將碰上多少障礙。經濟學家布林優夫森、提摩西·布蘭罕（Timothy Bresnahan）、洛林·希特（Lorin Hitt）在好幾項研究都發現，投資電腦技術若能對公司的生產力帶來貢獻，主要前提在於組織還得做出配套的改變。[68]一九八〇年代時，電腦革命的焦點是改善個別任務的生產力，例如文字處理與製造操作控制。然而，已經存在的公司流程大多依舊和從前沒什麼不同。管理學者與前電腦科學教授麥可・漢默（Michael Hammer）在一九九〇年發表著名論文〈重新改造工作：不要自動化，直接消滅〉（Re-engineering Work: Don't Automate, Obliterate）。漢默在那篇發表於《哈佛商業評論》（*Harvard Business Review*）的文章中主張，靠自動化提升現有工作的效率，不一定就能獲得生產力。[69]試圖這麼做的管理者，從一開始就沒弄清狀況。漢默指出，企業必須分析並重新設計工作流程與事業流程，改善顧客服務，減少營運成本，才有辦法釋放自動化全部的潛力。到了一九九〇年代中期，大多數的《財星》五百大企業都宣布擁有再造計劃，[70]而大約也是在那段期間，電腦才開始影響生產力。

如同量產時代自「集體驅動」轉換至「單元驅動」，電腦化與組織再造是一種漸進式的過程，需要重新思考公司要如何運作，也因此不是人人都困惑一九八〇年代晚期的生產力謎題。經濟史學家以前聽過這個故事。牛津大學的經濟學者大衛研究工廠電氣化的演進，指出自從愛迪生在一八八二年興建第一座發電所以來，電力大約過了四十年，才開始顯現在生產力統計數字上。本書第6章討論過，若要駕馭電力的神祕力量，整座工廠的配置必須大風吹，轉換至以「單元驅動」為準的組織原則，又需要做大量的實驗——電力帶來的生產力提升，也因此一直要到一九二〇年代才開始顯現。[71]大衛接著預測，電腦帶動的生產力成長也會出現類似的走向。他說得沒錯：一九二〇年代與一九九〇年代的相似程度引人入勝。這兩個十年的生產力一片大好，通用技術（一九二〇年代的電力與一九九〇年代的電腦）的應用出現了大爆發。[72]因此經濟學家同意，生產力提升源自通用技術的應用大增。與一九九一年至一九九五年相比，一九九六年至一九九九年間的生產力加速，大約七〇%要歸功給電腦技術。[73]此外，生產力回升的不只是少數幾個部門，而是各行各業都突飛猛進，批發貿易、零售、服務業的生產力飆高——背後是通用技術在起作用。[74]

人工智慧一直要到近日，才拓展了電腦能做哪些事的範圍，也因此我們可以合理推測，自動化尚未帶來最大幅度的生產力提升。前文提過，多功能機器人已經被採用，然而，雖然多功能機器人替生產力成長帶來重大貢獻，用途依舊主要局限於重工業。[75]此外，廣義的人工智慧仍處於嬰兒期。二〇一七年，麥肯錫全球研究院（McKinsey Global Institute）針對三千位高階主管進行調查，發現在科技部門之外，人工智慧的採用依舊處於早期階段。很少有企業大規模部署人工智慧，理由是不確定可以用在哪裡，或是對投資報酬率感到疑慮。此外，另一項一百六十個使用案例的回顧研究進一步顯示，僅一二%的用例在商業上部署人工智慧。[76]

眾所皆知，生產力的成長在二〇〇五年後趨緩，但那是技術處於實驗階段的正常現象。[77]經過長期的延遲後，技術才會改善生產力，而且在早期發展階段，技術主要帶來的是成本。此外，新發現出現後，通常還要經過數年，才有辦法以符合經濟效益的方式生產原型。新技術對於整體經濟變數的貢獻也因此總是延遲出現：「先前討論的自駕車案例便提供了『生產力如何落後於技術』一個更全面的例子。想一想當初自動車問世時，在目前的車輛生產與車輛操作勞工身上所發生的事。生產端的雇用起初會增加，負責的事務包括研發、開發人工智慧與新型車輛工程。」[78]舉例來說，布魯金斯學會計算，二〇一四年至二〇一七年間，自動駕駛的投資高達約八百億美元，但率先採用的例子屈指可數。[79]估算的數據指出，在這三年間，勞動生產力每年下降〇．一%。[80]從這個角度來看，也難怪經濟學家發現，「目前的生產力成長率」並不適合用來當未來生產力的成長預測指標。[81]

智慧型手機與網路的普及速度的確比從前的電動馬達與牽引機來得快。然而，對比「消費者商品與服務」與「生產技術」兩者的普及速度並沒有太大的意義。生產用技術需要重新設計製造流程，而消費者商品與服務不需要。此外，企業在考慮是否要自動化時，還得評估需要克服的工程瓶頸。除了技術，企業還得考量經常性開支將上升、市場夠不夠大、處理原有機器的成本、融資購入新機器的成本，以及（經濟學家傑羅姆指出的）「（公司的）勞工有可能會反對，再加上有時會出現負面的輿論，甚至碰上限制性法令的阻撓。」[82]有人可能會認為，在人工智慧的年代，自動化所需的資本支出會大幅減少，但部署機器學習系統需要大量的配套投資。Google 的首席經濟學家韋瑞安（Hal Varian）解釋：

> 打造數據基礎設施的第一件事是蒐集與整理相關數據——要有數據處理流程（data pipeline）。舉例來說，零售商會需要可以蒐集銷售端數據的系統，接著上傳至可以把那個數據組織成數據庫的電腦。接著，這個數據要與其他數據整合在一起，例如存貨數據、物流數據，或許還得加上顧客資訊。架構這樣的數據處理流程時，建立數據基礎設施通常是最費工、也最昂貴的步驟，因為各家企業通常會有自家先前留下的老式系統，很難和新系統互通。[83]

此外，數據雖然是新石油，瓶頸通常不只與數據有關，也涉及技術和訓練：

> 依據我的經驗，問題不在於缺乏資源，而在於缺乏技術。若公司有數據但沒人能分析，該數據就無法好好善用。如果公司內部沒有這樣的專業技術，就很難聰明地去選擇公司需要哪

> 些技能，也無從得知要如何找出並雇用具備那些技能的人才。網羅人才永遠是競爭優勢的關鍵問題。然而，由於能夠廣泛取得數據是相當近日的事，找對人才的問題特別嚴重。汽車公司有辦法雇用到知道如何打造汽車的人才，因為那是汽車公司的核心能力；然而，汽車公司的內部專業知識有可能不足以找到理想的數據科學家——這就是為什麼我們可以預期，在這項新技術滲透至勞動市場的各角落前，生產力將出現不均的現象。[84]

基於前述的理由，阿瑪拉定律大概也適用於人工智慧；要先有出現大量的必要輔助發明與調整，才有辦法自動化。布林優夫森等學者研究了一九九〇年代晚期電腦技術在生產力飆升中扮演的角色。布林優夫森認為，從這個角度來看，人工智慧被採行的走向大概會與過去的情形類似。布林優夫森和丹尼爾·羅克（Daniel Rock）、史弗森兩位經濟學者共同發表論文並指出，正如一九九〇年代的電腦，採行人工智慧將不光需要技術本身出現改善，還需要重大的配套投資與大量實驗，才有辦法發揮人工智慧全部的潛能。[85]歷史告訴我們，在這個階段，經濟會走過一段調整的過程，生產力只能牛步成長。

英國的工業革命出現了非常類似的情形。經濟史學家尼卡夫茲指出，瓦特的蒸汽機問世後，又過了整整八十年才大顯身手、大幅提振了生產力。[86]當時的土木工程師約翰·施美頓（John Smeaton）檢視了瓦特這項一七六九年取得專利的發明，判斷「沒有任何現存的工具或工匠有辦法以充分的精準度製造出如此複雜的機器」。[87]要先培養出配套技術，才有辦法讓技術完善。然而，十年後，博爾頓和瓦特的聰明才智加在一起，瓦特蒸汽機才獲得商業上的成功。一八一五年，蘇格蘭商人與統計學家派崔克·柯奎霍（Patrick Colquhoun）寫道：「過去三十年間，英國的製造進展令人十分驚異與震撼……速度之快……超乎想像。蒸汽機改良了，但最重要的是，在資本與技術的輔助下，精巧機器大大助了羊毛與棉花製造廠等龐大產業一臂之力，相關的好處數不勝數。」[88]然而，有一段時間水力依舊是相對便宜的能源來源，因此蒸汽機對生產力成長缺乏貢獻。

假設馬爾薩斯在一八〇〇年就取得現代的統計工具，他大概也找不到多少接下來會出現生產力大爆發的線索。在技術革命的早期階段，並沒有什麼辦法能從當下的生產力成長看出未來的生產力成長，我們得檢視實驗裡發生的事才有辦法做到。馬爾薩斯不這麼認為，也因此他無從預見接下來將發生的事。馬爾薩斯在他一七九八年的著名論文中寫道：「我們一旦遠離過去的經驗，那個我們用來推測未來的基礎，以及更不要說，要是我們的推測完全抵觸過去的經驗，我們將被拋到不確定性的曠野；任一推測成真的可能性，就跟其他任何推測一樣……幾乎完全不了解機器力量的人士，無從猜測機器帶來的效應。」[89]

當然，馬爾薩斯寫文章時，這個世界幾乎對態彼得式成長還一無所知。我們現在也從過往的經驗得知，在創新加速發生的年代，實驗室裡所發生的事是更佳的未來生產力指標。偉大發明或許會帶來龐大的經濟利益，但通常有很長的時間落差。同時，別忘了這種方法也有缺點。光是有新技術，我們依舊無從得知該技術何時會被廣為利用。即便馬爾薩斯見識過更多帶來工業革命的機器浪潮、認識到第一個機器年代無孔不入的程度，他又如何能知道機器會被搶著採用？前文提過，在史上多數的時期，憤怒的工人激烈抵抗勞工替代技術，政府因為恐懼社會動盪，採取限制使用機器的政策（請見第3章）。馬爾薩斯寫作的當下，英國政府才剛開始站在創新者那一邊。

放眼未來，勞工的抵抗與負面輿論也可能會和從前一樣，慢下改變的速度。已有經濟學家開始指出反對的風險。哈佛大學的韓德森在美國全國經濟研究所（National Bureau of Economic

Research）近日舉辦的研討會上提醒：「民意反抗人工智慧的聲浪可能會大幅降低人工智慧的擴散率，這樣的風險真實存在……生產力看來有可能飆升。幸運的話，每年不必再有數萬人死於車禍，然而『駕駛』是美國最龐大的職業。數百萬人開始被裁員時會發生什麼事？……我擔心社會層面的過渡問題，就跟我擔心組織層面的過渡問題一樣。」[90]社會後果已經開始浮現。前文提過，恩格斯停頓再現已經助長了民粹主義，民眾看待自動化的態度也似乎出現轉變（請參見第11章）。人工智慧無所不在的程度，再加上人民對於被取代的反應，將一起決定未來的生產力成長。分析全球化在形塑未來勞動市場時所扮演的角色時，如果忽視了貿易的政治經濟學，將導致誤判：舉例來說，我們無法不考量川普政府與中國的貿易戰，而單獨去分析全球化帶給勞動市場的未來影響。自動化也幾乎是如此。隨著自動化不斷前進，令人擔憂的是抵抗力道會增強。前文提過，歷史上，當機器威脅奪走人民的工作，政府憂心引發動盪，機器的推廣便會純粹因為政治上的理由被阻擋。

如果阿瑪拉定律被打破，原因大概就是盧德主義死灰復燃。

## 工作與休閒

如果自動化一路順暢無阻發展下去，還會有足夠的職缺嗎？民眾的心中往往有一種普遍的反烏托邦看法，認為尖端機器興起將造成工資下滑、失業率上升，勞動者的生活被摧毀殆盡。相反地，同樣也很常見的烏托邦想法則認為，技術將帶來新的閒暇年代，世人將偏好少工作一點，多玩一點。這兩種看法都不是新看法。長期而言，這兩種看法目前為止都已經證實有誤，或至少過度誇大。雖然隨著技術進步，勞工的確經歷過困頓的時期；而擔心工作將終結的看法，永遠是杞人憂天。至於所謂我們全都會放棄工作，過著幸福美滿的悠哉生活，同樣也是癡人說夢。

經濟學家凱因斯（John Maynard Keynes）在一九三〇年的〈我們的孫子可能碰上的經濟情勢〉（"Economic Possibilities for Our Grandchildren"）一文中，提出了著名的論點：他認為當時機械化前進的速度，遠遠超過史上其他任何時代。凱因斯指出，我們想出辦法用機器取代人類的速度，將超過找到新方法運用勞力的速度——他認為這將帶來廣泛的技術性失業。凱因斯的論文反映出一九二〇年代生產力大增，在當時的確引發了不少適應問題，導致機器問題再現（見第7章）。然而，凱因斯依舊對長期趨勢感到樂觀，他主張，技術將解決人類的經濟問題，大家不必再為生計煩惱。我們主要關切的重點將會是該如何打發閒暇時刻。凱因斯預測，世人將在一世紀內享有一星期只需要工作十五個小時的生活。[91]

凱因斯說對了，機械化以前所未有的速度前進，但後來發生的事和他設想的相當不一樣。富裕國家的人民的確每星期工作的時間較短、假期更多、壽命較長，有更多年的退休歲月。然而，經濟學家拉米與奈維爾．法蘭西斯（Neville Francis）追蹤了過去一世紀美國人的工作與休閒情形[92]，發現隨著民眾富裕起來，他們決定給自己放假的時間，並沒有一般人想像的那麼多，更絕對沒有達道凱因斯所預測的數字。一九〇〇年，通常製造業的每週工時的確達五十九個小時。然而，一九〇〇年的製造業依舊只占總就業的約五分之一，而工業勞工的工時比其他經濟部門多出許多。[93]把政府和農場勞工也納入計算後，一九〇〇年的美國人平均每星期工作五十三個小時。二〇〇五年，大約降至三十八個小時。然而，單看每名勞工的時數變化，就會忽略今日有更高比率的人口工時比一世紀前長，因為女性進入職場的比率也成長了（請見第6章）。拉米與法蘭西斯發現，如果把人口進入職場的比率上揚也納入考量，工時減少的情形就沒那麼明顯：一九〇〇年至二〇〇五年間，每人的平均每星期工作時數下跌四・七個小時。[94]

此外，所有的下降都發生在年輕人與老年人身上。相較之下，二十五歲至五十四歲之間的民眾，每星期的平均工時其實變長了。即便男性的每週工作時數下跌，女性加入職場使得工時衝高。年輕人工時下跌的原因直接了當：有更多孩子去上學，而且在學校待上更多年頭；農夫發現自己的孩子需要接受教育，才有辦法在第二次工業革命的年代出人頭地。此外，老年人每週工時下跌的原因也不是什麼謎題，一九三五年通過的《社會安全法》（*Social Security Act*）提供了全國性的退休金制度，在那之前，多數人會工作到人生的最後一刻，只有一小部分人口享有私人的退休金計劃。日後退休金額度逐漸增加，抵達退休年齡的民眾突然能享受閒適的生活——結果創造出更多工作機會。這個新階級有閒有活力，他們的需求帶來了欣欣向榮的營建業，各地開始興建退休之家、高爾夫球場、購物中心，以及亞利桑那州的太陽城（Sun City）等退休城市，以容納從美國東北前往太陽帶的大量移居潮。

拉米與法蘭西斯同時考量有薪工作的每週工時、上學時數、家務等因子，估算出過去一世紀人一生的平均休閒時間。兩人估算，民眾自十四歲起一直到不同世代的預期死亡年齡前，一生中每年的平均每週休閒時數。[95]他們發現每週平均休閒時間自一八九〇年的三九・三小時，上升至二〇〇〇年的四三・一小時。可喜的是，增加的時數大多來自民眾今日更為長壽。兩人的研究發現也讓我們進一步了解凱因斯的預測。凱因斯說，生產力將在接下來一世紀增加四到八倍。儘管發生了無法預測的二戰，凱因斯的估算相當準確：今日的勞動生產力幾乎是一九〇〇年的九倍，然而民眾決定要休息的時間，到了二〇〇〇年僅上升一〇％（見圖十九）。此外，一九三〇年後，在凱因斯寫下預測的時期，勞動生產力上升至五倍，但休閒僅成長三％。[96]

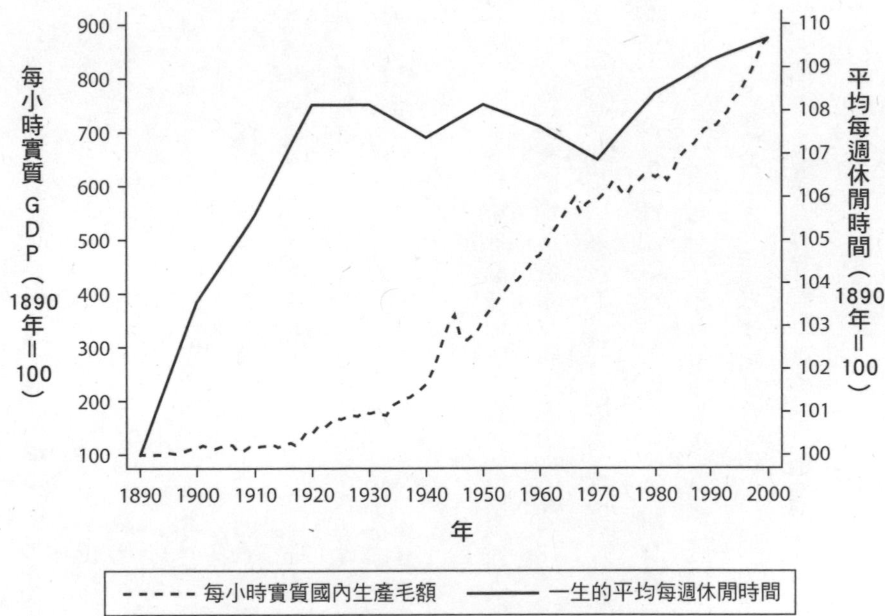


**圖十九：美國一八九〇年至二〇〇〇年**
**每小時國內生產毛額走向與平均每週休閒時間**

資料來源：V. A. Ramey and N. Francis, 2009, "A Century of Work and Leisure," *American Economic Journal: Macroeconomics* 1 (2): 189–224. 每小時國內生產毛額的數據請見圖九。

當然，凱因斯並未高估機械化的潛在規模，他的想法大致上沒錯：「我們將有辦法以我們人類習慣出的力的四分之一，就能執行所有的農耕、採礦與製造工作」。[97]三十六年後，經濟學家羅伯特・海爾布隆納（Robert Heilbroner）在一九六〇年代的自動化辯論中指出：

> 我們可以主張，在農場與工廠這兩個史上最重要的工作領域，勞力替代效應跑在工作創造效應的前面……礦業也和農業一樣，儘管產出大幅增加，勞力卻出現絕對的縮減。一九〇〇年，有八十萬男性鑽進地底，或在礦坑的地面上工作；一九六五年僅有六十萬人……也因此投資的勞力替代效應，有可能會比工作創造效應來得快，這點似乎沒有爭議。事實上，經濟的許多關鍵部門都是這樣。[98]

當然，海爾布隆納完全清楚雖然農業與礦業的勞工被取代，但他們並未全然脫離勞動市場。相反地，隨著愈來愈多女性進入職場，從事有報酬的工作人口比率也增加。愈來愈多家事生產交給機器後，女性可以決定要好好利用留聲機、收音機、電視提供的新娛樂，在家享受新到手的休閒時間；但實際發生的情形，卻是女性決定進入勞動市場，從事有薪工作。進一步講，二〇一五年一般的美國勞工，如果僅希望維持一九一五年的平均收入水準，可以在現代科技的輔助下，每年只工作十七個星期。[99]然而，多數民眾不認為這樣的取捨很誘人，因為他們對於新型商品與服務的需求，也跟著生產力一起增加。省力技術讓我們有辦法以少做多，但多數人寧願接下其他生產性任務，不去選擇獲得更多休閒。

海爾布隆納主張，未來要關切的事主要分為兩個方面。這一次，不只是農業與工業的工作會受到影響，他擔心自動化也會造成服務部門裁員。此外，他預測對於勞工產出的服務的需求，終將被完全滿足：

> 然而，有一個關鍵要點：今日的技術似乎也在入侵服務業及其他各式工作。祕書有了機器後，如今可以打字與編輯寫下的東西……沒理由技術不會滲透白領階級的工作技能，那麼新的勞工移民該去哪？……假設我們有辦法雇用多數的人口，讓他們當精神科醫師、藝術家等等，我擔心依舊會有就業上限。理由很簡單，未來可以帶來銷路的商品與服務的總需求有上限。[100]

究竟有沒有飽和點尚有爭議，但如果我們的「基本需求」完全被滿足，更高的收入將再也不會帶來更高的主觀幸福。經濟學家貝希．史蒂文森（Betsey Stevenson）與賈斯汀．沃爾菲斯（Justin Wolfers）曾為此檢視是否超過某一個關鍵的收入層級後，收入帶來的幸福會減少。兩人分析數個數據集，使用各種不同的基本需求定義以及不同的幸福測量法，目前尚未發現饜足點（satiation point）。史蒂文森與沃爾菲斯比較了各國「平均的主觀幸福程度」與「人均國內生產毛額」，發現幸福與所得之間的關係，在窮國和富裕世界是一樣的，在各國之內的各所得群組也一樣。舉例來說，美國並未有證據顯示幸福與所得之間的關係明顯脫鉤，即便年收入達到五十萬美元也一樣。[101] 所以說，就算真的有饜足點，人類尚未抵達。

司馬賀在一九六六年回應了海爾布隆納的文章，主張「純粹就經濟問題的角度來看，世界上這個世代與下一個世代碰上的問題是稀缺，而不是到富足到過盛。」[102] 我很想直接贊同司馬賀，並指出事情在他的年代之後，也沒有發生太大的變化。反烏托邦的看法認為，自動化一定會導致失業。烏托邦的看法則說，自動化將帶來優游自在的生活——兩種看法目前為止看來都不對。放眼未來，簡而言之，事情就像某位觀察者說得那樣：

所謂的自動化難免會降低工時、出現想像中的那種技術進步，但許多時候反映出的其實是民眾的恐懼：要是工作沒被分布出去，失業的情形就會蔓延。然而，這通常也反映出烏托邦的想法：新技術將帶來整天玩樂、不必工作的新日子。勞工究竟會偏好短工時還是額外的收入，取決於他們如何判斷休閒與收入的相對價值。漸進式的生產力提升與生活水準，讓民眾容易偏向選擇休閒，但結果難料。當投入的時數與工作的辛苦程度到了某個點，身體上的勞累與工作帶來的其他損害會衝擊到健康與家庭生活，也會失去社交生活；但消費的物質水準上揚，此時民眾會怎麼選擇，愈來愈難講。我不知道未來工業及其他產業的勞工會選擇什麼樣的每週工時。值得注意的是，在美國的非農就業，近年來大體上是充分就業，平均工作時數很少下跌……目前勞工似乎一般傾向於認為額外收入的價值，高過更多的休閒時間，但不一定放諸四海而皆準。[103]

以上這個段落取自美國勞工統計局一九五六年首度公布的報告。同樣的話搬到今天來談也一樣。即便走過了一世紀驚人的機械化進展，生產力飆升，美國人給自己的休閒時數，可真是少到令人驚歎。

然而，還有一個相當新的潮流值得注意。歷史上，薪貧階級必須投入更長的工時，才有辦法養家活口。經濟史學家沃斯指出，英國的平均工時自一七六〇年的每週五十小時，上升至一八〇〇年的六十小時。[104]那是正值恩格斯停頓時期，勞動階級的物質水準不太有什麼進展。大約也是在那個時期，珍．奧斯汀描寫菁英的小說呈現出一個休閒社會，生活的重心是文雅的談話與文學。然而，現代生活則恰恰相反。戰後湧進工廠的民眾，近年來的工時反而比新型認知菁英還要少。經濟學家阿吉亞爾與郝斯特發現，與符號分析師相比，教育程度最低的人愈來愈「享受」更多休閒時數。取自「美國時間運用調查」的數據也顯示，大學畢業的美國人今日的工時，大約比無大學學歷者每天多兩個小時。[105]此一模式最令人信服的解釋是對於准勞動階級而言，這種現象單純反映出勞動市場提供的機會減少。我們在第9章提過，隨著自動化一路前進，無技術者的機會減少。面對下滑的工資與消失的工作選項，有的人乾脆選擇靠福利制度過活，不去工作，其他人則繼續掙扎找工作。

一九八三年，也就是電腦開始大量進入工作地點的那一年，經濟學家李昂提夫寫道：「想想看，萬一所有失業的鋼鐵和汽車工人都重新接受訓練，開始操作電腦……電腦的數量會不夠……更多工人會被機器取代。我不認為新產業有辦法雇用所有需要工作的人。」[106]今日依舊有那麼多工作可做，原因是電腦的確替勞工創造出新的任務（請見第9章），然而那些工作主要高技術人士在做的。這回與第二次工業革命時期相反，當時的技術變遷帶給半技術勞工新任務，中產階級享有愈來愈高薪的更多工作機會（請見第8章）；而電腦時代的產業未能像之前的煙囪工業一樣，提供中產階級相同的機會。

人工智慧技術究竟會在未來帶來哪些新工作與新任務，實在很難預測，甚至根本無從猜測起。不過，法國政治經濟學家弗雷德里克．巴斯夏（Frederic Bastiat）的觀察應該能帶給我們一點信心，一八五〇年，他在精彩的〈看得見與看不見的〉（"That Which Is Seen, and That Which Is Not

Seen”）一文中寫道：「在經濟這個領域，單一的行動、習慣、制度與法律，並不會只帶來單一效應，而是一連串的效應。在這些效應中，只有第一個會立即與成因同時出現——這屬於看得到的效應。其他效應則是會在日後接連出現——那些是看不見的：如果能預見，那我們可幸運了。」[107]以機器來說，替代是可觀察的第一階效應，看不見的效應則是創造出新工作。美國今日的工作很少在一七五〇年就有了，也就是在工業革命的開端。此外，許多今日的工作，甚至到一九七〇年代都還沒有被納入官方的職業分類裡，包括機器人工程師、資料庫管理員以及電腦支援專員。一九八〇年至金融危機前的就業成長，幾乎一半都發生在新型工作上。[108]

看不見的永遠是未知的，但二十世紀的模式是技能需求上升了，人工智慧技術似乎不可能反轉此一模式。除了某些例外，下一波最不可能被取代的工作，就是技術人士的工作。如果我們看著二〇〇〇年之前尚不存在的新產業，其中多數與數位技術有關。那些產業雇用的員工大多擁有大學學歷（許多是科學、技術、工程或數學學歷）。[109]也因此下一波的自動化效應，大概會與於早期的電腦技術類似，但很有可能會影響到更多人。戰後年代在工廠工作的民眾，他們的工作選項自電腦革命以來就已經消失了。此外，零售、建築、運輸、物流也愈來愈暴露於自動化的風險中，相關工作者的選項極有可能會每況愈下。的確，即便未來三十年和過去三十年一樣，也沒讓人多安心，因為自動化近日已經讓勞動市場上的某些團體失業率升高，沒有中學以上學歷的民眾工資下滑。布林優夫森與麥克費在暢銷書《第二次機器時代》（*The Second Machine Age*）中野提出類似的觀察：「隨著技術一路往前飛奔，技術進步將拋下某些人，甚至是很多人……對擁有特殊技能或正確教育的人士而言，這是史上最美好的年代，因為這些人能利用技術創造價值並獲取價值。然而，對於只有辦法提供『一般』技術與能力的勞工來說，這是最糟的年代，因為電腦、機器人和其他數位技術正在以驚人速度習得這樣的技術與能力。」[110]

今日在美國大多數的州，人數最龐大的職業是卡車司機（參見圖二十）。經濟學家古爾斯比指出，如果三百五十萬名卡車、公車、計程車司機，全都因為自動駕駛車的緣故在十五年間失業，等同每個月有一萬九千人失去工作：二〇一七年，每個月有五百一十萬美國人離職，在此同時，平均而言有五百三十萬份工作產生。從這個角度來看，自駕車將使離職率增加不到〇・四%[111]，況且這不太可能在十五年內就發生，技術的採行永遠不會順暢無阻。此外，計程車能夠完全自動化的時間將比長程貨車長很多。令人擔心的是，勞工市場上有大量民眾的其他工作選項持續惡化；即便假設被取代的卡車司機還算輕鬆就在不斷變動的勞動市場找到新工作，我們得問自己，那會是什麼工作？薪水怎麼樣？甚至要是那些選項看起來不誘人，他們還會選擇那些工作嗎？

美國中西部的卡車司機不太可能成為矽谷的軟體工程師。司機可能會接受工友的工作，或是對地面清潔維護、公園、房屋、辦公室的清潔感興趣（我們的預估顯示，在下一波的自動化這兩類工作不會受到影響）。如果成為工友，他將從年薪四萬一千三百四十美元的工作（二〇一六年中位數年收入）的卡車司機，變成年薪兩萬四千一百九十元；如果他成為地面清潔維護人員，年薪是兩萬六千八百三十元；或是如果找到社會照顧員（social care worker）工作，每年會賺四萬六千八百九十元。然而，社會照顧員要求要有大學學歷。

經濟學家李昂提夫曾開過個玩笑：如果馬有投票權，牠們就比較不可能從農場上消失。雖然美國中產階級的命運和農場上的馬幾乎不能相比，我們也不認為美國人會束手待斃，乖乖接受工資的下滑。如果自動化只是暫時讓民眾收入減少，那麼民眾會願意接受自動化。然而，如果幾年後或甚至是數十年後，收入似乎依舊不太可能回升，民眾抵抗自動化的機率便會升高。如果個人無法開心

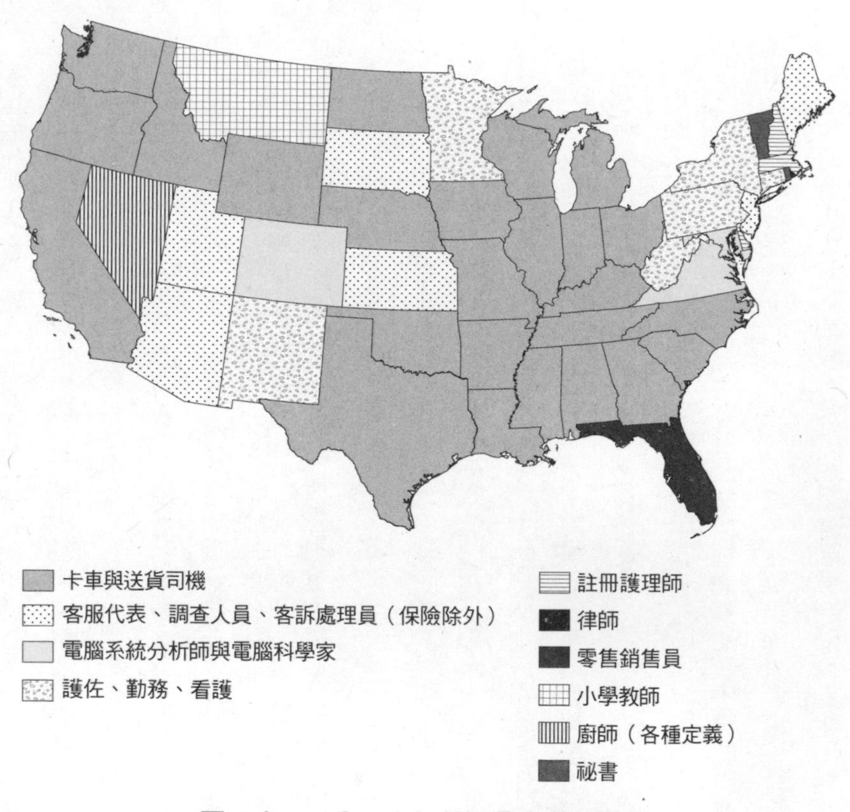


**圖二十：二〇一六年美國最常見的職業**

資料來源：S. Ruggles et al., 2018, IPUMS USA, version 8.0 (dataset), https://usa.ipums.org/usa/.

接受市場判決，他們可以阻擋技術，或是透過非市場的機制與政治行動主義，要求進一步重分配。第3章提過，盧德主義者及其他團體就曾激烈抵制威脅到生計的機器，除了暴動，他們還向國會請願，呼籲政府限制引進勞工替代技術——然而他們徒勞無功，因為他們缺乏政治影響力。今日，勞工對於政府必須提供什麼不但有著更高的期待，他們還握有政治權利。

# 第13章　富裕之路

有時候民眾會感到技術進步邁入尾聲了。隨著紡織業、鐵路運輸、蒸汽工程等帶動工業革命的關鍵產業在十九世紀末開始慢下腳步，有的觀察者主張資本主義制度已經開始瓦解。[1]在經濟大蕭條期間，馬克思主義派的評論者也提過類似的主張，宣稱資本主義無法達成持久的成長。其他非馬克思主義的作家，例如經濟學家韓森則預測，美國經濟將進入長期的停滯期，背後的部分原因是創新不足：「當革命性的新產業，例如鐵路或汽車……和所有產業最終的命運一樣，抵達成熟期，不再成長，整個經濟一定會經歷一段嚴重的停滯期……當龐大的新型產業失去影響力，那麼可能還得再過很長一段時間，才會有其他後起之秀出現。」[2]

經濟學家戈登近日在《美國成長的起落》（*The Rise and Fall of American Growth*）一書中，提到同樣黯淡的未來成長前景[3]，他主張，當代的人工智慧突破、移動式機器人、無人機以及其他電腦革命的副產品，皆比不上二十世紀初的重大發明。我們無從得知未來的生產力成長率是否將抵達黃金年代的程度，但從地平線上的技術（請見第12章）來看，我認為只要創新能順暢無阻地前進，生產力將會再次提升。問題出在許多的相關技術屬於替代技術，將進一步壓低無技術者的工資（請見圖十八）。

在自動化問世前，美國有超過一半的勞動成人做著藍領與辦公室的工作，這類工作讓中學以下學歷者得以過著中產階級的生活。在過去三十年間，此類工作的數量持續萎縮，造成許多沒念大學的民眾必須找低薪的服務業工作（請見第9章）。如今人工智慧也威脅並取代許多行業的人類，那些行業原本是無技術者的避風港，這下子就業前景更是無望。從這個角度來看，我們要關切的並不是生產力成長未能提升，我認為更嚴重的挑戰不在於技術本身，而在於政治經濟學的領域。傑出的經濟歷史學者戴維．蘭德斯（David Landes）指出：「即便假設科學家與工程師的聰明頭腦永遠會產生新點子來接替舊點子……但我們無法保證利用這些點子的人將會採取明智的方式、也無法保證非經濟的外在因素（尤其是人類拿同胞沒轍這點），不會毀掉整個美好結構。」[4]

如果放著不管，自動化的贏家與輸家之間日益加深的鴻溝將會帶來嚴重的社會成本，不只是工作直接受影響的個人會引發的問題而已（請見第10章）。益發嚴重的經濟鴻溝已帶來了更大的政治分裂，挑戰著自由民主制的基本結構（請見第11章）。二十世紀的人認為收入自然應該穩定成長，且依舊期待著自己的物質水準會改善。然而，在自動化的年代，政府的承諾愈來愈難兌現，中產階級的薪資成長程度也落後於生產力的成長；民粹主義的高漲主要反映出政府未能讓人民以更公平的方式享受到成長的果實。無大學學歷者的工資已經下滑超過三十年——這個長期存在的下跌過程在金融風暴中現形（請見第11章）。福山寫道：「在已開發國家，中產階級正在消失，民主的未來將得看這些國家處理這個問題的能力。」[5]

我們的前方是重大的社會失調，最佳的回應方式很難拿捏。如果過分強調自動化的負面影響，有可能會導致民眾過度恐懼；然則，若是輕描淡寫自動化的重要性，而沒做到未雨綢繆、儘量減少個人成本與社會成本，民眾的合理反應自然是反對替代型技術。[6]如果說歷史提供了借鏡，預示勞工對於下一波自動化的反應，那麼別忘了在工業革命期間，許多民眾在陣痛期被忽視了，他們自然會用力反抗技術變遷（請見第5章）。英國政府數度對上砸毀機器的憤怒工匠，進步被強加在這些人民身上。然而，不是各地的反對聲浪都同樣激烈。《舊濟貧法》（*Old Poor Law*）減輕了民眾過渡到現代世界的痛苦。經濟史學家亞文納・格里夫（Avner Greif）與穆拉特・伊亦京（Murat Iyigun）證實，在英國福利制度較為慷慨、窮人得以活下去的地區，民眾比較不會去抵抗技術變遷，社會動亂也較少出現。[7]此外，儘管人數不多，當時也有部分人士明白，補償技術進步的輸家很重要，可以預防社會與政治動亂。一七九七年，伊甸爵士在他討論貧窮的著作中正確地指出機器「促進整體財富」，但也指出機器「讓許多勤奮的個人失去工作，造成痛苦，有時帶來極大的不幸」。伊甸爵士主張，一定得「在可行的程度下儘量」濟貧，「以舒緩與減輕機器對個人造成的困難」。此外他還認為，做得不夠多將導致發展停滯，民眾將跟前工業時代一樣抵制機器。[8]

第11章討論過，濟貧法的興起與衰落，反映出政治力量自地主階級移轉至新興城市菁英手中。城市菁英認為，協助老百姓留在鄉間沒有太大好處，他們的工廠需要工人。然而，濟貧法的消失，也是因為世人普遍相信技術無法改善人類命運。英國之所以會支持工業化，為的是國家利益，確保英國不會在貿易上落後敵國。此外，在英國，雖然馬爾薩斯的力量早已消退，但馬爾薩斯的邏輯歷久不衰。與馬爾薩斯同年代的人，以及在他之後的世代的政治經濟學家，都認為人口成長將永遠抵消人均的經濟成長。此一看法暗示著任何試圖重分配收入、希望讓更多人享受到工業化的好處的努力，永遠註定會失敗（請見第2章）。馬爾薩斯與李嘉圖強烈反對濟貧，他們認為這樣只會鼓勵窮人生更多孩子，不會真正幫到窮人。[9]現在我們知道不是那樣。

二十世紀的政府承擔起更大的責任，負責減輕勞動力承受的部分適應成本。勞工運動，包括勞工運動的政治分支，實際上接受了技術是成長的引擎，但主張成立福利制度，並提供社會上所有的成員可信的保證，民眾的個人損失將被限制在一定的範圍。此外，工業化新帶來的財富，有辦法負擔更多的社會福利支出，社會更能補償較不富裕的人士。前文提過，馬克思預言的社會主義革命之所以沒有成真，重要的原因在於技術開始對勞工有利，也因此勞工開始認為，技術是帶來美好生活的引擎。他們想得沒錯。蒸汽機的採用，以及接下來的電氣化最終替取得機器操作技術的勞工創造出工資更高的新工作。然而，政府能夠平息來自底層的革命威脅的另一個原因，在於讓更多人民取得選舉權、建立福利國家、打造教育系統，減輕改變速度加快的陣痛期帶來的痛苦。因此，人工智慧革命的到來自然也將需要類似規模的資本主義大改造。

## 我們可以做些什麼？

史上最糟糕的勞工年代有兩大特徵，一是勞工替代型的技術變遷，二是緩慢的生產力成長。如果人工智慧技術真如部分人士所設想的那樣驚人，我們可以對長期的情形抱持更樂觀的態度。艾塞默魯與雷斯特雷珀指出，傑出的技術（brilliant technology）比平庸的技術（mediocre technology）更能帶給勞工好處，因為傑出的技術讓我們富裕，並引發更多的需求：有更多人想取得其他由人類產出的商品與服務。[10] 一九九五年至二〇〇〇年間，工資的成長速度的確加快，電腦促成一段短暫的生產力大爆發，比先前與之後的年代更甚。然而，雖然高生產力成長永遠比緩慢成長來得好，但如果技術屬於替代型技術，工資的成長將會落後生產力的成長，即便經濟的其他地方冒出新工作，部分勞工的收入可能在過程中消失。這種情況除了近年來不斷發生，也是工業化年代典型的情形。[11]

今日美國的全國失業率是四％。儘管機器人興起，工作似乎不會馬上終結。自動化的效應顯現在大量人口工資下跌一事上，部分民眾因此退出勞動力。如今，勞工退出勞動力的比率升高，而主動退出勞動市場的人並不會被納入失業率的計算——這個情形其實特別令人憂心。政治經濟學家尼古拉斯．埃伯施塔特（Nicholas Eberstadt）在《失去工作的男性》（*Men without Work*）一書中估算，如果近日的趨勢持續下去，到了二〇五〇年，二十五歲至四十五歲的男性將有二四％無業。無大學學歷的男性找不到工作的情形特別普遍，他們缺乏能在日益高科技化的經濟中競爭的技術。[12]由於自動化的緣故，他們賺錢的能力消失。此外，由於缺乏必要技能，他們亦無法從事新興的高薪工作（請見第9章）。

如果目前的趨勢在接下來的幾年持續下去，自動化贏家與輸家的差距將拉大，而且這種情形的確很有可能發生。目前的工作可自動化程度顯示，需要大學學歷的職業大部分依舊很難自動化。同時，雖然消失速度有多快還很難講，許多無技術工作正在蒸發，包括收銀員、食物備料人員、電話客服中心人員、卡車司機等等。不過，也有些無技術工作依舊不會碰上人工智慧。許多「親自服務型」的工作需要大量複雜的社會互動，目前尚未面臨自動化的風險，例如：健身教練、髮型師、禮賓服務人員、按摩治療師。[13]

我們無從得知未來將出現哪些工作。工業革命來臨時，沒人能預測許多英國人將成為電報員、火車工程師、鐵路修理員；今日的未來學家也無力預測人工智慧將帶來的工作。官方的就業統計數字記錄下，新職業的速度永遠慢了一步，直到某個新職業的人數抵達關鍵多數後，該職業才會被納入資料。不過，其他的資料來源，例如商業社群網站領英（LinkedIn）的數據，讓我們至少得以「臨近預報」（nowcast，注：預測極為近日的未來與現在的經濟學）正在興起的工作，包括機器學習工程師、大數據架構師、數據科學家、數位行銷專員、Android 開發者。[14]不過，我們也找到尊巴舞（Zumba）老師與海灘身材公司（Beachbody）的健身教練。[15]

在技術日益複雜的世界，技術報酬增加的情形不太可能消失，大概只會繼續增強。看來人工智慧和電腦一樣，會替勞工帶來更多技術型的工作。前文提過，近日的工作創造集中在所謂的「勞力乘數」（labor multiplier），電腦替軟體工程師與程式設計師製造出工作，進而替這群人工作與生活的地方，提升了「親自服務型」工作的需求（請見第10章）。二〇一七年，在加州的聖荷西，健身教練與有氧老師平均年收為五萬七千兩百三十元。如果換到密西根的弗林特市，則是三萬五千五百五十元。當然，由於各種因素不好直接比較，灣區（Bay Area）的生活費的確比弗林特市來得高，不過灣區的生活設施也比較多，健康情形與公共服務品質較佳，犯罪率也低。

自動化因此帶來了雙重打擊：機器取代中產階級的地區，地方服務需求也受到打擊；而技術地區與無技術地區出現驚人的分道揚鑣，有技術者與無技術者之間的鴻溝也因此加深。軟體工程奇蹟讓灣區欣欣向榮，鏽帶的勞工則深受他地發明的新技術所害。在許多地區，中產階級逐漸流失，消失的收入帶來各種社會問題，例如：犯罪率上升、婚姻破裂、健康情形惡化（請參見第10章）。我們知道許多問題與世代間的流動程度呈負相關，但還是有可能對社區造成持久的影響，使得下一代沒機會翻身。從這個角度來看，民粹的吸引力不難理解。有一群民眾被成長的機器排除在外，困在絕望之地，他們很憤怒，民粹主義給了他們聲音。

本書想傳達的訊息，就是我們其實以前就碰過這種情形了。別忘了經濟史學家伯格曾提過，伴隨工業革命而來的是「空前的流動需求，地域流動性與職業流動性都需要」。我們應該記住，機器「意味著失業，或至少帶來失業的威脅。最好的情況就是在失業後有辦法轉行，或是換到同領域的其他工作。」然而，最重要的是，我們應該謹記，「在這段時期，政治經濟學發生的概念轉變，同時也與階級鬥爭緊密連結〔這個現象很明顯〕。政治經濟學者極度嚴肅地看待英國蘭開郡一八二六年發生的反機器暴動，以及一八三〇年的農業暴動。」[16]

恩格斯停頓最終結束，賦能技術來救場，勞工取得新技術。然而，此時英國的一般老百姓已經整整過了三代生活水準下降的日子。今日的政府可以替人民著想，替技術變遷造成的社會成本承擔更大的責任，沒工作的青壯年男性如今比率愈來愈高；學歷在中學以下的民眾，謀生能力持續下降。隨著人工智慧輔助的自動化不斷前進，我們必須仔細思考短期間將引發的效應。生產力成長讓餅變大，原則上人人都能過得更好。而其中的挑戰落在政治領域的範圍，而不是技術。一方面，人工智慧擁有龐大潛能，可以讓我們更富裕；另一方面，勞工可能流離失所，政府必須小心處理短期的情勢。所謂的短期，對許多活在典型工業化年代的人們而言，就已經是一輩子。

如同美國前財政部長薩默斯所言：「很多事都很難說，但向前走總比往後退好，也就是說，我們應該要擁抱、而不是抗拒技術進步……我猜想，在接下來的十年，這將會是個重大的辯論議題，在工業世界廣泛影響著政治。」[17]政府如果要避免技術陷阱，推行的政策就一定得帶動生產力成長，但又得協助勞工適應自動化波濤洶湧的浪潮。處理自動化的社會成本將需要重大的教育改革；還要提供搬家券，協助人民為了新工作搬家，減少換工作的障礙；此外，還應該要取消助長社經隔離的土地分區管制（zoning restriction）；並透過稅額減免振興低收入戶的所得；提供工資保險（wage insurance）給因為機器失去工作的民眾；投資學前教育，降低下一代承受的副作用。在接下來的章節，我將一一帶大家看我們可以怎麼做。

## 教育

民眾如果和機器齊頭並進，就比較不可能憎恨機器。歷史上，當技術變革加速發生時，勞工向來靠著教育來適應變局。經濟學者克勞蒂亞．戈爾丁（Claudia Goldin）與卡茲二〇〇八年的重要著作《教育與技術間的競賽》（*The Race between Education And Technology*）顯示，美國經濟的強勁表現，以及教育在二十世紀的前四分之三的時期普及，兩者同時發生不是巧合；前者還至少有部分是後者的緣故。兩位作者寫道，二十世紀除了是由美國主導的世紀，也是人力資本的世紀——這不是歷史上的巧合：「在更為現代的時期，經濟成長的條件是擁有受過教育的勞工、管理者、創業者與國民。現代技術必須由人類發明、由人類創新，並加以執行，接著維護。現代技術得靠能幹的勞工來掌舵。從各種方面來看，二十世紀的特徵是快速的技術進展。由於美國人是全球教育程度最高的一群人，他們擁有最佳的優勢，得以發明、創業，利用先進技術生產商品與服務。」[18]

我們在第8章看過，技術與教育之間的競賽很適合用來解釋美國勞工市場一九八〇年之前發生的事，當時的技術變革愈來愈朝向替代技術前進。然而，替代型技術的技術變遷，只讓教育變得更為重要。第9章提過，民眾因為教育背景不同，適應自動化的程度也十分不同。半技術勞工的中階所得工作開始消失，向下流動到低薪服務工作或退出勞動力的民眾，絕大多數都沒有大學學歷。大學學歷者往上爬的可能性相對高。

無技術工作不會完全消失，但前文提過，未來低技術工作將暴露於更高的自動化風險，需要大學學歷的職業則依舊相對安全。雖然未來將會有哪些工作、又該需要哪些技能，目前還很難講，但我們的確知道有哪些障礙妨礙著民眾取得新技能。一份又一份的研究顯示，最大的政策挑戰或許是來自弱勢家庭的孩子教育程度持續不如人。眾所皆知，在人生的早期歲月，孩子如果數學與閱讀等基本技能不足，那麼他們進入更高年級後，往往就會趕不上同儕。發生這種情形的原因，在於低收入戶的孩子通常在家沒有接觸到智力啟發，沒人唸書給他們聽，日常生活中沒人跟他們對話；在雙親或父母之一有大學學歷的家庭裡，這樣的智力刺激則幾乎不缺。我們還知道，所得分布屬於最高五分之一的父母為了栽培孩子，在書本、電腦、音樂課程等課外活動與教材上，花的時間是最低五分之一的家戶的七倍。[19]從這個角度來看，也難怪隨著自動化造成許多家長失去收入，他們的孩子未來的展望也跟著消失。經濟學家傑佛瑞・薩克斯（Jeffrey Sachs）及其研究同仁的確主張，人工智慧帶來的威脅不只是減少工作、工資，還有目前這一代的儲蓄，也讓未來的世代陷入貧窮。[20]

政府若要提供公平競爭的環境，將得投資更多的學前教育。弱勢孩童和他們相對有優勢的同儕之間的知識與能力差距很早就拉開了，而且將持續一生。因此，日後才想辦法彌補差距，不如投資高品質的學前計劃，搶先預防，將是更有效、更符合經濟效益的做法。給窮孩子學前教育的好處勝過成本。以上的主張取自諾貝爾經濟學獎得主赫克曼（James Heckman）的研究發現。赫克曼等人的研究顯示，早期介入將帶來龐大的長期效應，每年的投資報酬率達七%至一〇%，使得教育程度大幅提升、健康較佳、生產力提升、犯罪減少。[21]亞瑟・雷諾（Arthur Reynolds）等人在《科學》期刊上發表的另一項研究也得出類似的結論。研究人員在二十五年間，追蹤了芝加哥「親子中心教育計劃」（Child-Parent Center Education Program）中一千四百多名參加者，發現與對照組相比，計劃參加者的教育程度、收入、物質濫用、犯罪等項目的表現遠遠較佳，其中又以男性與中學中輟生之子出現最持久的強大效應。[22]在目前的情況下，機會落差帶來的整體社會成本雖然難以估算，但不管從哪個層面來看，都相當驚人。經濟學家估算，兒童貧困每年帶來的總成本，每年將耗損美國經濟五千億美元，幾乎等同於國內生產毛額的四%。相關成本來自低生產力成長、高犯罪率與龐大的健康支出。[23]

的確，前述的研究尚未把機會上的差異考量進去，但這幾乎絕對會影響到未來的創新率。經濟學家亞歷山大．貝爾（Alexander Bell）等人的研究另闢蹊徑，分析為什麼有些美國人比別人更可能成為創新者。論文作者自專利記錄取得一百二十萬名發者的數據，發現按照測驗成績來看，低收入戶的孩子就算展現了與高所得孩童相同的能力，窮人之子遠遠更不可能成為發明家。[24]年級愈高，此一創新差距就愈明顯。論文作者主張：「低收入孩童隨著時間持續落後於高所得同儕，原因或許就是出在學校與童年環境的差異。」[25]

此外，機會差異不只對經濟不利，也對民主不利。二十歲至二十五歲的大學學歷者，遠遠更有可能參與討論政治、接觸政府官員、擔任義工等。從完全脫離各種形式的公民生活人數來看，中學學歷以下者是大學學歷者的兩倍以上。此外，從民主參與度來看，大學學歷者在全國性選舉投票的可能性是兩至三倍。[26]或許最令人憂心的是，政治學家凱．施洛斯曼（Kay Schlozman）、西德尼．韋巴（Sidney Verba）、亨利．布萊迪（Henry Brady）證實，政治參與的代間效應愈來愈強，孩子通常會繼承父母的政治參與程度。換句話說，父母親的教育程度高低或富裕與否，不只會影響孩子的工作前景，還會影響孩子在政治領域的參與度[27]，導致著名的困境。如同美國政治學家道爾所言：「如果在政府面前，你本應平等的聲音被剝奪，那麼與有聲音的人相比，政府很有可能不會以同樣的心力照顧到你的利益。如果你沒聲音，誰會替你講話？」[28]的確，主流政治不再替無技術者的利益出頭，他們的政治剝奪感使得自動化帶來的不滿更難好好處理（請見第11章）。

## 二度培訓

如果是已經身處勞動市場，而工作受到人工智慧威脅的人士，我們該怎麼協助民眾脫離失業，除了是個常見的看法，也是面對快速的技術變遷時常見的反應。一九六〇年代，自動化焦慮抵達高點，二度培訓成為國家要務。一九六二年，甘迺迪總統在國情咨文演講，力催國會通過《人力發展訓練法案》（*the Manpower Training and Development Act, MDTA*），停止浪費身心健全的男女國民的才幹。畢竟民眾還是想工作，但手中技術被機器取代了，或是碰上工廠遷移、礦場關閉等等。[29]《人力發展訓練法案》在一九六二年三月十五日通過，是第一個聯邦人力計劃，法案最初的目的是訓練並二度培訓被自動化拋在後頭的數千勞工，隨後又拓展訓練對象。在一九六三年至一九七一年間，大約有兩百萬名美國民眾加入了這個計劃。成效如何？一九七八年，經濟學家奧利．艾森菲特（Orley Ashenfelter）評估了《人力發展訓練法案》，他發現很難一概而論，因為計劃起初的培訓對象是最容易再訓練的勞工，後來又拓展到較為弱勢的勞工，其中還有許多人中途退出。艾森菲特的確發現，有證據顯示，勞工在參與計劃之後收入有提高，但結論是好處是否超過成本還很難說。[30]

繼《人力發展訓練法案》後，聯邦政策制定者通過了一系列的就業訓練計劃，成效大多難以評估，因為訓練期間損失的收入很難估算，而且多數的培訓計劃本就不容易取得成本數據；此外，大多數的研究只追蹤了少數幾年的後續結果，也就是說，收入影響隨時間消退的程度我們無從得知。[31]近日經濟學家伯特．巴諾（Burt Barnow）與傑佛瑞．史密斯（Jeffrey Smith）回顧了文獻，總結出「整體來看，近日的證據呈現分歧但有點令人失望的結果。」[32]雖然政策面的結論，不是要我們放棄再度培訓中老年民眾的概念，但沒先經過概念驗證就開辦大規模的訓練計劃，成效將很難預料。我們必須採取試誤策略，從實際的經驗中學習，了解哪些作法可行。此外，除了培訓計劃，一定還有其他值得參考的想法。舉例來說，緬因州與華盛頓州已經採行「終身學習帳戶」（Lifelong Learning Accounts），提供減稅誘因給投資於培訓自己的民眾與低收入國民。符合資格的公民每年最高可投入兩千五百美元，在任一課稅年度，可退稅的稅額減免是自付的頭五百美元的五〇％，剩下的兩千美元是二五％。勞工面對被取代的風險，或是希望讓整體職業生涯有所進展時，可以在事業的不同時期，利用帳戶中的基金培訓自己。不過，相關措施擴大實施前，需要先經過小心評估。

此外，政府可能也得實施更全面的重大教育與訓練改革。哈佛大學的克雷頓．克里斯汀生（Clayton Christensen）大力主張，對具備不同學習需求的民眾而言，沒理由硬要他們接受缺乏彈性的學術課程、強迫一定的學習年限。工業革命所帶來的工廠式教育模式，在許多層面都發生了影響，包括要求大家在學校待上更多時數、學更多科目、接受更多年的學校教育。多學是好事，但如果民眾得在日後的人生階段持續更新技能，他們接受教育的方法就要更有彈性，例如把學習過程分成幾個階段，不必完成完整的標準學術課程，而是可以從選單上自行選擇希望學習的技術與能力。舉例來說，今日「大規模開放線上課程（磨課師）」（Massive Open Online Courses, MOOCs）便提供學程給希望更新技能的人士，民眾可以依據自己的步調完成課程。

## 工資保險

我們必須正視的現實是並非人人都希望接受二度培訓。在人生下半場被取代的技能過時人士有可能寧願接受低技術工作，即便薪資較低。前文提過，針對被替代的勞工之研究持續顯示，許多人最後接受了工資比前一份薪水低的東做，年紀較大的民眾尤其如此。對於新工作大幅減薪的勞工而言，二度培訓與失業保險很少能幫上什麼忙。然而，工資保險可以協助減少因自動化而陷入困境的人數。工資保險是指如果勞工被迫接受薪水較低的工作，他們將獲得補償。此外，相較於無業，工資保險會讓無技術工作帶來更高的所得，便很有可能減少無技術者不工作的比率（請見第9章）。美國的工資保險目前僅為「貿易調整協助」（Trade Adjustment Assistance）中的一個子項目，該聯邦計劃的目標是減少部分部門的勞工感受到的進口負面影響。然而，適用對象僅包括年薪不超過五萬美元的五十歲以上勞工；至少應該納入因為其他原因而失業的勞工，例如可能導致民眾收入永久下降的自動化。套用經濟學家羅伯特・拉隆德（Robert LaLonde）的話：「私人市場提供風災險與火險，而中年勞工遭逢失業、工資永久下跌時，卻沒有保險可以提供保障。這是一個市場失靈，政府應該修正這樣的情形。」[33]

## 稅額減免

近日，主流媒體議論紛紛的話題，在於是否該以「無條件基本收入」（universal basic income, UBI）來減少自動化與去工業化帶給個人的損失。當然，支持無條件基本收入的諸多主張中，有的完全與技術變革無關，在這裡就不贅述。我們要探討的問題是，靠無條件基本收入來解決機器人興起所引發的不滿，是否真的是個好方法。無條件基本收入與經濟學者米爾頓・傅利曼（Milton Friedman）過去提出的「負所得稅」（negative income tax）密切相關，基本上指的是不論人民是否工作，都給予最低所得。如果決定要工作，就能得到額外收入。無條件基本收入最初的設想是取代其他現存的福利計劃。採取此道之弊在於不平等的程度會增加，除非民眾願意接受稅率大幅提升。由於現存的福利計劃是為協助有需要的民眾而設計的（也就是位於所得分布底部者），無條件基本收入（顧名思義，每一個人都能領）將有效把所得重分配給所得分布上方者。然而，更基本的問題，在於福利國家之所以採取了過去採取的制度，是因為多數國民認為，把資源交給沒有需求的人並不妥當。[34]換句話說，實行無條件基本收入的前提，將是人民的態度與政治發生重大轉變；但這不太可能發生，因為在過去數十年間，經濟與政治上的分裂愈來愈深。益發嚴重的經濟隔離，讓民眾極少有機會能以第一手的方式，了解其他同胞面臨的現實，導致階級間的忠誠程度下降（請見第11章）。

如果人工智慧帶來大量失業的嚴重威脅，民眾的態度有可能會轉變，但目前馬上就會有大規模失業的跡象尚未出現。先前的章節討論過，人工智慧距離在所有領域全面取代勞工的那一天還很遠，地平線上的新技術將不會同時抵達，也不會一夜之間就被採行。此外，歷史紀錄明確顯示，恐懼世上將不再有工作永遠是假警報。如果我們認為這次不一樣，至少要能解釋原因。然而，當我們回顧先前的幾波自動化焦慮，例如一八三〇年代、一九三〇年代、一九六〇年代、二〇一〇年代，我們會訝異技術了出現長足的進步，但辯論的本質還是差不多。我替本書作研究時，曾努力找出為什麼這次不一樣的新主張，但論點似乎在先前的自動化辯論中全都出現過。

認為無條件基本收入勝過福利國家的主張還有另一個錯誤假設：民眾不喜歡工作。舉例來說，一九七〇年，工會領導者魯瑟大力支持無條件基本收入，他期盼有一天，勞工能少花一點時間在工作上，改從事音樂、繪畫與科學研究等活動。魯瑟主張，人民富裕後就會花比較少時間工作、花更多時間實現自我。然而，多數人在工作中找到成就感與意義。儘管其他許多研究都顯示，看電視與個人的幸福感呈負相關，時間利用研究也指出，無技術者眼見自己在勞動市場的前景每況愈下，大部分的時間還是坐在電視機前。[35]人類學者大衛・格雷伯（David Graeber）曾寫下一篇機智幽默的論文談「狗屁工作」（bullshit job），並主張大多數的民眾在工作生活中做著自己覺得無意義的事，但大規模民調的證據卻顯示，情況正好相反。[36]此外，多個國家各時期的各種研究也一致指出，工作的人比不工作的人來得快樂。[37]誠如經濟學家戈爾丁所言：「人在工作中不只獲得收入，還得到意義、地位、技能、人脈與友誼。若是讓收入與工作脫鉤，獎勵待在家的民眾，將會造成社會瓦解。」[38]

因此，與其像無條件基本收入那樣，不論是否工作、也不論收入多少，一律給予津貼，不如特別協助那些在勞動市場上賺錢能力減弱的低收入群組。無條件基本收入由於以上提到的幾點原因，依舊具備爭議，只協助弱勢的政策獲得較多民眾支持。舉例來說，經濟學家格倫・哈伯德（Glenn Hubbard）是小布希總統的經濟顧問委員會主席，他近日在《華盛頓郵報》的專欄上指出：「認為經濟成長將使所有人都獲益的那一派，需要面對一個問題：光靠成長並未帶來雨露均霑時，那該怎麼辦。」[39]哈伯德認為，應推出一系列針對低收入個人的福利券，個人可以用來支付自己的訓練費用以及孩子的教育費。此外，哈伯德還主張擴大「勞動所得稅扣抵制」（Earned Income Tax Credit, EITC）的適用範圍。

「勞動所得稅扣抵制」是一種負所得稅，只有目前在工作、過去有良好記錄的低收入個人才可以領。學者發現，利用此一制度的民眾帶回家的收入大增。此外，此一制度擴大適用對象後，得以協助單親家長回歸職場。領到這項補助的民眾，他們的孩子大幅受益，幸福程度與教育程度都提升，不但數學和閱讀分數改善，進大學的比率也提高了。[40]也難怪在「勞動所得稅扣抵制」政策較為慷慨的美國各州，下一代得以翻身的代間流動率也比較高。[41]社會學家蓮恩・柯沃西（Lane Kenworthy）總結了相關的研究發現：「政府僅撥出幾千元，就讓最需要的孩子獲得重大的終身支持。」[42]

基於前述理由，「勞動所得稅扣抵制」應該擴大施行。第一、讓有孩子的低收入戶享有更慷慨的「勞動所得稅扣抵制」，如此一來便能提供更公平的競爭環境，增加弱勢孩童向上流動的可能性。再者，理應放寬申請對象，讓有子女、但子女不符合標準的公民也能申請，畢竟他們目前只能取得最低額度的補助。前文提過，有大學學歷者和其他人的距離很可能會愈拉愈大，因此政府必須讓低薪工作能帶來更多收入，以改善工作誘因，減少不平等。「勞動所得稅扣抵制」或其他類似的制度將能以可靠的方式達成相關目標。依據過往的經驗來看，提升無技術者的勞動參與率，將可抵銷成本。

## 法規

若要方便人民轉換工作，就得有一套不同的政策。換工作的法規障礙對生產力、工資與平等皆不利。當然，要求醫生與護理師等職業要有證照才能執業，理由充分；然而，美國政府的作法令人憂心，如今愈來愈多職業都要求執業執照，例如在田納西州，連替人洗頭髮都得完成七十天的訓練、通過兩場考試。在美國各地，需要證照才能合法工作的勞工自一九七〇年的一〇%，膨脹至二〇〇八年的近三〇%。[43]由於取得執照通常需要大量投資人力資本與證照費，因機器而丟工作的美國人，更不可能轉換至需要執照的職業，相關工作的勞工也更不可能轉行。取得執照的要求通常各州差異很大，甚至各郡也不同，也就是說，從事有牌工作的人士一旦搬家，通常需要額外的投資，再度取得證照；也難怪經濟學家發現，在有更多居民從事有牌工作的地方，通常失業率也高。[44]

此外，競業條款是指員工同意在離開目前的公司後，在預先規定的一段期間內，不得從事類似工作。在美國許多州，實施競業條款的情形愈來愈多，進一步妨礙了工程師、科學家、專業人士跳槽至正在擴張的公司。能夠輕鬆換工作經常被列為矽谷主要的成功原因。眾所皆知，矽谷史上關鍵性的一刻，就是高登．摩爾（Gordon Moore）與羅伯特．諾伊斯（Robert Noyce）離開了快捷半導體（Fairchild Semiconductor，亦稱「仙童半導體」），並於一九六八年成立英特爾（Intel）；與美國其他地區相比，加州電腦產業的勞工流動性整體而言高出許多，矽谷尤其如此。[45] 一八七二年的《加州民法》（*California Civil Code*）宣布所有的勞動契約條款失效，成了加州高流動性廣為眾人接受的解釋——摩爾與諾伊斯因此得以在離開快捷後創立英特爾。[46]

經濟學家史蒂文．克萊柏（Steven Klepper）也發現，底特律的汽車工業在全盛時期之所以能成功，也是基於相同的活力。從這個角度來看，密西根州的底特律能興起，和矽谷的興起有許多共通之處。[47] 芝加哥同樣長期禁止競業條款，但一九八五年的《反托拉斯改革法》（*Michigan Antitrust Reform Act*）撤銷了密西根州的相關禁令，底特律也因此再度有了競業條款。我與經濟史學家伯格的研究顯示密西根的技術活力（technological dynamism）跟著下降。與法規並未改變且其他情形相似的州相比，轉換至與電腦相關新工作的密西根勞工數量更少。[48] 換句話說，競業條款加速了底特律失去創新中心活力的頹勢，也因此雖然不清楚取消過度的執業證照規定與禁止競業條款將帶來多大程度的影響，但這絕對值得花力氣找出答案。

## 工作搬遷

電腦革命對美國城市而言是個雙面刃（請見第10章）。擁有技術人口的城市較能善用技術密集的電腦技術，因而欣欣向榮。相較之下，許多美國問題集中在地理上的同一區，也就是中產階級工作被機器人取代的地方。放眼未來，即便有替代面對面互動的改良版新產品出現，需要你人就在附近、心血來潮的碰面依舊無法取代。任何的數位通訊永遠至少得有一方發起，也就是說，在工作地點發生的那種隨機互動無法遠距發生。隨著人工智慧讓生產更為技術密集，「就在附近」的價值有可能會增加，地理詛咒也因此也有可能會增強。

歷史上，移居是城市適應貿易與技術衝擊的機制。第二次工業革命帶來新的產業，也帶來大量高薪的半技術製造工作，勞工跟著搬到有新產業的地區。在美國的「大遷徙」中，數百萬名美國人離開南方，抵達芝加哥與水牛城（Buffalo）等繁榮的煙囪城市；農工離開農場，抵達匹茲堡與底特律等繁盛之都。愈來愈多人移居高生產力地區，各區的收入開始平等。然而，今日的遷徙不再具備從前的平衡功能。符號分析師依舊能高度流動，無技術者則自從電腦革命的開端以來，就愈來愈難到別處尋找機會（請見第10章）。理由之一與財務有關。即便技能城市提供更好的就業機會，搬家是一種投資，一開始就得先有錢。經濟學家莫雷蒂深具說服力的論點指出，政府應該要補助工作遷徙。[49]搬遷補助券（mobility voucher）帶來的好處將大過成本，原本無業的人得以遷至他處從事有薪工作，促進各地的收入平等。有些人會主張，搬遷補助券會加快民眾從沒落社區出走的速度，讓美國某些地區變得更加絕望；然而即便是留下的人也可能因此受惠，因為找到工作的機會變大了。

## 住房與分區

另一個困境是技術城市的吸引力正在變大，高漲的房價讓民眾更難以負擔。為了對抗這種趨勢，創造出新工作的地區必須增加住宅供給，而這將需要廢除部分的分區管制，例如：最小宅地面積、高度限制、集合住宅禁令、冗長的批准流程等等。由於紐約和灣區等活力地區採取較為嚴格的新住宅供給限制，大力限制住能參與科技業成長的勞工數量，是以上升的住房成本讓科技公司難以雇到人。然而，最重要的一點依舊是弗林特市失業的無技術勞工，就算他們在波士頓找到工作，他們也負擔不起住在波士頓的開銷。前文提過，自動化的下一波浪潮將讓許多低技術工作消失，但仍有各種親自服務型工作相當難以自動化；這些工作順理成章會在技術城市出現，也就是市民負擔得起此種服務的地區。

分區管制帶來種種效應，包括經濟成長緩慢、工作機會少、工資低、全國各地的不平等加劇。經濟學家估算，要是取消此類住宅供給限制，美國的經濟會比今日擴大九%，也就是一般美國勞工的年收入會額外增加六千七百七十五美元。[50]廢除土地利用限制也將帶來理想的附帶作用。經濟學家皮凱提證實，財富不平等以驚人速度增加的源頭幾乎完全是住房。[51]土地利用限制帶來的膨脹房價絕對是原因之一，因此廢止這類限制將是解決辦法的一部分。[52]

移除技術城市擴張與發展的障礙，也將有助於促進社會流動性。經濟學家切提、納撒尼爾・亨德倫（Nathaniel Hendren）與卡茲皆已證實，如果九歲從加州的奧克蘭（Oakland）搬到所得較高的舊金山，成年後在兩地的所得差異將超過五成。[53]由於分區限制並不是隨機分布，而是在高所得城市及其鄰近地區較為普遍，因此要是出生在較不富裕的社區，將進一步處於弱勢。換句話說，分區擠走了低所得家庭，他們無法待在擁有更多社會資本和好學校的地區。

另一項好處將是更多的創新。孩子成長的地方要是有更多發明家，他們從小接觸到更多創新，日後也成為發明家的機率將會大增。此外，我們還知道居住地也會影響他們將帶來的創新種類。在矽谷長大的孩子更有可能帶動運算創新；小時候如果住在以生產醫療設備聞名的地方，例如明尼亞波利斯市，就更可能研發出醫療設備技術。[54]

## 連結力

連結「高薪勞工市場」與「房價便宜地」的交通基礎設施也能讓更多人加入繁榮的地方經濟。靠著地下鐵或高速鐵路來連結「走下坡的地區」（工作消失、房價便宜）與「正在擴張的地區」（工作機會多、房價高昂），將能讓各地的所得更平均，並且振興正在衰敗的地方服務經濟，民眾就會把更多所得花在地方上。有鑒於此，經濟學家指出目前努力利用高速鐵路把沙加緬度（Sacramento）、史塔克頓（Stockton）、摩德司托（Modesto）與佛雷斯諾（Fresno）等加州的低所得城市，連至舊金山灣區的潛在好處。[55]許多加州人可以留在房價便宜的佛雷斯諾，但通勤至舊金山上班。

未來，新型運輸技術也能連結相距更遠的地區。超迴路技術（Hyperloop）利用密封管道系統，讓人類得以在無空氣阻力或摩擦力的情況下行進，可望以驚人速度抵達遠地。舉例來說，超級高鐵公司（Hyperloop Transportation Technologies）近日與伊利諾州的交通部簽訂合約，檢視延著各走廊連結克里夫蘭與芝加哥的可行性。[56]目前開車通勤單趟大約需要五．五小時，搭乘公共交通運輸工具則是需要七．一小時。超迴路技術要是成功了，預計可將通勤時間縮短為二十八分鐘。長途通勤上班將會突然間具備可行性。

## 產業更新

很可惜，透過地方政策努力振興沒落城市的前景黯淡，這些政策瞄準的是地方產業而非個人。有些政策的確成功吸引新工作，但這麼做的成本極高。舉例來說，美國一九九〇年代設為「培力區域」（empowerment zone）的貧窮都市與鄉村地區曾透過補助、企業稅額減免和其他福利試圖增加地方就業，但依據估算，每製造一個新工作的成本超過十萬美元。[57]此外，雖然振興社區的大規模計劃帶來地方上的持久成長，但相關計劃吸引到資源的同時，似乎排擠到其他地區。美國史上最龐大的例子是一九三三年的《田納西河谷管理局法》（*Tennessee Valley Authority (TVA) Act*），這條法案在經濟大蕭條的時期通過。管理局的目標是讓田納西河谷地區的經濟快速現代化，運用電力等大有可為的新技術吸引製造業，包括大規模的公共基礎建設計劃，例如：水壩、四通八達的道路網、六百五十英里的航運運河。該法案對田納西河谷本身而言，自然是好事一樁：一直到了新千禧年之交，依舊有正面的就業貢獻存在，該區的成長速度依舊快過可相比的區域——即便效應已經開始消失。然而，田納西河谷創造出來的製造業工作被其他地區損失的就業抵銷。這是個傷腦筋的發現，因為聯邦與地方政府預估每年大約花九百五十億美元在地方政策計劃，遠遠超過失業保險的支出。[58]

隨著製造更加自動化，如今大力推動投資物質資本能帶給地方的好處也隨之減少。對正在衰退的地區來說，未來更有展望的方法將是把資源投入人力資本。經濟學家已證實，地方上有學院或大學能增加技術勞工的供給，原因不只是院校能教育勞工，而是吸引更多他地的大學學歷者。[59]舉例來說，一八六二年的《贈地法案》（*Land-Grant College Act*，亦稱《摩利爾法案》〔*Morrill Act*〕）帶來數所贈地大學（land-grant university，注：國會要求各州在聯邦政府的贈地上，至少設立一所教導農工學科的學院）。勞工生產力在八十年間因此增加了五七%。[60]此外，不用說，民眾要是搬家，自己的人力資本可以帶著走，物質資本只能留在原地。

## 最後的叮嚀

在十九世紀，馬克思與恩格斯曾預測，不斷機械化會導致勞動階級持續陷入貧窮。兩人做出預測的時間點，大約就在英國終於開始逃脫恩格斯停頓的時期。過去的事，馬克思與恩格斯說對了：工業革命讓許多英國人過著悲慘的生活；然而，兩人對於持續的進步將朝相同方向走的看法則錯了，他們和其他許多人一樣，被技術的神祕力量誤導。

曾經有很長一段時間，勞工的處境並不好。然而，那些時期最終結束了。本書要講的並不是目前的經濟趨勢一定會無限延伸下去：相反地，我們有很多理由可以樂觀，人工智慧除了有潛力讓我們所有人平均而言都更富裕，還能帶來生產力復甦，抵銷替代型技術帶給部分勞動力的部分負面效應。然而，如果歷史是借鏡，那麼還有好多年或甚至是數十年，這樣的好事才會發生。雖然我們有可能正處於賦能技術浪潮的過渡期，技術將帶來更全面的新工作，勞工將再次有工作；然而中產階級除非擁有正確技能，不然很有可能無法大鬆一口氣。即便我們假設人工智慧將帶來龐大的新產業，和一世紀前的汽車一樣；當時福特發明了組裝線，把複雜的操作分拆成簡單的小任務，只要有五年級的教育程度就能做。近期則已有超過三十年的時間，技術變遷很少帶來不需要大學學歷就能做的新工作。這個世界的技術日益複雜，新工作徵求的員工不太可能是在自動化的開端湧進工廠的那批民眾。

帶來廣大中產階級的經濟秩序已經凋零，中產階級的政策也跟著萎縮。金融危機發生前，自動化帶給中階所得家戶的壓力被補貼信貸掩蓋過去，撐住無大學學歷勞工下滑的工資，消費大致來說不受影響。房市榮景帶來的大量建築工作也抵銷了部分的製造業工作流失——直到房市泡沫化。[61]換句話說，經濟不景氣揭開了真相，中產階級的工資穩定下滑，而這點解釋了近日的民粹主義相對興起一事。

望眼未來，自動化的贏家與輸家兩者之間的鴻溝會愈來愈深。下一波的自動化浪潮不只會撲向製造業工作，也會撲向許多無技術工作，包括運輸、零售、物流與建築業。雖然我們有理由對長期的發展感到樂觀，我們仍必須成功處理短期的波濤洶湧。自動化的輸家自然會站出來反對自動化，如果他們這麼做，短期的效應無法與長期的效應分開來看。放眼歷史的長河，當民眾握有的謀生技能受到威脅，他們就會抵抗技術。近日抵制全球化的聲浪，讓自動化不再是銳不可當的趨勢。的確，現代人和十九世紀的盧德主義者不同，他們見過二十世紀的技術如何讓每個人都更富裕。在二十世紀前四分之三的歲月，隨著機械化普及，工資全面上漲。然而，如果在接下來的歲月，技術未能讓所有人都受惠，那麼就無法保證所有人都會接受技術變革。與恩格斯停頓的年代相比，這一次民眾有更高的期待；他們有權投票，而且已經在要求改變。

沒有任何單一的政府政策有辦法解決自動化帶來的所有社會挑戰。很不幸，替複雜的問題提供看似簡單的解藥，在短期有可能贏得選舉，但遲早得面對現實。溫和的保守派與自由派面對著不好拿捏的中庸之道。若是誇大自動化的效應，有可能會引發大規模失業的恐懼，導致錯誤的政策回應，助長民粹主義政黨，還可能導致技術本身受到強烈抵制。然而，政府如果粉飾太平，不去提自動化的社會成本，將會失去人民的信任。政府有很長一段時間選擇忽視全球化的成本，關注的焦點全是全球化的好處。相關好處的確極大，但要是不去處理個人與社會成本的結果，最後便會讓主流政見失去可信度。政府處理自動化時絕不能重蹈覆轍，畢竟風險太高了。

有的讀者可能依舊認為，我們正在進入機器會搶走所有工作的新時代。當然，我們無從得知這種看法是否正確。但至少目前為止，很少有跡象顯示這次與從前截然不同：我們目前的走向，看來與典型的工業化年代極度類似，而我們也知道工業化後發生什麼事。然而，即便假設這次不一樣，前方的挑戰依舊屬於政治經濟學的範疇，而不是技術。在這個技術創造少量工作與大量財富的世界裡，我們的挑戰將是分配不均。不論技術的未來是什麼樣子，最基本的一件事，就是技術會帶來什麼樣的經濟與社會影響，一切取決於我們怎麼做。

# 致謝

如果這本書能視為一項發明，那麼此書絕對是一種重組式發明，引用了無數學者貢獻的大量文獻。我猜我寫這本書的旅程始於讀書時代，我父親克利斯多福（Christopher）出差帶了兩本新書給我，第一本是經濟史學家莫基爾的《富裕的槓桿》（*The Lever of Riches*），第二本是克里斯汀生的《創新的兩難》（*The Innovator's Dilemma*）。兩人的著作讓我明白，長期的榮景源自技術創新。然而，進步也通常明顯伴隨著經濟上與社會上的破壞。由於父親的緣故，我對於此一主題產生了終身的興趣。

在過去四年的寫作期間，我欠下了許多人情債。要是沒有花旗集團（Citigroup）慷慨提供財務支持，這本書不可能寫成。我特別感謝花旗的安德魯．皮特（Andrew Pitt）與羅伯特．蓋力克（Robert Garlick），他們旺盛的知識與好奇心讓這個寫作計劃得以成真。我要特別感謝普林斯頓大學出版社（Princeton University Press）的編輯莎拉．卡羅（Sarah Caro）提供的指引，她給了我大量經過仔細推敲的建議。此外，陳靜芝提供了大量的研究協助，我長期的好友伯格也讀了數個版本的草稿，我由衷感謝。我也要感謝其他閱讀了全文或部分草稿的人，他們給了我寶貴的建議，包括：戈爾丁、羅根．葛拉罕（Logan Graham）、亨弗里斯、李維、瓊納斯．魯伯格（Jonas Ljungberg）、莫基爾、奧斯本尼、安尼爾．普拉夏（Anil Prashar）。

我最要感謝的是我的家人。他們長期支持我把心力放在許多工作上，包括這本書的寫作。因為有他們，我才能一直走下去。

# 附錄

## 圖五

製圖依據：R. C. Allen, 2009b, "Engels' Pause: Technical Change, Capital Accumulation, and Inequality in the British Indus- trial Revolution," *Explorations in Economic History* 46 (4): 418–35, appendix I。資料來源如下：

- 國內生產毛額要素成本估計值取自：C. H. Feinstein, 1998, "Pessimism Perpetuated: Real Wages and the Standard of Living in Britain during and after the Indus- trial Revolution," *Journal of Economic History* 58 (3): 625–58; B. Mitchell, 1988, *British Historical Statistics* (Cambridge: Cambridge University Press), 837, for 1830–1900。
- 人均實質產出取自：N. F. Crafts, 1987, "British Economic Growth, 1700–1850: Some Difficulties of Interpretation," *Explorations in Economic History* 20 (4): 245–68。
- 一七七〇年至一八八二年間的英國平均全職每週所得，取自：Feinstein 1998, appendix table 1, 652–53；一八八三年至一九〇〇年間英國平均全職每週所得，取自：Feinstein, 1990, "New Estimates of Average Earnings in the United Kingdom," *Economic History Review* 43 (4): 592–633。
- 一七七〇年至一八六九年的生活費指數，取自：R. C. Allen, 2007, "Pessimism Preserved: Real Wages in the British Industrial

Revolution" (Working Paper 314, Department of Economics, Oxford University), appendix 1。

- 大不列顛／聯合王國一八七〇年至一九〇〇年的生活費指數，取自：C. H. Feinstein, 1991, "A New Look at the Cost of Living," in New *Perspectives on the Late Victorian Economy*, edited by J. Foreman-Peck (Cambridge: Cambridge University Press), 151–79。

- 我換算取自 Feinstein 1990 的一八八二年後的工資指數，換算基準年是一八八〇至一八八一年，取自：C. H. Feinstein, 1998, "Pessimism Perpetuated: Real Wages and the Standard of Living in Britain during and after the Industrial Revolution," *Journal of Economic History* 58 (3): 625–58. 一七七〇年至一八八一年的名目工資取自：Feinstein 1998，一八八二年至一九〇〇年的名目工資取自：Feinstein 1990。

- 我依據 Allen 2009b，利用取自 N. F. Crafts 1987, table 1 的人均實質產出成長率，往回推算至一七七〇年。

- 國內生產毛額、工資、人口數據，全數取自：R. Thomas and N. Dimsdale, 2016, "Three Centuries of Data–Version 3.0" (London: Bank of England), https://www.bankofengland.co.uk/statistics/research-datasets.

## 圖九

製圖依據：R. J. Gordon, 2016, *The Rise and Fall of American Growth: The U.S. Standard of Living since the Civil War* (Princeton, NJ: Princeton University Press), figure 8-7。資料來源如下：

- 一九二九年至二〇一六年的美國實質國內生產毛額數據、一八七〇年至二〇一六年的製造業勞工小時報酬（依名目美元計算）、一八七〇年至一九二八年的平均物價指數（GDP deflator），取自：L. Johnston and S. H. Williamson, 2018, "What Was the U.S. GDP Then?," http://www.measuring worth.org/usgdp/。

- 一八七〇年至一九二九年的名目國民生產毛額，取自：N. S. Balke and R. J. Gordon, 1989, "The Estimation o Prewar Gross National Product: Methodology and New Evidence," Journal of Political Economy 97 (1): 38–92, table 10。
- 一八七〇年至一九四七年的總民間工時，取自：J. W. Kendrick, 1961, Productivity Trends in the United States (Princeton, NJ: Princeton University Press), table A-X。
- 一九四八年至一九六六年的總民間工時，取自：J. W. Kendrick, 1973, Postwar Productivity Trends in the United States, 1948–1969 (Cambridge, MA: National Bureau of Economic Research [NBER] Books), table A-10。
- 一九六七年至一九七五年的總私部門平均每週製造與非管理職雇員時數數據，取自：Bureau of Labor Statistics, 2015. "Employment, Hours, and Earnings from the Current Employment Statistics Survey" (Washington, DC: U.S. Department of Labor)。
- 一九七六年至二〇一六年的所有產業與非農產業平均每週工時，取自：Bureau of Labor Statistics, 2015, "Labor Force Statistics from the Current Population Survey" (Washington, DC: U.S. Department of Labor)。

## 圖十四

製圖依據：B. Milanovic, 2016b, *Global Inequality: A New Approach for the Age of Globalization* (Cambridge, MA: Harvard University Press), figure 2-1，資料來源如下：

- 一七七四年至一八六〇年的美國吉尼係數，取自：P. H. Lindert and J. G. William- son, 2012, "American Incomes 1774–1860" (Working Paper 18396, National Bureau of Economic Research, Cambridge, MA), tables 6 and 7；一九三五年、一九四一年、一九四四年，取自：S. Goldsmith, G. Jaszi, H. Kaitz, and M. Liebenberg, 1954, "Size Distribution of Income Since the Mid-

Thirties," Review of Economics and Statistics 36 (1): 1–32；一九四七年至一九四九年，取自：E. Smolensky and R. Plotnick, 1993, "Inequality and Poverty in the United States: 1900 to 1990" (Paper 998–93, University of Wisconsin Institute for Research on Poverty, Madison)；一九五〇至二〇一五年，取自：B. Milanovic 2016a, "All the Ginis (ALG) Dataset," https://datacatalog.worldbank.org/dataset/all-ginis-dataset, Version October 2016"。

- 大不列顛／聯合王國一六八八年、一七五九年、一八〇一年至一八〇三年的吉尼係數，取自：B. Milanovic, P. H. Lindert, and J. G. Williamson, 2010, "Pre-Industrial Inequality," Economic Journal 121 (551): 255–72, table 2；一八六七年、一八八〇年、一九一三年，取自：P. H. Lindert and J. G. Williamson, 1983, "Reinterpreting Britain's Social Tables, 1688–1913," Explorations in Economic History 20 (1): 94–109, table 2；一九三八年至一九五九年，取自：P. H. Lindert, 2000a, "Three Centuries of Inequality in Britain and America," in Handbook of Income Distribution, ed. A.B. Atkinson and F. Bourguignon, table 1；一九六一年至二〇一四年，取自：Milanovic 2016a。

# 參考書目


- Abowd, J. M., P. Lengermann, and K. L. McKinney. 2003. "The Measurement of Human Capital in the US Economy." LEHD Program technical paper TP-2002-09, Census Bureau, Washington.
- Abraham, K. G., and M. S. Kearney. 2018. "Explaining the Decline in the US Employment-to Population Ratio: A Review of the Evidence." Working Paper 24333, National Bureau of Economic Research, Cambridge, MA.
- Acemoglu, D., and D. H. Autor. 2011. "Skills, Tasks and Technologies: Implications for Employment and Earnings." In *Handbook of Labor Economics*, edited by David Card and Orley Ashenfelter, 4:1043–171. Amsterdam: Elsevier.
- Acemoglu, D., S. Johnson, and J. Robinson. 2005. "The Rise of Europe: Atlantic Trade, Institutional Change, and Economic Growth." *American Economic Review* 95 (3): 546–79.
- Acemoglu, D., and P. Restrepo. 2018a. "Artificial Intelligence, Automation and Work." Working Paper 24196, National Bureau of Economic Research, Cambridge, MA.
- Acemoglu, D., and P. Restrepo. 2018b. "The Race between Man and Machine: Implications of Technology for Growth, Factor Shares, and Employment." *American Economic Review* 108 (6): 1488–542.
- Acemoglu, D., and P. Restrepo. 2018c. "Robots and Jobs: Evidence from US Labor Markets." Working paper, Massachusetts Institute of Technology, Cambridge, MA.
- Acemoglu, D., and P. Restrepo. Forthcoming. "Automation and New Tasks: The Implications of the Task Content of Production for Labor Demand." *Journal of Economic Perspectives.*

- Acemoglu, D., and J. A. Robinson. 2006. "Economic Backwardness in Political Perspective." *American Political Science Review* 100 (1): 115–31.Acemoglu, D., and J. A. Robinson. 2012. *Why Nations Fail: The Origins of Power, Prosperity and Poverty.* New York: Crown Business.
- Agrawal, A., J. Gans, and A. Goldfarb. 2016. "The Simple Economics of Machine Intelligence." *Harvard Business Review*, November 17. https://hbr.org/2016/11/the-simple-economics-of-machine-intelligence.
- Aguiar, M., and E. Hurst. 2007. "Measuring Trends in Leisure: The Allocation of Time over Five Decades." *Quarterly Journal of Economics* 122 (3): 969–1006.
- Aidt, T., G. Leon, and M. Satchell. 2017. "The Social Dynamics of Riots: Evidence from the Captain Swing Riots, 1830–31." Working paper, Cambridge University.
- Aidt, T., and R. Franck. 2015. "Democratization under the Threat of Revolution: Evidence from the Great Reform Act of 1832." *Econometrica* 83 (2): 505–47.
- Akst, D. 2013. "What Can We Learn from Past Anxiety over Automation?" *Wilson Quarterly*, Summer. https://wilsonquarterly.com/quarterly/summer-2014-where-have-all-the-jobs-gone/theres-much-learn-from-past-anxiety-over-automation/.
- Aldcroft, D. H., and Oliver, M. J. 2000. *Trade Unions and the Economy: 1870–2000.* Aldershot, UK: Ashgate.
- Alexopoulos, M., and J. Cohen. 2011. "Volumes of Evidence: Examining Technical Change in the Last Century through a New Lens." *Canadian Journal of Economics/Revue Canadienne d'économique* 44 (2): 413–50.
- Alexopoulos, M., and J. Cohen. 2016. "The Medium Is the Measure: Technical Change and Employment, 1909–1949." *Review of Economics and Statistics* 98 (4): 792–810.
- Allen, R. C. 2001. "The Great Divergence in European Wages and Prices from the Middle Ages to the First World War." *Explorations in Economic History* 38 (4): 411–47.
- Allen, R. C. 2007. "Pessimism Preserved: Real Wages in the British Industrial Revolution." Working Paper 314, Department of

Economics, Oxford University.

- Allen, R. C. 2009a. *The British Industrial Revolution in Global Perspective.* Cambridge: Cambridge University Press. Kindle.
- Allen, R. C. 2009b. "Engels' Pause: Technical Change, Capital Accumulation, and Inequality in the British Industrial Revolution." *Explorations in Economic History* 46 (4): 418–35.
- Allen, R. C. 2009c. "How Prosperous Were the Romans? Evidence from Diocletian's Price Edict (AD 301)." In *Quantifying the Roman Economic: Methods and Problems*, edited by Alan Bowman and Andrew Wilson, 327–45. Oxford: Oxford University Press.
- Allen, R. C. 2009d. "The Industrial Revolution in Miniature: The Spinning Jenny in Britain, France, and India." *Journal of Economic History* 69 (4): 901–27.Allen, R. C. 2017. "Lessons from History for the Future of Work." *Nature News* 550 (7676): 321–24.
- Allen, R. C. Forthcoming. "The Hand-Loom Weaver and the Power Loom: A Schumpeterian Perspective." *European Review of Economic History.*
- Allen, R. C., J. P. Bassino, D. Ma, C. Moll-Murata, and J. L. Van Zanden. 2011. "Wages, Prices, and Living Standards in China, 1738–1925: In Comparison with Europe, Japan, and India." Economic History Review 64 (January): 8–38.
- Allison, G. 2017. *Destined for War: Can America and China Escape Thucydides's Trap?* Boston: Houghton Mifflin Harcourt. Kindle.
- Alston, L. J., and T. J. Hatton. 1991. "The Earnings Gap between Agricultural and Manufacturing Laborers, 1925–1941." *Journal of Economic History* 51 (1): 83–99.
- Anderson, M. 1990. "The Social Implications of Demographic Change." In *The Cambridge Social History of Britain, 1750–1950*, vol. 2: *People and Their Environment*, edited by F.M.L. Thompson, 1–70. Cambridge: Cambridge University Press.
- Anelli, M., I. Colantone, and P.Stanig. 2018. "We Were the Robots: Automation in Manufacturing and Voting Behavior in Western Europe." Working paper, Bocconi University, Milan.

- *Annual Registrar or a View of the History, Politics, and Literature for the Year 1811*. 1811. London: printed for Baldwin, Cradock, and Joy.
- Armelagos, G. J., and M. N. Cohen. 1984. *Paleopathology at the Origins of Agriculture*, edited by G. J. Armelagos and M. N. Cohen, 235–69. Orlando, FL: Academic Press.
- Arntz, M., T. Gregory, and U. Zierahn. 2016. "The Risk of Automation for Jobs in OECD Countries." OECD Social, Employment and Migration Working Paper 189, Organisation of Economic Co-operation and Development, Paris.
- Ashenfelter, O. 1978. "Estimating the Effect of Training Programs on Earnings." *Review of Economics and Statistics* 60 (1): 47–57.
- Ashraf, Q., and O. Galor. 2011. "Dynamics and Stagnation in the Malthusian Epoch." *American Economic Review* 101 (5): 2003–41.
- Ashton, T. S. 1948. *An Economic History of England: The Eighteenth Century*. London: Routledge.
- Austin, B., E. L. Glaeser, and L. Summers. Forthcoming. "Saving the Heartland: Place-Based Policies in 21st Century America." *Brookings Papers on Economic Activity*.
- Autor, D. H. 2014. "Skills, Education, and the Rise of Earnings Inequality among the 'Other 99 Percent.'" *Science* 344 (6186): 843–51.
- Autor, D. H. 2015. "Polanyi's Paradox and the Shape of Employment Growth." In *Re-evaluating Labor Market Dynamics*, 129–77. Kansas City: Federal Reserve Bank of Kansas City.
- Autor, D. H. 2015. "Why Are There Still So Many Jobs? The History and Future of Workplace Automation." *Journal of Economic Perspectives* 29 (3): 3–30.
- Autor, D. H., and A. Salomons. Forthcoming. "Is Automation Labor-Displacing? Productivity Growth, Employment, and the Labor Share." *Brookings Papers on Economic Activity*.

- Autor, D. H., and D. Dorn. 2013. "The Growth of Low-Skill Service Jobs and the Polarization of the US Labor Market." *American Economic Review* 103 (5): 1553–97.
- Autor, D. H., D. Dorn, and G. Hanson. Forthcoming. "When Work Disappears: Manufacturing Decline and the Falling Marriage-Market Value of Men." *American Economic Review: Insights.*
- Autor, D. H., D. Dorn, G., Hanson, and K. Majlesi. 2016a. "Importing Political Polarization? The Electoral Consequences of Rising Trade Exposure." Working Paper 22637, National Bureau of Economic Research, Cambridge, MA.
- Autor, D. H., D. Dorn, G. Hanson, and K. Majlesi. 2016b. "A Note on the Effect of Rising Trade Exposure on the 2016 Presidential Election." Appendix to "Importing Political Polarization? The Electoral Consequences of Rising Trade Exposure." Working Paper 22637, National Bureau of Economic Research, Cambridge, MA.
- Autor, D. H., F. Levy, and R. J. Murnane. 2003. "The Skill Content of Recent Technological Change: An Empirical Exploration." *Quarterly Journal of Economics* 118 (4): 1279–333.
- Babbage, C. 1832. *On the Economy of Machinery and Manufactures*. London: Charles Knight.
- Bacci, M. L. 2017. *A Concise History of World Population*. Oxford: John Wiley and Sons.
- Baines, E. 1835. *History of the Cotton Manufacture in Great Britain.* London: H. Fisher, R. Fisher, and P. Jackson.
- Bairoch, P. 1991. *Cities and Economic Development: From the Dawn of History to the Present.* Chicago: University of Chicago Press.
- Baldwin, G. B., and G. P. Schultz. 1960. "The Effects of Automation on Industrial Relations." In *Impact of Automation: A Collection of 20 Articles about Technological Change, from the* Monthly Labor Review. Washington, DC: Bureau of Labor Statistics, 47–49.
- Balke, N. S., and R. J. Gordon. 1989. "The Estimation of Prewar Gross National Product: Methodology and New Evidence." *Journal of Political Economy* 97 (1): 38–92.

- Barnow, B. S., and J. Smith. 2015. "Employment and Training Programs." Working Paper 21659, National Bureau of Economic Research, Cambridge, MA.
- Barro, R. J., and X. Sala–i–Martin. 1992. "Convergence." Journal of Political Economy 100 (2): 223–51.
- Bartels, L. M. 2016. *Unequal Democracy: The Political Economy of the New Gilded Age*. Princeton, NJ: Princeton University Press.
- Bartelsman, E. J. 2013. "ICT, Reallocation and Productivity." Brussels: European Commission, Directorate-General for Economic and Financial Afairs.
- Bastiat, F. 1850. "That Which Is Seen, and That Which Is Not Seen." Mises Institute. https://mises.org/library/which-seen-and-which-not-seen.
- Becker, G. 1968 "Crime and Punishment: An Economic Approach." *Journal of Political Economy* 76 (2): 169–217.
- Becker, S. O., E. Hornung, and L. Woessmann. 2011. "Education and Catch-Up in the Industrial Revolution." *American Economic Journal: Macroeconomics* 3 (3): 92–126.
- Bell, A. M., R. Chetty, X. Jaravel, N. Petkova, and J. Van Reenen. 2017. "Who Becomes an Inventor in America? The Importance of Exposure to Innovation." Working Paper 24062, National Bureau of Economic Research, Cambridge, MA.
- Bell, A. M., R. Chetty, X. Jaravel, N. Petkova, and J. Van Reenen. 2018. "Lost Einsteins: Who Becomes an Inventor in America?" *CentrePiece*, Spring, http://cep.lse.ac.uk/pubs/download/cp522.pdf.
- Berg, M. 1976. "The Machinery Question." PhD diss., University of Oxford.
- Berg, M. 2005. *The Age of Manufactures, 1700–1820: Industry, Innovation and Work in Britain.* London: Routledge.
- Berger, T., and C. B. Frey. 2016. "Did the Computer Revolution Shift the Fortunes of U.S. Cities? Technology Shocks and the Geography of New Jobs." *Regional Science and Urban Economics* 57 (March): 38–45.

- Berger, T., and C. B. Frey. 2017a. "Industrial Renewal in the 21st Century: Evidence from US Cities." *Regional Studies* 51 (3): 404–13.
- Berger, T., and C. B. Frey. 2017b. "Regional Technological Dynamism and Noncompete Clauses: Evidence from a Natural Experiment." *Journal of Regional Science* 57 (4): 655–68.
- Bernal, J. D. 1971. *Science in History.* Vol. 1: *The Emergence of Science.* Cambridge, MA: MIT Press.
- Bernhofen, D. M., Z. El-Sahli, and R. Kneller. 2016. "Estimating the Effects of the Container Revolution on World Trade." *Journal of International Economics* 98 (January): 36–50.
- Bessen, J. 2015. *Learning by Doing: The Real Connection between Innovation, Wages, and Wealth.* New Haven, CT: Yale University Press.
- Bessen, J. 2018. "Automation and Jobs: When Technology Boosts Employment." Law and Economics Paper 17-09, Boston University School of Law.
- Bivens, J., E. Gould, E. Mishel, and H. Shierholz. 2014. "Raising America's Pay." Briefing Paper 378, Economic Policy Institute, New York.
- Blake, W. 1810. "Jerusalem." https://www.poetryfoundation.org/poems/54684/jerusalem-and-did-those-feet-in-ancient-time.
- Boerner, L., and B. Severgnini. 2015. "Time for Growth." Economic History Working Paper 222/2015, London School of Economics and Political Science.
- Boerner, L., and B. Severgnini. 2016. "The Impact of Public Mechanical Clocks on Economic Growth." Vox, October 10. https://voxeu.org/article/time-growth.
- Bogart, D. 2005. "Turnpike Trusts and the Transportation Revolution in 18th Century England." *Explorations in Economic History* 42 (4): 479–508.

- Boix, C., and F. Rosenbluth. 2014. "Bones of Contention: The Political Economy of Height Inequality." *American Political Science Review* 108 (1): 1–22.
- Bolt, J., R. Inklaar, H. de Jong, and J. L. Van Zanden. 2018. "Rebasing 'Maddison' : New Income Comparisons and the Shape of Long-Run Economic Development." Maddison Project Working Paper 10, Maddison Project Database, version 2018.
- Bolt, J., and J. L. Van Zanden. 2014. "The Maddison Project: Collaborative Research on Historical National Accounts." *Economic History Review* 67 (3): 627–51.
- Boserup, E. 1965. *The Condition of Agricultural Growth: The Economics of Agrarian Change under Population Pressure.* London: Allen and Unwin.
- Bowen, H. R. 1966. *Report of the National Commission on Technology, Automation, and Economic Progress.* Vol. 1. Washington, DC: Government Printing Office.
- Braverman, H. 1998. *Labor and Monopoly Capital: The Degradation of Work in the Twentieth Century.* 25th anniversary ed. New York: New York University Press.
- Bresnahan, T. F., E. Brynjolfsson, and L. M. Hitt. 2002. "Information Technology, Workplace Organization, and the Demand for Skilled Labor: Firm-Level Evidence." *Quarterly Journal of Economics* 117 (1): 339–76.
- Brown, J. 1832. *A Memoir of Robert Blincoe: An Orphan Boy; Sent From the Workhouse of St. Pancras, London at Seven Years of Age, to Endure the Horrors of a Cotton-Mill.* London: J. Doherty.
- Brynjolfsson, E., and L. M. Hitt. 2000. "Beyond Computation: Information Technology, Organizational Transformation and Business Performance." *Journal of Economic Perspectives* 14 (4): 23–48.
- Brynjolfsson, E., L. M. Hitt, and S. Yang. 2002. "Intangible Assets: Computers and Organizational Capital." *Brookings Papers on Economic Activity* 2002 (1): 137–81.
- Brynjolfsson, E., and A. McAfee. 2014. *The Second Machine Age: Work, Progress, and Prosperity in a Time of Brilliant*

*Technologies.* New York: W. W. Norton.

- Brynjolfsson, E., and A. McAfee. 2017. *Machine, Platform, Crowd: Harnessing Our Digital Future.* New York: W. W. Norton.
- Brynjolfsson, E., D. Rock, and C. Syverson. Forthcoming. "Artificial Intelligence and the Modern Productivity Paradox: A Clash of Expectations and Statistics." In *The Economics of Artificial Intelligence: An Agenda*, edited by A. K. Agrawal, J. Gans, and A. Goldfarb, Chicago: University of Chicago Press.
- Bryson, B. 2010. At Home: *A Short History of Private Life.* Toronto: Doubleday Canada.
- Bughin, J., E. Hazan, S. Ramaswamy, M. Chui, T. Allas, P. Dahlström, N. Henke, et al. 2017. "How Artificial Intelligence Can Deliver Real Value to Companies." McKinsey Global Institute. https://www.mckinsey.com/business-functions/mckinsey-analytics/our-insights/how-artificial-intelligence-can-deliver-real-value-to-companies.
- Busso, M., J. Gregory, and P. Kline. 2013. "Assessing the Incidence and Efficiency of a Prominent Place-Based Policy." *American Economic Review* 103 (2): 897–947.
- Byrn, E. W. 1900. *The Progress of Invention in the Nineteenth Century.* New York: Munn and Company.
- Byrne, D. M., J. G. Fernald, and M. B. Reinsdorf. 2016. "Does the United States Have a Productivity Slowdown or a Measurement Problem?" *Brookings Papers on Economic Activity* 2016 (1): 109–82.
- Bythell, D. 1969. *The Handloom Weavers: A Study in the English Cotton Industry during the Industrial Revolution.* Cambridge: Cambridge University Press.
- Cairncross, F. 2001. *The Death of Distance: 2.0: How the Communications Revolution Will Change Our Lives.* New York: Texere Publishing.
- Cameron, R. 1993. *A Concise Economic History of the World from Paleolithic Times to the Present.* 2nd ed. New York: Oxford University Press.

- Cannadine, D. 1977. "The Landowner as Millionaire: The Finances of the Dukes of Devonshire, c. 1800–c. 1926." *Agricultural History Review* 25 (2): 77–97.
- Caprettini, B., and H. J. Voth. 2017. "Rage against the Machines: Labour-Saving Technology and Unrest in England, 1830–32." Working paper, University of Zurich.
- Cardwell, D. 1972. *Turning Points in Western Technology: A Study of Technology, Science and History.* New York: Science History Publications.
- Cardwell, D. 2001. *Wheels, Clocks, and Rockets: A History of Technology.* New York: W. W. Norton.
- Case, A., and A. Deaton. 2015. "Rising Morbidity and Mortality in Midlife among White NonHispanic Americans in the 21st Century." *Proceedings of the National Academy of Sciences* 112 (49): 15078–83.
- Case, A., and A. Deaton. 2017. "Mortality and Morbidity in the 21st Century." *Brookings Papers on Economic Activity* 1: 397–476.
- Chapman, S. D. 1967. *The Early Factory Masters: The Transition to the Factory System in the Midlands Textile Industry.* Exeter: David and Charles.
- Charles, K. K., E. Hurst, and M. J. Notowidigdo. 2016. "The Masking of the Decline in Manufacturing Employment by the Housing Bubble." *Journal of Economic Perspectives* 30 (2): 179–200.
- Cherlin, A. J. 2013. *Labor's Love Lost: The Rise and Fall of the Working-Class Family in America*. New York: Russell Sage Foundation.
- Chetty, R., D. Grusky, M. Hell, N, Hendren, R. Manduca, and J. Narang. 2017. "The Fading American Dream: Trends in Absolute Income Mobility Since 1940." *Science* 356 (6336): 398–406.
- Chetty, R., and N. Hendren. 2018. "The Impacts of Neighborhoods on Intergenerational Mobility II: County-Level Estimates." *Quarterly Journal of Economics* 133 (3): 1163–228.

- Chetty, R., N. Hendren, and L. F. Katz. 2016. "The Effects of Exposure to Better Neighborhoods on Children: New Evidence from the Moving to Opportunity Experiment." *American Economic Review* 106 (4): 855–902.
- Chetty, R., N. Hendren, P. Kline, and E. Saez. 2014. "Where Is the Land of Opportunity? The Geography of Intergenerational Mobility in the United States." *Quarterly Journal of Economics* 129 (4): 1553–623.
- Cipolla, C. M. 1972. Introduction to *The Fontana Economic History of Europe*, edited by C. M. Cipolla. 1:7–21. Collins.
- Cisco. 2018. "Cisco Visual Networking Index: Forecast and Trends, 2017–2022." San Jose, CA: Cisco. https://www.cisco.com/c/en/us/solutions/collateral/service-provider/visual-net working-index-vni/complete-white-paper-c11-481360.html.
- Clague, E. 1960. "Adjustments to the Introduction of Office Automation." *Bureau of Labor Statistics Bulletin*, no. 1276.
- Clague, E., and W. J. Couper, 1931. "The Readjustment of Workers Displaced by Plant Shutdowns." *Quarterly Journal of Economics* 45 (2): 309–46.
- Clark, A. E., E. Diener, Y. Georgellis, and R. E. Lucas. 2008. "Lags and Leads in Life Satisfaction: A Test of the Baseline Hypothesis." *Economic Journal* 118 (529): 222–43.
- Clark, A. E., and A. J. Oswald. 1994. "Unhappiness and Unemployment." *Economic Journal* 104 (424): 648–59.
- Clark, A. E., and A. J. Oswald. 1996. "Satisfaction and Comparison Income." *Journal of Public Economics* 61 (3): 359–81.
- Clark, G. 2001. "The Secret History of the Industrial Revolution." Working paper, University of California, Davis.
- Clark, G. 2005. "The Condition of the Working Class in England, 1209–2004." *Journal of Political Economy* 113 (6): 1307–40.
- Clark, G. 2008. *A Farewell to Alms: A Brief Economic History of the World.* Princeton, NJ: Princeton University Press.
- Clark, G., and G. Hamilton. 2006. "Survival of the Richest: The Malthusian Mechanism in PreIndustrial England." *Journal of Economic History* 66 (3): 707–36.

- Clark, G., M. Huberman, and P. H. Lindert. 1995. "A British Food Puzzle, 1770–1850." *Economic History Review* 48 (2): 215–37.
- Cockburn, I. M., R. Henderson, and S. Stern. 2018. "The Impact of Artificial Intelligence on Innovation." Working Paper 24449, National Bureau of Economic Research, Cambridge, MA.
- Collins, W. J., and W. H. Wanamaker. 2015. "The Great Migration in Black and White: New Evidence on the Selection and Sorting of Southern Migrants." *Journal of Economic History* 75 (4): 947–92.
- Colquhoun, P. [1814] 1815. *A Treatise on the Wealth, Power, and Resources of the British Empire*. Reprint, London: Johnson Reprint Corporation.
- Comin, D., and M. Mestieri, 2018. "If Technology Has Arrived Everywhere, Why Has Income Diverged?" *American Economic Journal: Macroeconomics* 10 (3): 137–78.
- Cooper, M. R., G. T. Barton, and A. P. Brodell. 1947. "Progress of Farm Mechanization." USDA Miscellaneous Publication 630 (October).
- Cortes, G. M., N. Jaimovich, C. J. Nekarda, and H. E. Siu. 2014. "The Micro and Macro of Disappearing Routine Jobs: A Flows Approach." Working Paper 20307 National Bureau of Economic Research, Cambridge, MA.
- Cortes, G. M., N. Jaimovich, and H. E. Siu. 2017. "Disappearing Routine Jobs: Who, How, and Why?" *Journal of Monetary Economics*. 91 (September): 69–87.
- Cortes, G. M., N. Jaimovich, and H. E. Siu. 2018. "The 'End of Men' and Rise of Women in the High-Skilled Labor Market." Working Paper 24274, National Bureau of Economic Research, Cambridge, MA.
- Coudray, N., P. S. Ocampo, T. Sakellaropoulos, N. Narula, M. Snuderl, D. Fenyö, A. L. Moreira, et al. 2018. "Classification and Mutation Prediction from Non–Small Cell Lung Cancer Histopathology Images Using Deep Learning." *Nature Medicine* 24 (10): 1559–67.
- Council of Economic Advisers. 2016. "2016 Economic Report of the President," chapter 5. https://obamawhitehouse.archives.gov/

sites/default/files/docs/ERP_2016_Chapter_5.pdf.

- Cowan, R. S. 1983. *More Work for Mother: The Ironies of Household Technology from the Open Hearth to the Microwave*. New York: Basic.
- Cowie, J. 2016. *The Great Exception: The New Deal and the Limits of American Politics.* Princeton, NJ: Princeton University Press.
- Cox, G. W. 2012. "Was the Glorious Revolution a Constitutional Watershed?" *Journal of Economic History* 72 (3): 567–600.
- Crafts, N. F. 1985. *British Economic Growth during the Industrial Revolution.* Oxford: Oxford University Press.
- Crafts, N. F. 1987. "British Economic Growth, 1700–1850: Some Difficulties of Interpretation." *Explorations in Economic History* 20 (4): 245–68.
- Crafts, N. F. 2004. "Steam as a General Purpose Technology: A Growth Accounting Perspective." *Economic Journal* 114 (495): 338–51.
- Crafts, N. F., and C. K. Harley. 1992. "Output Growth and the British Industrial Revolution: A Restatement of the Crafts-Harley View." *Economic History Review* 45 (4): 703–30.
- Crafts, N. F., and T. C. Mills. 2017. "Trend TFP Growth in the United States: Forecasts versus Outcomes." Centre for Economic Policy Research Discussion Paper 12029, London.
- Crouzet, F. 1985. *The First Industrialists: The Problems of Origins.* Cambridge: Cambridge University Press.
- Dahl, R. A. 1961. *Who Governs? Democracy and Power in an American City.* New Haven, CT: Yale University Press.
- Dahl, R. A. 1998. *On Democracy*. New Haven, CT: Yale University Press.
- Dao, M. C., M. M. Das, Z. Koczan, and W. Lian. 2017. "Why Is Labor Receiving a Smaller Share of Global Income? Theory and Empirical Evidence." Working Paper No. 17/169, International Monetary Fund, Washington, DC.

- Dauth, W., S. Findeisen, J. Südekum, and N. Woessner. 2017. "German Robots: The Impact of Industrial Robots on Workers." Discussion Paper DP12306, Center for Economic and Policy Research, London.
- David, P. A. 1990. "The Dynamo and the Computer: An Historical Perspective on the Modern Productivity Paradox." *American Economic Review* 80 (2): 355–61.
- David, P. A., and G. Wright. 1999. *Early Twentieth Century Productivity Growth Dynamics: An Inquiry into the Economic History of Our Ignorance.* Oxford: Oxford University Press.
- Davis, J. J. 1927. "The Problem of the Worker Displaced by Machinery." *Monthly Labor Review* 25 (3): 32–34.
- Davis, R. 1973. *English Overseas Trade 1500–1700.* London: Macmillan.Day, R. H. 1967. "The Economics of Technological Change and the Demise of the Sharecropper." *American Economic Review* 57 (3): 427–49.
- Deaton, A. 2013. *The Great Escape: Health, Wealth, and the Origins of Inequality.* Princeton, NJ: Princeton University Press.
- Defoe, D. [1724] 1971. *A Tour through the Whole Island of Great Britain.* London: Penguin.
- DeLong, B. 1998. "Estimating World GDP: One Million BC–Present." Working paper, University of California, Berkeley.Dent, C. 2006. "Patent Policy in Early Modern England: Jobs, Trade and Regulation." *Legal History* 10 (1): 71–95.
- Desmet, K., A. Greif, and S. Parente. 2018. "Spatial Competition, Innovation and Institutions: The Industrial Revolution and the Great Divergence." Working Paper 24727, National Bureau of Economic Research, Cambridge, MA.
- Devine, W. D., Jr. 1983. "From Shafts to Wires: Historical Perspective on Electrification." *Journal of Economic History* 43 (2): 347–72.
- De Vries, J. 2008. *The Industrious Revolution: Consumer Behavior and the Household Economy, 1650 to the Present.* Cambridge: Cambridge University Press.
- Diamond, J. 1987. "The Worst Mistake in the History of the Human Race." *Discover,* May 1, 64–66.

- Diamond, J. 1993. "Ten Thousand Years of Solitude." *Discover*, March 1, 48–57.
- Diamond, J. 1998. *Guns, Germs and Steel: A Short History of Everybody for the Last 13,000 Years*. New York: Random House.
- Dickens, C. [1854] 2017. *Hard Times*. Amazon Classics. Kindle.
- Disraeli, B. 1844. *Coningsby*. A Public Domain Book. Kindle Edition.
- Dittmar, J. E. 2011. "Information Technology and Economic Change: The Impact of the Printing Press." *Quarterly Journal of Economics* 126 (3): 1133–72.
- Doepke, M., and F. Zilibotti. 2008. "Occupational Choice and the Spirit of Capitalism." *Quarterly Journal of Economics* 123 (2): 747–93.
- Duncan, G. J., and R. J. Murnane, eds. 2011. *Whither Opportunity? Rising Inequality, Schools, and Children's Life Chances*. New York: Russell Sage Foundation.
- Dur, R., and M. van Lent. 2018. "Socially Useless Jobs." Discussion Paper 18-034/VII, Tinbergen Institute, Amsterdam.
- Duranton, G., and D. Puga. 2001. "Nursery Cities: Urban Diversity, Process Innovation, and the Life Cycle of Products." *American Economic Review* 91 (5): 1454–77.
- Eberstadt, N. 2016. *Men without Work: America's Invisible Crisis*. Conshohocken, PA: Templeton.
- Eden, F. M. 1797. *The State of the Poor; or, An History of the Labouring Classes in England*. 3 vols. London: B. and J. White.
- Ehrlich, I. 1973. "Participation in Illegitimate Activities: A Theoretical and Empirical Investigation." *Journal of Political Economy* 81 (3): 521–65.
- Ehrlich, I. 1996. "Crime, Punishment, and the Market for Ofenses." *Journal of Economic Perspectives* 10 (1): 43–67.
- Elsby, M. W., B. Hobijn, and A. Sahin. 2013. "The Decline of the US Labor Share." *Brookings Papers on Economic Activity* 2013

(2): 1–63.

- Endrei, W., and W. v. Stromer. 1974. “Textiltechnische und hydraulische Erfindungen und ihre Innovatoren in Mitteleuropa im 14. / 15. Jahrhundert.” *Technikgeschichte* 41:89–117.
- Engels, F., [1844] 1943. *The Condition of the Working-Class in England in 1844.* Reprint, London: Allen & Unwin.
- Epstein, R. C. 1928. *The Automobile Industry.* Chicago: Shaw.
- Epstein, S. R. 1998. “Craft Guilds, Apprenticeship and Technological Change in Preindustrial Europe.” *Journal of Economic History* 58 (3): 684–713.
- Esteva, A., B. Kuprel, R. A. Novoa, J. Ko, S. M. Swetter, H. M. Blau, and S. Thrun. 2017. “Dermatologist-Level Classification of Skin Cancer with Deep Neural Networks.” *Nature* 542 (7639): 115–18.
- Eveleth, P., and J. M. Tanner. 1976. *Worldwide Variation in Human Growth.* Cambridge: Cambridge University Press.
- Fallick, B., C. A. Fleischman, and J. B. Rebitzer. 2006. “Job-Hopping in Silicon Valley: Some Evidence Concerning the Microfoundations of a High-Technology Cluster.” *Review of Economics and Statistics* 88 (3): 472–81.
- Farber, H. S., D. Herbst, I. Kuziemko, and S. Naidu. 2018. “Unions and Inequality over the Twentieth Century: New Evidence from Survey Data.” Working Paper 24587, National Bueau of Economic Research, Cambridge, MA.
- Faunce, W. A. 1958a. “Automation and the Automobile Worker.” *Social Problems* 6 (1): 68–78.
- Faunce, W. A. 1958b. “Automation in the Automobile Industry: Some Consequences for In-Plant Social Structure.” *American Sociological Review* 23 (4): 401–7.
- Faunce, W. A., E. Hardin, and E. H. Jacobson. 1962. “Automation and the Employee.” *Annals of the American Academy of Political and Social Science* 340 (1): 60–68.
- Feinstein, C. H. 1990. “New Estimates of Average Earnings in the United Kingdom.” *Economic History Review* 43 (4): 592–633.

- Feinstein, C. H. 1991. "A New Look at the Cost of Living." In *New Perspectives on the Late Victorian Economy*, edited by J. Foreman-Peck, 151–79. Cambridge: Cambridge University Press.
- Feinstein, C. H. 1998. "Pessimism Perpetuated: Real Wages and the Standard of Living in Britain during and after the Industrial Revolution." *Journal of Economic History* 58 (3): 625–58.
- Ferguson, N. 2012. *Civilization: The West and the Rest.* New York: Penguin.
- Ferrer-i-Carbonell, A. 2005. "Income and Well-Being: An Empirical Analysis of the Comparison Income Effect." *Journal of Public Economics* 89 (5–6): 997–1019.
- Field, A. J. 2007. "The Origins of US Total Factor Productivity Growth in the Golden Age." *Cliometrica* 1 (1): 63–90.
- Field, A. J. 2011. *A Great Leap Forward: 1930s Depression and U.S. Economic Growth.* New Haven, CT: Yale University Press.
- Fielden, J. 2013. *Curse of the Factory System.* London: Routledge.
- Finley, M. I. 1965. "Technical Innovation and Economic Progress in the Ancient World." *Economic History Review* 18 (1): 29–45.
- Finley, M. I. 1973. *The Ancient Economy*. Berkeley: University of California Press.
- Fisher, I. 1919. "Economists in Public Service: Annual Address of the President." *American Economic Review* 9 (1): 5–21.
- Flamm, K. 1988. "The Changing Pattern of Industrial Robot Use." In *The Impact of Technological Change on Employment and Economic Growth*, edited by R. M. Cyert and D. C. Mowery, 267–328. Cambridge, MA: Ballinger Publishing.
- Flink, J. J. 1988. *The Automobile Age*. Cambridge, MA: MIT Press.
- Flinn, M. W. 1962. *Men of Iron: The Crowleys in the Early Iron Industry*. Edinburgh: Edinburgh University Press.
- Flinn, M. W. 1966. *The Origins of the Industrial Revolution*. London: Longmans.

- Floud, R. C., K. Wachter, and A. Gregory. 1990. *Height, Health, and History: Nutritional Status in the United Kingdom, 1750–1980*. Cambridge: Cambridge University Press.
- Fogel, R. W. 1983. "Scientific History and Traditional History." In *Which Road to the Past?*, edited by R. W. Fogel and G. R. Elton, 5–70. New Haven, CT: Yale University Press.
- Forbes, R. J. 1958. *Man: The Maker*. New York: Abelard-Schuman.Ford, M. 2015. *Rise of the Robots: Technology and the Threat of a Jobless Future*. New York: Basic Books. Kindle.
- Fortunato, M., M. G. Azar, B. Piot, J. Menick, I. Osband, A. Graves, V. Mnih, et al. 2017. "Noisy Networks for Exploration." Preprint, submitted. https://arxiv.org/abs/1706.10295.Frey, B. S. 2008. *Happiness: A Revolution in Economics*. Cambridge, MA: MIT Press.
- Frey, C. B., T. Berger, and C. Chen. 2018. "Political Machinery: Did Robots Swing the 2016 U.S. Presidential Election?" *Oxford Review of Economic Policy* 34 (3): 418–42.
- Frey, C. B., and M. Osborne. 2018. "Automation and the Future of Work—Understanding the Numbers." Oxford Martin School. https://www.oxfordmartin.ox.ac.uk/opinion/view/404.
- Frey, C. B., and M. A. Osborne, 2017. "The Future of Employment: How Susceptible Are Jobsto Computerisation?" *Technological Forecasting and Social Change* 114 (January): 254–80.
- Friedman, T. L. 2006. *The World Is Flat: The Globalized World in the Twenty-First Century*. London: Penguin.
- Friedrich, O. 1983. "The Computer Moves In (Machine of the Year)." *Time*, January 3, 14–24.
- Fukuyama, F. 2014. *Political Order and Political Decay: From the Industrial Revolution to the Globalization of Democracy*. New York: Farrar, Straus and x.
- Furman, J. Forthcoming. "Should We Be Reassured If Automation in the Future Looks Like Automation in the Past?" In *Economics of Artificial Intelligence*, edited by A. K. Agrawal, J. Gans, and A. Goldfarb, Chicago: University of Chicago Press.

- Füssel, S. 2005. *Gutenberg and the Impact of Printing*. Aldershot, UK: Ashgate.Gadd, I. A., and P. Wallis. 2002. *Guilds, Society, and Economy in London 1450–1800*. London: Centre for Metropolitan History.
- Galor, O. 2011. "Inequality, Human Capital Formation, and the Process of Development." In *Handbook of the Economics of Education*, edited by E. A. Hanushek, S. J. Machin, and L. Woessmann, vol. 4, 441–93. Amsterdam: Elsevier.
- Galor, O., and D. N. Weil. 2000. "Population, Technology, and Growth: From Malthusian Stagnation to the Demographic Transition and Beyond." *American Economic Review* 90 (4): 806–28.
- Ganong, P., and D. Shoag. 2017. "Why Has Regional Income Convergence in the U.S. Declined?" *Journal of Urban Economics* 102 (November):76–90.
- Gaskell, E. C. 1884. Mary Barton. London: Chapman and Hall.Gaskell, P. 1833. *The Manufacturing Population of England: Its Moral, Social, and Physical Conditions*. London: Baldwin and Cradock.
- Gerschenkron, A. 1962. *Economic Backwardness in Historical Perspective: A Book of Essays*. Cambridge, MA: Belknap Press of Harvard University Press.
- Gille, B. 1969. "The Fifteenth and Sixteenth Centuries in the Western World." In *A History of Technology and Invention: Progress through the Ages*, edited by M. Daumas and translated by E. B. Hennessy, 2:16–148. New York: Crown.
- Gille, B. 1986. *History of Techniques*. Vol. 2, *Techniques and Sciences*. New York: Gordon and Breach Science Publishers.
- Gilson, R. J. 1999. "The Legal Infrastructure of High Technology Industrial Districts: Silicon Valley, Route 128, and Covenants Not to Compete." *New York University Law Review* 74 (August): 575.
- Giuliano, V. E. 1982. "The Mechanization of Office Work." *Scientific American* 247 (3): 148–65.
- Glaeser, E. L. 1998. "Are Cities Dying?" *Journal of Economic Perspectives* 12 (2): 139–60.
- Glaeser, E. L. 2013. Review of *The New Geography of Jobs*, by Enrico Moretti. *Journal of Economic Literature* 51 (3): 825–37.

- Glaeser, E. L. 2017. "Reforming Land Use Regulations." Report in the Series on Market and Government Failures, Brookings Center on Regulation and Markets, Washington.
- Glaeser, E. L., and J. D. Gottlieb. 2009. "The Wealth of Cities: Agglomeration Economies and Spatial Equilibrium in the United States." *Journal of Economic Literature* 47 (4): 983–1028.
- Glaeser, E. L., and J. Gyourko. 2002. "The Impact of Zoning on Housing Afordability." Working Paper 8835, National Bureau of Economic Research, Cambridge, MA.
- Goldin, C., and L. Katz. 2008. *The Race between Technology and Education.* Cambridge, MA: Harvard University Press.
- Goldin, C., and R. A. Margo. 1992. "The Great Compression: The Wage Structure in the United States at Mid-Century." *Quarterly Journal of Economics* 107 (1): 1–34.
- Goldin, C., and K. Sokolof. 1982. "Women, Children, and Industrialization in the Early Republic: Evidence from the Manufacturing Censuses." *Journal of Economic History* 42 (4): 741–74.
- Goldsmith, S., G. Jaszi, H. Kaitz, and M. Liébenberg. 1954. "Size Distribution of Income Since the Mid-Thirties." *Review of Economics and Statistics* 36 (1): 1–32.
- Goldstein, A. 2018. *Janesville: An American Story.* New York: Simon & Schuster.
- Goolsbee, A. 2018. "Public Policy in an AI Economy." Working Paper 24653, National Bureau of Economic Research, Cambridge, MA.
- Goolsbee, A., and P. Klenow. 2006. "Valuing Consumer Products by the Time Spent Using Them: An Application to the Internet." *American Economic Review* 96 (2): 108–13.
- Goos, M. A., and A. Manning. 2007. "Lousy and Lovely Jobs: The Rising Polarization of Work in Britain." *Review of Economics and Statistics* 89 (1): 118–33.

- Goos, M., A. Manning, and A. Salomons. 2009. "Job Polarization in Europe." *American Economic Review* 99 (2): 58–63.
- Goos, M., A. Manning, and A. Salomons. 2014. "Explaining Job Polarization: Routine-Biased Technological Change and Ofshoring." *American Economic Review* 104 (8): 2509–26.
- Gordon, R. J. 2005. "The 1920s and the 1990s in Mutual Reflection." Working Paper 11778, National Bureau of Economic Research, Cambridge, MA.
- Gordon, R. J. 2014. "The Demise of U.S. Economic Growth: Restatement, Rebuttal, and Reflections." Working Paper 19895, National Bureau of Economic Research, Cambridge, MA.
- Gordon, R. J. 2016. *The Rise and Fall of American Growth: The U.S. Standard of Living Since the Civil War.* Princeton, NJ: Princeton University Press.
- Gould, E. D., B. A. Weinberg, and D. B. Mustard. 2002. "Crime Rates and Local Labor Market Opportunities in the United States: 1979–1997." *Review of Economics and Statistics* 84 (1):45–61.
- Graeber, D. 2018. *Bullshit Jobs: A Theory.* New York: Simon & Schuster.Graetz, G., and G. Michaels. Forthcoming. "Robots at Work." *Review of Economics and Statistics.*
- Gramlich, J. 2017. "Most Americans Would Favor Policies to Limit Job and Wage Losses Caused by Automation." Pew Research Center. http://www.pewresearch.org/fact-tank/2017/10/09/most-americans-would-favor-policies-to-limit-job-and-wage-losses-caused-by-automation/.
- Greenwood, J., A. Seshadri, and M. Yorukoglu. 2005. "Engines of Liberation." *Review of Economic Studies* 72 (1): 109–33.
- Greif, A., and M. Iyigun. 2012. "Social Institutions, Violence and Innovations: Did the Old Poor Law Matter?" Working paper, Stanford University, Stanford, CA.
- Greif, A., and M. Iyigun. 2013. "Social Organizations, Violence, and Modern Growth." *American Economic Review* 103 (3): 534–38.

- Grier, D. A. 2005. *When Humans Were Computers.* Princeton, NJ: Princeton University Press.
- Gross, D. P. 2018. "Scale Versus Scope in the Diffusion of New Technology: Evidence from the Farm Tractor." *RAND Journal of Economics* 49 (2): 427–52.
- Habakkuk, H. J. 1962. *American and British Technology in the Nineteenth Century: The Search for Labour Saving Inventions.* Cambridge: Cambridge University Press.
- Hacker, J. S., and P. Pierson. 2010. *Winner-Take-All Politics: How Washington Made the Rich Richer—and Turned Its Back on the Middle Class.* New York: Simon & Schuster.
- Hammer, M. 1990. "Reengineering Work: Don't Automate, Obliterate." *Harvard Business Review* 68 (4): 104–12.
- Hansard, T. C. 1834. *General Index to the First and Second Series of Hansard's Parliamentary Debates: Forming a Digest of the Recorded Proceedings of Parliament, from 1803 to 1820.* London: Kraus Reprint Co.
- Hansen, A. H. 1939. "Economic Progress and Declining Population Growth." *American Economic Review* 29 (1): 1–15.
- Harper, K. 2017. *The Fate of Rome: Climate, Disease, and the End of an Empire.* Princeton, NJ: Princeton University Press.
- Hartz, L. 1955. *The Liberal Tradition in America: An Interpretation of American Political Thought Since the Revolution.* Boston: Houghton Mifflin Harcourt.
- Hawke, G. R. 1970. *Railways and Economic Growth in England and Wales, 1840–1870.* Oxford: Clarendon Press of Oxford University Press.
- Headrick, D. R. 2009. *Technology: A World History.* New York: Oxford University Press.
- Heaton, H. 1936. *Economic History of Europe.* New York: Harper and Brothers.
- Heckman, J. J., S. H. Moon, R. Pinto, P. A. Savelyev, and A. Yavitz. 2010. "The Rate of Return to the HighScope Perry Preschool Program." *Journal of Public Economics* 94 (1–2): 114–28.

- Heilbroner, R. L. 1966. "Where Do We Go From Here?" *New York Review of Books*, March 17. https://www.nybooks.com/articles/1966/03/17/where-do-we-go-from-here/.
- Henderson, R. 2017. Comment on "'Artificial Intelligence and the Modern Productivity Paradox: A Clash of Expectations and Statistics,' by E. Brynjolfsson, D. Rock and C. Syverson," National Bureau of Economic Research. http://www.nber.org/chapters/c14020.pdf.
- Hibbert, F. A. 1891. *The Influence and Development of English Guilds*. New York: Sentry.
- Himmelfarb, G. 1968. *Victorian Minds*. New York: Knopf.
- Hobbes, T. 1651. *Leviathan*, chapter 13, https://ebooks.adelaide.edu.au/h/hobbes/thomas/h68l/chapter13.html.
- Hobsbawm, E. 1962. *The Age of Revolution: Europe 1789–1848*. London: Weidenfeld and Nicolson. Kindle.
- Hobsbawm, E. 1968. *Industry and Empire: From 1750 to the Present Day.* New York: New Press. Kindle.
- Hobsbawm, E., and G. Rudé. 2014. *Captain Swing.* New York: Verso.
- Hodgen, M. T. 1939. "Domesday Water Mills." *Antiquity* 13 (51): 261–79.
- Hodges, H. 1970. *Technology in the Ancient World.* New York: Barnes & Noble.
- Holzer, H. J., D. Whitmore Schanzenbach, G. J. Duncan, and J. Ludwig. 2008. "The Economic Costs of Childhood Poverty in the United States." *Journal of Children and Poverty* 14 (1): 41–61.
- Hoppit, J. 2008. "Political Power and British Economic Life, 1650–1870." In *The Cambridge Economic History of Modern Britain*, vol. 1, *Industrialisation*, 1700–1870, edited by R. Floud, J. Humphries, and P. Johnson, 370–71. Cambridge: Cambridge University Press.
- Horn, J. 2008. *The Path Not Taken: French Industrialization in the Age of Revolution, 1750–1830*. Cambridge, MA: MIT Press. Kindle.

- Hornbeck, R. 2012. "The Enduring Impact of the American Dust Bowl: Shortand Long-Run Adjustments to Environmental Catastrophe." *American Economic Review* 102 (4): 1477–507.
- Hornbeck, R., and S. Naidu. 2014. "When the Levee Breaks: Black Migration and Economic Development in the American South." *American Economic Review* 104 (3): 963–90.
- Horrell, S. 1996. "Home Demand and British Industrialisation." *Journal of Economic History* 56 (September): 561–604.
- Hounshell, D. 1985. *From the American System to Mass Production, 1800–1932: The Development of Manufacturing Technology in the United States*. Baltimore, MD: Johns Hopkins University Press.
- Hsieh, C. T., and E. Moretti. Forthcoming. "Housing Constraints and Spatial Misallocation." *American Economic Journal: Macroeconomics.*
- Humphries, J. 2010. *Childhood and Child Labour in the British Industrial Revolution.* Cambridge: Cambridge University Press.
- Humphries, J. 2013. "The Lure of Aggregates and the Pitfalls of the Patriarchal Perspective: A Critique of the High Wage Economy Interpretation of the British Industrial Revolution." *Economic History Review* 66 (3): 693–714.
- Humphries, J., and T. Leunig. 2009. "Was Dick Whittington Taller Than Those He Left Behind? Anthropometric Measures, Migration and the Quality of Life in Early Nineteenth Century London." *Explorations in Economic History* 46 (1): 120–31.
- Humphries, J., and B. Schneider. Forthcoming. "Spinning the Industrial Revolution." *Economic History Review.*
- International Chamber of Commerce. 1925. "Report of the American Committee on Highway Transport, June, 1925." Washington, DC: American Section, International Chamber of Commerce.
- International Federation of Robotics. 2016. "World Robotics: Industrial Robots [dataset]." https://ifr.org/worldrobotics/.
- Jackson, R. 1806. *The Speech of R. Jackson Addressed to the Committee of the House of Commons Appointed to Consider of the State of the Woollen Manufacture of England, on Behalf of the Cloth-Workers and Sheermen of Yorkshire, Lancashire, Wiltshire,*

*Somersetshire and Gloucestershire.* London: C. Stower.

- Jacobson, L. S., R. J. LaLonde, and D. G. Sullivan. 1993. "Earnings Losses of Displaced Workers." *American Economic Review* 83 (4): 685–709.
- Jaimovich, N., and H. E. Siu. 2012. "Job Polarization and Jobless Recoveries." Working Paper 18334, National Bureau of Economic Research, Cambridge, MA.
- Jakubauskas, E. B. 1960. "Adjustment to an Automatic Airline Reservation System." In *Impact of Automation: A Collection of 20 Articles about Technological Change, from the* Monthly Labor Review, 93–96. Washington, DC: Bureau of Labor Statistics.
- Jerome, H. 1934. "Mechanization in Industry." Working Paper 27. National Bureau of Economic Research, Cambridge, MA.
- Johnson, G. E. 1975. "Economic Analysis of Trade Unionism." *American Economic Review* 65 (2): 23–28.
- Johnson, L. B. 1964. "Remarks upon Signing Bill Creating the National Commission on Technology, Automation, and Economic Progress." August 19. http://archive.li/F9iX8.
- Johnston, L., and S. H. Williamson. 2018. "What Was the U.S. GDP Then?" MeasuringWorth.com. http://www.measuringworth.org/usgdp/.
- Kaitz, K. 1998. "American Roads, Roadside America." *Geographical Review* 88 (3): 363–87.
- Kaldor, N. 1957. "A Model of Economic Growth." *Economic Journal* 67 (268): 591–624.
- Kanefsky, J., and J. Robey. 1980. "Steam Engines in 18th-Century Britain: A Quantitative Assessment." *Technology and Culture* 21 (2): 161–86.
- Karabarbounis, L., and B. Neiman. 2013. "The Global Decline of the Labor Share." *Quarterly Journal of Economics* 129 (1): 61–103.
- Katz, L. F., and R. A. Margo. 2013. "Technical Change and the Relative Demand for Skilled Labor: The United States in Historical

Perspective." Working Paper 18752, National Bureau of Economic Research, Cambridge, MA.

- Kaufman, B. E. 1982. "The Determinants of Strikes in the United States, 1900–1977." *ILR Review* 35 (4): 473–90.
- Kay-Shuttleworth, J.P.K. 1832. *The Moral and Physical Condition of the Working Classes Employed in the Cotton Manufacture in Manchester.* Manchester: Harrisons and Crosfield.
- Kealey, E. J. 1987. *Harvesting the Air: Windmill Pioneers in Twelfth-Century England.* Berkeley: University of California Press.
- Kelly, M., C. Ó Gráda. 2016. "Adam Smith, Watch Prices, and the Industrial Revolution." *Quarterly Journal of Economics* 131 (4): 1727–52.
- Kendrick, J. W. 1961. *Productivity Trends in the United States.* Princeton, NJ: Princeton University Press.
- Kendrick, J. W. 1973. *Postwar Productivity Trends in the United States, 1948–1969.* Cambridge, MA: National Bureau of Economic Research.
- Kennedy, J. F. 1960. "Papers of John F. Kennedy. Pre-Presidential Papers. Presidential Campaign Files, 1960. Speeches and the Press. Speeches, Statements, and Sections, 1958–1960. Labor: Meeting the Problems of Automation." https://www.jfklibrary.org/asset-viewer/archives/JFKCAMP1960/1030/JFKCAMP1960-1030-036.
- Kennedy, J. F. 1962. "News Conference 24." https://www.jfklibrary.org/archives/other-resources/john-f-kennedy-press-conferences/news-conference-24.
- Kenworthy, L. 2012. "It's Hard to Make It in America: How the United States Stopped Being the Land of Opportunity." *Foreign Affairs* 91 (November/December): 97–109.
- Kerry, C. F., and J. Karsten. 2017. "Gauging Investment in Self-Driving Cars." Brookings Institution, October 16. https://www.brookings.edu/research/gauging-investment-in-self-driving-cars/.
- Keynes, J. M. [1930] 2010. "Economic Possibilities for Our Grandchildren." In *Essays in Persuasion*, 321–32. London: Palgrave

Macmillan.

- Klein, M. 2007. *The Genesis of Industrial America*, 1870–1920. Cambridge: Cambridge University Press.
- Kleiner, M. M. 2011. "Occupational Licensing: Protecting the Public Interest or Protectionism?" Policy Paper 2011-009, Upjohn Institute, Kalamazoo, MI.
- Klemm, F. 1964. *A History of Western Technology*. Cambridge, MA: MIT Press.
- Klepper, S. 2010. "The Origin and Growth of Industry Clusters: The Making of Silicon Valley and Detroit." *Journal of Urban Economics* 67 (1): 15–32.
- Kline, P., and E. Moretti. 2013. "Local Economic Development, Agglomeration Economies, and the Big Push: 100 Years of Evidence from the Tennessee Valley Authority." *Quarterly Journal of Economics* 129 (1): 275–331.
- Koch, C. 2016. "How the Computer Beat the Go Master." *Scientific American* 27 (4): 20–23.
- Komlos, J. 1998. "Shrinking in a Growing Economy? The Mystery of Physical Stature during the Industrial Revolution." *Journal of Economic History* 58 (3): 779–802.
- Komlos, J., and B. A'Hearn. 2017. "Hidden Negative Aspects of Industrialization at the Onset of Modern Economic Growth in the US." *StructuralChangeandEconomicDynamics*41(June): 43–52.
- Korinek, A., and J. E. Stiglitz. 2017. "Artificial Intelligence and Its Implications for Income Distribution and Unemployment." Working Paper 24174, National Bureau of Economic Research, Cambridge, MA.
- Kremen, G. R. 1974. "MDTA: The Origins of the Manpower Development and Training Act of 1962." Washington, DC: Department of Labor. https://www.dol.gov/general/aboutdol/history/mono-mdtatext.
- Kremer, M. 1993. "The O-Ring Theory of Economic Development." *Quarterly Journal of Economics* 108 (3): 551–75.
- Krugman, P. R. 1995. *Peddling Prosperity: Economic Sense and Nonsense in the Age of Diminished Expectations*. New York:

Norton.

- Kuznets, S. 1955. "Economic Growth and Income Inequality." *American Economic Review* 45(1): 1–28.
- LaLonde, R. J. 2007. *The Case for Wage Insurance.* New York: Council on Foreign Relations Press.
- Lamont, M. 2009. *The Dignity of Working Men: Morality and the Boundaries of Race, Class, and Immigration.* Cambridge, MA: Harvard University Press.
- Landels, J. G. 2000. *Engineering in the Ancient World.* Berkeley: University of California Press.
- Landes, D. S. 1969. *The Unbound Prometheus: Technological Change and Development in Western Europe from 1750 to the Present.* Cambridge: Cambridge University Press.
- Langdon, J. 1982. "The Economics of Horses and Oxen in Medieval England." *Agricultural History Review* 30 (1): 31–40.
- Langton, J., and R. J. Morris. 2002. *Atlas of Industrializing Britain, 1780–1914.* London: Routledge.
- Larsen, C. S. 1995. "Biological Changes in Human Populations with Agriculture." *Annual Review of Anthropology* 24 (1): 185–213.
- Lebergott, S. 1993. *Pursuing Happiness: American Consumers in the Twentieth Century.* Princeton, NJ: Princeton University Press.
- Lee, D. 1973. "Science, Philosophy, and Technology in the Greco-Roman World: I." *Greece and Rome* 20 (1): 65–78.
- Lee, J. 2014. "Measuring Agglomeration: Products, People, and Ideas in U.S. Manufacturing,1880–1990." Working paper, Harvard University.
- Lee, R., and M. Anderson. 2002. "Malthus in State Space: Macroeconomic-Demographic Relations in English History, 1540 to 1870." *Journal of Population Economics* 15 (2): 195–220.
- Lee, T. B. 2016. "This Expert Thinks Robots Aren't Going to Destroy Many Jobs. And That's a Problem." Vox. https://www.vox.com/a/new-economy-future/robert-gordon-interview.

- Le Gof, J. 1982. *Time, Work, and Culture in the Middle Ages*. Chicago: University of Chicago Press.
- Leighton, A. C. 1972. *Transport and Communication in Early Medieval Europe AD 500–1100.* London: David and Charles Publishers.
- Lenoir, T. 1998. "Revolution from Above: The Role of the State in Creating the German Research System, 1810–1910." *American Economic Review* 88 (2): 22–27.
- Leunig, T. 2006. "Time Is Money: A Re-Assessment of the Passenger Social Savings from Victorian British Railways." *Journal of Economic History* 66 (3): 635–73.
- Levy, F. 2018. "Computers and Populism: Artificial Intelligence, Jobs, and Politics in the Near Term." *Oxford Review of Economic Policy* 34 (3): 393–417.
- Levy, F., and R. J. Murnane. 2004. *The New Division of Labor: How Computers Are Creating the Next Job Market.* Princeton, NJ: Princeton University Press.
- Lewis, D. L. 1986. "The Automobile in America: The Industry." *Wilson Quarterly*, 10 (5): 47–63.
- Lewis, H. G. 1963. Unionism and Relative Wages in the U.S.: *An Empirical Inquiry.* Chicago: Chicago University Press.
- Lilley, S. 1966. *Men, Machines and History: The Story of Tools and Machines in Relation to Social Progress.* Paris: International Publishers.
- Lin, J. 2011. "Technological Adaptation, Cities, and New Work." *Review of Economics and Statistics* 93 (2): 554–74.
- Lindert, P. H., 1986. Unequal English wealth since 1670. *Journal of Political Economy*, 94(6): 1127–62.
- Lindert, P. H. 2000a. "Three Centuries of Inequality in Britain and America." In *Handbook of Income Distribution*, edited by A. B. Atkinson and F. Bourguignon, vol. 1, 167–216. Amsterdam: Elsevier.
- Lindert, P. H. 2000b. "When Did Inequality Rise in Britain and America?" *Journal of Income Distribution* 9 (1): 11–25.

- Lindert, P. H. 2004. *Growing Public*, vol. 1: The Story: Social Spending and *Economic Growth Since the Eighteenth Century*. Cambridge: Cambridge University Press.
- Lindert, P. H., and J. G. Williamson. 1982. "Revising England's Social Tables 1688–1812." *Explorations in Economic History* 19 (4): 385–408.
- Lindert, P. H., and J. G. Williamson. 1983. "Reinterpreting Britain's Social Tables, 1688–1913." *Explorations in Economic History* 20 (1): 94–109.
- Lindert, P. H., and J. G. Williamson. 2012. "American Incomes 1774–1860." Working Paper 18396, National Bureau of Economic Research, Cambridge, MA.
- Lindert, P. H., and J. G. Williamson. 2016. *Unequal Gains: American Growth and Inequality Since 1700*. Princeton, NJ: Princeton University Press.
- Liu, S. 2015. "Spillovers from Universities: Evidence from the Land-Grant Program." *Journal of Urban Economics* 87 (May): 25–41.
- Long, J. 2005. "Rural-Urban Migration and Socioeconomic Mobility in Victorian Britain." *Journal of Economic History* 65 (1): 1–35.
- Lordan, G., and D. Neumark. 2018. "People versus Machines: The Impact of Minimum Wages on Automatable Jobs." *Labour Economics* 52 (June): 40–53.
- Lubin, I. 1929. *The Absorption of the Unemployed by American Industry.* Washington, DC: Brookings Institution.
- Luttmer, E. F. 2005. "Neighbors as Negatives: Relative Earnings and Well-Being." *Quarterly Journal of Economics* 120 (3): 963–1002.
- Lyman, P., and H. R. Varian. 2003. "How Much Information?" berkeley.edu/research/projects/how-much-info-2003.

- Machlup, F. 1962. *The Production and Distribution of Knowledge in the United States.* Princeton, NJ: Princeton University Press.
- MacLeod, C. 1998. *Inventing the Industrial Revolution: The English Patent System, 1660–1800.* Cambridge: Cambridge University Press.
- Maddison, A. 2002. *The World Economy: A Millennial Perspective.* Paris: Organisation for Economic Co-operation and Development.
- Maddison, A. 2005. *Growth and Interaction in the World Economy: The Roots of Modernity.* Washington, DC: AEI Press.
- Maehl, W. H. 1967. *The Reform Bill of 1832: Why Not Revolution?* New York: Holt, Rinehart and Winston.
- Malthus, T. [1798] 2013. *An Essay on the Principle of Population.* Digireads.com. Kindle.
- Mandel, M., and B. Swanson. 2017. "The Coming Productivity Boom—Transforming the Physical Economy with Information." Washington, DC: Technology CEO Council.
- Mann, F. C., and L. K. Williams. 1960. "Observations on the Dynamics of a Change to Electronic Data-Processing Equipment." *Administrative Science Quarterly* 5 (2): 217–56.
- Manson, S., Schroeder, J., Van Riper, D., and Ruggles, S. (2018). IPUMS National Historical Geographic Information System: Version 13.0 [Database]. Minneapolis: University of Minnesota. http://doi.org/10.18128/D050.V13.0
- Mantoux, P. 1961. *The Industrial Revolution in the Eighteenth Century: An Outline of the Beginnings of the Modern Factory System in England.* Translated by M. Vernon. London: Routledge.
- Manuelli, R. E., and A. Seshadri. 2014. "Frictionless Technology Diffusion: The Case of Tractors." *American Economic Review* 104 (4): 1368–91.
- Martin, T. C. 1905. "Electrical Machinery, Apparatus, and Supplies." In *Census of Manufactures,*
- 1905. Washington, DC: United States Bureau of the Census.

- Marx, K. [1867] 1999. *Das Kapital*. Translated by S. Moore and E. Aveling. New York: Gateway edition. Kindle.
- Marx, K., and F. Engels. [1848] 1967. *The Communist Manifesto*. Translated by S. Moore. London: Penguin.
- Massey, D. S. 2007. *Categorically Unequal: The American Stratification System*. New York: Russell Sage Foundation.
- Massey, D. S., J. Rothwell, and T. Domina. 2009. "The Changing Bases of Segregation in the United States." *Annals of the American Academy of Political and Social Science* 626 (1): 74–90.
- Mathibela, B., P. Newman, and I. Posner. 2015. "Reading the Road: Road Marking Classification and Interpretation." *IEEE Transactions on Intelligent Transportation Systems* 16 (4): 2072–81.
- Mathibela, B., M. A. Osborne, I. Posner, and P. Newman. 2012. "Can Priors Be Trusted? Learning to Anticipate Roadworks." IEEE Conference on Intelligent Transportation Systems, 927–932. https://ori.ox.ac.uk/learning-to-anticipate-roadworks/.
- McCarty, N., K. T. Poole, and H. Rosenthal. 2016. *Polarized America: The Dance of Ideology and Unequal Riches*. Cambridge, MA: MIT Press.
- McCloskey, D. N. 2010. *The Bourgeois Virtues: Ethics for an Age of Commerce*. Chicago: University of Chicago Press.
- Mendels, F. F. 1972. "Proto-industrialization: The First Phase of the Industrialization Process." *Journal of Economic History* 32 (1): 241–61.
- Merriam, R. H. 1905. "Bicycles and Tricycles." In *Census of Manufactures, 1905*, 289–97. Washington, DC: United States Bureau of the Census.
- Milanovic, B. 2016a. "All the Ginis (ALG) Dataset." https://datacatalog.worldbank.org/dataset/all-ginis-dataset, Version October 2016.
- Milanovic, B. 2016b. *Global Inequality: A New Approach for the Age of Globalization*. Cambridge, MA: Harvard University Press.
- Milanovic, B., P. H. Lindert, and J. G. Williamson. 2010. "Pre-Industrial Inequality." *Economic Journal* 121 (551): 255–72.

- Millet, D. J. 1972. "Town Development in Southwest Louisiana, 1865–1900." *Louisiana History*, 13 (2): 139–68.
- Mills, F. C. 1934. Introduction to "Mechanization in Industry," by H. Jerome. Cambridge, MA: National Bureau of Economic Research.
- Mitch, D. F. 1992. *The Rise of Popular Literacy in Victorian England: The Influence of Private Choice and Public Policy*. Philadelphia: University of Pennsylvania Press.
- Mitch, D. F. 1993. "The Role of Human Capital in the First Industrial Revolution." In *The British Industrial Revolution: An Economic Perspective*, edited by J. Mokyr, 241–80. Boulder, CO: Westview Press.
- Mitchell, B. 1975. *European Historical Statistics*, 1750–1970. London: Macmillan.
- Mitchell, B. 1988. *British Historical Statistics*. Cambridge: Cambridge University Press.
- Mokyr, J. 1992a. *The Lever of Riches: Technological Creativity and Economic Progress*. New York: Oxford University Press.
- Mokyr, J. 1992b. "Technological Inertia in Economic History." *Journal of Economic History* 52 (2): 325–38.
- Mokyr, J. 1998. "The Political Economy of Technological Change." In *Technological Revolutions in Europe: Historical Perspectives*, edited by K. Bruland and M. Berg, 39–64. Cheltenham: Edward Elgar.
- Mokyr, J. 2000. "Why 'More Work for Mother?' Knowledge and Household Behavior, 1870–1945." *Journal of Economic History* 60 (1): 1–41.
- Mokyr, J. 2001. "The Rise and Fall of the Factory System: Technology, Firms, and Households Since the Industrial Revolution." *Carnegie-Rochester Conference Series on Public Policy* 55 (1): 1–45.
- Mokyr, J. 2002. *The Gifts of Athena: Historical Origins of the Knowledge Economy.* Princeton, NJ: Princeton University Press.
- Mokyr, J. 2011. *The Enlightened Economy: Britain and the Industrial Revolution, 1700–1850.* London: Penguin. Kindle.

- Mokyr, J., and H. Voth. 2010. "Understanding Growth in Europe, 1700–1870: Theory and Evidence." In *The Cambridge Economic History of Modern Europe*, edited by S. Broadberry and K. O'Rourke, 1:7–42. Cambridge: Cambridge University Press.
- Mom, G. P., and D. A. Kirsch. 2001. "Technologies in Tension: Horses, Electric Trucks, and the Motorization of American Cities, 1900–1925." *Technology and Culture* 42 (3): 489–518.
- Moore, B., Jr. 1993. *Social Origins of Dictatorship and Democracy: Lord and Peasant in the Making of the Modern World.* Boston: Beacon Press.
- Moravec, H. 1988. *Mind Children: The Future of Robot and Human Intelligence.* Cambridge, MA: Harvard University Press.
- Moretti, E. 2004. "Estimating the Social Return to Higher Education: Evidence from Longitudinal and Repeated Cross-Sectional Data." *Journal of Econometrics* 121 (1–2): 175–212.
- Moretti, E. 2010. "Local Multipliers." *American Economic Review* 100 (2): 373–77.
- Moretti, E. 2012. *The New Geography of Jobs.* Boston: Houghton Mifflin Harcourt.
- Morse, H. B. 1909. *The Guilds of China.* London: Longmans, Green and Co. Mumford, L. 1934. *Technics and Civilization.* New York: Harcourt, Brace and World.
- Mummert, A., E. Esche, J. Robinson, and G. J. Armelagos. 2011. "Stature and Robusticity During the Agricultural Transition: Evidence from the Bioarchaeological Record." *Economics and Human Biology* 9 (3): 284–301.
- Murray, C. 2013. *Coming Apart: The State of White America, 1960–2010.* New York: Random House Digital.
- Mutz, D. C. 2018. "Status Threat, Not Economic Hardship, Explains the 2016 Presidential Vote." *Proceedings of the National Academy of Sciences* 115 (19): 4330–39.
- Myers, R. J. 1929. "Occupational Readjustment of Displaced Skilled Workmen." *Journal of Political Economy* 37 (4): 473–89.
- Nadiri, M. I., and T. P. Mamuneas. 1994. "Infrastructure and Public R&D Investments, and the Growth of Factor Productivity in

U.S. Manufacturing Industries." Working Paper 4845, National Bureau of Economic Research, Cambridge, MA.

- Nardinelli, C. 1986. "Technology and Unemployment: The Case of the Handloom Weavers." *Southern Economic Journal* 53 (1): 87–94.
- Neddermeyer, U. 1997. "Why Were There No Riots of the Scribes?" *Gazette du Livre Médiéval* 31 (1): 1–8.
- Nedelkoska, L., and G. Quintini. 2018. "Automation, Skills Use and Training." OECD Social, Employment and Migration Working Paper 202, Organisation of Economic Co-operation and Development, Paris.
- Nelson, D. 1995. *Farm and Factory: Workers in the Midwest*, 1880–1990. Bloomington: Indiana University Press.
- Nicolini, E. A. 2007. "Was Malthus Right? A VAR Analysis of Economic and Demographic Interactions in Pre-Industrial England." *European Review of Economic History* 11 (1): 99–121.
- Nichols, A., and J. Rothstein. 2015. "The Earned Income Tax Credit (EITC)." Working Paper 21211, National Bureau of Economic Research, Cambridge, MA.
- Nordhaus, W. D. 1996. "Do Real-Output and Real-Wage Measures Capture Reality? The History of Lighting Suggests Not." In *The Economics of New Goods*, edited by T. F. Bresnahan and R. J. Gordon, 27–70. Chicago: University of Chicago Press.
- Nordhaus, W. D. 2005. "The Sources of the Productivity Rebound and the Manufacturing Employment Puzzle." Working Paper 11354, National Bureau of Economic Research, Cambridge, MA.
- Nordhaus, W. D. 2007. "Two Centuries of Productivity Growth in Computing." *Journal of Economic History* 67 (1): 128–59.
- North, D. C. 1991. "Institutions." *Journal of Economic Perspectives* 5 (1): 97–112.North, D. C., and B. R. Weingast. 1989. "Constitutions and Commitment: The Evolution of Institutions Governing Public Choice in Seventeenth-Century England." *Journal of Economic History* 49 (4): 803–32.
- Nuvolari, A., and M. Ricci. 2013. "Economic Growth in England, 1250–1850: Some New Estimates Using a Demand Side

Approach." *Rivista di Storia Economica* 29 (1): 31–54.

- Nye, D. E. 1990. Electrifying America: *Social Meanings of a New Technology, 1880–1940.* Cambridge, MA: MIT Press.
- Nye, D. E. 2013. *America's Assembly Line.* Cambridge, MA: MIT Press.
- Oestreicher, R. 1988. "Urban Working-Class Political Behavior and Theories of American Electoral Politics, 1870–1940." *Journal of American History* 74 (4): 1257–86.
- Officer, L. H., and S. H. Williamson. 2018. "Annual Wages in the United States, 1774–Present." MeasuringWorth. https://www.measuringworth.com/datasets/uswage/ http://www.measuringworth.com/uswages/.
- Ogilvie, S. 2019. *The European Guilds: An Economic Analysis.* Princeton, NJ: Princeton University Press.
- Oliner, S. D., and D. E. Sichel. 2000. "The Resurgence of Growth in the Late 1990s: Is Information Technology the Story?" *Journal of Economic Perspectives* 14 (4): 3–22.
- Olmstead, A. L., and P. W. Rhode. 2001. "Reshaping the Landscape: The Impact and Diffusion of the Tractor in American Agriculture, 1910–1960." *Journal of Economic History* 61 (3): 663–98.
- Owen, W. 1962. "Transportation and Technology." *American Economic Review* 52 (2): 405–13.
- Parsley, C. J. 1980. "Labor Union Effects on Wage Gains: A Survey of Recent Literature." *Journal of Economic Literature* 18 (1): 1–31.
- Patterson, R. 1957. "Spinning and Weaving." In *From the Renaissance to the Industrial Revolution, c. 1500–c. 1750*, edited by C. Singer, E. J. Holmyard, A. R. Hall, and T. I. Williams, 191–200. Vol. 3 of *A History of Technology.* New York: Oxford University Press.
- Peri, G. 2012. "The Effect of Immigration on Productivity: Evidence from US States." *Review of Economics and Statistics* 94 (1), 348–58.

- Peri, G. 2018. "Did Immigration Contribute to Wage Stagnation of Unskilled Workers?" *Research in Economics* 72 (2): 356–65.
- Peterson, W., and Y. Kislev. 1986. "The Cotton Harvester in Retrospect: Labor Displacement or Replacement?" *Journal of Economic History* 46 (1): 199–216.
- Phelps, E. S. 2015. *Mass Flourishing: How Grassroots Innovation Created Jobs, Challenge, and Change.* Princeton, NJ: Princeton University Press.
- Phyllis, D., and W. A. Cole. 1962. *British Economic Growth, 1688–1959: Trends and Structure.* Cambridge: Cambridge University Press.
- Piketty, T. 2014. *Capital in the Twenty-First Century.* Cambridge, MA: Harvard University Press.
- Piketty, T. 2018. "Brahmin Left vs. Merchant Right: Rising Inequality and the Changing Structure of Political Conflict." Working paper, Paris School of Economics.
- Piketty, T., and E. Saez. 2003. "Income Inequality in the United States, 1913–1998." *Quarterly Journal of Economics* 118 (1): 1–41.
- Polanyi, M. 1966. *The Tacit Dimension.* New York: Doubleday.
- Prashar, A. 2018. "Evaluating the Impact of Automation on Labour Markets in England and Wales." Working paper, Oxford University.
- President's Advisory Committee on Labor-Management Policy. 1962. *The Benefits and Problems Incident to Automation and Other Technological Advances.* Washington, DC: Government Printing Office.
- Price, D. de S. 1975. *Science Since Babylon.* New Haven, CT: Yale University Press.
- Putnam, R. D., ed. 2004. *Democracies in Flux: The Evolution of Social Capital in Contemporary Society.* Oxford: Oxford University Press.
- Putnam, R. D. 2016. *Our Kids: The American Dream in Crisis.* New York: Simon & Schuster.

- Rajan, R. G. 2011. *Fault Lines: How Hidden Fractures Still Threaten the World Economy.* Princeton, NJ: Princeton University Press.
- Ramey, V. A. 2009. "Time Spent in Home Production in the Twentieth-Century United States: New Estimates from Old Data." *Journal of Economic History* 69 (1): 1–47.
- Ramey, V. A., and N. Francis. 2009. "A Century of Work and Leisure." *American Economic Journal: Macroeconomics* 1 (2): 189–224.
- Randall, A. 1991. *Before the Luddites: Custom, Community and Machinery in the English Woollen Industry, 1776–1809.* Cambridge: Cambridge University Press.
- Rasmussen, W. D. 1982. "The Mechanization of Agriculture." *Scientific American* 247 (3): 76–89.
- Rector, R., and R. Sheffield. 2011. "Air Conditioning, Cable TV, and an Xbox: What Is Poverty in the United States Today?" Washington, DC: Heritage Foundation.
- Reich, R. 1991. *The Work of Nations: Preparing Ourselves for Twenty-First Century Capitalism.* New York: Knopf.
- Remus, D., and F. Levy. 2017. "Can Robots Be Lawyers: Computers, Lawyers, and the Practice of Law." *Georgetown Journal Legal Ethics* 30 (3): 501–45.
- Reuleaux, F. 1876. *Kinematics of Machinery: Outlines of a Theory of Machines.* Translated by A.B.W. Kennedy. London: MacMillan.
- Reynolds, A. J., J. A. Temple, S. R. Ou, I. A. Arteaga, and B. A. White. 2011. "School-Based Early Childhood Education and Age-28 Well-Being: Effects by Timing, Dosage, and Subgroups." *Science* 333 (6040): 360–64.
- Ricardo, D. [1817] 1911. *The Principles of Political Economy and Taxation.* Reprint. London: Dent.
- Rifkin, J. 1995. *The End of Work: The Decline of the Global Labor Force and the Dawn of the Postmarket Era.* New York: G. P.

Putnam's Sons.

- Robinson, J., and G. Godbey. 2010. *Time for Life: The Surprising Ways Americans Use Their Time.* Philadelphia: Penn State University Press.
- Rodrik, D. 2016. "Premature Deindustrialization." *Journal of Economic Growth* 21 (1): 1–33.
- Rodrik, D. 2017a. "Populism and the Economics of Globalization." Working Paper 23559, National Bureau of Economic Research, Cambridge, MA.
- Rodrik, D. 2017b. *Straight Talk on Trade: Ideas for a Sane World Economy.* Princeton, NJ: Princeton University Press.
- Rognlie, M. 2014. "A Note on Piketty and Diminishing Returns to Capital," unpublished manuscript. http://mattrognlie.com/piketty_diminishing_returns.pdf.
- Roosevelt, F. D. 1940. "Annual Message to the Congress," January 3. By G. Peters and J. T. Woolley. The American Presidency Project. https://www.presidency.ucsb.edu/documents/annual-message-the-congress.
- Rosenberg, N. 1963. "Technological Change in the Machine Tool Industry, 1840–1910." Journal of Economic History 23 (4): 414–43.
- Rosenberg, N., and L. E. Birdzell. 1986. *How the West Grew Rich: The Economic Transformation of the Western World.* London: Basic.
- Rostow, W. W. 1960. *The Stages of Growth: A Non-Communist Manifesto.* Cambridge: Cambridge University Press.
- Rothberg, H. J. 1960. "Adjustment to Automation in Two Firms." In *Impact of Automation: A Collection of 20 Articles about Technological Change, from* the Monthly Labor Review, 79–93. Washington, DC: Bureau of Labor Statistics.
- Rousseau, J. J. [1755] 1999. *Discourse on the Origin of Inequality.* Oxford: Oxford University Press.
- Ruggles, S., S. Flood, R. Goeken, J. Grover, E. Meyer, J. Pacas, and M. Sobek. 2018. IPUMS USA.Version 8.0 [dataset]. https://

usa.ipums.org/usa/.

- Russell, B. 1946. *History of Western Philosophy and Its Connection with Political and Social Circumstances: From the Earliest Times to the Present Day.* New York: Simon & Schuster.
- Sachs, J. D., S. G. Benzell, and G. LaGarda. 2015. "Robots: Curse or Blessing? A Basic Framework." Working Paper 21091, National Bureau of Economic Research, Cambridge, MA.
- Sanderson, M. 1995. *Education, Economic Change and Society in England 1780–1870.* Cambridge: Cambridge University Press.
- Scheidel, W. 2018. *The Great Leveler: Violence and the History of Inequality from the Stone Age to the Twenty-First Century.* Princeton, NJ: Princeton University Press.
- Scheidel, W., and S. J. Friesen. 2009. "The Size of the Economy and the Distribution of Income in the Roman Empire." *Journal of Roman Studies* 99 (March): 61–91.
- Schlozman, K. L., S. Verba, and H. E. Brady. 2012. *The Unheavenly Chorus: Unequal Political Voice and the Broken Promise of American Democracy.* Princeton, NJ: Princeton University Press.
- Schumpeter, J. A. 1939. *Business Cycles.* Vol. 1. New York: McGraw-Hill.
- Schumpeter, J. A. [1942] 1976. *Capitalism, Socialism and Democracy.* 3rd ed. New York: Harper Torchbooks.
- Scoville, W. C. 1960. *The Persecution of Huguenots and French Economic Development 1680–1720.* Berkeley: University of California Press.
- Shannon, C. E. 1950. "Programming a Computer for Playing Chess." *Philosophical Magazine* 41(314): 256–75.
- Shaw-Taylor, L., and A. Jones. 2010. "The Male Occupational Structure of Northamptonshire 1777–1881: A Case of Partial De-Industrialization?" Working paper, Cambridge University.
- Simon, H. 1966. "Automation." *New York Review of Books*, March 26. https://www.nybooks.com/articles/1966/05/26/

automation-3/.

- Simon, H. [1960] 1985. "The Corporation: Will It Be Managed by Machines?" In *Management and the Corporation*, edited by M. L. Anshen and G. L. Bach, 17–55. New York: McGraw-Hill.
- Simon, J. L. 2000. *The Great Breakthrough and Its Cause.* Ann Arbor: University of Michigan Press.
- Smil, V. 2005. *Creating the Twentieth Century: Technical Innovations of 1867–1914 and Their Lasting Impact.* New York: Oxford University Press.
- Smiles, S. 1865. *Lives of Boulton and Watt.* Philadelphia: J. B. Lippincott.
- Smith, A. [1776] 1976. *An Inquiry into the Nature and Causes of the Wealth of Nations.* Chicago: University of Chicago Press.
- Smolensky, E., and R. Plotnick. 1993. "Inequality and Poverty in the United States: 1900 to 1990." Paper 998–93, University of Wisconsin Institute for Research on Poverty, Madison.
- Snooks, G. D. 1994. "New Perspectives on the Industrial Revolution." In *Was the Industrial Revolution Necessary?*, edited by G. D. Snooks, 1–26. London: Routledge.
- Sobek, M. 2006. "Detailed Occupations—All Persons: 1850–1990 (Part 2). Table Ba1396-1439." In *Historical Statistics of the United States, Earliest Times to the Present: Millennial Edition*, edited by S. B. Carter, S. S. Gartner, M. R. Haines, A. Olmstead, R. Sutch, and G. Wright. New York: Cambridge University Press.
- Solow, R. M. 1956. "A Contribution to the Theory of Economic Growth." *Quarterly Journal of Economics* 70 (1): 65–94.
- Solow, R. 1987. "We'd Better Watch Out." *New York Times* Book Review, July 12.
- Solow, R. M. 1965. "Technology and Unemployment." *Public Interest* 1 (Fall): 17–27.
- Sorensen, T., P. Fishback, S. Kantor, and P. Rhode. 2008. "The New Deal and the Diffusion of Tractors in the 1930s." Working paper, University of Arizona, Tucson.

- Southall, H. R. 1991. "The Tramping Artisan Revisits: Labour Mobility and Economic Distress in Early Victorian England." *Economic History Review* 44 (2): 272–96.
- Spence, M., and S. Hlatshwayo. 2012. "The Evolving Structure of the American Economy and the Employment Challenge." *Comparative Economic Studies* 54 (4): 703–38.
- Stasavage, D. 2003. *Public Debt and the Birth of the Democratic State: France and Great Britain 1688–1789*. Cambridge: Cambridge University Press.
- Steckel, R. H. 2008. "Biological Measures of the Standard of Living." *Journal of Economic Perspectives* 22 (1): 129–52.
- Stephenson, J. Z. 2018. " 'Real' Wages? Contractors, Workers, and Pay in London Building Trades, 1650–1800." *Economic History Review* 71 (1): 106–32.
- Stevenson, B., and J. Wolfers. 2013. "Subjective Well-Being and Income: Is There Any Evidence of Satiation?" *American Economic Review* 103 (3): 598–604.
- Stewart, C. 1960. "Social Implications of Technological Progress." In *Impact of Automation: A Collection of 20 Articles about Technological Change, from the* Monthly Labor Review, 11–15. Washington, DC: Bureau of Labor Statistics.
- Stokes, Bruce. 2017. "Public Divided on Prospects for Next Generation." Pew Research Center, Spring 2017 Global Attitudes Survey, June 5. http://www.pewglobal.org/2017/06/05/2-public-divided-on-prospects-for-the-next-generation/.
- Strasser, S. 1982. *Never Done: A History of American Housework.* New York: Pantheon. Sullivan, D., and T. von Wachter. 2009. "Job Displacement and Mortality: An Analysis Using Administrative Data." *Quarterly Journal of Economics* 124 (3): 1265–1306.
- Sundstrom, W. A. 2006. "Hours and Working Conditions." In *Historical Statistics of the United States, Earliest Times to the Present: Millennial Edition Online*, edited by S. B. Carter, S. S. Gartner, M. R. Haines, A. L. Olmstead, R. Sutch, and G. Wright, 301–35. New York: Cambridge University Press.
- Swetz, F. J. 1987. *Capitalism and Arithmetic: The New Math of the 15th Century.* La Salle, IL: Open Court.

- Syverson, C. 2017. "Challenges to Mismeasurement Explanations for the US Productivity Slow-down." *Journal of Economic Perspectives* 31 (2): 165–86.
- Szreter, S., and G. Mooney. 1998. "Urbanization, Mortality, and the Standard of Living Debate: New Estimates of the Expectation of Life at Birth in Nineteenth-Century British Cities." *Economic History Review* 51 (1): 84–112.
- Taft, P., P. Ross. 1969. "American Labor Violence: Its Causes, Character, and Outcome." In Violence in America: Historical and Comparative Perspectives, edited by H. D. Graham, and T. R. Gurr, 1:221–301. London: Corgi.
- Taine, H. A. 1958. *Notes on England, 1860–70.* Translated by E. Hyams. London: Strahan.
- Tella, R. D., R. J. MacCulloch, and A. J. Oswald. 2003. "The Macroeconomics of Happiness." *Review of Economics and Statistics* 85 (4): 809–27.
- Temin, P. 2006. "The Economy of the Early Roman Empire." *Journal of Economic Perspectives* 20 (1): 133–51.
- Temin, P. 2012. *The Roman Market Economy.* Princeton, NJ: Princeton University Press.
- Thernstrom, S. 1964. *Poverty and Progress: Social Mobility in a Nineteenth Century City.* Cambridge, MA: Harvard University Press.
- Thomas, R., and N. Dimsdale. 2016. "Three Centuries of Data–Version 3.0." London: Bank of England. https://www.bankofengland.co.uk/statistics/research-datasets.
- Thompson, E. P. 1963. *The Making of the English Working Class.* New York: Victor Gollancz, Vintage Books.
- Tilly, C. 1975. *The Formation of National States in Western Europe.* Princeton, NJ: Princeton University Press.
- Tinbergen, J. 1975. *Income Distribution: Analysis and Policies.* Amsterdam: North Holland. Tocqueville, A. de. 1840. *Democracy in America.* Translated by H. Reeve. Vol. 2. New York: Alfred A. Knopf.
- Toffler, A. 1980. *The Third Wave.* New York: Bantam Books.

- Trajtenberg, M. 2018. "AI as the Next GPT: A Political-Economy Perspective." Working Paper 24245, National Bureau of Economic Research, Cambridge, MA.
- Treat, J. R., N. J. Castellan, R. L. Stansifer, R. E. Mayer, R. D. Hume, D. Shinar, S. T. McDonald, et al. 1979. *Tri-Level Study of the Causes of Traffic Accidents: Final Report*, vol. 2: *Special Analyses.* Bloomington, IN: Institute for Research in Public Safety.
- Tolley, H. R., and Church, L. M. 1921. "Corn-Belt Farmers' Experience with Motor Trucks." United States Department of Agriculture, Bulletin No. 931, February 25.
- Tucker, G. 1837. *The Life of Thomas Jefferson, Third President of the United States: With Parts of His Correspondence Never Before Published, and Notices of His Opinions on Questions of Civil Government, National Policy, and Constitutional Law.* Vol. 2. Philadelphia: Carey, Lea and Blanchard.
- Tuttle, C. 1999. *Hard at Work in Factories and Mines: The Economics of Child Labor during the British Industrial Revolution.* Boulder, CO: Westview Press.
- Twain, M., and C. D. Warner. [1873] 2001. *The Gilded Age: A Tale of Today.* New York: Penguin.
- Twain, M. 1835. "Taming the Bicycle." The University of Adelaide Library, last updated March 27, 2016. https://ebooks.adelaide.edu.au/t/twain/mark/what_is_man/chapter15.html.
- Ure, A. 1835. *The Philosophy of Manufactures.* London: Charles Knight.
- U.S. Bureau of the Census. 1960. D785, "Work-injury Frequency Rates in Manufacturing, 1926–1956," and D.786–790, "Work-injury Frequency Rates in Mining, 1924–1956." In *Historical Statistics of the United States, Colonial Times to 1957.* Washington, DC: Government Printing Office. https://www.census.gov/library/publications/1960/compendia/hist_stats_colonial-1957.html.
- U.S. Congress. 1955. "Automation and Technological Change." Hearings before the Subcommittee on Economic Stabilization of the Congressional Joint Committee on the Economic Report (84th Cong., 1st sess.), pursuant to sec. 5(a) of Public Law 304, 79th Cong. Washington, DC: Government Printing Office.

- U.S. Congress. 1984. "Computerized Manufacturing Automation: Employment, Education, and the Workplace." No. 235. Washington, DC: Office of Technology Assessment.
- U.S. Department of Agriculture. 1963. *1962 Agricultural Statistics.* Washington, DC: Government Printing Office.
- Usher, A. P. 1954. *A History of Mechanical Innovations.* Cambridge, MA: Harvard University Press.
- Van Zanden, J. 2004. "Common Workmen, Philosophers and the Birth of the European Knowledge Economy." Paper for the Global Economic History Network Conference, Leiden, September 16–18.
- Van Zanden, J. L., E. Buringh, and M. Bosker. 2012. "The Rise and Decline of European Parliaments, 1188–1789." *Economic History Review* 65 (3): 835–61.
- Varian, H. R. Forthcoming. "Artificial Intelligence, Economics, and Industrial Organization." In *The Economics of Artificial Intelligence: An Agenda, edited by* A. K. Agrawal, J. Gans, and A. Goldfarb. Chicago: University of Chicago Press.
- Vickers, C., and N. L. Ziebarth. 2016. "Economic Development and the Demographics of Criminals in Victorian England." *Journal of Law and Economics* 59 (1): 191–223.
- Von Tunzelmann, G. N. 1978. *Steam Power and British Industrialization to 1860.* Oxford: Oxford University Press.
- Voth, H. 2000. *Time and Work in England 1750–1830.* Oxford: Clarendon Press of Oxford University Press.
- Wadhwa, V., and A. Salkever. 2017. *The Driver in the Driverless Car: How Our Technology Choices Will Create the Future.* San Francisco: Berrett-Koehler.
- Walker, C. R. 1957. *Toward the Automatic Factory: A Case Study of Men and Machines.* New Haven, CT: Yale University Press.
- Wallis, P. 2014. "Labour Markets and Training." In *The Cambridge Economic History of Modern Britain,* 1:178–210, *Industrialisation, 1700–1870*, edited by R. Floud, J. Humphries, and P. Johnson. Cambridge University Press.
- Walmer, O. R. 1956. "Workers' Health in an Era of Automation." *Monthly Labor Review* 79 (7): 819–23.

- Weber, M. 1927. *General Economic History.* New Brunswick, NJ: Transaction Books.
- Weinberg, B. A. 2000. "Computer Use and the Demand for Female Workers." *ILR Review* 53 (2): 290–308.
- Weinberg, E. 1960. "A Review of Automation Technology." In *Impact of Automation: A Collection of 20 Articles about Technological Change, from the* Monthly Labor Review, 3–10. Washington, DC: Bureau of Labor Statistics.
- Weinberg, E. 1956. "An Inquiry into the Effects of Automation." *Monthly Labor Review* 79 (January): 7–14.
- Weinberg, E. 1960. "Experiences with the Introduction of Office Automation." *Monthly Labor Review* 83 (4): 376–80.
- Weingrof, R. F. 2005. "Designating the Urban Interstates." Federal Highway Administration Highway History. https://www.fhwa.dot.gov/infrastructure/fairbank.cfm.
- White, K. D. 1984. *Greek and Roman Technology.* Ithaca, NY: Cornell University Press.
- White, L. 1962. *Medieval Technology and Social Change.* Oxford: Oxford University Press.
- White, L. 1967. "The Historical Roots of Our Ecologic Crisis." *Science* 155 (3767): 1203–7.
- White, L. A. 2016. *Modern Capitalist Culture.* London: Routledge.
- White, W. J. 2001. "An Unsung Hero: The Farm Tractor's Contribution to Twentieth-Century United States Economic Growth." PhD diss., Ohio State University.
- Wiener, N. 1988. *The Human Use of Human Beings: Cybernetics and Society.* New York: Perseus Books Group.
- Williamson, J. G. 1987. "Did English Factor Markets Fail during the Industrial Revolution?" *Oxford Economic Papers* 39 (4): 641–78.
- Williamson, J. G. 2002. *Coping with City Growth during the British Industrial Revolution.* Cambridge: Cambridge University Press.

- Wilson, W. J. 1996. "When Work Disappears." *Political Science Quarterly* 111 (4): 567–95. Wilson, W. J. 2012. *The Truly Disadvantaged: The Inner City, the Underclass, and Public Policy.* Chicago: University of Chicago Press.
- Woirol, G. R. 1980. "Economics as an Empirical Science: A Case Study." Working paper, University of California, Berkeley.
- Woirol, G. R. 2006. "New Data, New Issues: The Origins of the Technological Unemployment Debates." *History of Political Economy* 38 (3): 473–96.
- Woirol, G. R. 2012. "Plans to End the Great Depression from the American Public." *Labor History* 53 (4): 571–77.
- Wolman, L. 1933. "Machinery and Unemployment." *Nation*, February 22, 202–4.
- World Bank Group. 2016. *World Development Report 2016: Digital Dividends.* Washington, DC: World Bank Publications.
- World Health Organization. 2015. "Road Traffic Deaths." http://www.who.int/gho/road_safety/mortality/en.
- Wright, Q. 1942. *A Study of War.* Vol. 1. Chicago: University of Chicago Press.
- Wrigley, E.A. 2010. *Energy and the English Industrial Revolution.* Cambridge: Cambridge University Press.
- Wu, Y., M. Schuster, Z. Chen, Q. V. Le, M. Norouzi, W. Macherey, M. Krikun, et al. 2016. "Google's Neural Machine Translation System: Bridging the Gap between Human and Machine Translation." Preprint, submitted September 26. https://arxiv.org/abs/1609.08144.
- Xiong, W., L. Wu, F. Alleva, J. Droppo, X. Huang, and A. Stolcke. 2017. "The Microsoft 2017 Conversational Speech Recognition System." Microsoft AI and Research Technical Report MSR-TR-2017-39, August 2017.
- Young, A. 1772. *Political Essays Concerning the Present State of the British Empire.* London: printed for W. Strahan and T. Cadell.
- Zhang, X., M. Li, J. H. Lim, Y. Weng, Y.W.D. Tay, H. Pham, and Q. C. Pham. 2018. "Large-Scale 3D Printing by a Team of Mobile Robots." *Automation in Construction* 95 (November): 98–106.

# 注釋

## 前言

1 J. Gramlich, 2017, "Most Americans Would Favor Policies to Limit Job and Wage Losses Caused by Automation," Pew Research Center, http://www.pewresearch.org/fact-tank/2017/10/09/most-americans-would-favor-policies-to-limit-job-and-wage-losses-caused-by-automation/.

2 K. Roose, 2018, "His 2020 Campaign Message: The Robots Are Coming," New York Times, February 18.

3 C. B. Frey and M. A. Osborne, 2017, "The Future of Employment: How Susceptible Are Jobs to Computerisation?," Technological Forecasting and Social Change 114 (January): 254–80.

4 B. DeLong, 1998, "Estimating World GDP: One Million BC–Present" (Working paper, University of California, Berkeley).

5 D. Acemoglu and P. Restrepo, 2018a, "Artificial Intelligence, Automation and Work" (Working Paper 24196, National Bureau of Economic Research, Cambridge, MA).

6 引自：G. Allison, 2017, Destined for War: Can America and China Escape Thucydides's Trap?, Boston: Houghton Mifflin Harcourt, chapter 2, Kindle.

7 D. S. Landes, 1969, The Unbound Prometheus: Technological Change and Development in Western Europe from 1750 to the Present (Cambridge: Cambridge University Press), introduction.

8 引自：Roose, 2018, “His 2020 Campaign Message.”

9 R. Foorohar, 2018, “Why Workers Need a ‘Digital New Deal’ to Protect against AI,” Financial Times, February 18.

## 緒論

1 “Lamplighters Quit; City Dark in Spots,” 1907, New York Times, April 25.

2 B. Reinitz, 1924, “The Descent of Lamp-Lighting: An Ancient and Honorable Profession Fallen into the Hands of Schoolboys,” New York Times, May 4.

3 C. B. Frey and M. A. Osborne, 2017, “The Future of Employment: How Susceptible Are Jobs to Computerisation?,” Technological Forecasting and Social Change 114 (January): 254–80.

4 W. D. Nordhaus, 1996, “Do Real-Output and Real-Wage Measures Capture Reality? The History of Lighting Suggests Not,” in The Economics of New Goods, ed. T. F. Bresnahan and R. J. Gordon (Chicago: University of Chicago Press), 27–70. 早期的電燈使用，請見：D. E. Nye, 1990, Electrifying America: Social Meanings of a New Technology, 1880–1940 (Cambridge, MA: MIT Press), chapter 1.

5 Lamplighters and Electricity,” 1906, Washington Post, July 1.

6 J. A. Schumpeter, [1942] 1976, Capitalism, Socialism and Democracy, 3d ed. (New York: Harper Torchbooks), 76.

7 引自：R. J. Gordon, 2014, “The Demise of U.S. Economic Growth: Restatement, Rebuttal, and Reflections” (Working Paper 19895,

National Bureau of Economic Research, Cambridge, MA), 23.

8 D. Comin and M. Mestieri, 2018, "If Technology Has Arrived Everywhere, Why Has Income Diverged?," American Economic Journal: Macroeconomics 10 (3): 137–78.

9 引自：Nye, 1990, Electrifying America, 150.

10 經濟學家戈登（Robert Gordon）稱一八七〇年至一九七〇年為美國歷史上的「特殊世紀」。（2016, The Rise and Fall of American Growth: The U.S. Standard of Living Since the Civil War [Princeton, NJ: Princeton University Press]）。

11 S. Landsberg, 2007, "A Brief History of Economic Time," Wall Street Journal, June 9.

12 E. Hobsbawm, 1968, Industry and Empire: From 1750 to the Present Day (New York: New Press), chap. 3, Kindle.

13 霍布斯邦稱一七八九年至一八四八年這段時期為「雙元革命」（dual revolution）（1962, The Age of Revolution: Europe 1789–1848 [London: Weidenfeld and Nicolson], preface, Kindle），指的是法國大革命帶來的政治變動，再加上工業革命帶來的技術變化。

14 T. Hobbes, 1651, Leviathan, chapter 13, https://ebooks.adelaide.edu.au/h/hobbes/thomas/h68l/chapter13.html.

15 A. Deaton, 2013, The Great Escape: Health, Wealth, and the Origins of Inequality (Princeton, NJ: Princeton University Press).（繁中版為《財富大逃亡：健康、財富與不平等的起源》）

16 W. Blake, 1810, "Jerusalem," https://www.poetryfoundation.org/poems/54684/jerusalem-and-did-those-feet-in-ancient-time.

17 進一步的工業革命期間生活水準討論，請見第5章。

18 更多的生活水準危機成因，請見第5章。

19 J. Brown, 1832, A Memoir of Robert Blincoe: An Orphan Boy; Sent From the Workhouse of St. Pancras, London at Seven Years of Age, to Endure the Horrors of a Cotton-Mill (London: J. Doherty).

20 D. S. Landes, 1969, The Unbound Prometheus: Technological Change and Development in Western Europe from 1750 to the Present (Cambridge: Cambridge University Press), 7.

21 前工業時代的抵抗例子請見第1章。英國政府開始支持改革者的原因，請見第3章的討論。

22 引自：E. Brynjolfsson, 2012, Race Against the Machine (MIT lecture), slide 2, http://ilp.mit.edu/images/conferences/2012/IT/Brynjolfsson.pdf.

23 Bruce Stokes, 2017, "Public Divided on Prospects for Next Generation," Pew Research Center Spring 2017 Global Attitudes Survey, June 5, http://www.pewglobal.org/2017/06/05/2-public-divided-on-prospects-for-the-next-generation/.

24 R. Chetty et al., 2017, "The Fading American Dream: Trends in Absolute Income Mobility Since 1940," Science 356 (6336): 398–406.

25 中等收入工作消失的進一步討論，請見第9章。

26 社區工作消失的情形，請見第10章。

27 C. B. Frey, T. Berger, and C. Chen, 2018, "Political Machinery: Did Robots Swing the 2016 U.S. Presidential Election?," Oxford Review of Economic Policy 34 (3): 418–42. 自動化如何影響歐洲民族主義者與激進右派政黨的支持率，請見：M. Anelli, I. Colantone, and P. Stanig, 2018, "We Were the Robots: Automation in Manufacturing and Voting Behavior in Western Europe" (working paper, Bocconi University, Milan, Italy)。

28 E. Hofer, 1965, "Automation Is Here to Liberate Us," New York Times, October 24.

29 "Danzig Bars New Machinery Except on Official Permit," 1933, New York Times, March 14.

30 引自："Nazis to Curb Machines as Substitutes for Men," 1933, New York Times, August 6.

31 P. R. Krugman, 1995, Peddling Prosperity: Economic Sense and Nonsense in the Age of Diminished Expectations (New York: Norton), 56.

32 「生產力提升」與「勞工替代」之間的技術革新差異，請見：H. Jerome, 1934, "Mechanization in Industry" (Working Paper 27, National Bureau of Economic Research, Cambridge, MA), 27–31。

33 同前，頁65。

34 D. Acemoglu and P. Restrepo, 2018a, "Artificial Intelligence, Automation and Work" (Working Paper 24196, National Bureau of Economic Research, Cambridge, MA).

35 同前。

36 J. Bessen, 2015, Learning by Doing: The Real Connection between Innovation, Wages, and Wealth (New Haven, CT: Yale University Press), chapter 6.

37 Schumpeter, [1942] 1976, Capitalism, Socialism and Democracy, 85.

38 引自：D. Akst, 2013, "What Can We Learn from Past Anxiety over Automation?," Wilson Quarterly, Summer, https://wilsonquarterly.com/quarterly/summer-2014-where-have-all-the-jobs-gone/theres-much-learn-from-past-anxiety-over-automation/.

39 引自：J. Mokyr, 2001, "The Rise and Fall of the Factory System: Technology, firms, and households since the Industrial Revolution," in Carnegie-Rochester Conference Series on Public Policy 55 (1): 20.

40 Ibsen. H., 1919, Pillars of Society (Boston: Walter H. Baker & Co.), https://archive.org/details/pillarsofsociety00ibse/page/36.

41 鄂圖曼帝國一直要到一七二七年才採用印刷機。即便是十九世紀末，鄂圖曼帝國的書籍主要還是靠抄寫員製成。我們檢視識字率的區域差異時，便能清楚看到長期缺乏印刷機的後果。一八〇〇年，鄂圖曼帝國的識字人口大約占二%至三%；相較之下，英國的成年男性識字率達六成，成年女性達四成（D. Acemoglu and J. A. Robinson, 2012, Why Nations Fail: The Origins of Power, Prosperity and Poverty [New York: Crown Business], 207–8）。

42 同前，頁80。

43 統治階級為了阻擋替代技術所下的工夫，請見第1章與第3章。

44 J. Mokyr, 2002, The Gifts of Athena: Historical Origins of the Knowledge Economy (Princeton, NJ: Princeton University Press), 232.

45 J. Mokyr, 1992b, "Technological Inertia in Economic History," Journal of Economic History 52 (2): 331–32.

46 D. S. Landes, 1969, The Unbound Prometheus: Technological Change and Development in Western Europe from 1750 to the Present (Cambridge: Cambridge University Press), 8.

47 引自：C. Curtis, 1983, "Machines vs. Workers," New York Times, February 8.

48 P. H. Lindert and J. G. Williamson, 2016, Unequal Gains: American Growth and Inequality Since 1700 (Princeton, NJ: Princeton University Press), 194.

## PART I

1 一五二三年，王室為了解決托倫鎮（Thorn/Torun）的糾紛，頒布了相關法令，引自：S. Ogilvie, 2019, The European Guilds: An Economic Analysis (Princeton, NJ: Princeton University Press), 390.

2 J. Diamond, 1993, "Ten Thousand Years of Solitude," Discover, March 1, 48–57.

3 D. Cardwell, 2001, Wheels, Clocks, and Rockets: A History of Technology (New York: Norton), 186.

## 第1章

1 B. Russell, 1946, History of Western Philosophy and Its Connection with Political and Social Circumstances: From the Earliest Times

to the Present Day (New York: Simon & Schuster), 25.

2 P. Bairoch, 1991, Cities and Economic Development: From the Dawn of History to the Present (Chicago: University of Chicago Press) 17–18.

3 D. R. Headrick, 2009, Technology: A World History (New York: Oxford University Press), 32–33.

4 D. Cardwell, 2001, Wheels, Clocks, and Rockets: A History of Technology (New York: Norton), 16–17.

5 P. Mantoux, 1961, The Industrial Revolution in the Eighteenth Century: An Outline of the Beginnings of the Modern Factory System in England, trans. M. Vernon (London: Routledge), 189.

6 引自：F. Klemm, 1964, A History of Western Technology (Cambridge, MA: MIT Press), 51.

7 早期的學者主張古典文明並未出現太多技術上的進步，參見：M. I. Finley, 1965, "Technical Innovation and Economic Progress in the Ancient World," Economic History Review 18 (1): 29–45, and 1973, The Ancient Economy (Berkeley: University of California Press); H. Hodges, 1970, Technology in the Ancient World (New York: Barnes & Noble); D. Lee, 1973, "Science, Philosophy, and Technology in the Greco-Roman World: I," Greece and Rome 20 (1): 65–78. 而如今這樣的論述被視為低估了古典時代的重大突破，請見：K. D. White, 1984, Greek and Roman Technology (Ithaca, NY: Cornell University Press); J. Mokyr, 1992a, The Lever of Riches: Technological Creativity and Economic Progress (New York: Oxford University Press); Cardwell, 2001, Wheels, Clocks, and Rockets; K. Harper, 2017, The Fate of Rome: Climate, Disease, and the End of an Empire (Princeton, NJ: Princeton University Press).

8 Finley, 1973, The Ancient Economy.

9 Mokyr, 1992a, The Lever of Riches, 20.

10 Harper, 2017, The Fate of Rome, 1.

11 不過許多相關技術借自更早的文明，例如巴比倫與埃及。

12 Mokyr, 1992a, The Lever of Riches, 20.

13 建於西元前六〇〇年左右的薩摩斯水道（Samos aqueduct）是最早的例子，建造人是希臘工程師墨伽拉的歐帕里諾斯（Eupalinus of Megara）。

14 Mokyr, 1992a. The Lever of Riches, 20.

15 R. J. Forbes, 1958, Man: The Maker (New York: Abelard-Schuman), 73.

16 H. Heaton, 1936, Economic History of Europe (New York: Harper and Brothers), 58.

17 K. D. White, 1984, Greek and Roman Technology.

18 Mokyr, 1992a, The Lever of Riches, 27.

19 A. C. Leighton, 1972, Transport and Communication in Early Medieval Europe AD 500–1100 (Newton Abbot: David and Charles Publishers).

20 阿基米德對於伽利略的研究的重要性，請見：Cardwell, 2001, Wheels, Clocks, and Rockets, 83.

21 J. G. Landels, 2000, Engineering in the Ancient World (Berkeley: University of California Press), 201.

22 Price, D. de S., 1975, Science Since Babylon (New Haven, CT: Yale University Press), 48.

23 B. Gille, 1986, History of Techniques, vol. 2: Techniques and Sciences (New York: Gordon and Breach Science Publishers). 亦請見：Mokyr, 1992a, The Lever of Riches, 194.

24 J. D. Bernal, 1971, Science in History, vol. 1: The Emergence of Science (Cambridge, MA: MIT Press), 222.

25 引自：D. Acemoglu and J. A. Robinson, 2012, Why Nations Fail: The Origins of Power, Prosperity and Poverty (New York: Crown Business), 165.

26 羅馬統治者阻礙替代技術的其他例子，請見前一條注釋，頁164－66。

27 A. P. Usher, 1954, A History of Mechanical Innovations (Cambridge, MA: Harvard University Press), 101.

28 P. Temin, 2006, "The Economy of the Early Roman Empire," Journal of Economic Perspectives 20 (1): 133–51, and 2012, The Roman Market Economy (Princeton, NJ: Princeton University Press).

29 Mokyr, 1992a, The Lever of Riches, 29.

30 同前，頁31。

31 羅馬道路的情形，請見：Cardwell, 2001, Wheels, Clocks, and Rockets, 33.

32 Mokyr, 1992a, The Lever of Riches, 31.

33 Cardwell, 2001. Wheels, Clocks, and Rockets, 48.

34 「三田輪作制」請見：Mokyr, 1992a, The Lever of Riches, 31.

35 L. White, 1962, Medieval Technology and Social Change (New York: Oxford University Press), 43.

36 雖然部分的羅馬犁有輪子，一直要到六世紀，完善的重犁才問世。

37 L. White, 1962, Medieval Technology and Social Change.

38 同前。

39 馬軛如果被置於馬脖上，而不是馬肩，沉重的束縛幾乎會讓馬兒窒息。德諾蒂斯與馬匹技術的進展介紹，請見：Mokyr, 1992a, The Lever of Riches, 36–38.

40 馬匹技術相較於牛隻技術的經濟分析，請見：J. Langdon, 1982, "The Economics of Horses and Oxen in Medieval England," Agricultural History Review 30 (1): 31–40.

41 請見：Mokyr, 1992a, The Lever of Riches, 36–38.

42 《末日審判書》，請見：M. T. Hodgen, 1939, “Domesday Water Mills,” Antiquity 13 (51): 261–79.

43 Cardwell, 2001, Wheels, Clocks, and Rockets, 49.

44 L. White, 1962, Medieval Technology and Social Change, 89.

45 伯查德與教宗策肋定三世，詳情請見：E. J. Kealey, 1987, Harvesting the Air: Windmill Pioneers in Twelfth-Century England (Berkeley: University of California Press), 180.

46 Usher, 1954, A History of Mechanical Innovations, 209.

47 L. Boerner and B. Severgnini, 2015, “Time for Growth” (Economic History Working Paper 222/2015, London School of Economics and Political Science).

48 L. Boerner and B. Severgnini, 2016, “The Impact of Public Mechanical Clocks on Economic Growth,” Vox, October 10, https://voxeu.org/article/time-growth.

49 J. Le Goff, 1982, Time, Work, and Culture in the Middle Ages (Chicago: University of Chicago Press).

50 L. Mumford, 1934, Technics and Civilization (New York: Harcourt, Brace and World), 14.

51 市場與時鐘的詳情，請見：Boerner and Severgnini, 2015, “Time for Growth.”

52 十七世紀末葉後，製錶的生產力成長大增，但產業規模迷你，詳情請見：M. Kelly and C. Ó Gráda, 2016, “Adam Smith, Watch Prices, and the Industrial Revolution,” Quarterly Journal of Economics 131 (4): 1727–52.

53 書籍價格請見：J. Van Zanden, 2004, “Common Workmen, Philosophers and the Birth of the European Knowledge Economy” (paper for Global Economic History Network Conference, Leiden, September 16–18).

54 Cardwell, 2001, Wheels, Clocks, and Rockets, 55.

55 書籍的出版數量請見前一條注釋，頁49。

56 G. Clark, 2001. "The Secret History of the Industrial Revolution" (Working paper, University of California, Davis), 60.

57 J. E. Dittmar, 2011, "Information Technology and Economic Change: The Impact of the Printing Press," Quarterly Journal of Economics 126 (3): 1133–72.

58 引自：F. J. Swetz, 1987, Capitalism and Arithmetic: The New Math of the 15th Century (La Salle, IL: Open Court), 20.

59 Dittmar, 2011, "Information Technology and Economic Change," 1140.

60 引自：W. Endrei and W. v. Stromer, 1974, "Textiltechnische und hydraulische Erfindungen und ihre Innovatoren in Mitteleuropa im 14. / 15. Jahrhundert," Technikgeschichte 41:90. 亦請見：S. Ogilvie, 2019, The European Guilds: An Economic Analysis (Princeton, NJ: Princeton University Press), 390.

61 S. Füssel, 2005, Gutenberg and the Impact of Printing (Aldershot, UK: Ashgate).

62 U. Neddermeyer, 1997, "Why Were There No Riots of the Scribes?," Gazette du Livre Médiéval 31 (1): 1–8.

63 引用出處同前，頁7。

64 同前，頁8。

65 Mokyr, 1992a, The Lever of Riches, 57.

66 引自：B. Gille, 1969, "The Fifteenth and Sixteenth Centuries in the Western World," in A History of Technology and Invention: Progress through the Ages, ed. M. Daumas and trans. E. B. Hennessy (New York: Crown), 2:135–36.

67 鮑爾、宗卡、德雷貝爾的詳情，請見：Mokyr, 1992a, The Lever of Riches, chapter 4.

68 同前，頁58。

69 蒸汽機的詳情，請見：R. C. Allen, 2009a, The British Industrial Revolution in Global Perspective (Cambridge: Cambridge University Press), chapter 7.

70 F. Reuleaux, 1876, Kinematics of Machinery: Outlines of a Theory of Machines, trans. A.B.W. Kennedy (London: Macmillan), 9.

71 伽利略的力學理論，請見：D. Cardwell, 1972, Turning Points in Western Technology: A Study of Technology, Science and History (New York: Science History Publications).

72 機器製造者的詳情，請見：Cardwell, 2001, Wheels, Clocks, and Rockets, 44.

73 為了地下運輸，引進由馬匹提供動力的踏車。

74 採礦、新型農牧業與播種機的進展，請見：Mokyr, 1992a, The Lever of Riches, chapter 4.

75 起絨機替代勞力的效用，請見：A. Randall, 1991, Before the Luddites: Custom, Community and Machinery in the English Woollen Industry, 1776–1809 (Cambridge: Cambridge University Press), 120.

76 引自：Acemoglu and Robinson, 2012, Why Nations Fail, 176.

77 更多抵抗替代技術的例子，請見：L. A. White, 2016, Modern Capitalist Culture (New York: Routledge), 77.

78 萊頓暴動的詳情請見：R. Patterson, 1957, "Spinning and Weaving," in A History of Technology, vol. 3, From the Renaissance to the Industrial Revolution, c. 1500–c. 1750, ed. C. Singer, E. J. Holmyard, A. R. Hall, and T. I. Williams (New York: Oxford University Press), 167.

79 Acemoglu and Robinson, 2012, Why Nations Fail, 197.

80 I. A. Gadd and P. Wallis, 2002, Guilds, Society, and Economy in London 1450–1800 (London: Centre for Metropolitan History).

81 S. Ogilvie, 2019, The European Guilds, 5.

82 K. Desmet, A. Greif, and S. Parente, 2018, "Spatial Competition, Innovation and Institutions: The Industrial Revolution and the Great Divergence" (Working Paper. 24727, National Bureau of Economic Research, Cambridge, MA); J. Mokyr, 1998, "The Political Economy of Technological Change," in Technological Revolutions in Europe: Historical Perspectives, ed. K. Bruland and M. Berg (Cheltenham, UK: Edward Elgar), 39–64.

83 S. R. Epstein, 1998, "Craft Guilds, Apprenticeship and Technological Change in Preindustrial Europe," Journal of Economic History 58 (3): 684–713.

84 同前，頁696.

85 Ogilvie, 2019, The European Guilds, 415.

86 同前，頁410.

87 C. Dent, 2006, "Patent Policy in Early Modern England: Jobs, Trade and Regulation," Legal History 10 (1): 79–80.

88 三十年戰爭尤其讓各國政府有壓力不斷讓自家軍隊現代化。

89 Q. Wright, 1942, A Study of War (Chicago: University of Chicago Press), 1:215.

90 C. Tilly, 1975, The Formation of National States in Western Europe (Princeton, NJ: Princeton University Press), 42.

91 N. Ferguson, 2012, Civilization: The West and the Rest (New York: Penguin), 37.

92 N. Rosenberg and L. E. Birdzell, 1986, How the West Grew Rich: The Economic Transformation of the Western World (London: Basic), 138.

93 儀器的年代，請見：Mokyr, 1992, The Lever of Riches, chapter 4.

94 Cardwell, 2001, Wheels, Clocks, and Rockets, 107.

## 第2章

1 G. Clark, 2008. A Farewell to Alms: A Brief Economic History of the World (Princeton, NJ: Princeton University Press), 39.

2 引用同前。

3 D. Cannadine, 1977, "The Landowner as Millionaire: The Finances of the Dukes of Devonshire, c. 1800–c. 1926," Agricultural History Review 25 (2): 77–97.

4 P. H. Lindert, 2000b, "When Did Inequality Rise in Britain and America?," Journal of Income Distribution 9 (1): 11–25.

5 H. A. Taine, 1958, Notes on England, 1860–70, trans. E. Hyams (London: Strahan), 181. 亦請見：Cannadine, 1977, "The Landowner as Millionaire."

6 請見：P. H. Lindert, 1986, "Unequal English Wealth since 1670," Journal of Political Economy 94 (6): 1127–62.

7 T. Piketty, 2014, Capital in the Twenty-First Century (Cambridge, MA: Harvard University Press), figure 3.1.

8 請參見：C. Boix, and F. Rosenbluth, 2014, "Bones of Contention: The Political Economy of Height Inequality," American Political Science Review 108 (1): 1–22.

9 J. Diamond, 1987, "The Worst Mistake in the History of the Human Race," Discover, May 1, 64–66.

10 請見：J. J. Rousseau, [1755] 1999, Discourse on the Origin of Inequality (New York: Oxford University Press).

11 請參見：P. Eveleth and J. M. Tanner, 1976, Worldwide Variation in Human Growth, Cambridge Studies in Biological & Evolutionary Anthropology (Cambridge: Cambridge University Press).

12 G. J. Armelagos and M. N. Cohen, Paleopathology at the Origins of Agriculture (Orlando, FL: Academic Press).

13 C. S. Larsen, 1995, "Biological Changes in Human Populations with Agriculture," Annual Review of Anthropology 24 (1): 185–213.

14 A. Mummert, E. Esche, J. Robinson, and G. J. Armelagos, 2011. "Stature and Robusticity During the Agricultural Transition: Evidence from the Bioarchaeological Record," Economics and Human Biology 9 (3): 284–301.

15 Larsen, 1995, "Biological Changes in Human Populations with Agriculture."

16 K. Marx and F. Engels, [1848] 1967, The Communist Manifesto, trans. Samuel Moore (London: Penguin), 55.

17 人口壓力，請見：E. Boserup, 1965. The Condition of Agricultural Growth: The Economics of Agrarian Change under Population Pressure (London: Allen and Unwin).

18 J. Diamond, 1987, "The Worst Mistake in the History of the Human Race."

19 M. L. Bacci, 2017, A Concise History of World Population (London: John Wiley and Sons).

20 在西元一年至一五〇〇年間，更高的土地生產力似乎對人口密度影響深遠，但對生活水準產生的影響則不大，詳情請見：Q. Ashraf and O. Galor, 2011, "Dynamics and Stagnation in the Malthusian Epoch," American Economic Review 101 (5): 2003–41.

21 相關概述請見：J. Mokyr and H. J. Voth, 2010, "Understanding Growth in Europe, 1700–1870: Theory and Evidence," in The Cambridge Economic History of Modern Europe, ed. S. Broadberry and K. O' Rourke (Cambridge: Cambridge University Press), 1:7–42.

22 O. Galor and D. N. Weil, 2000, "Population, Technology, and Growth: From Malthusian Stagnation to the Demographic Transition and Beyond," American Economic Review 90 (4): 806–28; G. Clark, 2008, A Farewell to Alms.

23 例如羅納・李（Ronald Lee）與安德森（Michael Anderson）便質疑一五〇〇年後的世界是否依舊適用馬爾薩斯理論，兩人證實生育率或死亡率的長期變動鮮少能以薪資模式解釋（請見：2002, "Malthus in State Space: Macroeconomic-Demographic Relations in English History, 1540 to 1870," Journal of Population Economics 15 [2]: 195–220）。尼可里尼（Esteban Nicolini）也發現，生育率的效應在一六五〇年後大幅減弱（請見：2007, "Was Malthus Right? A VAR Analysis of Economic and Demographic Interactions in Pre-Industrial England," European Review of Economic History 11 [1]: 99–121）。

24 努佛拉利（Alessandro Nuvolari）與李奇（Mattia Ricci）利用英國平均每人國內生產毛額估值，發現在一二五〇年至一五八〇年這段期間是缺乏正成長的馬爾薩斯時期。然而，在一五八〇年至一七八〇年這段期間，「馬爾薩斯限制」（Malthusian constrain）似乎開始消失，並帶來正成長率（請見：Nuvolari and Ricci, 2013, "Economic Growth in England, 1250–1850: Some New Estimates Using a Demand Side Approach," Rivista di Storia Economica 29 [1]: 31–54）。

25 R. C. Allen, 2009, "How Prosperous Were the Romans? Evidence from Diocletian's Price Edict (AD 301)," in Quantifying the Roman

Economic: Methods and Problems, ed. Alan Bowman and Andrew Wilson (Oxford: Oxford University Press), 327–45.

26 J. Bolt and J. L. Van Zanden, 2014, "The Maddison Project: Collaborative Research on Historical National Accounts," Economic History Review 67 (3): 627–51.

27 北海地區以外的成長停滯現象，出現了一個明顯的例外：北義大利的人均國內生產毛額估值。在西元一年至一三〇〇年間，當地的人均國內生產毛額幾乎翻倍。然而，有可信的理由指出相關數值被高估，好幾位學者都提出這樣的看法（可參見：Bolt and Van Zanden, 2014, "The Maddison Project"；W. Scheidel, and S. J. Friesen, 2009, "The Size of the Economy and the Distribution of Income in the Roman Empire," Journal of Roman Studies 99 (March): 61–91）。依據推估，在一三〇〇年至一八〇〇年這段期間，北義大利的人均國內生產毛額下滑。

28 A. Maddison, 2005, Growth and Interaction in the World Economy: The Roots of Modernity (Washington: AEI Press), 21.

29 請見：J. De Vries, 2008, The Industrious Revolution: Consumer Behavior and the Household Economy, 1650 to the Present (Cambridge: Cambridge University Press).

30 請見：S. D. Chapman, 1967, The Early Factory Masters: The Transition to the Factory System in the Midlands Textile Industry (Exeter, UK: David and Charles).

31 F. F. Mendels, 1972, "Proto-industrialization: The First Phase of the Industrialization Process," Journal of Economic History 32 (1): 241–61.

32 P. H. Lindert and J. G. Williamson, 1982, "Revising England's Social Tables 1688–1812," Explorations in Economic History 19 (4): 385–408.

33 A. Maddison, 2002, The World Economy: A Millennial Perspective (Paris: Organisation for Economic Co-operation and Development).

34 格雷姆・斯諾克斯（Graeme Snooks）依據一〇八六年的《末日審判書》的數據，以及金在一六八八年發表的數據，估算出英國經濟的人均年成長率達〇・二九％（請見：1994, "New Perspectives on the Industrial Revolution," in Was the Industrial Revolution Necessary?, ed. G. D. Snooks [London: Routledge], 1–26）。

35 D. Defoe, [1724] 1971, A Tour through the Whole Island of Great Britain (London: Penguin), 432.

36 A. Smith, [1776] 1976, An Inquiry into the Nature and Causes of the Wealth of Nations (Chicago: University of Chicago Press), 365–66.

37 如同前文所言，財富較大的區塊掌握在一小撮人的手中。然而，儘管不是人人都因成長同等受益，多數勞工的生活遠遠凌駕最基本的維生水準。艾倫依據金一六八八年的英國社會表估算，最貧窮族群（農場雇工、貧民、無業遊民）的收入，僅足以購買最基本的生存物資（bare-bones subsistence basket）。這些族群的情況大概不會比數千年前的狩獵採集者好多少，但他們僅占英國人口不到五分之一。其他群組的情況則好得多：製造工人、農業工人、建築工匠、礦工、士兵、水手、家僕（占三五%的人口）的所得，大約是生存最低收入的三倍。最大的群組（包括店主、製造商、農夫）大約可賺取生存最低收入的五倍。最富裕的一群人（包括地主階級與中產階級）則可以負擔二十倍左右的最低生存所需支出（請見：R. C. Allen, 2009a, The British Industrial Revolution in Global Perspective [Cambridge: Cambridge University Press], table 2.5）。

38 Defoe, [1724] 1971, A Tour through the Whole Island of Great Britain, 338.

39 向下的社會流動性，請見：G. Clark and G. Hamilton, 2006, "Survival of the Richest: The Malthusian Mechanism in Pre-Industrial England," Journal of Economic History 66 (3): 707–36.

40 Smith, [1776] 1976, An Inquiry into the Nature and Causes of the Wealth of Nations, 432.

41 M. Doepke and F. Zilibotti, 2008, "Occupational Choice and the Spirit of Capitalism, Quarterly Journal of Economics 123 (2): 747–93.

42 D. N. McCloskey, 2010, The Bourgeois Virtues: Ethics for an Age of Commerce (Chicago: University of Chicago Press).

43 Marx and Engels, [1848] 1967, The Communist Manifesto, 35.

44 F. Crouzet, 1985, The First Industrialists: The Problems of Origins (Cambridge: Cambridge University Press).

45 Defoe, [1724] 1971, A Tour through the Whole Island of Great Britain.

46 Crouzet, 1985, The First Industrialists, 4.

# 第3章

1 前工業時代的熊彼得式成長與斯密型成長，請見：J. Mokyr, 1992a, The Lever of Riches: Technological Creativity and Economic Progress (New York: Oxford University Press).

2 J. A. Schumpeter, 1939, Business Cycles (New York: McGraw-Hill), 1:161–74.

3 T. Malthus, [1798] 2013, An Essay on the Principle of Population, Digireads.com, 279, Kindle.

4 H. J. Habakkuk, 1962, American and British Technology in the Nineteenth Century: The Search for Labour Saving Inventions (Cambridge: Cambridge University Press), 22.

5 S. Lilley, 1966, Men, Machines and History: The Story of Tools and Machines in Relation to Social Progress (Paris: International Publishers).

6 如同農奴被迫在主人的田地上付出勞力，捷克語中的「robota」指的是被迫的勞動力，源自「rab」一詞，也就是「奴隸」。

7 A. Young, 1772, Political Essays Concerning the Present State of the British Empire (London: printed for W. Strahan and T. Cadell).

8 廉價勞力與機械化的論述，請見：R. Hornbeck and S. Naidu, 2014, "When the Levee Breaks: Black Migration and Economic Development in the American South," American Economic Review 104 (3): 963–90.

9 R. C. Allen, 2009a, The British Industrial Revolution in Global Perspective (Cambridge: Cambridge University Press).

10 艾倫跟隨經濟學家哈巴庫克爵士（Sir John Habakkuk）的腳步。哈巴庫克爵士主張，在南北戰爭前的美國，勞力不足、地廣人稀，導致工資高昂，進而促進利用機器替代勞工（請見：1962, American and British Technology in the Nineteenth Century）。

11 里格利（Edward Anthony Wrigley）也主張，工業革命期間生產力會上揚是因為英國勞工有大量煤礦可用。里格利指出，從有機經濟轉換到重度仰賴能源的經濟是工業革命的核心（請見：2010, Energy and the English Industrial Revolution [Cambridge: Cambridge University Press]）。

12 紡織工修正過後的工資，請見：J. Humphries and B. Schneider, forthcoming, "Spinning the Industrial Revolution," Economic

History Review. 英國一六五〇年至一八〇〇年間的實質薪資，其實低於先前的看法，證據請見：J. Z. Stephenson, 2018, "'Real' Wages? Contractors, Workers, and Pay in London Building Trades, 1650–1800," Economic History Review 71 (1): 106–32.

13 Mokyr, 1992a, The Lever of Riches, 151.

14 J. Diamond, 1998, Guns, Germs and Steel: A Short History of Everybody for the Last 13,000 Years (New York: Random House), chapter 13.

15 創新的供給面障礙詳細摘要，請見：Mokyr, 1992a, The Lever of Riches, chapter 7.

16 J. Mokyr, 2011, The Enlightened Economy: Britain and the Industrial Revolution, 1700–1850 (London: Penguin), Kindle.

17 M. Weber, 1927, General Economic History (New Brunswick, NJ: Transaction Books).

18 B. Russell, 1946, History of Western Philosophy and Its Connection with Political and Social Circumstances: From the Earliest Times to the Present Day (New York: Simon & Schuster), 110.

19 Mokyr, 1992a, The Lever of Riches, 196.

20 L. White, 1967, "The Historical Roots of Our Ecologic Crisis," Science 155 (3767): 1205.

21 Mokyr, 1992a, The Lever of Riches, 203.

22 Mokyr, 2011, The Enlightened Economy, introduction.

23 可參見：D. C. North and B. R. Weingast, 1989, "Constitutions and Commitment: The Evolution of Institutions Governing Public Choice in Seventeenth-Century England," Journal of Economic History 49 (4): 803–32; D. C. North, 1991, "Institutions," Journal of Economic Perspectives 5 (1): 97–112.

24 D. Acemoglu, S. Johnson, and J. Robinson, 2005, "The Rise of Europe: Atlantic Trade, Institutional Change, and Economic Growth," American Economic Review 95 (3): 546–79.

25 商業合夥與防止王室壟斷，請見：R. Davis, 1973, English Overseas Trade 1500–1700 (London: Macmillan), 41; R. Cameron, 1993, A Concise Economic History of the World from Paleolithic Times to the Present, 2nd ed. (New York: Oxford University Press), 127; Acemoglu, Johnson, and Robinson, 2005, "The Rise of Europe," 568.

26 請參見：W. C. Scoville, 1960, The Persecution of Huguenots and French Economic Development, 1680–1720 (Berkeley: University of California Press).

27 當然，不只是英國與荷蘭共和國有議會，十二世紀起，議會自西班牙逐漸擴散到西歐各地。中世紀議會是代表各種社會團體的獨立實體，包括「三級」的成員（three estates：貴族、教士，以及有時還包括農民），用意為制衡王權，方法包括同意徵稅與積極參與立法過程。然而，在議會最初興起、以及在中世紀晚期取得一定程度的成功後，君主通常會拒絕召開議會，並採取各種方法縮減議會的力量。

28 J. L. Van Zanden, E. Buringh, and M. Bosker, 2012, "The Rise and Decline of European Parliaments, 1188–1789," Economic History Review 65 (3): 835–61.

29 Acemoglu, Johnson, and Robinson, 2005, "The Rise of Europe," 546–79.

30 《權利法案》請見：G. W. Cox, 2012, "Was the Glorious Revolution a Constitutional Watershed?," Journal of Economic History 72 (3): 567–600.

31 輝格黨聯盟請見：D. Stasavage, 2003, Public Debt and the Birth of the Democratic State: France and Great Britain 1688–1789 (Cambridge: Cambridge University Press).

32 Mokyr, 1992a, The Lever of Riches, 243.

33 多角化經營財富，請見：D. Acemoglu and J. A. Robinson, 2006, "Economic Backwardness in Political Perspective," American Political Science Review 100 (1): 115–31.

34 政治菁英恐懼失去政權時，可能如何出手阻礙技術進步，詳情請見前一條注釋。

35 引自：Mokyr, 2011, The Enlightened Economy, chap. 3.

36 引文出處同前。

37 引自：P. Mantoux, 1961, The Industrial Revolution in the Eighteenth Century: An Outline of the Beginnings of the Modern Factory System in England, trans. M. Vernon (London: Routledge), 135.

38 引文出處同前，頁134。

39 同前，頁30－31。

40 引自：D. Acemoglu and J. A. Robinson, 2012, Why Nations Fail: The Origins of Power, Prosperity and Poverty (New York: Crown Business), 219.

41 同前，頁221。

42 "Machinery Causes a Riot," 1895, New York Times, November 25.

43 Acemoglu and Robinson, Why Nations Fail, 197.

44 A. Randall, 1991, Before the Luddites: Custom, Community and Machinery in the English Woollen Industry, 1776–1809 (Cambridge: Cambridge University Press).

45 希伯特（Francis Aiden Hibbert）指出，新工業不受《工匠法學徒法案》（Apprenticeship Act of the Statute of Artificers）限制。換言之，新工業的出現削弱了行會的勢力（請見：1891, The Influence and Development of English Guilds [New York: Sentry], 129）。

46 K. Desmet, A. Greif, and S. Parente, 2018, "Spatial Competition, Innovation and Institutions: The Industrial Revolution and the Great Divergence" (Working Paper 24727, National Bureau of Economic Research, Cambridge, MA).

47 C. MacLeod, 1998. Inventing the Industrial Revolution: The English Patent System, 1660–1800 (Cambridge: Cambridge University Press), 160.

48 H. B. Morse, 1909, The Guilds of China (London: Longmans, Green and Co.), 1.

49 引自：Desmet, Greif, and Parente, "Spatial Competition, Innovation and Institutions," 37–38.

50 引用出處同前，頁38。

51 同前，頁39。

52 Mokyr, 1992a, The Lever of Riches, 257.

53 引自：Mantoux, 1961, The Industrial Revolution in the Eighteenth Century, 403.

54 J. Horn, 2008, The Path Not Taken: French Industrialization in the Age of Revolution, 1750–1839 (Cambridge, MA: MIT Press) chapter 4, Kindle.

55 請見：E. P. Thompson, 1963, The Making Of The English Working Class (London: Gollancz, Vintage Books).

56 法國的機器暴動，請見：J. Horn, 2008, The Path Not Taken, chap. 4.

57 同前，頁8。

58 F. Machlup, 1962, The Production and Distribution of Knowledge in the United States (Princeton, NJ: Princeton University Press), 166.

59 Desmet, Greif, and Parente, 2018, "Spatial Competition, Innovation and Institutions," 15–16.

## PART II

1 馬克思《資本論》（Das Kapital）中的〈分工與製造〉（The Division of Labour and Manufacture）一章詳述當時的高度分工，再下一章的標題為〈機械與工廠制度〉（Machinery and the Factory System）（Machinery and the Factory System ([1867] 1999, Das Kapital, trans. S. Moore and E. Aveling [New York: Gateway], chapter 15, Kindle)。

2 W. W. Rostow, 1960, The Stages of Growth: A Non-Communist Manifesto (Cambridge: Cambridge University Press).

3 D. Phyllis and W. A. Cole, 1962, British Economic Growth, 1688–1959: Trends and Structure (Cambridge: Cambridge University Press); N. F. Crafts, 1985, British Economic Growth during the Industrial Revolution (New York: Oxford University Press); N. F. Crafts and C. K. Harley, 1992, "Output Growth and the British Industrial Revolution: A Restatement of the CraftsHarley View," Economic History Review 45 (4): 703–30.

4 B. Mitchell, 1975, European Historical Statistics, 1750–1970 (London: Macmillan), 438.

5 T. S. Ashton, 1948, An Economic History of England: The Eighteenth Century (London: Routledge), 58.

6 M. W. Flinn, 1966, The Origins of the Industrial Revolution (London: Longmans), 15.

## 第4章

1 D. Cardwell, 1972, Turning Points in Western Technology: A Study of Technology, Science and History (New York: Science History Publications).

2 A. Ure, 1835, The Philosophy of Manufactures (London: Charles Knight), 14.

3 引自：P. Mantoux, 1961, The Industrial Revolution in the Eighteenth Century: An Outline of the Beginnings of the Modern Factory System in England, trans. M. Vernon (London: Routledge [first published in 1928]), 39.

4 家庭生產制度，請見前一條注釋，頁54－61。

5 工廠的興起是技術事件，詳情請見：J. Mokyr, 2001, "The Rise and Fall of the Factory System: Technology, Firms, and Households since the Industrial Revolution," Carnegie-Rochester Conference Series on Public Policy, 55(1): 1–45.

6 M. W. Flinn, 1962, Men of Iron: The Crowleys in the Early Iron Industry (Edinburgh: Edinburgh University Press), 252.

7 棉線的製造情形，請見：R. C. Allen, 2009a, The British Industrial Revolution in Global Perspective (Cambridge: Cambridge University Press), chapter 8, Kindle.

8 Mantoux, 1961, The Industrial Revolution in the Eighteenth Century, 234.

9 亞當・斯密出版《國富論》（The Wealth of Nations）的同一年，最終讓英國成為超級富裕國的工業起飛。

10 引自：Mantoux, 1961, The Industrial Revolution in the Eighteenth Century, 213.

11 同前，頁14。

12 阿克萊特的省力發明，請見：Allen, 2009a, The British Industrial Revolution, chapter 8.

13 R. C. Allen, 2009d, "The Industrial Revolution in Miniature: The Spinning Jenny in Britain, France, and India," Journal of Economic History 69 (4): 901–27.

14 J. Humphries, 2013, "The Lure of Aggregates and the Pitfalls of the Patriarchal Perspective: A Critique of the High Wage Economy Interpretation of the British Industrial Revolution," Economic History Review 66 (3): 709.

15 Ure, 1835, The Philosophy of Manufactures, 23.

16 「窮人學徒」請見：J. Humphries, 2010, Childhood and Child Labour in the British Industrial Revolution (Cambridge: Cambridge University Press), 246.

17 Humphries, 2013, "The Lure of Aggregates and the Pitfalls of the Patriarchal Perspective," 710.

18 Mantoux, 1961, The Industrial Revolution in the Eighteenth Century, 241–44.

19 J. Bessen, 2015, Learning by Doing: The Real Connection between Innovation, Wages, and Wealth (New Haven, CT: Yale University Press), 75. 雖然貝森計算的是美國工廠，英國的動力織布機省力效果大概相差不遠。

20 K. Marx, [1867] 1999, Das Kapital, trans. S. Moore and E. Aveling (New York: Gateway), chapter 15, section 1, Kindle.

21 瓦特和塞維利一樣，替自己的蒸汽機發想出眾多用途。瓦特在一七八四年取得的專利上清楚表明，他的發明並沒有特定用途。套用馬克思的話，瓦特認為那是「機械工業中的萬用動力」（引用出處同前）。瓦特在專利申請中列出的眾多應用中，有幾項還需耐心等候，但終究會成真，例如蒸汽鎚（steam hammer）就於大約半世紀後才問世。蒸汽機日後的其他應用甚至超過瓦特本人的設想，例如他曾懷疑蒸汽能否用於航運，但後來博爾頓與瓦特公司在一八五一年的水晶宮博覽會（Crystal Palace Exhibition）上，才展示遠洋汽船，當時瓦特已經離世三十年。

22 G. N. Von Tunzelmann, 1978, Steam Power and British Industrialization to 1860 (Oxford: Oxford University Press).

23 J. Kanefsky and J. Robey, 1980, "Steam Engines in 18th-Century Britain: A Quantitative Assessment," Technology and Culture 21 (2): 161–86.

24 N. F. Crafts, 2004, "Steam as a General Purpose Technology: A Growth Accounting Perspective," Economic Journal 114 (495): 338–51.

25 J. Hoppit, 2008, "Political Power and British Economic Life, 1650–1870," in The Cambridge Economic History of Modern Britain, vol. 1, Industrialisation, 1700–1870, ed. R. Floud, J. Humphries, and P. Johnson (Cambridge: Cambridge University Press), 370–71.

26 J. Mokyr, 2011, The Enlightened Economy: Britain and the Industrial Revolution, 1700–1850 (London: Penguin), chapter 10, Kindle.

27 T. Leunig, 2006, "Time Is Money: A Re-Assessment of the Passenger Social Savings from Victorian British Railways," Journal of Economic History 66 (3): 635–73.

28 達比家族與柯爾布魯德爾鐵公司的歷史，請見：Allen, 2009a, The British Industrial Revolution, chapter 9.

29 出處同前。

30 引自：J. Langton and R. J. Morris, 2002, Atlas of Industrializing Britain, 1780–1914 (London: Routledge), 88.

31 G. R. Hawke, 1970, Railways and Economic Growth in England and Wales, 1840–1870 (Oxford: Clarendon Press of Oxford University Press).

32 Leunig, 2006, "Time Is Money."

33 收費公路帶來的社會撙節，請見：C. Bogart, 2005, "Turnpike Trusts and the Transportation Revolution in 18th Century England," Explorations in Economic History 42 (4): 479–508.

34 當然，相關估算並未將蒸汽運輸帶來的所有好處全都納入，因為蒸汽也改變了水運。早在一八二一年，英國就有一百八十八艘營運的汽船。雖然如果僅為短程運輸，走運河通常更合適，但要是少了那些船，就得四處費力拖行貨物。此外，第一條鐵路開放營運不久後，蒸汽也讓遠洋航運起了相當大的變化。英國工程師布魯內爾（Isambard Kingdom Brunel）的「大西方」（Great Western），在一八八三年成為第一艘橫越大西洋的遠洋汽船，這是能與「火箭號」媲美的成就里程碑。然而，由於較長遠的旅程，船上需要載送大量煤炭，故汽船過了近半世紀才取代帆船。一直要到十九世紀，蒸汽機需要耗費的煤炭減少，汽船才得以行駛中國與英國之間。

35 E. Baines, 1835, History of the Cotton Manufacture in Great Britain (London: H. Fisher, R. Fisher, and P. Jackson), 5.

## 第5章

1 B. Disraeli, 1844, Coningsby (a Public Domain Book), 187, Kindle.

2 F. Engels, [1844] 1943, The Condition of the Working-Class in England in 1844. Reprint, London: Allen & Unwin, 100; 25–26.

3 請見：D. Defoe, [1724] 1971, A Tour through the Whole Island of Great Britain (London: Penguin), 432.

4 D. S. Landes, 1969, The Unbound Prometheus: Technological Change and Development in Western Europe from 1750 to the Present (Cambridge: Cambridge University Press), 128.

5 "The Present Condition of British Workmen," 1834, accessed December 15, 2018, https://deriv.nls.uk/dcn9/7489/74895330.9.htm.

6 都市的工資溢酬，請見：J. G. Williamson, 1987, "Did English Factor Markets Fail during the Industrial Revolution?," Oxford

Economic Papers 39 (4): 641–78.

7 產出的趨勢，請見：N. F. Crafts and C. K. Harley, 1992, "Output Growth and the British Industrial Revolution: A Restatement of the Crafts-Harley View," Economic History Review 45 (4): 703–30.

8 C. H. Feinstein, 1998, "Pessimism Perpetuated: Real Wages and the Standard of Living in Britain during and after the Industrial Revolution," Journal of Economic History 58 (3): 625–58; R. C. Allen, 2009b, "Engels' Pause: Technical Change, Capital Accumulation, and Inequality in the British Industrial Revolution," Explorations in Economic History 46 (4): 418–35. 經濟史學家克拉克（Gregory Clark）一系列的實質工資研究顯示，一直要到一八二〇年代，實質工資才超越十八世紀中葉（請見：2005, "The Condition of the Working Class in England, 1209–2004," Journal of Political Economy, 113 [6] 1307–40）。克拉克指出，實質工資一八二〇年後的上升程度其實高過艾倫（Allen）或芬因斯坦（Feinstein）兩位學者的估算，但此說不太符合我們所知的消費與身高數據，也不太符合當時記錄下的情形。

9 工時請見：H. Voth, 2000, Time and Work in England 1750–1830 (Oxford: Clarendon Press of Oxford University Press).

10 利潤率請見：Allen, 2009b, "Engels' Pause."

11 前五%的人占的所得份額，請見：P. H. Lindert, 2000b, "When Did Inequality Rise in Britain and America?," Journal of Income Distribution 9 (1): 11–25.

12 G. Clark, M. Huberman, and P. H. Lindert, 1995, "A British Food Puzzle, 1770–1850," Economic History Review 48 (2): 215–37. 然而前文提過，近日的研究顯示這種現象不足為奇，因為下層階級的實質工資停滯或下降。

13 S. Horrell, 1996, "Home Demand and British Industrialisation," Journal of Economic History 56 (September): 561–604.

14 R. H. Steckel, 2008, "Biological Measures of the Standard of Living," Journal of Economic Perspectives 22 (1): 129–52. 經濟學家羅伯特・福格（Robert Fogel）率先提出，身高數據大致可代替難以定義的生活水準（請參見：1983, "Scientific History and Traditional History," in Which Road to the Past?, ed. R. W. Fogel and G. R. Elton (New Haven, CT: Yale University Press), 5–70）。

15 R. C. Floud, K. Wachter, and A. Gregory, 1990, Height, Health, and History: Nutritional Status in the United Kingdom, 1750–1980 (Cambridge: Cambridge University Press), chapter 4; J. Komlos, 1998, "Shrinking in a Growing Economy? The Mystery of Physical

Stature during the Industrial Revolution," Journal of Economic History 58 (3): 779–802.

16 環境 vs. 貧窮的觀點，請見：J. Mokyr, 2011, The Enlightened Economy: Britain and the Industrial Revolution, 1700–1850 (London: Penguin), chapter 10, Kindle.

17 可參見：J. G. Williamson, 2002, Coping with City Growth during the British Industrial Revolution (Cambridge: Cambridge University Press).

18 S. Szreter and G. Mooney, 1998, "Urbanization, Mortality, and the Standard of Living Debate: New Estimates of the Expectation of Life at Birth in Nineteenth-Century British Cities," Economic History Review 51 (1): 84–112.

19 J. Komlos and B. A' Hearn, 2017, "Hidden Negative Aspects of Industrialization at the Onset of Modern Economic Growth in the US," Structural Change and Economic Dynamics 41 (June): 43.

20 F. M. Eden, 1797, The State of the Poor; or, An History of the Labouring Classes in England (London: B. and J. White), 3:848.

21 D. Ricardo, [1817] 1911, The Principles of Political Economy and Taxation (Repr., London: Dent).

22 例如法國的經濟學者賽伊（Jean–Baptiste Say）便主張，節省勞力技術所省下的成本，將讓價格變便宜，需求因此成長，也就是說被取代的勞工遲早會在他處找到工作。李嘉圖日後重探自己的模型，不過他和馬爾薩斯、馬克思一樣，依舊不認為工業化長期而言將改善實質工資。

23 E. C. Gaskell, 1884, Mary Barton (London: Chapman and Hall), 104.

24 請見：K. Marx, [1867] 1999, Das Kapital, trans. S. Moore and E. Aveling (New York: Gateway), chapter 15, section 4, Kindle; C. Dickens, [1854] 2017, Hard Times (Amazon Classics), chapter 5, Kindle.

25 如同社會改革者凱伊—莎圖瓦茲所言：「機器工作時，人也得工作。男人、女人、小孩也因此是鐵與蒸汽的夥伴……技工不屈不撓埋頭苦幹，必須和機器永不停歇，分毫不差的精準動作與無止境的力量競爭。」（請參見：1832, The Moral and Physical Condition of the Working Classes Employed in the Cotton Manufacture in Manchester Manchester: Harrisons & Crosfield）。

26 工廠及其引發的不滿，請見：P. Gaskell, 1833, The Manufacturing Population of England, Its Moral, Social, and Physical Conditions (London: Baldwin and Cradock), 16.

27 Landes, 1969, The Unbound Prometheus, 2.

28 P. Gaskell, 1833, The Manufacturing Population of England, 12 and 341.

29 Marx, [1867] 1999, Das Kapital , chapter 15, section 5.

30 C. Babbage, 1832, On the Economy of Machinery and Manufactures (London: Charles Knight), 266–67.

31 A. Ure, 1835, The Philosophy of Manufactures (London: Charles Knight), 220.

32 E. Baines, 1835, History of the Cotton Manufacture in Great Britain (London: H. Fisher, R. Fisher, and P. Jackson), 452.

33 同前，頁460。

34 同前，頁435。

35 J. Humphries and B. Schneider, forthcoming, "Spinning the Industrial Revolution," Economic History Review.

36 J. Humphries, 2010, Childhood and Child Labour in the British Industrial Revolution (Cambridge: Cambridge University Press), 342.

37 R. C. Allen, forthcoming, "The Hand-Loom Weaver and the Power Loom: A Schumpeterian Perspective," European Review of Economic History.

38 Humphries, 2010, Childhood and Child Labour.

39 Allen, forthcoming, "The Hand-Loom Weaver and the Power Loom."

40 D. Bythell, 1969, The Handloom Weavers: A Study in the English Cotton Industry during the Industrial Revolution (Cambridge: Cambridge University Press), 139.

41 C. Nardinelli, 1986, "Technology and Unemployment: The Case of the Handloom Weavers," Southern Economic Journal 53 (1): 87–94.

42 技術性失業 vs. 週期性失業，請見前一條注釋。

43 J. Fielden, 2013, Curse of the Factory System (London: Routledge).

44 都市遷徙請見：J. Humphries and T. Leunig, 2009, "Was Dick Whittington Taller Than Those He Left Behind? Anthropometric Measures, Migration and the Quality of Life in Early Nineteenth-Century London," Explorations in Economic History 46 (1): 120–31; J. Long, 2005, "Rural-Urban Migration and Socioeconomic Mobility in Victorian Britain," Journal of Economic History 65 (1): 1–35; M. Anderson, 1990, "The Social Implications of Demographic Change," in The Cambridge Social History of Britain, 1750–1950, vol. 2: People and Their Environment, ed. F.M.L. Thompson (Cambridge: Cambridge University Press), 1–70; H. R. Southall, 1991, "The Tramping Artisan Revisits: Labour Mobility and Economic Distress in Early Victorian England," Economic History Review 44 (2): 272–96. 工業革命期間的都市遷徙概述，請見：P. Wallis, 2014, "Labour Markets and Training," in The Cambridge Economic History of Modern Britain, vol. 1, Industrialisation, 1700–1870, ed. R. Floud, J. Humphries, and P. Johnson (Cambridge: Cambridge University Press), 178–210.

45 A. Ure, 1835, The Philosophy of Manufactures (London: Charles Knight), 20.

46 引自：P. Gaskell, 1833, The Manufacturing Population of England, 174.

47 早期的珍妮紡紗機令成人感到「設計不良」，但九至十二歲的孩童則有辦法「靈活運用」（請見：M. Berg, 2005, The Age of Manufactures, 1700–1820: Industry, Innovation and Work in Britain [London: Routledge], 146）。

48 C. Tuttle, 1999, Hard at Work in Factories and Mines: The Economics of Child Labor during the British Industrial Revolution (Boulder, CO: Westview Press), 110.

49 Ure, 1835, The Philosophy of Manufactures, 144.

50 童工數量飆升情形，請見：Tuttle, 1999, Hard at Work in Factories and Mines, 96 and 142. 亦可參見：Wallis, 2014, "Labour Markets and Training," 193.

51 P. Mantoux, 1961, The Industrial Revolution in the Eighteenth Century: An Outline of the Beginnings of the Modern Factory System in England, trans. M. Vernon (London: Routledge), 410.

52 引自：S. Smiles, 1865, Lives of Boulton and Watt (Philadelphia: J. B. Lippincott), 227. 亦請見：Mokyr, 2011, The Enlightened Economy, chapter 15.

53 Baines, 1835, History of the Cotton Manufacture in Great Britain, 452.

54 L. Shaw-Taylor and A. Jones, 2010, "The Male Occupational Structure of Northamptonshire 1777–1881: A Case of Partial De-Industrialization?" (working paper, Cambridge University).

55 M. Berg, 1976, "The Machinery Question," PhD diss., University of Oxford, 2.

56 Mantoux, 1961, The Industrial Revolution in the Eighteenth Century, 408.

57 Old Bailey Proceedings, 6th July 1768, Old Bailey Proceedings Online, version 8.0, 01 January 2019, www.oldbaileyonline.org.

58 萊姆豪斯的事件，請見：Mantoux, 1961, The Industrial Revolution in the Eighteenth Century, 401–8.

59 同前。

60 T. C. Hansard, 1834, General Index to the First and Second Series of Hansard's Parliamentary Debates: Forming a Digest of the Recorded Proceedings of Parliament, from 1803 to 1820 (New York: Kraus Reprint Co.).

61 R. Jackson, 1806, The Speech of R. Jackson Addressed to the Committee of the House of Commons Appointed to Consider of the State of the Woollen Manufacture of England, on Behalf of the Cloth-Workers and Sheermen of Yorkshire, Lancashire, Wiltshire, Somersetshire and Gloucestershire (London: C. Stower), 11.

62 引自：Mantoux, 1961, The Industrial Revolution in the Eighteenth Century, 408.

63 J. Horn, 2008, The Path Not Taken: French Industrialization in the Age of Revolution, 1750–1830 (Cambridge, MA: MIT Press), chapter 4, Kindle.

64 Annual Registrar or a View of the History, Politics, and Literature for the Year 1811, 1811 (London: printed for Baldwin, Cradock, and Joy), 292.

65 利物浦與肯揚，請見：Berg, 1976, "The Machinery Question," 76.

66 Horn, 2008, The Path Not Taken, chapter 4.

67 被毀的機器請見：B. Caprettini and H. Voth, 2017, "Rage against the Machines: Labour-Saving Technology and Unrest in England, 1830–32" (working paper, University of Zurich).

68 E. Hobsbawm and G. Rudé, 2014, Captain Swing (New York: Verso), 265–79.

69 Caprettini and Voth, 2017, "Rage against the Machines."

70 D. Acemoglu and P Restrepo, 2018a, "Artificial Intelligence, Automation and Work" (Working Paper 24196, National Bureau of Economic Research, Cambridge, MA).

71 Allen, 2009b, "Engels' Pause."

72 E. S. Phelps, 2015, Mass Flourishing: How Grassroots Innovation Created Jobs, Challenge, and Change (Princeton, NJ: Princeton University Press), 47.

73 引用出處同前，頁46。

74 O. Galor, 2011, "Inequality, Human Capital Formation, and the Process of Development," in Handbook of the Economics of Education, ed. Hanushek, E.A., Machin, S.J. and Woessmann, L. Amsterdam: Elsevier), 4:441–93.

75 人力資本的趨勢概覽，請見：Wallis, 2014, "Labour Markets and Training," 203.

76 M. Sanderson, 1995, Education, Economic Change and Society in England 1780–1870 (Cambridge; Cambridge University Press); D. F. Mitch, 1992, The Rise of Popular Literacy in Victorian England: The Influence of Private Choice and Public Policy (Philadelphia: University of Pennsylvania Press).

77 N. F. Crafts, 1985, British Economic Growth during the Industrial Revolution (Oxford: Oxford University Press), 73.

78 Landes, 1969, The Unbound Prometheus, 340. 大衛・米契（David Mitch）也指出，在工業革命年代早期，工作不需要太多教育，甚至不需要識字（請見：1992, The Rise of Popular Literacy in Victorian England）。然而，按照求職廣告來看，在十九世紀晚期最好要有讀寫能力。（請見：D. F. Mitch, 1993, "The Role of Human Capital in the First Industrial Revolution," in The British Industrial Revolution: An Economic Perspective, ed. J. Mokyr [Boulder, CO: Westview Press, 241–80]）。

79 Tuttle, 1999, Hard at Work in Factories and Mines, 96 and 142; Wallis, 2014, "Labour Markets and Training," 193.

80 C. Goldin and K. Sokolof, 1982, "Women, Children, and Industrialization in the Early Republic: Evidence from the Manufacturing Censuses," Journal of Economic History 42 (4): 741–74.

81 L. F. Katz and R. A. Margo, 2013, "Technical Change and the Relative Demand for Skilled Labor: The United States in Historical Perspective" (Working Paper 18752, National Bureau of Economic Research, Cambridge, MA), 3.

82 P. Gaskell, 1833, The Manufacturing Population of England, 182.

83 請見：G. Clark, 2005, "The Condition of the Working Class in England."

84 不過，技能溢酬本身不一定會代表著技術需求，也得看供給面的因素：唯有人力資本的需求超過供給時，才會出現技能溢酬，然而，整個十九世紀的技術供給都有所增加。

85 G. Clark, 2005. "The Condition of the Working Class in England."

86 J. Bessen, 2015, Learning by Doing: The Real Connection between Innovation, Wages, and Wealth (New Haven, CT: Yale University Press), chapter 6.

87 Mokyr, 2011, The Enlightened Economy, chapter 15.

88 請見：D. H. Aldcroft and M. J. Oliver, 2000, Trade Unions and the Economy: 1870–2000, (Aldershot, UK: Ashgate Publishing).

## PART III

1 P. Zachary, 1996, "Does Technology Create Jobs, Destroy Jobs, or Some of Both?," Wall Street Journal, June 17.

2 J. Horn, 2008, The Path Not Taken: French Industrialization in the Age of Revolution, 1750–1830 (Cambridge, MA: MIT Press).

3 普魯士的行會限制，請見：T. Lenoir, 1998, "Revolution from Above: The Role of the State in Creating the German Research System, 1810–1910," American Economic Review 88 (2): 22–27.

4 普魯士的教育與工業化，請見：S. O. Becker, E. Hornung, and L. Woessmann, 2011, "Education and Catch-Up in the Industrial Revolution," American Economic Journal: Macroeconomics 3 (3): 92–126.

5 追趕性成長請見：A. Gerschenkron, 1962, Economic Backwardness in Historical Perspective: A Book of Essays (Cambridge, MA: Belknap Press of Harvard University Press).

6 P. H. Lindert, 2004, Growing Public), vol. 1, The Story: Social Spending and Economic Growth Since the Eighteenth Century (Cambridge: Cambridge University Press), table 1.2.

7 M. Alexopoulos and J. Cohen, 2016, "The Medium Is the Measure: Technical Change and Employment, 1909–1949," Review of Economics and Statistics 98 (4): 792–810.

8 D. Acemoglu and P. Restrepo, 2018b, "The Race between Man and Machine: Implications of Technology for Growth, Factor Shares, and Employment," American Economic Review 108 (6): 1489.

## 第6章

1 引自：G. Tucker, 1837, The Life of Thomas Jefferson, Third President of the United States: With Parts of His Correspondence Never Before Published, and Notices of His Opinions on Questions of Civil Government, National Policy, and Constitutional Law (Philadel-

phia: Carey, Lea and Blanchard), 2:226.

2 A. de Tocqueville, 1840, Democracy in America, trans. H. Reeve (New York: Alfred A. Knopf), 2:191.

3 E. W. Byrn, 1900, The Progress of Invention in the Nineteenth Century (New York: Munn and Company), 1.

4 R. J. Gordon, 2016, The Rise and Fall of American Growth: The U.S. Standard of Living Since the Civil War (Princeton, NJ: Princeton University Press), 150.

5 D. Hounshell, 1985, From the American System to Mass Production, 1800–1932: The Development of Manufacturing Technology in the United States (Baltimore, MD: Johns Hopkins University Press), 307.

6 同前。

7 引自：B. Bryson, 2010, At Home: A Short History of Private Life (Toronto: Doubleday Canada), 29.

8 N. Rosenberg, 1963, "Technological Change in the Machine Tool Industry, 1840–1910," Journal of Economic History 23 (4): 414–43.

9 引自：D. Hounshell, 1985, From the American System to Mass Production, 19.

10 同前，頁17－19。

11 引用出處同前，頁233。

12 電力與勞動條件，請見：D. E. Nye, 1990, Electrifying America: Social Meanings of a New Technology, 1880–1940 (Cambridge, MA: MIT Press), 232.

13 引自：T. C. Martin, 1905, "Electrical Machinery, Apparatus, and Supplies," in Census of Manufactures, 1905 (Washington, DC: United States Bureau of the Census), 170.

14 P.A. David and G. Wright, 1999, Early Twentieth Century Productivity Growth Dynamics: An Inquiry into the Economic History of Our Ignorance (Oxford: Oxford University Press).

15 E. Clark, 1925, "Giant Power Transforming America's Life," New York Times, February 22.

16 同前。

17 V. Smil, 2005, Creating the Twentieth Century: Technical Innovations of 1867–1914 and Their Lasting Impact (New York: Oxford University Press), 53.

18 Nye, 1990, Electrifying America, 232.

19 P. A. David, 1990, "The Dynamo and the Computer: An Historical Perspective on the Modern Productivity Paradox," American Economic Review 80 (2): 355–61.

20 W. D. Devine Jr., 1983, "From Shafts to Wires: Historical Perspective on Electrification," Journal of Economic History 43 (2): 347–72.

21 H. Jerome, 1934, "Mechanization in Industry" (Working Paper 27, National Bureau of Economic Research, Cambridge, MA), 48.

22 D. E. Nye, 2013, America's Assembly Line (Cambridge, MA: MIT Press), 23.

23 F. C. Mills, 1934, introduction to "Mechanization in Industry," by H. Jerome (Cambridge, MA: National Bureau of Economic Research), xxi.

24 Jerome, 1934, "Mechanization in Industry," 104–5.

25 引自：J. Greenwood, A. Seshadri, and M. Yorukoglu, 2005, "Engines of Liberation," Review of Economic Studies 72 (1): 109.

26 Strasser, S. (1982). Never Done: A History of American Housework. (New York: Pantheon), 57.

27 Gordon, 2016, The Rise and Fall of American Growth, 123.

28 引自："Farm Woman Works Eleven Hours a Day," 1920, New York Times, July 6.

29 引自：Nye, 1990, Electrifying America, 270.

30 J. Greenwood, A. Seshadri, and M. Yorukoglu, 2005, "Engines of Liberation," Review of Economic Studies 72 (1): 109–33.

31 此處的計算依據為印地安納州蒙夕的家庭中位數收入（請見：Gordon, 2016, The Rise and Fall of American Growth, 121）。

32 "The Electric Home: Marvel of Science," 1921, New York Times, April 10.

33 S. Lebergott, 1993, Pursuing Happiness: American Consumers in the Twentieth Century (Princeton, NJ: Princeton University Press).

34 V. A. Ramey, 2009, "Time Spent in Home Production in the Twentieth-Century United States: New Estimates from Old Data," Journal of Economic History 69 (1): 1–47.

35 R. S. Cowan, 1983, More Work for Mother: The Ironies of Household Technology from the Open Hearth to the Microwave (New York: Basic).

36 "French's Conical Washing Machine and Young Women at Service," 1860, New York Times, August 29.

37 "New Rules for Servants: Pittsburgh Housekeepers Insist on a Full Day's Work," 1921, New York Times, January 16.

38 J. Mokyr, 2000, "Why 'More Work for Mother?' Knowledge and Household Behavior, 1870–1945," Journal of Economic History 60 (1): 1–41.

39 Nye, 1990, Electrifying America, 18.

40 Gordon, 2016, The Rise and Fall of American Growth, 227.

41 Greenwood, Seshadri, and Yorukoglu, 2005, "Engines of Liberation."

42 V. E. Giuliano, 1982, "The Mechanization of Office Work," Scientific American 247 (3):148–65.

43 「粉領族」一詞，請見：A. J. Cherlin, 2013, Labor's Love Lost: The Rise and Fall of the Working-Class Family in America (New York: Russell Sage Foundation), 119.

44 A. J. Field, 2007, "The Origins of US Total Factor Productivity Growth in the Golden Age," Cliometrica 1 (1): 89. 亦請見：A. J. Field, 2011, A Great Leap Forward: 1930s Depression and U.S. Economic Growth (New Haven, CT: Yale University Press).

45 G. P. Mom and D. A. Kirsch, 2001, "Technologies in Tension: Horses, Electric Trucks, and the Motorization of American Cities, 1900–1925," Technology and Culture 42 (3): 489–518.

46 Gordon, 2016, The Rise and Fall of American Growth, 227.

47 在一八五〇年至一八八〇年之間，八成的費城居民依舊步行至工作地點。

48 Gordon, 2016, The Rise and Fall of American Growth, 56–57.

49 《無馬時代》第一期出刊時，汽車產業甚至尚未重要到被單獨列於統計報告。

50 G. Norclife, 2001, The Ride to Modernity: The Bicycle in Canada, 1869–1900 (Toronto: University of Toronto Press).

51 M. Twain, 1835, "Taming the Bicycle," The University of Adelaide Library, last updated March 27, 2016, https://ebooks.adelaide.edu.au/t/twain/mark/what_is_man/chapter15.html.

52 R. H. Merriam, 1905, "Bicycles and Tricycles," in Census of Manufactures, 1905 (Washington, DC: United States Bureau of the Census), 289.

53 例如汽車發明人之一的戴姆勒（Daimler）曾把氣冷式引擎裝上自行車。

54 引自：Hounshell, 1985, From the American System to Mass Production, 214.

55 Martin, 1905, "Electrical Machinery, Apparatus, and Supplies," 20.

56 引自：Hounshell, 1985, From the American System to Mass Production, 214.

57 K. Kaitz, 1998, "American Roads, Roadside America," Geographical Review 88 (3): 372.

58 美國的汽車與基礎設施，請見：Gordon, 2016, The Rise and Fall of American Growth, 156–59.

59 引用出處同前，頁167。

60 誠如羅夫．艾斯坦（Ralph Epstein）所言：「世人有時說，汽車帶來良好道路；有的時候，則是建設良好道路讓汽車工業得以大力發展。兩種說法都對：這件事和經濟學常見的情形一樣，因和果不斷互動。」（請參考：1928, The Automobile Industry [Chicago: Shaw], 17）。

61 J. J. Flink, 1988, The Automobile Age (Cambridge, MA: MIT Press), 33.

62 經濟情況與T型車的普及，請見：Gordon, 2016, The Rise and Fall of American Growth, 165.

63 Epstein, 1928, The Automobile Industry, 16.

64 韋恩．羅慕森（Wayne Rasmussen）寫道：「一般來說，蒸汽機最有用的功能是打穀。蒸汽機過於笨重，不適合其他的農場工作。農業用的蒸汽機製造高峰是一九一三年，當時大約製造了一萬台。」（請參見：1982, "The Mechanization of Agriculture," Scientific American 247 [3]: 82）。

65 牽引機的普及，請見：R. E. Manuelli and A. Seshadri, 2014, "Frictionless Technology Difusion: The Case of Tractors," American Economic Review 104 (4): 1368–91.

66 W. J. White, 2001, "An Unsung Hero: The Farm Tractor's Contribution to TwentiethCentury United States Economic Growth" (PhD diss., Ohio State University).

67 對農人而言，最重要的改變是出現公路承運商，協助載送大部分的牛奶至城市，涵蓋的距離達七十英里（請參見：International Chamber of Commerce, 1925, "Report of the American Committee on Highway Transport, June, 1925" [Washington, D.C.: American Section, International Chamber of Commerce], 5）。

68 農場的服務範圍擴大，請見：H. R. Tolley and L. M. Church, 1921, "Corn-Belt Farmers' Experience with Motor Trucks," United States Department of Agriculture, Bulletin No. 931, February 25.

69 Field, 2011, A Great Leap Forward, table 2.5 and table 2.6.

70 有一派的說法指出，二戰期間的軍事研究與發展帶來大量的正面效果，在接下來的數十年間帶動美國的生產力。這種說法是否正確仍有爭議，但與技術進步指標提供的證據相左。一直到了一九五〇年代晚期，技術書籍的數量並未超越一九四一年的水準（請參見：M. Alexopoulos and J. Cohen, 2011, "Volumes of Evidence: Examining Technical Change in the Last Century through a New Lens," Canadian Journal of Economics/Revue Canadienne d' économique 44 [2]: 413–50）。美國一直要到一九四一年十二月發生珍珠港偷襲事件後，才大力擴張軍事，也因此伴隨著軍事擴張而來的，似乎是創新反而減速，生產資源被分配給美國的戰爭機器。

71 二十世紀早期的卡車貨運業及其他交通運輸的技術進展概論，請見：W. Owen, 1962, "Transportation and Technology," American Economic Review 52 (2): 405–13.

72 引自：R. F. Weingrof, 2005, Designating the Urban Interstates, Federal Highway Administration Highway History, https://www.fhwa.dot.gov/infrastructure/fairbank.cfm.

73 M. I. Nadiri and T. P. Mamuneas, 1994, "Infrastructure and Public R&D Investments, and the Growth of Factor Productivity in U.S. Manufacturing Industries" (Working Paper 4845, National Bureau of Economic Research, Cambridge, MA).

74 M. I. Nadiri and T. P. Mamuneas, 1994, "Infrastructure and Public R&D Investments, and the Growth of Factor Productivity in U.S. Manufacturing Industries" (Working Paper 4845, National Bureau of Economic Research, Cambridge, MA).

75 G. Horne, 1968, "Container Revolution Hailed by Many, Feared by Others," New York Times, September 22.

76 同前。

77 "The Humble Hero: Containers Have Been More Important for Globalisation Than Freer Trade," 2013, Economist, May 18, https://www.economist.com/finance-and-economics/2013/05/18/the-humble-hero.

78 R. H. Richter, 1958, "Dockers Demand Container Curbs," New York Times, November 27.

79 同前。

80 聯邦法院的判決，請見：D. F. White, 1976, “High Court Review Sought in Case Involving Jobs for Longshoremen,” New York Times, October 17.

81 Jerome, 1934, “Changes in Mechanization,” 152.

82 J. Lee, 2014, “Measuring Agglomeration: Products, People, and Ideas in U.S. Manufacturing, 1880–1990” (working paper, Harvard University).

83 同前。

84 Alexopoulos and Cohen, 2016, “The Medium Is the Measure.”

85 D. L. Lewis, 1986, “The Automobile in America: The Industry,” Wilson Quarterly 10 (5): 50.

## 第7章

1 W. Green, 1930, “Labor Versus Machines: An Employment Puzzle,” New York Times, June 1.

2 F. Engels, [1844] 1943, The Condition of the Working-Class in England in 1844. Reprint, London: Allen & Unwin, 100.

3 技術性失業引發愈來愈多的公共關注。用「技術性失業」（technological unemployment）當成關鍵字搜尋《紐約時報》，一九二〇年代有十三筆資料，一九三〇年代有三百五十六筆。

4 G. R. Woirol, 2006, “New Data, New Issues: The Origins of the Technological Unemployment Debates,” History of Political Economy 38 (3): 480.

5 J. J. Davis, 1927, “The Problem of the Worker Displaced by Machinery,” Monthly Labor Review 25 (3): 32.

6 同前。

7 引自：Woirol, 2006, "New Data, New Issues," 481.

8 I. Lubin, 1929, The Absorption of the Unemployed by American Industry (Washington, DC: Brookings Institution), 6.

9 R. J. Myers, 1929, "Occupational Readjustment of Displaced Skilled Workmen," Journal of Political Economy 37 (4): 473–89.

10 另一項伊萬・克萊格（Ewan Clague）與W・J・庫柏（W. J. Couper）所做，針對康乃狄克州紐哈芬（New Haven）與哈特福（Hartford）兩間停工的橡膠工廠（分別於一九二九年與一九三〇年歇業）的研究，進一步顯示大量勞工找到的新工作，讓他們在財務上更困窘（請見：1931, "The Readjustment of Workers Displaced by Plant Shutdowns," Quarterly Journal of Economics 45 [2]: 309–46）。

11 音樂的機械化，請見：H. Jerome, 1934, "Mechanization in Industry" (Working Paper 27, National Bureau of Economic Research, Cambridge, MA), chapter 4.

12 請見：Woirol, 2006, "New Data, New Issues."

13 L. Wolman, 1933, "Machinery and Unemployment," Nation, February 22, 202–4.

14 引自："Technological Unemployment," 1930, New York Times, August 12.

15 "Durable Goods Industries," 1934, New York Times, July 16.

16 M. Alexopoulos and J. Cohen, 2016, "The Medium Is the Measure: Technical Change and Employment, 1909–1949," Review of Economics and Statistics 98 (4): 793.

17 F. D. Roosevelt, 1940, "Annual Message to the Congress," January 3, by G. Peters and J. T. Woolley, The American Presidency Project, https://www.presidency.ucsb.edu/documentsannual-message-the-congress.

18 R. M. Solow, 1965, "Technology and Unemployment," Public Interest 1 (Fall): 17.

19 把「自動化」（automation）當關鍵字搜尋《紐約時報》，一九四〇年代出現零筆結果，一九五〇年代則有一千兩百五十二篇新報導。

20 請見：U.S. Congress, 1955, “Automation and Technological Change,” Hearings Before the Subcommittee on Economic Stabilization of the Congressional Joint Committee on the Economic Report (84th Cong., 1st sess.), pursuant to sec. 5(a) of Public Law 304, 79th Cong. (Washington, DC: Government Printing Office).

21 引自：E. Weinberg, 1956, “An Inquiry into the Effects of Automation,” Monthly Labor Review 79 (1): 7.

22 引用同前。

23 D. Morse, 1957, “Promise and Peril of Automation,” New York Times, June 9.

24 同前。

25 “Elevator Operator Killed,” 1940, New York Times, February 10.

26 “Elevator Units Fight Automatic Lift Ban,” 1952, New York Times, October 7.

27 “New Devices Gain on Elevator Men: Operators May Be Riding to Oblivion,” 1956, New York Times, May 27.

28 G. Talese, 1963, “Elevator Men Dwindle in City,” New York Times, November 30.

29 A. H. Raskin, 1961, “Fears about Automation Overshadowing Its Boons,” New York Times, April 7.

30 對於政府工作的擔憂，請見：C. P. Trussell, 1960, “Government Automation Posing Threat to the Patronage System,” New York Times, September 14.

31 J. F. Kennedy, 1960, “Papers of John F. Kennedy. Pre-Presidential Papers. Presidential Campaign Files, 1960. Speeches and the Press. Speeches, Statements, and Sections, 1958–1960. Labor: Meeting the Problems of Automation,” https://www.jfklibrary.org/asset-viewer/archives/JFKCAMP1960/1030/JFKCAMP1960-1030-036.

32 President's Advisory Committee on Labor-Management Policy, 1962, The Benefits and Problems Incident to Automation and Other Technological Advances (Washington, DC: Government Printing Office), 2.

33 J. F. Kennedy, 1962, "News Conference 24," https://www.jfklibrary.org/archives/other-resources/john-f-kennedy-press-conferences/news-conference-24.

34 L. B. Johnson, 1964," Remarks Upon Signing Bill Creating the National Commission on Technology, Automation, and Economic Progress," August 19, http://archive.li/F9iX8.

35 H. R. Bowen, 1966, Report of the National Commission on Technology, Automation, and Economic Progress (Washington, DC: Government Printing Office), xii.

36 同前，頁9。

37 G. R. Woirol, 1980, "Economics as an Empirical Science: A Case Study" (working paper, University of California, Berkeley), 188.

38 G. R. Woirol, 2012, "Plans to End the Great Depression from the American Public," Labor History 53 (4): 571–77.

39 W. A. Faunce, E. Hardin, and E. H. Jacobson, 1962, "Automation and the Employee," Annals of the American Academy of Political and Social Science 340 (1): 62.

40 F. C. Mann, L. K. Williams, 1960, "Observations on the Dynamics of a Change to Electronic Data-Processing Equipment," Administrative Science Quarterly 5 (2): 255.

41 W. A. Faunce, 1958a, "Automation and the Automobile Worker," Social Problems 6 (1): 68–78, and 1958b, "Automation in the Automobile Industry: Some Consequences for In-Plant Social Structure," American Sociological Review 23 (4): 401–7.

42 C. R. Walker, 1957, Toward the Automatic Factory: A Case Study of Men and Machines (New Haven, CT: Yale University Press), 192.

43 Faunce, Hardin, and Jacobson, 1962, "Automation and the Employee," 60.

## 第8章

1 "Burning Farming Machinery," 1879, New York Times, August 12.

2 D. Nelson, 1995, Farm and Factory: Workers in the Midwest, 1880–1990 (Bloomington: Indiana University Press), 18–19.

3 P. Taft and P. Ross, 1969, "American Labor Violence: Its Causes, Character, and Outcome," in Violence in America: Historical and Comparative Perspectives, ed. H. D. Graham and T. R. Gurr (London: Corgi), 1:221–301.

4 B. E. Kaufman, 1982, "The Determinants of Strikes in the United States, 1900–1977," ILR Review 35 (4): 473–90.

5 P. Wallis, 2014, "Labour Markets and Training," in The Cambridge Economic History of Modern Britain, vol. 1: Industrialisation, 1700–1870, ed. R. Floud, J. Humphries, and P. Johnson (Cambridge: Cambridge University Press), 186.

6 引自︰D. Stetson, 1970, "Walter Reuther: Union Pioneer with Broad Influence Far beyond the Field of Labor," New York Times, May 11.

7 H. J. Rothberg, 1960, "Adjustment to Automation in Two Firms," in Impact of Automation: A Collection of 20 Articles about Technological Change, from the Monthly Labor Review (Washington, DC: Bureau of Labor Statistics), 86.

8 G. B. Baldwin and G. P. Schultz, 1960, "The Effects of Automation on Industrial Relations," in Impact of Automation: A Collection of 20 Articles about Technological Change, from the Monthly Labor Review (Washington, DC: Bureau of Labor Statistics), 47–49; J. W. Childs and R. H. Bergman, 1960, "Wage-Rate Determination in an Automated Rubber Plant," 出處同前︰頁 56–58; H. J. Rothberg, 1960, "Adjustment to Automation in Two Firms," 出處同前︰頁 88–93。

9 U.S. Congress, 1984, "Computerized Manufacturing Automation: Employment, Education, and the Workplace," No. 235 (Washington, DC: Office of Technology Assessment).

10 工作條件改善，請見︰R. J. Gordon, 2016, The Rise and Fall of American Growth: The U.S. Standard of Living Since the Civil War (Princeton, NJ: Princeton University Press), chapter 8.

11 R. Hornbeck, 2012, "The Enduring Impact of the American Dust Bowl: Shortand LongRun Adjustments to Environmental Catastrophe," American Economic Review 102 (4): 1477–507.

12 同前。

13 Gordon, 2016, The Rise and Fall of American Growth, 270.

14 "Shocking Death in Machinery," 1895, New York Times, May 23.

15 "The Calamity," 1911, New York Times, March 26.

16 D. E. Nye, 1990, Electrifying America: Social Meanings of a New Technology, 1880–1940 (Cambridge, MA: MIT Press), 210.

17 U.S. Bureau of the Census, 1960, D785, "Work-injury Frequency Rates in Manufacturing, 1926–1956," and D.786–790, "Work-injury Frequency Rates in Mining, 1924–1956," Historical Statistics of the United States, Colonial Times to 1957 (Washington, DC: Government Printing Office), https://www.census.gov/library/publications/1960/compendia/hist_stats_colonial-1957.html.

18 引自：A. H. Raskin, 1955, "Pattern for Tomorrow's Industry?," New York Times, December 18.

19 自動化與健康，請見：O. R. Walmer, 1956, "Workers' Health in an Era of Automation," Monthly Labor Review 79 (7): 819–23.

20 引自：同前，頁821。

21 U.S. Department of Agriculture, 1963, 1962 Agricultural Statistics (Washington, DC: Government Printing Office).

22 機動車輛與省時的關聯，請見：A. L. Olmstead and P. W. Rhode, 2001, "Reshaping the Landscape: The Impact and Difusion of the Tractor in American Agriculture, 1910–1960," Journal of Economic History 61 (3): 663–98. 亦請見：M. R. Cooper, G. T. Barton, and A. P. Brodell, 1947, "Progress of Farm Mechanization," USDA Miscellaneous Publication 630 (October).

23 Nye, 1990, Electrifying America, 15.

24 Jerome, 1934, "Mechanization in Industry," 131.

25 同前，頁134。

26 在一九四〇年至一九八〇年間，美國經濟出現兩千四百五十萬個新白領工作，白領就業的比率因此成長一〇・八%，其中以文書職為最大宗。此外，還創造出一千九百九十萬個專業與管理工作，一九八〇年占二七・八%的總就業。

27 Jerome, 1934, "Mechanization in Industry," 173.

28 Gordon, 2016, The Rise and Fall of American Growth, table 8-1.

29 同前，頁257。

30 引自：D. L. Lewis, 1986, "The Automobile in America: The Industry," Wilson Quarterly 10 (5): 53.

31 公司福利制度，請見：Nye, 1990, Electrifying America, 215.

32 Gordon, 2016, The Rise and Fall of American Growth, 279.

33 L. Hartz, 1955, The Liberal Tradition in America: An Interpretation of American Political Thought Since the Revolution (Boston: Houghton Mifflin Harcourt).

34 J. Cowie, 2016, The Great Exception: The New Deal and the Limits of American Politics (Princeton, NJ: Princeton University Press).

35 H・G・劉易斯（H. G. Lewis）開創性的研究指出，在新政時期，工會溢價（union premium，注：參加工會者與沒參加者的工資差異）大約在三八%上下。二戰剛結束的那幾年則基本上為零。雖然一九五〇年代再度出現工會溢價，僅占當時勞工薪資的一五%（請參見：H. G. Lewis, 1963, Unionism and Relative Wages in the U.S.: An Empirical Inquiry [Chicago: Chicago University Press]）。其他研究則證實，工會成員享有的薪資好處差異極大，不只是不同時期有差異，職業與產業也有差別（請參見：C. J. Parsley, 1980, "Labor Union Effects on Wage Gains: A Survey of Recent Literature," Journal of Economic Literature 18[1]: 1–31; G. E. Johnson, 1975, "Economic Analysis of Trade Unionism," The American Economic Review 65 [2]: 23–28）。

36 W. K. Stevens, 1968, "Automation Keeps Struck Phone System," New York Times, April 20.

37 如同經濟史學家貝森所言：「在十九世紀下半葉，雖然紡織工會當時的規模還很小，起不了作用，紡織工的工資的確上揚。

柏塞麥煉鋼法（Bessemer）的煉鋼工人賺得的工資，遠高於手工煉鐵工。此外，即便工會在柏塞麥生產問世的前數十年一再遭受挫敗，柏塞麥法的工人每日工時為八小時。」（請參見：2015, Learning by Doing: The Real Connection between Innovation, Wages, and Wealth [New Haven, CT: Yale University Press], 86）。

38 Gordon, 2016, The Rise and Fall of American Growth, 282.

39 M. Alexopoulos and J. Cohen, 2016, "The Medium Is the Measure: Technical Change and Employment, 1909–1949," Review of Economics and Statistics 98(4): 793.

40 電力產業請見：T. C. Martin, 1905, "Electrical Machinery, Apparatus, and Supplies," in Census of Manufactures, 1905 (Washington, DC: United States Bureau of the Census), 157–225.

41 產業就業的巔峰，請見：J. Bessen, 2018, "Automation and Jobs: When Technology Boosts Employment" (Law and Economics Paper 17-09, Boston University School of Law)。

42 某收音機與電視機的大型製造商，由於使用新型機器生產電視選台器，工資跟著水漲船高。負責新型工作的「無技術組裝線的工資率，比規定工時的工資率高五%至一五%，原因是工作條件不同與責任增加。」某電器設備製造商採行省力技術後，同樣也創造出工資更高的新工作。詳情請見：Rothberg, 1960, "Adjustment to Automation in Two Firms," 80。

43 R. H. Day, 1967, "The Economics of Technological Change and the Demise of the Sharecropper," American Economic Review 57 (3): 427–49.

44 引自：W. D. Rasmussen, 1982, "The Mechanization of Agriculture," Scientific American 247 (3): 87.

45 城市工資上升，農村人口外移，請見：W. Peterson and Y. Kislev, 1986, "The Cotton Harvester in Retrospect: Labor Displacement or Replacement?," Journal of Economic History 46 (1): 199–216.

46 R. Hornbeck and S. Naidu, 2014, "When the Levee Breaks: Black Migration and Economic Development in the American South," American Economic Review 104 (3): 963–90.

47 Rasmussen, 1982, "The Mechanization of Agriculture," 83.

48 同前，頁84。

49 密西西比河洪水，請見：Hornbeck and Naidu, 2014, "When the Levee Breaks."

50 大遷徙請見：W. J. Collins and M. H. Wanamaker, 2015, "The Great Migration in Black and White: New Evidence on the Selection and Sorting of Southern Migrants," Journal of Economic History 75 (4): 947–92.

51 "Motors on the Farms Replace Hired Labor," 1919, New York Times, October 26.

52 N. Kaldor, 1957, "A Model of Economic Growth," Economic Journal 67 (268): 591–624.

53 P. H. Lindert and J. G. Williamson, 2016, Unequal Gains: American Growth and Inequality Since 1700 (Princeton, NJ: Princeton University Press), 194.

54 R. M. Solow, 1956, "A Contribution to the Theory of Economic Growth," Quarterly Journal of Economics 70 (1): 65–94; S. Kuznets, 1955, "Economic Growth and Income Inequality," American Economic Review 45 (1): 1–28; Kaldor, 1957, "A Model of Economic Growth."

55 Kuznets, 1955, "Economic Growth and Income Intequality."

56 Lindert and Williamson, 2016, Unequal Gains.

57 A. de Tocqueville, 1840, Democracy in America, trans. H. Reeve (New York: Alfred A. Knopf), 2:646.

58 引自：Lindert and Williamson, 2016, Unequal Gains, 117.

59 M. Twain and C. D. Warner, [1873] 2001, The Gilded Age: A Tale of Today (New York: Penguin).

60 H. J. Raymond, 1859, "Your Money or Your Line," New York Times, February 9.

61 M. Klein, 2007, The Genesis of Industrial America, 1870–1920 (Cambridge: Cambridge University Press), 133–34.

62 Lindert and Williamson, 2016, Unequal Gains, tables 5-8 and 5-9.

63 L. F. Katz and R. A. Margo, 2013, "Technical Change and the Relative Demand for Skilled Labor: The United States in Historical Perspective" (Working Paper 18752, National Bureau of Economic Research, Cambridge, MA).

64 Lindert and Williamson, 2016, Unequal Gains, table 7-2.

65 I. Fisher, 1919, "Economists in Public Service: Annual Address of the President," American Economic Review 9 (1): 10 and 16.

66 T. Piketty, 2014, Capital in the Twenty-First Century (Cambridge, MA: Harvard University Press).

67 W. Scheidel, 2018, The Great Leveler: Violence and the History of Inequality from the Stone Age to the Twenty-First Century (Princeton, NJ: Princeton University Press).

68 金融職業請見：Lindert and Williamson, 2016, Unequal Gains, figure 8-3.

69 Piketty, 2014, Capital in the Twenty-First Century, 506–7.

70 C. Goldin and R. A. Margo, 1992, "The Great Compression: The Wage Structure in the United States at Mid-Century," Quarterly Journal of Economics 107 (1): 1–34.

71 H. S. Farber, D. Herbst, I. Kuziemko, and S. Naidu, 2018, "Unions and Inequality over the Twentieth Century: New Evidence from Survey Data" (Working Paper 24587, National Bureau of Economic Research, Cambridge, MA).

72 J. M. Abowd, P. Lengermann, and K. L. McKinney, 2003, "The Measurement of Human Capital in the US Economy" (LEHD Program technical paper TP-2002-09, Census Bureau, Washington).

73 J. Tinbergen, 1975, Income Distribution: Analysis and Policies (Amsterdam: North Holland).

74 C. Goldin and L. Katz, 2008, The Race between Technology and Education (Cambridge, MA: Harvard University Press).

75 C. Goldin and Margo, 1992, "The Great Compression."

76 Goldin and Katz, 2008. The Race between Technology and Education, 303.

77 同前，頁208－17。

78 引用出處同前，頁177。

79 Rothberg, 1960, "Adjustment to Automation in Two Firms," 89.

80 E. Weinberg, 1960, "A Review of Automation Technology," Monthly Labor Review 83 (4): 376–80.

81 T. Piketty and E. Saez, 2003, "Income Inequality in the United States, 1913–1998," Quarterly Journal of Economics 118 (1): 2 and 24.

82 B. Milanovic, 2016b, Global Inequality: A New Approach for the Age of Globalization (Cambridge, MA: Harvard University Press).

83 Katz and Margo, 2013, "Technical Change and the Relative Demand for Skilled Labor."

84 Gordon, 2016, The Rise and Fall of American Growth, 47.

85 Katz and Margo, 2013, "Technical Change and the Relative Demand for Skilled Labor," 4.

86 S. Thernstrom, 1964, Poverty and Progress: Social Mobility in a Nineteenth Century City (Cambridge, MA: Harvard University Press).

87 Gordon, 2016, The Rise and Fall of American Growth, 126.

88 同前，頁379。

89 A. J. Cherlin, 2013, Labor's Love Lost: The Rise and Fall of the Working-Class Family in America (New York: Russell Sage Foundation), 115.

90 Speech by John F. Kennedy in Cheyenne, Wyoming, September 23, 1960, https://www.jfklibrary.org/archives/other-resources/john-f-kennedy-speeches/cheyenne-wy-19600923.

## PART Ⅳ

1 G. B. Baldwin, and G. P. Schultz, 1960, "The Effects of Automation on Industrial Relations," in Impact of Automation: A Collection of 20 Articles about Technological Change, from the Monthly Labor Review (Washington, DC: Bureau of Labor Statistics), 51.

## 第9章

1 P. F. Drucker, 1965, "Automation Is Not the Villain," New York Times, January 10.

2 D. A. Grier, 2005, When Humans Were Computers (Princeton, NJ: Princeton University Press).

3 貸款審核員請見：F. Levy and R. J. Murnane, 2004, The New Division of Labor: How Computers Are Creating the Next Job Market (Princeton, NJ: Princeton University Press), 17–19.

4 H. Braverman, 1998, Labor and Monopoly Capital: The Degradation of Work in the Twentieth Century, 25th anniversary ed. (New York: New York University Press), 49.

5 N. Wiener, 1988, The Human Use of Human Beings: Cybernetics and Society (New York: Perseus Books Group).

6 D. H. Autor and D. Dorn, 2013, "The Growth of Low-Skill Service Jobs and the Polarization of the US Labor Market," American Economic Review 103 (5): 1553–97; M. Goos, A. Manning, and A. Salomons, 2014, "Explaining Job Polarization: Routine-Biased Technological Change and Ofshoring," American Economic Review 104 (8): 2509–26, and 2009, "Job Polarization in Europe," American Economic Review 99 (2): 58–63; M. A. Goos and A. Manning, 2007, "Lousy and Lovely Jobs: The Rising Polarization of Work in Britain," Review of Economics and Statistics 89 (1): 118–33.

7 Levy and Murnane, 2004, The New Division of Labor, 3.

8 W. D. Nordhaus, 2007, "Two Centuries of Productivity Growth in Computing," Journal of Economic History 67 (1): 128–59.

9 J. S. Tompkins, 1958, "Cost of Automation Discourages Stores," New York Times, January 26.

10 第一個微處理器在一九七一年就發明了，不過僅能為一九八一年的ＩＢＭ個人電腦（IBM PC）鋪路。諾德豪斯的計算顯示，運算成本最大的跌幅在個人電腦問世後才出現。

11 O. Friedrich, 1983, "The Computer Moves In (Machine of the Year)," Time, January 3, 15.

12 K. Flamm, 1988, "The Changing Pattern of Industrial Robot Use," in The Impact of Technological Change on Employment and Economic Growth, ed. R. M. Cyert and D. C. Mowery (Cambridge, MA: Ballinger Publishing Company), tables 7-1 and 7-6.

13 E. B. Jakubauskas, 1960, "Adjustment to an Automatic Airline Reservation System," in Impact of Automation: A Collection of 20 Articles about Technological Change, from the Monthly Labor Review (Washington: Bureau of Labor Statistics), 94.

14 同前。

15 引自：Levy and Murnane, 2004, The New Division of Labor, 4.

16 引用同前。

17 D. H. Autor, 2015, "Polanyi's Paradox and the Shape of Employment Growth," in Reevaluating Labor Market Dynamics (Kansas City: Federal Reserve Bank of Kansas City), 129–177.

18 M. Polanyi, 1966, The Tacit Dimension (New York: Doubleday), 4.

19 經濟學家麥克·克雷默（Michael Kremer）的Ｏ型環生產函數顯示，一旦生產某物的某任務有所改善，其他任務將變得更具價值（請見：1993, "The O-Ring Theory of Economic Development," Quarterly Journal of Economics 108 [3]: 551–75）。

20 Levy and Murnane, 2004, The New Division of Labor, 13–14.

21 R. Reich, 1991, The Work of Nations: Preparing Ourselves for Twenty-First Century Capitalism (New York: Knopf).

22 E. L. Glaeser, 2013, review of The New Geography of Jobs, by Enrico Moretti, Journal of Economic Literature 51 (3): 827.

23 H. Moravec, 1988, Mind Children: The Future of Robot and Human Intelligence (Cambridge, MA: Harvard University Press), 15.

24 服務業所占的勞動時數比率，在一九八〇年至二〇〇五年間成長三〇%。相較之下，一九八〇年代發生電腦革命前的三十年間，服務業的比率則持平或下降（請參見：D. H. Autor and Dorn, 2013, "The Growth of Low-Skill Service Jobs and the Polarization of the US Labor Market"）。

25 Levy and Murnane, 2004, The New Division of Labor, 3. 亦請見：D. H. Autor, F. Levy, and R. J. Murnane, 2003, "The Skill Content of Recent Technological Change: An Empirical Exploration," Quarterly Journal of Economics 118 (4): 1279–333.

26 A. J. Cherlin, 2014, Labor's Love Lost: The Rise and Fall of the Working-Class Family in America (New York: Russell Sage Foundation), 128.

27 同前。

28 社會學者道格拉斯・馬賽（Douglas Massey）用教育程度來定義社會階級，他認為在我們日益趨向於知識型的經濟，教育是最重要的資源（請參見：2007, Categorically Unequal: The American Stratification System [New York: Russell Sage Foundation]）。社會學者安德魯・謝林（Andrew Cherlin）也以教育為一九八〇年後的社會階層最佳指標（請見：2014, Labor's Love Lost）。此外，政治學者羅伯特・普特南（Robert Putnam）的主張也遵循類似的脈絡（請見：2016, Our Kids: The American Dream in Crisis [New York: Simon & Schuster]）。

29 G. M. Cortes, N. Jaimovich, C. J. Nekarda, and H. E. Siu, 2014, "The Micro and Macro of Disappearing Routine Jobs: A Flows Approach" (Working Paper 20307, National Bureau of Economic Research, Cambridge, MA).

30 D. D. Buss, 1985, "On the Factory Floor, Technology Brings Challenge for Some, Drudgery for Others," Wall Street Journal, September 16.

31 G. M. Cortes, N. Jaimovich, and H. E. Siu, 2017, "Disappearing Routine Jobs: Who, How, and Why?," Journal of Monetary Economics, 91:69–87.

32 K. G. Abraham and M. S. Kearney, 2018, "Explaining the Decline in the US Employmentto-Population Ratio: A Review of the Evidence" (Working Paper 24333, National Bureau of Economic Research, Cambridge, MA).

33 G. M. Cortes, N. Jaimovich, and H. E. Siu, 2018, "The 'End of Men' and Rise of Women in the High-Skilled Labor Market" (Working Paper 24274, National Bureau of Economic Research., Cambridge, MA).

34 B. A. Weinberg, 2000, "Computer Use and the Demand for Female Workers," ILR Review 53 (2): 290–308.

35 D. Acemoglu and P. Restrepo, 2018c, "Robots and Jobs: Evidence from US Labor Markets" (Working paper, Massachusetts Institute of Technology, Cambridge, MA). 經濟學家在英國的勞動市場發現類似的機器人效應（請參見：A. Prashar, 2018, "Evaluating the Impact of Automation on Labour Markets in England and Wales" [working paper, Oxford University]）。德國的情況是每多增一個機器人，帶走兩個製造工作，但被其他領域新創造出來的工作抵銷（請見：W. Dauth, S. Findeisen, J. Südekum, and N. Woessner, 2017, "German Robots: The Impact of Industrial Robots on Workers" [Discussion Paper DP12306, Center for Economic and Policy Research, London]）。這樣的結果算不上出乎意料。論文作者主張，技術變革不免與他國不同的勞動市場制度互動，德國工會的相對力量大概或多或少能解釋相關差異。工業世界的普遍模式似乎是機器人並未大幅拉低整體就業，僅低技術勞工的就業比率受影響。換句話說，自動化所帶來的，是無大學學歷勞工的就業機會消失（請參見：G. Graetz and G. Michaels, forthcoming, "Robots at Work," Review of Economics and Statistics）。

36 D. H. Autor and A. Salomons, forthcoming, "Is Automation Labor-Displacing? Productivity Growth, Employment, and the Labor Share," Brookings Papers on Economic Activity.

37 J. Bivens, E. Gould, E. Mishel, and H. Shierholz, 2014, "Raising America's Pay" (Briefing Paper 378, Economic Policy Institute, New York), figure A.

38 請見：M. W. Elsby, B. Hobijn, and A. Şahin, 2013, "The Decline of the US Labor Share," Brookings Papers on Economic Activity 2013 (2): 1–63.

39 L. Karabarbounis and B. Neiman, 2013, "The Global Decline of the Labor Share," Quarterly Journal of Economics 129 (1): 61–103.

40 M. C. Dao, M. M. Das, Z. Koczan, and W. Lian, 2017, "Why Is Labor Receiving a Smaller Share of Global Income? Theory and Empirical Evidence" (Working Paper No. 17/169, International Monetary Fund, Washington, DC), 11.

41 B. Milanovic, 2016b, Global Inequality: A New Approach for the Age of Globalization (Cambridge, MA: Harvard University Press),

54.

42 L. F. Katz and R. A. Margo, 2013, "Technical Change and the Relative Demand for Skilled Labor: The United States in Historical Perspective (Working Paper 18752, National Bureau of Economic Research, Cambridge, MA).

43 Autor and Salomons, forthcoming, "Is Automation Labor-Displacing?"

44 E. Weinberg, 1960, "Experiences with the Introduction of Office Automation," Monthly Labor Review 83 (4): 376–80.

45 同前。

46 J. Bessen, 2015, Learning by Doing: The Real Connection between Innovation, Wages, and Wealth (New Haven, CT: Yale University Press), 111.

47 同前。

## 第10章

1 P. Gaskell, 1833, The Manufacturing Population of England, its Moral, Social, and Physical Conditions (London: Baldwin and Cradock), 6.

2 同前，頁9。

3 W. J. Wilson, 1996, "When Work Disappears," Political Science Quarterly 111 (4): 567.

4 R. D. Putnam, 2016, Our Kids: The American Dream in Crisis (New York: Simon & Schuster), 7.

5 同前。

6 同前，頁20。

7 C. Murray, 2013, Coming Apart: The State of White America, 1960–2010 (New York: Random House Digital, Inc.), 47.

8 同前，頁193。

9 W. J. Wilson, 2012, The Truly Disadvantaged: The Inner City, the Underclass, and Public Policy (Chicago: University of Chicago Press).

10 R. Chetty, N. Hendren, P. Kline, and E. Saez, 2014, "Where Is the Land of Opportunity? The Geography of Intergenerational Mobility in the United States," Quarterly Journal of Economics 129 (4): 1553–623; R. Chetty and N. Hendren, 2018, "The Impacts of Neighborhoods on Intergenerational Mobility II: County-Level Estimates," Quarterly Journal of Economics 133 (3): 1163–228.

11 可參見：G. Becker, 1968, "Crime and Punishment: An Economic Approach," Journal of Political Economy 76 (2): 169–217; I. Ehrlich, 1996, "Crime, Punishment, and the Market for Ofenses," Journal of Economic Perspectives 10 (1): 43–67, and 1973, "Participation in Illegitimate Activities: A Theoretical and Empirical Investigation," Journal of Political Economy 81 (3): 521–65.

12 C. Vickers and N. L. Ziebarth, 2016, "Economic Development and the Demographics of Criminals in Victorian England," Journal of Law and Economics 59 (1): 191–223.

13 E. D. Gould, B. A. Weinberg, and D. B. Mustard, 2002, "Crime Rates and Local Labor Market Opportunities in the United States: 1979–1997," Review of Economics and Statistics 84 (1): 45–61.

14 A. J. Cherlin, 2013, Labor's Love Lost: The Rise and Fall of the Working-Class Family in America (New York: Russell Sage Foundation), figure 1.2.

15 D. H. Autor, D. Dorn, and G. Hanson, forthcoming, "When Work Disappears: Manufacturing Decline and the Falling Marriage-Market Value of Men" American Economic Review: Insights.

16 L. S. Jacobson, R. J. LaLonde, and D. G. Sullivan, 1993, "Earnings Losses of Displaced Workers," American Economic Review 83 (4): 685–709.

17 D. Sullivan and T. Von Wachter, 2009, "Job Displacement and Mortality: An Analysis Using Administrative Data," Quarterly Journal of Economics 124 (3): 1265–1306.

18 A. Case and A. Deaton, 2015, "Rising Morbidity and Mortality in Midlife among White Non-Hispanic Americans in the 21st Century," Proceedings of the National Academy of Sciences 112 (49): 15078–83.

19 技術與貿易是死亡率上升的可能原因，請見：A. Case and A. Deaton, 2017, "Mortality and Morbidity in the 21st Century," Brookings Papers on Economic Activity 1: 397. 然而，凱斯與迪頓指出的死亡率謎團仍舊是美國現象。兩人指出，貿易與技術也對其他地方的勞動市場帶來負面影響，但以歐洲為例，死亡率依舊全面下降。如果自動化與全球化是死亡率近日上升的原因，大西洋另一頭的制度，一定起了更大的節制負面效應的作用。

20 失業與健康，可參見：R. D. Tella, R. J. MacCulloch, and A. J. Oswald, 2003, "The Macroeconomics of Happiness," Review of Economics and Statistics 85 (4): 809–27.

21 A. E. Clark, E. Diener, Y. Georgellis, and R. E. Lucas, 2008, "Lags and Leads in Life Satisfaction: A Test of the Baseline Hypothesis," Economic Journal 118 (529): 222–43.

22 A. E. Clark and A. J. Oswald, 1994, "Unhappiness and Unemployment," Economic Journal 104 (424): 655.

23 D. S. Massey, J. Rothwell, and T. Domina, 2009, "The Changing Bases of Segregation in the United States," Annals of the American Academy of Political and Social Science 626 (1): 74–90.

24 可參見：F. Cairncross, 2001, The Death of Distance: 2.0: How the Communications Revolution Will Change Our Lives (New York: Texere Publishing).

25 A. Toffler, 1980, The Third Wave (New York: Bantam Books).

26 T. L. Friedman, 2006, The World is Flat: The Globalized World in the Twenty-first Century (London: Penguin).

27 E. L. Glaeser, 1998, "Are Cities Dying?," Journal of Economic Perspectives 12 (2): 139–60.

28 聚集的源頭簡介，請見：E. L. Glaeser and J. D. Gottlieb, 2009, "The Wealth of Cities: Agglomeration Economies and Spatial Equilibrium in the United States," Journal of Economic Literature 47 (4): 983–1028.

29 E. L. Glaeser, 2013, review of The New Geography of Jobs, by Enrico Moretti, Journal of Economic Literature 51 (3): 832.

30 E. Moretti, 2012, The New Geography of Jobs (Boston: Houghton Mifflin Harcourt), 1–2.

31 同前，頁3－4。

32 T. Berger and C. B. Frey, 2016, "Did the Computer Revolution Shift the Fortunes of U.S. Cities? Technology Shocks and the Geography of New Jobs," Regional Science and Urban Economics 57:38–45.

33 T. Berger and C. B. Frey, 2017a, "Industrial Renewal in the 21st Century: Evidence from US Cities," Regional Studies 51 (3): 404–13.

34 E. L. Glaeser, 1998, "Are Cities Dying?," 149–50.

35 R. J. Barro and X. Sala-i-Martin, 1992, "Convergence," Journal of Political Economy 100 (2): 223–51.

36 P. Ganong and D. Shoag, 2017, "Why Has Regional Income Convergence in the U.S. Declined?," Journal of Urban Economics 102 (November): 76–90.

37 G. Duranton and D. Puga, 2001, "Nursery Cities: Urban Diversity, Process Innovation, and the Life Cycle of Products," American Economic Review 91 (5): 1454–77.

38 B. Austin, E. L. Glaeser, and L. Summers, forthcoming, "Saving the Heartland: PlaceBased Policies in 21st Century America," Brookings Papers on Economic Activity.

39 同前。

40 E. Moretti, 2010, "Local Multipliers," American Economic Review 100 (2): 373–77.

41 E. L. Glaeser, 2013, review of The New Geography of Jobs, 831.

## 第11章

1 B. Moore Jr., 1993, Social Origins of Dictatorship and Democracy: Lord and Peasant in the Making of the Modern World (Boston: Beacon Press), 418.

2 F. Fukuyama, 2014, Political Order and Political Decay: From the Industrial Revolution to the Globalization of Democracy (New York: Farrar, Straus and x).

3 美國在這方面是特例，不曾有過封建體系。

4 Fukuyama, 2014, Political Order and Political Decay, 407–8.

5 同前，頁405。

6 W. H. Maehl, 1967, The Reform Bill of 1832: Why Not Revolution? (New York: Holt, Rinehart and Winston), 1.

7 T. Aidt and R. Franck, 2015, "Democratization under the Threat of Revolution: Evidence from the Great Reform Act of 1832," Econometrica 83 (2): 505–47.

8 D. Acemoglu and J. A. Robinson, 2006, "Economic Backwardness in Political Perspective," American Political Science Review 100 (1): 115–31.

9 G. Himmelfarb, 1968, Victorian Minds (New York: Knopf).

10 林德特指出，此一連結在一九三〇年後較不明顯。原因很簡單：多數的已開發經濟體今日的民主程度，差別不再那麼大（請參見：P. H. Lindert, 2004, Growing Public, vol. 1, The Story: Social Spending and Economic Growth Since the Eighteenth Century [Cambridge: Cambridge University Press]）。

11 A. de Tocqueville, 1840, Democracy in America, trans. H. Reeve (New York: Alfred A. Knopf), 2:237.

12 J. S. Hacker and P. Pierson, 2010, Winner-Take-All Politics: How Washington Made the Rich Richer–and Turned Its Back on the Middle Class (New York: Simon & Schuster), 77–78.

13 同前。

14 引自：Lindert, 2004, Growing Public, 64.

15 侍從主義請見：Fukuyama, 2014, Political Order and Political Decay, chapter 9.

16 R. Oestreicher, 1988, "Urban Working-Class Political Behavior and Theories of American Electoral Politics, 1870–1940," Journal of American History 74 (4): 1257–86.

17 Lindert, 2004, Growing Public, 187.

18 R. D. Putnam, 2016, Our Kids: The American Dream in Crisis (New York: Simon & Schuster), 7.

19 R. J. Gordon, 2016, The Rise and Fall of American Growth: The U.S. Standard of Living Since the Civil War (Princeton, NJ: Princeton University Press), 503.

20 R. A. Dahl, 1961, Who Governs? Democracy and Power in an American City (New Haven, CT: Yale University Press), 1.

21 N. McCarty, K. T. Poole, and H. Rosenthal, 2016, Polarized America: The Dance of Ideology and Unequal Riches (Cambridge, MA: MIT Press), 2.

22 L. M. Bartels, 2016, Unequal Democracy: The Political Economy of the New Gilded Age (Princeton, NJ: Princeton University Press), 1.

23 Organisation for Economic Co-operation and Development, "Social Expenditure—Aggregated Data," accessed December 22, 2018, https://stats.oecd.org/Index.aspx?DataSetCode=SOCX_AGG.

24 McCarty, Poole, and Rosenthal, 2016, Polarized America, 4.

25 同前。

26 Bartels, 2016, Unequal Democracy, 2.

27 同前，頁209。

28 M. Geewax, 2005, "Minimum Wage Odyssey: A Yearlong View from Capitol Hill and a Small Ohio Town," Trenton Times, November 27.

29 Bartels, 2016, Unequal Democracy, chapter 7.

30 G. Lordan and D. Neumark, 2018, "People versus Machines: The Impact of Minimum Wages on Automatable Jobs," Labour Economics 52 (June): 40–53.

31 A. J. Cherlin, 2013, Labor's Love Lost: The Rise and Fall of the Working-Class Family in America (New York: Russell Sage Foundation), 93 and 143.

32 R. D. Putnam, 2004, in Democracies in Flux: The Evolution of Social Capital in Contemporary Society, ed. R. D. Putnam (New York: Oxford University Press).

33 H. S. Farber, D. Herbst, I. Kuziemko, and S. Naidu, 2018, "Unions and Inequality over the Twentieth Century: New Evidence from Survey Data (Working Paper 24587, National Bureau of Economic Research, Cambridge, MA).

34 T. Piketty, 2018, "Brahmin Left vs. Merchant Right: Rising Inequality and the Changing Structure of Political Conflict," (working paper, Paris School of Economics).

35 各地理區的政治兩極化，請見：D. S. Massey, J. Rothwell, and T. Domina, 2009, "The Changing Bases of Segregation in the United States," Annals of the American Academy of Political and Social Science 626 (1): 74–90.

36 A. Goldstein, 2018, Janesville: An American Story (New York: Simon & Schuster), 26–27.

37 同前。

38 D. C. Mutz, 2018, "Status Threat, Not Economic Hardship, Explains the 2016 Presidential Vote," Proceedings of the National Academy of Sciences 115 (19): 4338.

39 M. Lamont, 2009, The Dignity of Working Men: Morality and the Boundaries of Race, Class, and Immigration (Cambridge, MA: Harvard University Press).

40 Cherlin, 2013, Labor's Love Lost, 53.

41 A. E. Clark and A. J. Oswald, 1996, "Satisfaction and Comparison Income," Journal of Public Economics 61 (3): 359–81; A. Ferrer-i-Carbonell, 2005, "Income and Well-Being: An Empirical Analysis of the Comparison Income Effect," Journal of Public Economics 89 (5–6): 997– 1019; E. F. Luttmer, 2005, "Neighbors as Negatives: Relative Earnings and Well-Being," Quarterly Journal of Economics 120 (3): 963–1002.

42 Cherlin, 2013, Labor's Love Lost, 170.

43 同前，頁169與172。

44 過去四十年的證據顯示，無技術者的工資會停滯或下滑，罪魁禍首並非移民，無論以全國還是地方來看都一樣。證據反而顯示，移民讓無大學學歷的勞工工資免於進一步下滑。請參見：G. Peri, 2018, "Did Immigration Contribute to Wage Stagnation of Unskilled Workers?," Research in Economics 72 (2): 356–65. 研究顯示，移民並未排擠掉本國勞工，僅在刺激生產力的同時，單純增加就業。移民帶給無技術者的本地人工資影響接近零。請見：G. Peri, 2012, "The Effect of Immigration on Productivity: Evidence from US States," Review of Economics and Statistics 94 (1): 348–58。

45 R. Chetty, N. Hendren, P. Kline, and E. Saez, 2014, "Where Is the Land of Opportunity? The Geography of Intergenerational Mobility in the United States," Quarterly Journal of Economics 129 (4): 1553–623.

46 溫和派的共和黨與民主黨議員都被踢出國會：在二〇〇二年至二〇一〇年間，兩黨的溫和派系總計減少五七％至三七％。請見：D. H. Autor, D. Dorn, G. Hanson, and K. Majlesi, 2016a, "Importing Political Polarization? The Electoral Consequences of Rising Trade Exposure" (Working Paper 22637, National Bureau of Economic Research, Cambridge, MA)。

47 D. H. Autor, D. Dorn, G. Hanson, and K. Majlesi, 2016b, "A Note on the Effect of Rising Trade Exposure on the 2016 Presidential Election," appendix to "Importing Political Polarization? The Electoral Consequences of Rising Trade Exposure" (Working Paper 22637, National Bureau of Economic Research, Cambridge, MA).

48 D. Rodrik, 2016, "Premature Deindustrialization," Journal of Economic Growth 21 (1): 1–33; World Bank Group, 2016, World Development Report 2016: Digital Dividends (Washington, DC: World Bank Publications).

49 技術變遷被補助信貸抵銷的效應，請見：R. G. Rajan, 2011, Fault Lines: How Hidden Fractures Still Threaten the World Economy (Princeton, NJ: Princeton University Press).

50 K. K. Charles, E. Hurst, and M. J. Notowidigdo, 2016, "The Masking of the Decline in Manufacturing Employment by the Housing Bubble," Journal of Economic Perspectives 30 (2): 179–200.

51 Goldstein, 2018, Janesville, 290.

52 T. Gibbons-Nef, 2017, "Feeling Forgotten by Obama, People in This Ohio Town Look to Trump with Cautious Hope," Washington Post, January 22.

53 引自："Want to Understand Why Trump Has Rural America Feeling Hopeful? Listen to This Ohio Town," 2017, Washington Post, May 11.

54 同前。

55 C. B. Frey, T. Berger, and C. Chen, 2018, "Political Machinery: Did Robots Swing the 2016 U.S. Presidential Election?," Oxford Review of Economic Policy 34 (3): 418–42.

56 T. Aidt, G. Leon, and M. Satchell, 2017, "The Social Dynamics of Riots: Evidence from the Captain Swing Riots, 1830–31" (Working paper, Cambridge University), 4.

57 同前。

58 D. Rodrik, 2017a, "Populism and the Economics of Globalization" (Working Paper 23559, National Bureau of Economic Research, Cambridge, MA), 21.

59 D. Rodrik, 2017b, Straight Talk on Trade: Ideas for a Sane World Economy (Princeton, NJ: Princeton University Press), 116.

60 同前，頁122。

61 同前。

62 同前，頁260。

63 引自：A. Oppenheimer, 2018, “Las Vegas Hotel Workers vs. Robots Is a Sign of Looming Labor Challenges,” Miami Herald, June 1.

64 J. Gramlich, 2017, “Most Americans Would Favor Policies to Limit Job and Wage Losses Caused by Automation,” Pew Research Center, http://www.pewresearch.org/fact-tank/2017/10/09/most-americans-would-favor-policies-to-limit-job-and-wage-losses-caused-by-automation/.

65 Acemoglu and Robinson, 2006, “Economic Backwardness in Political Perspective.”

66 同前，頁117。

67 M. Berg, 1976, “The Machinery Question,” PhD diss., University of Oxford, 76.

68 引自：W. Broad, 1984, “U.S. Factories Reach into the Future,” New York Times, March 13.

69 引自：G. Allison, 2017, Destined for War: Can America and China Escape Thucydides's Trap? (Boston: Houghton Mifflin Harcourt), chapter 1, Kindle.

70 P. Druckerman, 2014, “The French Do Buy Books. Real Books,” New York Times, July 9.

71 G. Rayner, 2017, “Jeremy Corbyn Plans to ‘Tax Robots’ Because Automation Is a ‘Threat’ to Workers,” Daily Telegraph, September 26.

72 Y. Sung-won, 2017, “Korea Takes First Step to Introduce ‘Robot Tax,’ ” Korea Times, August 7.

73 B. Merchant, 2018, “The Presidential Candidate Bent on Beating the Robot Apocalypse Will Give Two Americans a $1,000-per-month Basic Income,” Motherboard, April 19.

74 引自：S. Cronwell, 2018, "Rust-Belt Democrats Praise Trump's Threatened Metals Tarifs," Reuters, March 2.

75 D. Grossman, 2017, "Highly-Automated Austrian Steel Mill Only Needs 14 People," Popular Mechanics, June 22, https://www.popularmechanics.com/technology/infrastructure/a27043/steel-mill-austria-automated/.

76 M. Spence and S. Hlatshwayo, 2012, "The Evolving Structure of the American Economy and the Employment Challenge," Comparative Economic Studies 54 (4): 703–38.

77 引自：C. Cain Miller, 2017, "A Darker Theme in Obama's Farewell: Automation Can Divide Us," New York Times, January 12.

78 R. Rector and R. Sheffield, 2011, "Air Conditioning, Cable TV, and an Xbox: What Is Poverty in the United States Today?" (Washington, DC: Heritage Foundation), 2.

79 J. Mokyr, 2011, The Enlightened Economy: Britain and the Industrial Revolution, 1700–1850 (London: Penguin), chapter 1, Kindle.

80 J. A. Schumpeter, [1942] 1976, Capitalism, Socialism and Democracy, 3d ed. (New York: Harper Torchbooks), 76.

## PART V

1 G. B. Baldwin, and G. P. Schultz, 1960, "The Effects of Automation on Industrial Relations," in Impact of Automation: A Collection of 20 Articles about Technological Change, from the Monthly Labor Review (Washington, DC: Bureau of Labor Statistics), 51.

1 E. Brynjolfsson and A. McAfee, 2017, Machine, Platform, Crowd: Harnessing Our Digital Future (New York: Norton), 71–73.

2 C. E. Shannon, 1950, "Programming a Computer for Playing Chess," Philosophical Magazine 41 (314): 256–75.

3 C. Koch, 2016, "How the Computer Beat the Go Master," Scientific American 27 (4): 20.

4 F. Levy and R. J. Murnane, 2004, The New Division of Labor: How Computers Are Creating the Next Job Market (Princeton, NJ: Princeton University Press).

5 E. Brynjolfsson and A. McAfee, 2014, The Second Machine Age: Work, Progress, and Prosperity in a Time of Brilliant Technologies (New York: W. W. Norton), chapter 3, Kindle.

6 Koch, 2016, "How the Computer Beat the Go Master," 20.

7 M. Fortunato et al. 2017, "Noisy Networks for Exploration," preprint, submitted, https://arxiv.org/abs/1706.10295.

8 Cisco, 2018, "Cisco Visual Networking Index: Forecast and Trends, 2017–2022," (San Jose, CA: Cisco), https://www.cisco.com/c/en/us/solutions/collateral/service-provider/visual-networking-index-vni/complete-white-paper-c11-481360.html.

9 P. Lyman and H. R. Varian, 2003, "How Much Information?," berkeley.edu/research/projects/how-much-info-2003.

10 A. Tanner, 2007. "Google Seeks World of Instant Translations," Reuters, March 27.

11 Y. Wu et al., 2016, "Google's Neural Machine Translation System: Bridging the Gap between Human and Machine Translation," preprint, submitted October 8, https://arxiv.org/pdf/1609.08144.pdf.

12 I. M. Cockburn, R. Henderson, and S. Stern, 2018, "The Impact of Artificial Intelligence on Innovation (Working Paper 24449, National Bureau of Economic Research, Cambridge, MA).

13 E. Brynjolfsson, D. Rock, and C. Syverson, forthcoming, "Artificial Intelligence and the Modern Productivity Paradox: A Clash of Expectations and Statistics," in The Economics of Artificial Intelligence: An Agenda, ed. Ajay K. Agrawal, Joshua Gans, and Avi Goldfarb (Chicago: University of Chicago Press), figure 1.

14 "Germany Starts Facial Recognition Tests at Rail Station," 2017, New York Post, December 17.

15 N. Coudray et al., 2018, "Classification and Mutation Prediction from Non–Small Cell Lung Cancer Histopathology Images Using Deep Learning," Nature Medicine 24 (10): 1559–1567.

16 A. Esteva et al., 2017, "Dermatologist-Level Classification of Skin Cancer with Deep Neural Networks," Nature 542 (7639): 115.

17 W. Xiong et al., 2017, "The Microsoft 2017 Conversational Speech Recognition System," Microsoft AI and Research Technical Report MSR-TR-2017-39, August, https://www.microsoft.com/en-us/research/wp-content/uploads/2017/08/ms_swbd17-2.pdf.

18 M. Burns, 2018, "Clinc Is Building a Voice AI System to Replace Humans in DriveThrough Restaurants," TechCrunch, https://techcrunch.com/video/clinc-is-building-a-voice-ai-system-to-replace-humans-in-drive-through-restaurants/.

19 D. Gershgorn, 2018, "Google Is Building 'Virtual Agents' to Handle Call Centers' Grunt Work," Quartz, July 24, https://qz.com/1335348/google-is-building-virtual-agents-to-handle-call-centers-grunt-work/.

20 Brynjolfsson, Rock, and Syverson, forthcoming, "Artificial Intelligence and the Modern Productivity Paradox."

21 請見：C. B. Frey and M. A. Osborne, 2017, "The Future of Employment: How Susceptible Are Jobs to Computerisation?," Technological Forecasting and Social Change 114 (C): 254–80.

22 B. Mathibela, M. A. Osborne, I. Posner, and P. Newman, 2012, "Can Priors Be Trusted? Learning to Anticipate Roadworks," in IEEE Conference on Intelligent Transportation Systems, 927–32.

23 B. Mathibela, P. Newman, and I. Posner, 2015, "Reading the Road: Road Marking Classification and Interpretation," IEEE Transactions on Intelligent Transportation Systems 16 (4): 2080.

24 請見：C. B. Frey and Osborne, 2017, "The Future of Employment."

25 Rio Tinto, 2017, "Rio Tinto to Expand Autonomous Fleet as Part of $5 Billion Productivity Drive," December 18, http://www.riotinto.com/media/media-releases-237_23802.aspx.

26 A. Agrawal, J. Gans, and A. Goldfarb, 2016, "The Simple Economics of Machine Intelligence," Harvard Business Review, November 17, https://hbr.org/2016/11/the-simple-economics-of-machine-intelligence.

27 "A More Realistic Route to Autonomous Driving," 2018, Economist, August 2, https://www.economist.com/business/2018/08/02/a-more-realistic-route-to-autonomous-driving.

28 "Tractor Crushes Boy to Death," 1931, New York Times, October 12.

29 J. R. Treat et al., 1979, Tri-Level Study of the Causes of Traffic Accidents: Final Report, vol. 2: Special Analyses (Bloomington, IN: Institute for Research in Public Safety). 亦請見：V. Wadhwa, 2017, The Driver in the Driverless Car: How Our Technology Choices Will Create the Future (San Francisco: Berrett-Koehler).

30 World Health Organization, 2015, "Road Traffic Deaths," http://www.who.int/gho/road _safety/mortality/en.

31 J. McCurry, 2018, "Driverless Taxi Debuts in Tokyo in 'World First' Trial ahead of Olympics," , August 28.

32 引自：F. Levy, 2018, "Computers and Populism: Artificial Intelligence, Jobs, and Politics in the Near Term," Oxford Review of Economic Policy 34 (3): 405.

33 引自：T. B. Lee, 2016, "This Expert Thinks Robots Aren' t Going to Destroy Many Jobs. And That's a Problem," Vox, https://www.vox.com/a/new-economy-future/robert-gordon-interview.

34 其他自動化此類工作的方法，集中在３Ｄ列印。新加坡南洋理工大學（Nanyang Technological University）的機器人學者設想，３Ｄ列印機的群體機器人（robotic swarm）將可用於營造。雖然這聽起來還是遙遠的未來，工程師已經有辦法利用兩台同時運轉的移動式機器人（mobile robot）打造出單一的混凝土結構。請見：X. Zhang et al., 2018, "Large-Scale 3D Printing by a Team of Mobile Robots," Automation in Construction 95 (November): 98–106.

35 C. B. Frey and Osborne, 2017, "The Future of Employment," 261.

36 M. Mandel and B. Swanson, 2017, "The Coming Productivity Boom–Transforming the Physical Economy with Information" (Washington, DC: Technology CEO Council), 14.

37 H. Shaban, 2018, "Amazon Is Issued Patent for Delivery Drones That Can React to Screaming Voices, Flailing Arms," Washington Post, March 22.

38 D. Paquette, 2018, "He's One of the Only Humans at Work—and He Loves It," Washington Post, September 10.

39 同前。

40 M. Ryan, C. Metz, and M. Taylor, 2018, "How Robot Hands Are Evolving to Do What Ours Can," New York Times, July 30.

41 同前。

42 同前。

43 引自：M. Klein, 2007, The Genesis of Industrial America, 1870–1920 (Cambridge: Cambridge University Press), 78.

44 引自：D. J. Millet, 1972, "Town Development in Southwest Louisiana, 1865–1900," Louisiana History 13 (2): 144.

45 "Music over the Wires," 1890, New York Times, October 9.

46 E. Clague, 1960, "Adjustments to the Introduction of Office Automation," Bureau of Labor Statistics Bulletin, no. 1276, 2.

47 H. Simon, [1960] 1985, "The Corporation: Will It Be Managed by Machines?," in Management and the Corporation, ed. M. L. Anshen and G. L. Bach (New York: McGraw-Hill), 17–55.

48 T. Malthus, [1798] 2013, An Essay on the Principle of Population, Digireads.com, Kindle, 179.

49 C. B. Frey and Osborne, 2017, "The Future of Employment," 262.

50 美國的 O*NET 職業資訊庫替美國經濟中的職業，提供數百種標準化的職業性質描述。與「原創能力」（originality）有關的職業列表，請見：O*NET OnLine, 2018, "Find Occupations: Abilities—Originality," https://www.onetonline.org/find/descriptor/result/1.A.1.b.2.

51 C. B. Frey and Osborne, 2017, "The Future of Employment," 262.

52 相關的職業描述源自美國勞動力的大規模調查，詢問勞工他們多常參與各種任務。O*NET OnLine 資料庫有部分資料來自填答者的回答。

53 L. Nedelkoska and G. Quintini, 2018, "Automation, Skills Use and Training" (OECD Social, Employment and Migration Working Paper 202, Organisation of Economic Cooperation and Development, Paris).

54 德國曼海姆大學（University of Mannheim）研究人員所做的研究顯示，僅九％的工作暴露於自動化風險。請見：M. Arntz, T. Gregory, and U. Zierahn, 2016, "The Risk of Automation for Jobs in OECD Countries" (OECD Social, Employment and Migration Working Paper 189, Organisation of Economic Co-operation and Development, Paris)。另一項較為近日的ＯＥＣＤ研究估算，一四％的工作有被取代的風險，請見：L. Nedelkoska and G. Quintini, 2018, "Automation, Skills Use and Training" (OECD Social, Employment and Migration Working Paper 202, Organisation of Economic Co-operation and Development, Paris). 以上研究與我們的研究靈感是藉由分析某項工作執行的任務，推斷該工作被自動化的可能性。然而，曼海姆大學的研究並未主要仰賴任務，還納入人口統計變項，例如：性別、教育、年齡、收入。舉例來說，由於女性與大學畢業者主要從事較不暴露於自動化風險的職業，此一研究法意味著，與已經開計程車數十年的男性相比，有博士學歷的女性計程車司機較不可能被自駕車取代，但實務上這種情形似乎不太可能發生。ＯＥＣＤ的論文作者注意到這個問題，因此依循我們的研究方法，參考任務而非勞工特質。然而，如同曼海姆大學的研究，ＯＥＣＤ的研究取的是「國際成人技能評量計劃」(Programme for the International Assessment of Adult Competencies, PIAAC）所調查的個人層級數據，而不是取職業的平均現象。此一方法讓論文作者得以區分相同職業內任務微幅不同的勞工，但ＯＥＣＤ的論文作者自己也指出，缺點是他們得仰賴更廣的職業別，把許多不同的職業放在一起，無法呈現寶貴資訊（請參見：Nedelkoska and Quintini, 2018, "Automation, Skills Use and Training"）。此外，很可惜的是，該研究並未提供任何職業內的差異細節，也就是說，可能有其他因素可以解釋ＯＥＣＤ與我們的研究結果的差別。的確，很難相信不同卡車司機（或其他職業的勞工）執行的任務會有那麼大的差異。唯一能合理確認ＯＥＣＤ或我們的模型哪一個比較適用的方法，就是看他們在訓練集的表現（ＯＥＣＤ研究也使用了我們的訓練數據集）。一個常用的評估標準是曲線下方的面積（AUC）。以這個方法來看，我們的研究使用的非線性模型，遠比ＯＥＣＤ的線性模型還要準確。相關預估有哪些差異與原因，詳細的討論可參見：C. B. Frey and M. Osborne, 2018, "Automation and the Future of Work—Understanding the Numbers," Oxford Martin School, https://www.oxfordmartin.ox.ac.uk/opinion/view/404.

55 請參見：Arntz, Gregory, and Zierahn, 2016, "The Risk of Automation for Jobs in OECD Countries," table 5.

56 Council of Economic Advisers, 2016, "2016 Economic Report of the President," chapter 5, https://obamawhitehouse.archives.gov/sites/default/files/docs/ERP_2016_Chapter_5.pdf.

57 J. Furman, forthcoming, "Should We Be Reassured If Automation in the Future Looks Like Automation in the Past?," in Economics of Artificial Intelligence, ed. Ajay K. Agrawal, Joshua Gans, and Avi Goldfarb (Chicago: University of Chicago Press), 8.

58 M. Ford, 2015. Rise of the Robots: Technology and the Threat of a Jobless Future (New York: Basic Books), introduction, Kindle.

59 D. Remus and F. Levy, 2017, "Can Robots Be Lawyers? Computers, Lawyers, and the Practice of Law," Georgetown Journal Legal Ethics 30 (3): 526.

60 我們已經申明：「我們著重從技術能力的角度，評估在不確定的年數後有可能被電腦資本取代的就業比率。我們不試圖評估有多少工作終將自動化。實際的電腦化程度與步調，取決於數個我們並未納入的額外因素。」（請參見：C. B. Frey and Osborne, 2017, "The Future of Employment," 268）。

61 亦請見：D. H. Autor, 2014, "Skills, Education, and the Rise of Earnings Inequality among the 'Other 99 Percent,'" Science 344 (6186): 843–51.

62 W. K. Blodgett, 1918, "Doing Farm Work by Motor Tractor," New York Times, January 6.

63 D. P. Gross, 2018, "Scale Versus Scope in the Difusion of New Technology: Evidence from the Farm Tractor," RAND Journal of Economics 49 (2): 449.

64 "17,000,000 Horses on Farms," 1921, New York Times, December 30.

65 T. Sorensen, P. Fishback, S. Kantor, and P. Rhode, 2008, "The New Deal and the Difusion of Tractors in the 1930s" (Working paper, University of Arizona, Tucson).

66 R. Solow, 1987, "We' d Better Watch Out," New York Times Book Review, July 12; H. Gilman, 1987, "The Age of Caution: Companies Slow the Move to Automation," Wall Street Journal, June 12.

67 引用出處同前。

68 可參見：T. F. Bresnahan, E. Brynjolfsson, and L. M. Hitt, 2002, "Information Technology, Workplace Organization, and the Demand for Skilled Labor: Firm–Level Evidence," Quarterly Journal of Economics 117 (1): 339–76; E. Brynjolfsson, L. M. Hitt, and S. Yang, 2002, "Intangible Assets: Computers and Organizational Capital," Brookings Papers on Economic Activity 2002 (1): 137–81; E. Brynjolfsson and L. M. Hitt, 2000, "Beyond Computation: Information Technology, Organizational Transformation and Business Performance," Journal of Economic Perspectives 14 (4): 23–48.

69 M. Hammer, 1990, "Reengineering Work: Don't Automate, Obliterate," Harvard Business Review 68 (4): 104–12.

70 企業的再造計劃，請見：J. Rifkin, 1995, The End of Work: The Decline of the Global Labor Force and the Dawn of the Post-market Era (New York: G. P. Putnam's Sons).

71 P. A. David, 1990, "The Dynamo and the Computer: An Historical Perspective on the Modern Productivity Paradox," American Economic Review 80 (2): 355–61.

72 詳細討論請見：R. J. Gordon, 2005, "The 1920s and the 1990s in Mutual Reflection" (Working Paper 11778, National Bureau of Economic Research, Cambridge, MA)。

73 S. D. Oliner and D. E. Sichel, 2000, "The Resurgence of Growth in the Late 1990s: Is Information Technology the Story?," Journal of Economic Perspectives 14 (4): 3–22.

74 W. D. Nordhaus, 2005, "The Sources of the Productivity Rebound and the Manufacturing Employment Puzzle" (Working Paper 11354, National Bureau of Economic Research, Cambridge, MA).

75 根據估算，在一九九三年至二〇〇七年這段期間，機器人占十七個國家國內生產毛額總成長的十分之一再多一點點，請見：G. Graetz and G. Michaels, forthcoming, "Robots at Work," Review of Economics and Statistics。

76 J. Bughin et al., 2017, "How Artificial Intelligence Can Deliver Real Value to Companies," McKinsey Global Institute, https://www.mckinsey.com/business-functions/mckinsey-analyticsour-insights/how-artificial-intelligence-can-deliver-real-value-to-companies.

77 的確，技術帶來的很多好處都沒被納入計算，基本上這可以視為生產力趨緩的部分原因。經濟學家奧斯坦．古爾斯比（Austan Goolsbee）與彼得．克萊諾（Peter Klenow）在近日的研究中以新方法計算網路技術的價值，檢視世人上網的時間。兩人的構想是支出同時包括「所得」與「時間」的支出，進而估算出網路相關的消費者盈餘（consumer surplus，注：購買者的支付意願減去實際支付額）可能達三％（或每一中位數的人〔median person〕每年三千美元）。請見：A. Goolsbee and P. Klenow, 2006, "Valuing Consumer Products by the Time Spent Using Them: An Application to the Internet," American Economic Review 96 (2): 108–13. 經濟學家查德．史弗森（Chad Syverson）近日利用「美國時間運用調查」（American Time Use Survey）與個人可支配所得的數據，延伸了古爾斯比與克萊諾的時間價值分析。史弗森利用兩人估算的三％，算出二〇一五年網路相關的人均消費者盈餘約為三千九百美元（請見：2017, "Challenges to Mismeasurement Explanations for the US Productivity Slowdown," Journal of Economic Perspectives 31 [2]: 165–86）。儘管如此，我們無法確認電腦時代的誤估情形是否比較嚴重。一九九五年，美國參議院指定博斯金委員會（Boskin Commission）調查，也發現大量品質改善未獲得計算的證據。因此「近日的生產力趨緩是否是誤估的產物」這個問題的重點並不在於是否真的存在誤估，而是近日的誤估程度是否變大。經濟學家證明答案是沒有。雖然一定會有誤估的情況，但錯估的程度似乎反而變小了。電腦硬體和相關服務的價格誤估，以及無形資產（專利、商標、廣告支出）的誤估，只讓生產力趨緩雪上加霜。自一九九五年至二〇〇四年這段期間起，電腦相關的商品與服務的國內生產下跌，代表儘管部分數位技術的誤估情況加劇，誤估的問題過去比今日大。相關調整加在一起後，一九九五年至二〇〇四年公布的勞動生產力數字會增加〇．五％，二〇〇四年至二〇一四年則僅多〇．二％（請見：D. M. Byrne, J. G. Fernald, and M. B. Reinsdorf, 2016, "Does the United States Have a Productivity Slowdown or a Measurement Problem?," Brookings Papers on Economic Activity, 2016 [1]: 109–82）。即便算進維基百科（Wikipedia）、Google、Facebook 等免費服務的消費者利益的高點估算，也大約只占三分之一的趨緩。史弗森計算，如果生產力減速沒有發生，計算出來的二〇一五年國內生產毛額會高一六％，美國經濟會增加兩兆九千億美元，等同每位國民九千一百美元，或每個家戶兩萬三千四百美元（請見：2017, "Challenges to Mismeasurement Explanations for the US Productivity Slowdown"）。不管怎麼說，誤估情形或許很大，但仍無法解釋生產力趨緩。生產力趨緩似乎是結構性的，而且真實存在。

78 Brynjolfsson, Rock, and Syverson, forthcoming, "Artificial Intelligence and the Modern Productivity Paradox," 25.

79 C. F. Kerry and J. Karsten, 2017, "Gauging Investment in Self-Driving Cars," Brookings Institution, October 16. https://www.brookings.edu/research/gauging-investment-in-self-driving-cars/.

80 Brynjolfsson, Rock, and Syverson, forthcoming, "Artificial Intelligence and the Modern Productivity Paradox," 25.

81 N. F. Crafts and T. C. Mills, 2017, “Trend TFP Growth in the United States: Forecasts versus Outcomes” (Discussion Paper 12029, Centre for Economic Policy Research, London)。兩人的研究發現符合經濟學者艾瑞克・巴特曼（Eric Bartelsman）的說法：生產力預測「大幅失準，預測標準誤差大過區間，不適合應用於政策用途。」（請參見：2013, “ICT, Reallocation and Productivity” [Brussels: European Commission, Directorate-General for Economic and Financial Afairs]）。

82 H. Jerome, 1934, “Mechanization in Industry” (Working Paper 27, National Bureau of Economic Research, New York), 19.

83 H. R. Varian, forthcoming, “Artificial Intelligence, Economics, and Industrial Organization,” in The Economics of Artificial Intelligence: An Agenda, ed. Ajay K. Agrawal, Joshua Gans, and Avi Goldfarb (Chicago: University of Chicago Press), 1.

84 同前，頁15。

85 Brynjolfsson, Rock, and Syverson, forthcoming, “Artificial Intelligence and the Modern Productivity Paradox.”

86 N. F. Crafts, 2004, “Steam as a General Purpose Technology: A Growth Accounting Perspective,” Economic Journal 114 (495): 338–51.

87 引自：J. L. Simon, 2000, The Great Breakthrough and Its Cause (Ann Arbor: University of Michigan Press), 108.

88 P. Colquhoun, 1815, A Treatise on the Wealth, Power, and Resources of the British Empire, Johnson Reprint Corporation), 68–69. 亦請見：J. Mokyr, 2011, The Enlightened Economy; Britain and the Industrial Revolution, 1700–1850 (London: Penguin), chapter 5, Kindle. 感謝經濟史學家莫基爾建議我參考此一資料。

89 Malthus, [1798] 2013, An Essay on the Principle of Population, 179.

90 R. Henderson, 2017, comment on “Artificial Intelligence and the Modern Productivity Paradox: A Clash of Expectations and Statistics, by E. Brynjolfsson, D. Rock and C. Syverson,” National Bureau of Economic Research, http://www.nber.org/chapters/c14020.pdf.

91 J. M. Keynes, [1930] 2010, “Economic Possibilities for Our Grandchildren,” in Essays in Persuasion (London: Palgrave Macmillan), 321–32.

92 V. A. Ramey and N. Francis, 2009, “A Century of Work and Leisure,” American Economic Journal: Macroeconomics 1 (2): 189–224.

93 W. A. Sundstrom, 2006, "Hours and Working Conditions," in Historical Statistics of the United States, Earliest Times to the Present: Millennial Edition Online, ed. S. B. Carter et al. (New York: Cambridge University Press).

94 Ramey and Francis, 2009, "A Century of Work and Leisure."

95 相關估算的依據是年齡—年別（age–year）的休閒計算與存活機率。參見前一條注釋。

96 此處的研究結果與經濟學家馬克・阿吉亞爾（Mark Aguiar）、艾瑞克・郝斯特（Erik Hurst）的估算略有出入。阿吉亞爾與郝斯特發現一九六五年後休閒時間大增，其主要原因在於兩人把育兒列入休閒時間，而不是家庭生產（home production）時間。請見：M. Aguiar and E. Hurst, 2007, "Measuring Trends in Leisure: The Allocation of Time Over Five Decades," Quarterly Journal of Economics 122 (3): 969–1006. 拉米與法蘭西斯也把聊天與陪孩子玩等活動列為休閒，但其他的育兒任務則列入家庭生產。由於民眾自我通報享受這類活動的程度低很多，這似乎是個合理的分類方式。請參見：J. Robinson and G. Godbey, 2010, Time for Life: The Surprising Ways Americans Use Their Time (Philadelphia: Penn State University Press)。

97 Keynes, [1930] 2010, "Economic Possibilities for Our Grandchildren," 322.

98 R. L. Heilbroner, 1966, "Where Do We Go from Here?," New York Review of Books, March 17, https://www.nybooks.com/articles/1966/03/17/where-do-we-go-from-here/.

99 D. H. Autor, 2015, "Why Are There Still So Many Jobs? The History and Future of Workplace Automation," Journal of Economic Perspectives 29 (3): 8.

100 Heilbroner, 1966, "Where Do We Go from Here?"

101 B. Stevenson and J. Wolfers, 2013, "Subjective Well-Being and Income: Is There Any Evidence of Satiation?," American Economic Review 103 (3): 598–604.

102 H. Simon, 1966, "Automation," New York Review of Books, March 26, https://www.nybooks.com/articles/1966/05/26/automation-3/.

103 C. Stewart, 1960, "Social Implications of Technological Progress," in Impact of Automation: A Collection of 20 Articles about Technological Change, from the Monthly Labor Review (Washington, DC: Bureau of Labor Statistics), 12.

104 H. Voth, 2000, Time and Work in England 1750–1830 (Oxford: Clarendon Press of Oxford University Press).

105 Aguiar and Hurst, 2007, "Measuring Trends in Leisure Measuring Trends in Leisure."

106 引自：C. Curtis, 1983, "Machines vs. Workers," New York Times, February 8.

107 F. Bastiat, 1850, "That Which Is Seen, and That Which Is Not Seen," https://mises.org/library/which-seen-and-which-not-seen.

108 D. Acemoglu and P. Restrepo, 2018b, "The Race between Man and Machine: Implications of Technology for Growth, Factor Shares, and Employment," American Economic Review 108 (6): 1488–542.

109 T. Berger and C. B. Frey, 2017a, "Industrial Renewal in the 21st Century: Evidence from US Cities," Regional Studies 51 (3): 404–13.

110 Brynjolfsson and McAfee, 2014, The Second Machine Age, 11.

111 A. Goolsbee, 2018, "Public Policy in an AI Economy" (Working Paper 24653, National Bureau of Economic Research, Cambridge, MA).

## 第13章

1 請見：D. S. Landes, 1969, The Unbound Prometheus: Technological Change and Development in Western Europe from 1750 to the Present (Cambridge: Cambridge University Press), 4.

2 A. H. Hansen, 1939, "Economic Progress and Declining Population Growth," American Economic Review 29 (1): 10–11.

3 R. J. Gordon, 2016, The Rise and Fall of American Growth: The U.S. Standard of Living Since the Civil War (Princeton, NJ: Princeton University Press).

4 Landes, 1969, The Unbound Prometheus, 4.

5 F. Fukuyama, 2014, Political Order and Political Decay: From the Industrial Revolution to the Globalization of Democracy (New York: Farrar, Straus and x), 450.

6 勞工理性抵制替代型技術，請見：A. Korinek and J. E. Stiglitz, 2017, "Artificial Intelligence and Its Implications for Income Distribution and Unemployment" (Working Paper 24174, National Bureau of Economic Research, Cambridge, MA).

7 A. Greif and M. Iyigun, 2013, "Social Organizations, Violence, and Modern Growth," American Economic Review 103 (3): 534–38.

8 引自：A. Greif and M. Iyigun, 2012, "Social Institutions, Violence and Innovations: Did the Old Poor Law Matter?" (Working paper, Stanford University, Stanford, CA), 4.

9 馬爾薩斯寫道：「為了減輕平民百姓時常遇上的痛苦，英國訂定濟貧法，但令人擔心的是，雖然濟貧法的確稍微減輕了個人的不幸程度，相關法律卻在更大層面上帶來惡果……一般而言，英國的濟貧法會在兩個方面對窮人的整體狀況不利：第一個明顯的傾向是增加人口，卻沒替救濟對象增加食物……第二，濟貧院所消耗的糧食，部分糧食分給的對象，一般而言無法被視為社會上最寶貴的成員，反而降低了可以分給其他更勤勞、更值得援助的個人的比率，從而製造出更多的依賴人口。」（請見：[1798] 2013, An Essay on the Principle of Population, 55 and 62–63, Digireads.com, Kindle）。李嘉圖也從相同的思考脈絡主張：「濟貧法顯而易見的直接傾向適得其反：即便立法機構立意良好，盼能改善窮人的處境，卻同時讓窮人與富人的處境惡化……自從傑出的馬爾薩斯先生完整提出相關理論後，相關法律的此一負面傾向，不再不為人知；每一位窮人之友都必須熱切期盼廢止濟貧法。」（請見：[1817] 1911, The Principles of Political Economy and Taxation. Reprint. London: Dent, 33）。

10 傑出技術 vs. 平庸技術，請見：D. Acemoglu and P. Restrepo, 2018a, "Artificial Intelligence, Automation and Work" (Working Paper 24196, National Bureau of Economic Research, Cambridge, MA).

11 艾塞默魯與雷斯特雷珀剖析支撐著勞工需求的來源，指出製造業的勞工替代，可以在很大的程度上解釋工資與生產力脫鉤的現象。此一過程始於一九八〇年代，自進入二十一世紀後開始惡化。在此同時，別忘了我們以前見過類似的年代。十九世紀的美國與今日的情形很像，機器接手現有工作的速度，快過新技術有辦法讓新活動補充勞工的速度。請見：D. Acemoglu and P. Restrepo, forthcoming, "Automation and New Tasks: The Implications of the Task Content of Production for Labor Demand," Journal of Economic Perspectives. 論文作者手中的數據，無法進一步研究一八五〇年前的情形，但（如同第5章所述）英國在十九世紀初出現類似的模式，紡織機器取代大量的工匠。

12 N. Eberstadt, 2016, Men without Work: America's Invisible Crisis (Conshohocken, PA: Templeton Press).

13 C. B. Frey and M. A. Osborne, 2017, "The Future of Employment: How Susceptible Are Jobs to Computerisation?," Technological Forecasting and Social Change 114:254–80.

14 R. Bowley, 2017, "The Fastest-Growing Jobs in the U.S. Based on LinkedIn Data," LinkedIn Official Blog, December 7, https://blog.linkedin.com/2017/december/7/the-fastest-growing-jobs-in-the-u-s-based-on-linkedin-data.

15 S. Murthy, 2014, "Top 10 Job Titles That Didn' t Exist 5 Years Ago (Infographic)," LinkedIn Talent Blog, January 6, https://business.linkedin.com/talent-solutions/blog/2014/01/top-10-job-titles-that-didnt-exist-5-years-ago-infographic.

16 M. Berg, 1976, "The Machinery Question," PhD diss., University of Oxford, 2.

17 L. Summers, 2017, "Robots Are Wealth Creators and Taxing Them Is Illogical," Financial Times, March 5.

18 C. Goldin and L. Katz, 2008, The Race between Technology and Education (Cambridge, MA: Harvard University Press), 1–2.

19 G. J. Duncan and R. J. Murnane, eds., 2011. Whither Opportunity? Rising Inequality, Schools, and Children's Life Chances (New York: Russell Sage Foundation).

20 J. D. Sachs, S. G. Benzell, and G. LaGarda, 2015, "Robots: Curse or Blessing? A Basic Framework" (Working Paper 21091, National Bureau of Economic Research, Cambridge, MA).

21 J. J. Heckman et al., 2010, "The Rate of Return to the HighScope Perry Preschool Program," Journal of Public Economics 94 (1–2), 114–28.

22 A. J. Reynolds et al., 2011, "School-Based Early Childhood Education and Age-28 Well-Being: Effects by Timing, Dosage, and Subgroups," Science 333 (6040): 360–64.

23 H. J. Holzer, D. Whitmore Schanzenbach, G. J. Duncan, and J. Ludwig, 2008,. "The Economic Costs of Childhood Poverty in the Unit-

ed States," Journal of Children and Poverty 14 (1): 41–61.

24 A. M. Bell et al., 2017, "Who Becomes an Inventor in America? The Importance of Exposure to Innovation (Working Paper 24062, National Bureau of Economic Research, Cambridge, MA).

25 A. M. Bell et al., 2018, "Lost Einsteins: Who Becomes an Inventor in America?," CentrePiece, Spring, http://cep.lse.ac.uk/pubs/download/cp522.pdf, 11.

26 R. D. Putnam, 2016, Our Kids: The American Dream in Crisis (New York: Simon & Schuster), chapter 6.

27 K. L. Schlozman, S. Verba, and H. E. Brady, 2012, The Unheavenly Chorus: Unequal Political Voice and the Broken Promise of American Democracy (Princeton, NJ: Princeton University Press).

28 R. A. Dahl, 1998, On Democracy (New Haven, CT: Yale University Press), 76.

29 引自：G. R. Kremen, 1974, "MDTA: The Origins of the Manpower Development and Training Act of 1962," U.S. Department of Labor, https://www.dol.gov/general/aboutdolhistory/mono-mdtatext.

30 O. Ashenfelter, 1978, "Estimating the Effect of Training Programs on Earnings," Review of Economics and Statistics 60 (1): 47–57.

31 雪上加霜的是，各種課程瞄準勞工市場上的群體相當不一樣，無從相互比較。來自弱勢背景與正式教育程度較低的勞工需要更多的訓練與資源。此外，可以評估培訓成效的指標也很不同，要看訓練內容、地方勞工市場的特徵與整體的景氣狀況而定。

32 B. S. Barnow and J. Smith, 2015, "Employment and Training Programs" (Working Paper 21659, National Bureau of Economic Research, Cambridge, MA).

33 R. J. LaLonde, 2007, The Case for Wage Insurance (New York: Council on Foreign Relations Press), 19.

34 無條件基本收入 vs. 福利國家，請見：A. Goolsbee, 2018, "Public Policy in an AI Economy" (Working Paper 24653, National Bureau of Economic Research, Cambridge, MA).

35 電視與幸福感，請見：B. S. Frey, 2008, Happiness: A Revolution in Economics (Cambridge, MA: MIT Press), chapter 9.

36 D. Graeber, 2018, Bullshit Jobs: A Theory (New York: Simon & Schuster). 民調證據顯示人在工作中找到意義，請見：R. Dur and M. van Lent, 2018, "Socially Useless Jobs" (Discussion Paper 18-034/VII, Amsterdam: Tinbergen Institute).

37 快樂與失業的關係，請見：B. S. Frey, 2008, Happiness, chapter 4.

38 I. Goldin, 2018, "Five Reasons Why Universal Basic Income Is a Bad Idea," Financial Times, February 11.

39 G. Hubbard, 2014, "Tax Reform Is the Best Way to Tackle Income Inequality," Washington Post, January 10.

40 「勞動所得稅扣抵制」的效果介紹，請見：A. Nichols and J. Rothstein, 2015, "The Earned Income Tax Credit (EITC)" (Working Paper 21211, National Bureau of Economic Research, Cambridge, MA).

41 R. Chetty, N. Hendren, P, Kline, and E. Saez, 2014, "Where Is the Land of Opportunity? The Geography of Intergenerational Mobility in the United States," Quarterly Journal of Economics 129 (4): 1553–623.

42 L. Kenworthy, 2012, "It's Hard to Make It in America: How the United States Stopped Being the Land of Opportunity," Foreign Affairs 91(November/December): 97.

43 M. M. Kleiner, 2011, "Occupational Licensing: Protecting the Public Interest or Protectionism?" (Policy Paper 2011-009, Upjohn Institute, Kalamazoo, MI).

44 職業證照與青壯年無業男性的關聯，請見：B. Austin, E. L. Glaeser, and L. Summers, forthcoming, "Saving the Heartland: Place-Based Policies in 21st Century America," Brookings Papers on Economic Activity.

45 B. Fallick, C. A. Fleischman, and J. B. Rebitzer, 2006, "Job-Hopping in Silicon Valley: Some Evidence Concerning the Microfoundations of a High-Technology Cluster," Review of Economics and Statistics 88 (3): 472–81.

46 R. J. Gilson, 1999, "The Legal Infrastructure of High Technology Industrial Districts: Silicon Valley, Route 128, and Covenants Not to Compete," New York University Law Review 74 (August): 575.

47 S. Klepper, 2010, "The Origin and Growth of Industry Clusters: The Making of Silicon Valley and Detroit," Journal of Urban Econom-

ics 67 (1): 15–32.

48 T. Berger and C. B. Frey, 2017b, "Regional Technological Dynamism and Noncompete Clauses: Evidence from a Natural Experiment," Journal of Regional Science 57 (4): 655–68.

49 E. Moretti, 2012, The New Geography of Jobs (Boston: Houghton Mifflin Harcourt), 158–65.

50 C. T. Hsieh and E. Moretti, forthcoming, "Housing Constraints and Spatial Misallocation," American Economic Journal: Macroeconomics.

51 M. Rognlie, 2014, "A Note on Piketty and Diminishing Returns to Capital," unpublished manuscript, http://mattrognlie.com/piketty_diminishing_returns.pdf.

52 可參見：E. L. Glaeser and J. Gyourko, 2002, "The Impact of Zoning on Housing Afordability (Working Paper 8835, National Bureau of Economic Research, Cambridge, MA); E. L. Glaeser, 2017, "Reforming Land Use Regulations" (Report in the Series on Market and Government Failures, Brookings Center on Regulation and Markets, Washington).

53 R. Chetty, N. Hendren, and L. F. Katz, 2016, "The Effects of Exposure to Better Neighborhoods on Children: New Evidence from the Moving to Opportunity Experiment," American Economic Review 106 (4): 855–902.

54 地點與成為發明家的可能性，請見：Bell et al., 2017, "Who Becomes an Inventor in America?," and 2018, "Lost Einsteins."

55 C. T. Hsieh and E. Moretti, 2017, "How Local Housing Regulations Smother the U.S. Economy, New York Times, September 6.

56 D. Etherington, 2018, "Hyperloop Transportation Technologies Signs First Cross-State Deal in the U.S.," TechCruch, https://techcrunch.com/2018/02/15/hyperloop-transportation-technologies-signs-first-cross-state-deal-in-the-u-s/?guccounter=1.

57 M. Busso, J. Gregory, and P. Kline, 2013, "Assessing the Incidence and Efficiency of a Prominent Place-Based Policy," American Economic Review 103 (2): 897–947.

58 進一步的田納西河谷管理局資料，請見：P. Kline and E. Moretti, 2013, "Local Economic Development, Agglomeration Economies

與 Big Push: 100 Years of Evidence from the Tennessee Valley Authority," Quarterly Journal of Economics 129 (1): 275–331.

59 E. Moretti, 2004, "Estimating the Social Return to Higher Education: Evidence from Longitudinal and Repeated Cross-Sectional Data," Journal of Econometrics 121 (1–2): 175–212.

60 S. Liu, 2015, "Spillovers from Universities: Evidence from the Land-Grant Program," Journal of Urban Economics 87 (May): 25–41.

61 K. K. Charles, E. Hurst, and M. J. Notowidigdo, 2016, "The Masking of the Decline in Manufacturing Employment by the Housing Bubble," Journal of Economic Perspectives 30 (2): 179–200.

# 技術陷阱

從工業革命到AI時代，技術創新下的資本、勞動力與權力

The Technology Trap:
Capital, Labor, and Power in the Age of Automation

作者：卡爾・貝內迪克特・弗雷（Carl Benedikt Frey）｜譯者：許恬寧｜總編輯：富察｜主編：鍾涵瀞｜編輯協力：徐育婷｜企劃：蔡慧華｜視覺設計：BIANCO、吳靜雯｜印務經理：黃禮賢｜社長：郭重興｜發行人兼出版總監：曾大福｜出版發行：八旗文化／遠足文化事業股份有限公司｜地址：23141 新北市新店區民權路108-2號9樓｜電話：02-2218-1417｜傳真：02-8667-1851｜客服專線：0800-221-029｜信箱：gusa0601@gmail.com｜臉書：facebook.com/gusapublishing｜法律顧問：華洋法律事務所 蘇文生律師｜印刷：呈靖彩藝有限公司｜出版日期：2020年9月／初版一刷｜定價：630元

國家圖書館出版品預行編目(CIP)資料

技術陷阱：從工業革命到AI時代，技術創新下的資本、勞動力與權力 / 卡爾・貝內迪克特・弗雷（Carl Benedikt Frey）著；許恬寧翻譯. -- 初版. -- 新北市：八旗文化出版：遠足文化發行, 2020.09
512 面；17×22公分

譯自：The technology trap : capital,labor,and power in the age of automation

ISBN 978-986-5524-26-5((平裝)

1.科學技術 2.技術發展 3.歷史 4.英國

409.4　　109012384